高等院校本科生精品教材

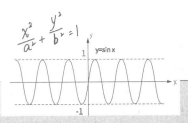

数学实验

Mathematical Experiment

郑艳霞　邓艳娟　编著

U0302098

中国经济出版社
CHINA ECONOMIC PUBLISHING HOUSE

·北京·

图书在版编目(CIP)数据

数学实验/郑艳霞,邓艳娟编著.
—北京:中国经济出版社,2019.9(2023.8 重印)
ISBN 978-7-5136-5235-3

Ⅰ.①数… Ⅱ.①郑… ②邓… Ⅲ.①高等数学—实验 Ⅳ.①O13-33

中国版本图书馆 CIP 数据核字(2019)第 259503 号

组稿编辑　崔姜薇
责任编辑　张　博
责任印制　马小宾
封面设计　任燕飞装帧设计工作室

出版发行　中国经济出版社
印 刷 者　三河市同力彩印有限公司
经 销 者　各地新华书店
开　　本　787mm×1092mm　1/16
印　　张　23.25
字　　数　491 千字
版　　次　2019 年 9 月第 1 版
印　　次　2023 年 8 月第 2 次
定　　价　78.00 元

广告经营许可证　京西工商广字第 8179 号

中国经济出版社网址 www.economyph.com 社址北京市东城区安定门外大街 58 号邮编 100011
本版图书如存在印装质量问题,请与本社销售中心联系调换(联系电话:010-57512564)

前　言

　　人类的进步离不开科学的研究和实验,数学是一门基础科学,也是非常有用的工具,数学实验是计算机技术和数学、软件引入教学后出现的一个新事物,目前学界对数学实验的理解不尽相同,数学实验还没有一个统一的定义,一般认为:数学实验是应用数学知识及相关科学的基本理论,借助计算机软件,解决实际问题的一门课程。

　　作为一门近年来在大学广泛开设的课程,数学实验不同于传统的数学学习,它是一种以学生动手为主的学习方式。数学实验的目的是培养学生应用数学的意识,以及借助计算机技术去认识和解决实际问题的能力,提高学生学习数学的积极性,将学生从繁重、复杂的数学演算和计算中解放出来,使学生有精力去做更有创造性的工作。

　　本书首先介绍了实验的数学方法和原理,然后针对给出的案例,借助软件进行数学实验,解决相关的问题。全书将建模技术与数学实验融为一体,注重数学建模思想介绍,以及Matlab、Lingo、Spss、Eviews 等数学软件在实际中的应用。全书案例丰富,通俗易懂,便于自学。

　　本书的主要内容包括:数据的预处理、回归分析、聚类分析、判别分析、主成分分析、因子分析、时间序列分析、灰度系统理论、模糊数学模型、人工神经网络算法、数学建模竞赛及数学建模论文等部分。

　　本书可作为普通高等院校本科学生"数学实验""数学模型"课程的教材,也可作为本科生、研究生参加数学建模竞赛的培训教材,以及科技人员的参考用书。

　　由于编者水平有限,书中的错误和疏漏在所难免,恳请各位专家和广大读者批评指正。

作者

2019 年 5 月

目　录

Contents

第1章　数据的预处理

1.1　数据预处理内容介绍

在解决实际问题的过程中,经常需要对数据进行分析和处理,无论是通过调查和抽样得到的一手数据,还是通过其他渠道得到的二手数据,抑或是问题需求方提供的数据,都可能是不完整、不一致的,有可能存在缺失值、重复值及异常值等,我们无法直接对这些数据进行分析,如果直接利用它们进行分析,效果一般也不会理想甚至会出现错误的结论。为了提高数据分析的效果,一般在使用之前对数据进行预处理。

数据预处理没有标准的流程,通常会根据任务和数据集属性的不同而有所差别。本书会介绍数据的审核、筛选、去除唯一属性、缺失值处理、异常值查找及处理、数据标准化正则化等几个方面。

一、数据审核

数据审核的内容主要包括完整性、准确性、一致性、适用性和实效性等方面的内容。从不同渠道取得的统计数据,在审核内容和方法上也会有所不同。

对于原始数据一般从完整性和准确性两个方面去审核。完整性审核主要是查看需调查的单位或个体是否有遗漏,所调查的项目或指标是否填写齐全。准确性审核主要包括两个方面:一是检查数据资料是否真实地反映了客观实际情况;二是检查数据是否有误,计算是否正确等。审核数据准确性的方法主要有逻辑检查和计算检查。逻辑检查是审核数据是否符合逻辑,内容是否合理,各项目或数字之间有无相互矛盾,此方法主要适用于对定性(品质)数据的审核。计算检查是检查调查表中的各项数据在计算结果和计算方法上有无错误,主要用于对定量(数值型)数据的审核。

对于二手资料,除了对其完整性和准确性进行审核,还应审核数据的适用性和时效性。二手数据可能来自多种渠道,有些数据是为特定目的通过专门调查而获得的,或者按照特定目的需要做了加工处理。使用前首先应该弄清数据的来源、数据的口径以及有关的背景资料,确定这些资料是否符合分析研究的需要,是否需要重新加工整理。此外,还要对数据的时效性进行审核,如果研究的问题时效性较强而取得的数据又过于滞后,则可能会失去研究的意义。

二、数据筛选

对审核过程中发现的错误应尽可能予以纠正。调查结束后,如果不能对数据中发现的错误予以纠正,或者有些数据不符合调查的要求而又无法弥补,就需要对数据进行筛选。数据筛选包括两方面的内容:一是将某些不符合要求的数据或有明显错误的数据予以剔除;二是将符合某种特定条件的数据筛选出来,对不符合特定条件的数据予以剔除。数据的筛选在市场调查、经济分析、管理决策中是十分重要的。

三、唯一属性

原始数据的唯一属性多是一些 ID 属性,这些属性并不能刻画样本自身的分布规律,是一种信息记录需要,可以删除这些属性而不会损失样本的信息。删除信息前,需要首先查看其他的数据信息,如果数据集中含有除 ID 属性不同,其他属性全部相同的信息记录,删除了 ID 属性,系统在进行数据处理时可能会将两条信息误认为是同一条信息,就不能删除 ID 属性。

四、缺失值

1. 数据缺失产生的原因

缺失值产生的原因是多种多样的,主要分为机械原因和人为原因。机械原因是机械本身导致的,如由于数据收集或保存的失败造成的数据缺失、数据存储的失败,存储器损坏等;人为原因是人的主观失误、历史局限或有意隐瞒造成的数据缺失。例如,收入、交通事故、市场调查等问题的研究中,因为被调查者拒绝回答,或者回答的问题是无效的,数据录入人员失误漏录数据等都有可能导致数据的缺失。

2. 缺失值的类型

缺失值的类型主要分为以下 3 种:

(1)完全随机缺失(Missing Completely at Random, MCAR),是指数据的缺失是完全随机的,不依赖于任何变量。

(2)随机缺失(Missing at Random, MAR),是指数据的缺失不是完全随机的,即该类数据的缺失依赖于其他完全变量。

(3)完全非随机缺失(Missing Not at Random, MNAR),是指数据的缺失不仅与其他变量有关,还与自身有关。

3. 数据缺失的处理

在数据处理中,对缺失值的处理一般有三种方法:

(1)直接使用含有缺失值的特征,经常用于数据的信息量很大,缺失的信息又不太影响整体的结果。

(2)删除含有缺失值的特征,在这种方法中,如果任何一个变量含有缺失数据的话,就把相对应的记录从分析中剔除。如果缺失值所占比例比较小,这一方法就十分有效。然而,这种方法却有很大的局限性,由于它是以减少样本量来换取信息的完备,所以会造成资源的大量浪费以及大量隐藏在这些对象中的信息的丢失。在样本量较小的情况下,删除少量对象就足以严重影响到数据的客观性和结果的正确性。因此,当缺失数据所占比例较大,特别是当缺数据非随机分布时,这种方法可能会导致数据发生偏离,从而得出错误的结论。

(3)缺失值补全。常见的缺失值补全方法有:均值插补、同类均值插补、手动插补和样条插值法补齐等。

①均值插补

将变量的属性分为数值型和非数值型来分别进行处理。如果缺失值是数值型的,就根据该变量在其他所有对象的取值的平均值来填充该缺失的变量值;如果缺失值是非数值型的,则用该变量在其他所有对象的取值次数最多的值(众数)来补齐该缺失的变量值。均值替换法也是一种简便、快速的缺失数据处理方法。使用均值插补缺失数据,对该变量的均值估计不会产生影响。但这种方法是建立在完全随机缺失的假设之上的,而且会造成变量的方差和标准差变小。

②同类均值插补

先对样本进行分类,再以该类中样本的均值来插补缺失值。

③手动插补

插补处理是以主观估计值补充未知值,不一定完全符合客观事实。在许多情况下,根据对所在领域的理解,以及数据本身的特征,手动对缺失值进行插补。

④样条插值补齐

在已知的数据之间寻找估计值的过程即为插值。插值是离散函数逼近的重要方法,利用它可通过函数在有限个点处的取值状况,估算出函数在其他点处的近似值。

插值法首先认为数据 $(x_i, y_i)(i=0,1,2,\dots,n)$ 满足一个函数 $f(x)$,即 $y_i = f(x_i)$, $i=0,1,2,\dots$ n。缺失值问题变成根据函数 $f(x)$ 已有的数据来计算函数 $f(x)$ 在缺失数据点 x 处的函数值。插值法根据已有的函数值来构造一个简单的函数 $y(x)$,作为 $f(x)$ 的近似表达式,然后用 $y(x)$ 来计算新的点上的函数值作为 $f(x)$ 的近似值。通常可以选多项式函数作为近似函数 $y(x)$,因为多项式具有各阶导数,求值也比较方便。常用的有拉格朗日(Lagrange)插值、牛顿(Newton)

插值、厄米(Hermite)插值和样条(Spline)插值。线性插值在分段点上仅连续而不可导,三次厄米插值有连续的一阶导数,这样的光滑程度常不能满足物理问题的需要,样条函数可以同时解决这两个问题,使插值函数既是低阶分段函数,又是光滑的函数,并且只需在区间端点提供某些导数信息。因此样条插值在实际中应用较多。

回归替换法、多重替代法、极大似然估计和期望值最大化方法(EM)等方法也可用于缺失值数据的补齐,感兴趣的读者可以进一步查阅数据挖掘的相关书籍。

五、数据异常值(Outliers)的检测及处理

在实验中,由于测量产生误差导致个别数据出现异常,往往会导致数据的异常。异常数据的出现会掩盖实验数据的变化规律,以致研究对象变化规律异常,得出错误的结论。因此,正确分析并剔除异常值有助于提高数据分析的精度。统计学中已建立了多种准则判别异常值,各种准则的优劣程度及精确度不尽相同。

异常值即在数据集中存在不合理的值,又称离群点。通常可以采用画散点图的方式初步判断异常值,在数据量比较大,且异常值较少时,可以通过直接去掉该点的方式来进行,从集合角度看,异常值即离群点,如图1-1所示,红色点的取值明显和其他点取值规律相异常,在寻找数据规律时,可以去除该点。当然,如果选取样本的数据量本身就较小,或者问题研究中存在一些特殊情况需要特别关注的话,则应该根据具体问题进行深入细致的分析。详细解决请见【1】。

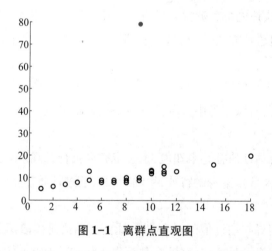

图1-1 离群点直观图

1. 拉依达准则(3σ-准则)

拉依达准则是最常用的一种判断准则。拉依达准则也称 3σ-准则,根据正态分布的定义可知,距离平均值 3σ 之外的点概率 $P(|X-\mu|>3\sigma)\leqslant 0.003$,属于极小概率事件,一般情况下不会发生。当样本距离平均值大于 3σ 时,认定该样本为异常值。3σ-准则无须查表,用

起来方便,当数据服从正态分布,或数据虽不服从正态分布,但样本量较大以及对数据精确度要求不高时,使用该法则判定均有效。

2. 箱线图分析法

箱线图是由一组数据的最大值、最小值、中位数、两个四分位数这 5 个值绘制而成的。中位数是一组数据排序后处于中间位置的变量值,四分位数是一组数据排序后处在数据 25%位置和 75%位置的两个分位数值。设第 i 个四分位数为 $Q_i(i=1,2,3,4)$,定义四分位距:$IQR \overset{\Delta}{=} Q_3 - Q_1$。大于 $Q_1 - 1.5IQR$ 并且小于 $Q_3 + 1.5IQR$ 的数据称为内限,在这两条线以外的数据为异常值可疑点,或称为离群值。在 $Q_2 \pm 3IQR$ 处画两条线段,称为外限。这两条线段以外的点称为极端点。如图 1-2 所示。

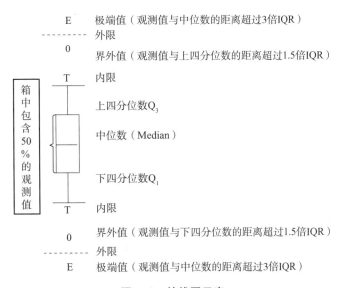

图 1-2 箱线图示意

一方面,箱线图的绘制依靠实际数据,不需要事先假定数据服从特定的分布形式,没有对数据做任何限制性要求,只是真实直观地表现数据形状的本来面貌;另一方面,箱线图判断异常值的标准以四分位数和四分位距为基础,四分位数具有一定的耐抗性,多达 25%的数据可以变得任意远而不会很大地扰动四分位数,所以异常值不能对这个标准施加影响,箱线图识别异常值的结果比较客观。

如果对异常值的判定精确程度要求很高,则可以选择罗马诺夫斯基(t-检验或称 3S)准则、狄克松(Dixon)准则、肖维勒(Chauvenet)准则法、格拉布斯(Grubbs)准则等进一步进行识别。

异常值的处理与缺失值的处理方法类似,通常也分为直接使用带异常值信息的数据、删除带异常值的数据信息、将异常值数据按缺失处理、将异常值数据更换为通过插值等方式补充的新数据等。

六、数据的标准化变换

对于多元数据,当各变量的量纲和数量级不一致时,往往需要对数据进行变换处理,以消除量纲和数量级的限制,方便后续的统计分析。最常用的数据变换方法是标准化变换。标准化变换公式为:设 p 维向量的观测值矩阵为

$$X = \begin{pmatrix} x_{11} & x_{12} & \cdots & x_{1p} \\ x_{21} & x_{22} & \cdots & x_{2p} \\ \vdots & \vdots & \ddots & \vdots \\ x_{n1} & x_{n2} & \cdots & x_{np} \end{pmatrix}$$

标准化变换后的观测值矩阵为

$$X^* = \begin{pmatrix} x_{11}^* & x_{12}^* & \cdots & x_{1p}^* \\ x_{21}^* & x_{22}^* & \cdots & x_{2p}^* \\ \vdots & \vdots & \ddots & \vdots \\ x_{n1}^* & x_{n2}^* & \cdots & x_{np}^* \end{pmatrix} \tag{1-1}$$

其中:$x_{ij}^* = \dfrac{x_{ij} - \bar{x}_j}{s_{ij}}$,$\bar{x}_j = \dfrac{1}{n}\sum_{i=1}^{n} x_{ij}$,$s_{ij}^2 = \dfrac{1}{n-1}\sum_{i=1}^{n}(x_{ij} - \bar{x}_j)^2$,$i = 1,2,\ldots,n$,$j = 1,2,\ldots,p$。这里 $\bar{x}_j$ 是变量 X_j 的观测平均值,s_{ij}^2 为变量 X_j 的观测值方差,s_{ij} 为标准差。经过标准化变换以后,矩阵 X 各列的均值均为 0,标准差均为 1。

1.2 数据预处理的软件实现

一、数据插值

数据插值是图像处理和信号处理等领域常用的方法,也是补齐数据缺失值、更改异常值的一种方法。在已知的数据之间寻找估计值的过程即为插值。此处借助 Matlab 软件实现数据常用的几种一维插值方法,一维插值就是对一维函数进行插值。

图中"＊"点表示已知数据,红色"°"点表示未知数据点,需要通过插值过程对横坐标 x 对应的 y 值进行估计。曲线是根据已知点拟合出来的曲线。

此处介绍 Matlab 软件提供的一维多项式插值。插值可以通过函数 interp1( ) 来实现。

1. interp1( ) 的调用格式

(1) yi = interp1(x,y,xi)

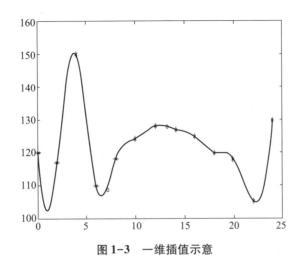

图 1-3　一维插值示意

其中 x 必须是矩阵,y 既可以是向量也可以是矩阵。若 y 是向量,则必须与 x 长度相同,xi 可以是标量、向量或矩阵,yi 与 xi 大小相同;若 y 是矩阵,则大小必须是[n,d1,d2,…,dk],n 是向量 x 的长度,函数对 d1×d2×⋯×dk 组 y 值都进行插值。

(2)yi = interp1(y,xi),默认 x 为 1:n,其中 n 为向量 y 的长度。

(3)yi = interp1(x,y,xi,method),输入变量 method 用于指定插值的方法。

(4)yi = interp1(x,y,xi,method,'extrap'),对超出数据范围的插值数据指定外推方法。

2. 一维插值常用的指定方法

(1)最邻近插值:Matlab 取值为"nearset",这种插值方法在已知数值的最邻近点设置插值点,对插值点的数进行四舍五入。对超出范围的点返回 NAN。最邻近插值是最快的插值方法,但在数据平滑方面效果最差,得到的数据是不连续的。

(2)线性插值:Matlab 取值为"linear",这种插值方法是未指定插值方法时所采用的方法,该方法直接连接相邻的两点,对超出范围的点返回 NAN。要比最邻近插值占用更多的内存,执行速度也稍慢,但在数据平滑方面优于最邻近插值,线性插值的数据变化是连续的。

(3)三次样条插值:Matlab 取值为"spline",这种插值方法采用三次样条函数来获得插值点。在已知点为端点的情况下,插值函数至少具有相同的一阶和二阶导数。处理速度最慢,可以产生最光滑的结果,但在输入数据分布不均匀或数据点间距过近时将产生错误。样条插值是非常有用的插值方法。

(4)分段三次厄米多项式插值:Matlab 取值为"pchip",用于对向量 x 与 y 执行分段三次内插值,该方法保留单调性与数据的外形,该方法处理的速度和内存消耗比线性插值差,但得到的数据和一阶导数是连续的。

（5）三次多项式拟合已知数据：Matlab 取值为′v5pchip′，该方法使用三次多项式函数对已知数据进行拟合。

3. 一维插值常用指定方法的 Matlab 实现

例 1.1　几种常用的一维插值方法示例。

Matlab 源程序

```
x=0：1.2：5*pi；   %定义 x 的取值区间为[0,5π],点的间隔为 1.2
y=cos(x);
xi=0：0.1：5*pi;
yi_nearest=interp1(x,y,xi,′nearset′);        %用最邻近法计算 yi
yi_linear=interp1(x,y,xi);                    %用线性插值法计算 yi
yi_spline=interp1(x,y,xi,′spline′);          %用三次样条插值法计算 yi
yi_pchip=interp1(x,y,xi,′pchip′);            %用分段三次厄米多项式插值法计算 yi
yi_v5pchip=interp1(x,y,xi,′v5pchip′);        %用三次多项式插值法计算 yi
hold on;
subplot(2,3,1);
plot(x,y,′ro′,xi,yi_nearest,′b-′);
title(′最邻近插值′);
subplot(2,3,2);
plot(x,y,′ro′,xi,yi_linear,′b-′);
title(′线性插值′);
subplot(2,3,3);
plot(x,y,′ro′,xi,yi_spline,′b-′);
title(′三次样条插值′);
subplot(2,3,4);
plot(x,y,′ro′,xi,yi_pchip,′b-′);
title(′分段三次厄米多项式插值′);
subplot(2,3,5);
plot(x,y,′ro′,xi,yi_v5pchip,′b-′);
title(′三次多项式插值′);
```

执行语句后的结果如图 1-4 所示。

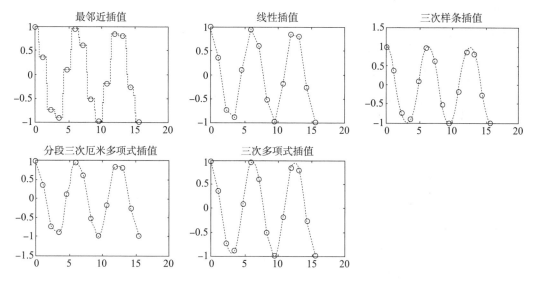

图 1-4　几种常用的一维插值方法示例

　　由命令做出的图形 1.4 可以看出最邻近插值、分段线性插值与几种三次样条插值的明显区别。最邻近插值数据平滑方面效果非常差,连接已知数据的曲线是不连续的;线性插值用直线连接相邻节点,在节点比较稀疏的情况下,插值处的计算值与真实值有很大的差异,光滑性较差。而几种三次样条插值用三次多项式曲线连接相邻节点,光滑性较好,插值处的计算值更接近于真实值。

　　例 1.2　在一天 24 小时内,从零点开始每间隔 2 小时测得的环境温度数据分别为:
$$12,9,9,10,18,24,28,27,25,20,18,15,13$$
推测中午 12 点时的温度。

Matlab 源程序

```
x = 0:2:24;
                    %将画图的区域显示为[0,24],每两个小时一个点
y = [12,9,9,10,18,24,28,27,25,20,18,15,13];
                    %画图中的第13个点为中午12点
a = 13;
y1 = interp1(x,y,a,'spline')
y2 = interp1(x,y,a,'pchip')
y3 = interp1(x,y,a,'v5pchip')
xi = 0:1/3600:24;
yi_spline = interp1(x,y,xi,'spline');
yi_pchip = interp1(x,y,xi,'pchip');
yi_v5pchip = interp1(x,y,xi,'v5pchip');
```

```
hold on;
subplot(1,3,1);
plot(x,y,'b*',xi,yi_spline,'b-');
text(13,y1,'o','color','r')
title('三次样条插值');
subplot(1,3,2);
plot(x,y,'b*',xi,yi_pchip,'b-');
text(13,y2,'o','color','r')
title('分段三次厄米多项式插值');
subplot(1,3,3);
plot(x,y,'b*',xi,yi_v5pchip,'b-');
text(13,y3,'o','color','r')
title('三次多项式插值');
```

运行程序输出:

y1 =

27.8725

y2 =

27.6667

y3 =

27.8750

由图 1-5 结果可以看出,三种不同的方法插值出来的结果略有差别。

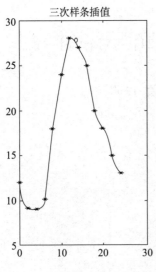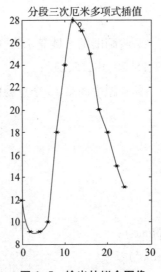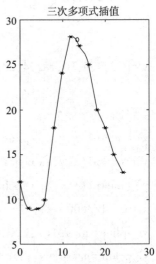

图 1-5 输出的拟合图像

例 1.3 某居民区的自来水是由一个圆柱形的水塔提供。水塔由水泵根据塔中水位高低自动加水,一般每天水泵工作 2 次。现在需要了解该居民区用水规律,可以通过用水率(单位时间的用水量,也就是水塔中水的流速)来反映。表 1-1 是某一天的测量记录数据,测量了 28 个时刻(单位:小时)水的流速(单位:立方米/小时),但由于其中有 3 个时刻正遇到水泵在向水塔供水,而无流速记录在表中用符号//表示。请用插值法补充三个无记录的数据。并将这些散点通过三次样条插值拟合出用水率函数图。

表 1-1 水塔中水的流速   单位:立方米/小时

时刻	0	0.921	1.843	2.949	3.871	4.978	5.900
流速	54.516	42.320	38.085	41.679	33.297	37.814	30.748
时刻	7.006	7.982	8.967	9.981	10.925	10.954	12.032
流速	38.455	32.122	41.718	//	//	73.686	76.434
时刻	12.954	13.875	14.982	15.903	16.826	17.931	19.037
流速	71.686	60.190	68.333	59.217	52.011	56.626	63.023
时刻	19.959	20.839	22.015	22.958	23.880	24.986	25.908
流速	54.859	55.439	//	57.602	57.766	51.891	36.464

解:先用 Matlab 画出水流速散点图,再使用 Matlab 软件中的三次样条插值命令得到用水率函数 f(t)。

t=[0 0.921 1.843 2.949 3.871 4.978 5.900 7.006 7.982 8.967 10.954 12.032 12.954 13.875 14.982 15.903 16.826 17.931 19.037 19.959 20.839 22.958 23.88 24.986 25.908];

r=[54.516 42.320 38.085 41.679 33.297 37.814 30.748 38.455 32.122 41.718 73.686 76.434 71.686 60.19 68.333 59.217 52.011 56.626 63.023 54.859 55.439 57.602 57.766 51.891 36.464];

plot(t,r,'b+'); %(t,r)表示时间和流速

title('流速散点图');xlabel('时间(小时)'); ylabel('流速(立方米/小时)')

x0=t;y0=r;

[l,n]=size(x0);dl=x0(n)-x0(1);

x=x0(1):1/3600:x0(n); %被插值点

ys=interp1(x0,y0,x,'spline'); %样条插值输出

a=9.981;

y1=interp1(x,ys,a,'spline')

b=10.925;

y2 = interp1(x, ys, b, 'spline')

c = 22. 015;

y3 = interp1(x, ys, c, 'spline')

plot(x, ys);

title('样条插值下的流速图'); xlabel('时间(小时)'); ylabel('流速(立方米/小时)')

text(a, y1, ' * ', 'color', 'r');

text(b, y2, ' * ', 'color', 'r');

text(c, y3, ' * ', 'color', 'r')

运行结果:

y1 =

  60. 2484

y2 =

  73. 4399

y3 =

  57. 2514

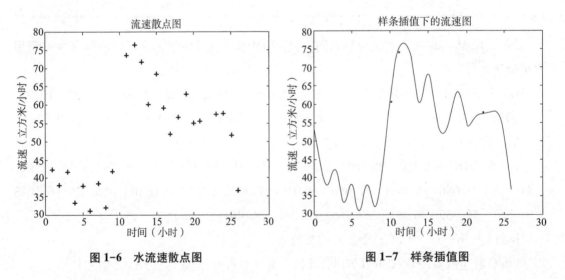

图 1-6　水流速散点图　　　　　　图 1-7　样条插值图

二、异常值检测及标注

例 1.4　表 1-2 给出了 2017 年我国分地区人均消费情况数据,用箱线图显示"食品烟酒"和"其他用品及服务"两个指标的异常值,输出 5 个最大值和 5 个最小值作为异常的嫌疑值。并检测哪些指标可以通过 3σ 原则进行检测(数据来自《中国统计年鉴 2018》)。

表 1-2　我国分地区人均消费情况

单位:元

地区	食品烟酒	衣着	居住	生活用品及服务	交通通信	教育文化娱乐	医疗保健	其他用品及服务
北京	7548.90	2238.30	12295.00	2492.40	5034.00	3916.70	2899.70	1000.40
上海	10005.90	1733.40	13708.70	1824.90	4057.70	4685.90	2602.10	1173.30
江苏	6524.80	1505.90	5586.20	1443.50	3496.40	2747.60	1510.90	653.30
浙江	7750.80	1585.90	6992.90	1345.80	4306.50	2844.90	1696.10	556.10
福建	7212.70	1119.10	5533.00	1179.00	2642.80	1966.40	1105.30	491.00
广东	8317.00	1230.30	5790.90	1447.40	3380.00	2620.40	1319.50	714.10
山西	3324.80	1206.00	2933.50	761.00	1884.00	1879.30	1359.70	316.00
江西	4626.10	1005.80	3552.20	859.90	1600.70	1606.80	877.80	329.70
广西	4409.90	564.70	2909.30	762.80	1878.50	1585.90	1075.60	237.10
安徽	5143.40	1037.50	3397.60	890.80	2102.30	1700.50	1135.90	343.80
贵州	3954.00	863.40	2670.30	802.40	1781.60	1783.30	851.20	263.50
西藏	4788.60	1047.60	1763.20	617.20	1176.90	441.60	271.50	213.50
陕西	4124.00	1084.00	2978.60	1036.20	1760.70	1857.60	1704.80	353.70
甘肃	3886.90	1071.30	2475.10	836.80	1796.50	1537.10	1233.40	282.80
河北	3912.80	1173.50	3679.40	1066.20	2290.30	1578.30	1396.30	340.10
内蒙古	5205.30	1866.20	3324.00	1199.90	2914.90	2227.80	1653.80	553.80
辽宁	5605.40	1671.60	3732.50	1191.70	3088.40	2534.50	1999.90	639.30
吉林	4144.10	1379.00	2912.30	795.80	2218.00	1928.50	1818.30	435.90
黑龙江	4209.00	1437.70	2833.00	776.40	2185.50	1898.50	1791.90	446.60
海南	5935.90	631.10	2925.60	769.00	1995.00	1756.80	1101.20	288.10
山东	4715.10	1374.60	3565.80	1260.50	2568.30	1948.40	1484.30	363.60
湖北	5098.40	1131.70	3699.00	1025.90	1795.70	1930.40	1838.30	418.20
湖南	5003.60	1086.10	3428.90	1054.00	2042.30	2805.10	1424.00	316.00
重庆	5943.50	1394.80	3140.90	1245.50	2310.30	1993.00	1471.90	398.10
四川	5632.20	1152.70	2946.80	1062.00	2200.00	1468.20	1320.20	396.80
青海	4453.00	1265.90	2754.50	929.00	2409.60	1686.60	1598.70	405.80
宁夏	3796.40	1268.90	2861.50	932.40	2616.50	1955.90	1553.50	365.10
新疆	4338.50	1305.50	2698.50	943.20	2382.60	1599.30	1466.30	353.40
天津	8647.00	1944.80	5922.40	1655.50	3744.50	2691.50	2390.00	845.60
河南	3687.00	1184.50	2988.30	1056.40	1698.60	1559.80	1219.80	335.20
云南	3838.40	651.30	2471.10	742.00	2033.40	1573.70	1125.30	223.00

用 SPSS 软件完成操作。

菜单实现程序: 主菜单→分析(Analyze)→描述性统计(Descriptive Statistics)→探索 (Explore)选项→"Statistics"按钮→选中"Outliers"复选框。输出结果中将列出 5 个最大值和

5 个最小值作为异常的嫌疑值。

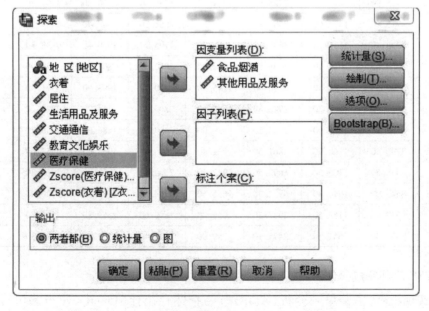

图 1-8

图 1-9

1. 将"食品烟酒"和"教育文化娱乐"数组放入因变量列表中,如图 1-9 所示。

2. 点击"探索"窗口中的"统计量",点掉"描述性",选择"界外值"和"百分位数"。

图 1-10

图 1-11

3. 点击"探索"窗口中的"绘制",选择"直方图",去掉"茎叶图",如图 1-11 所示。

4. 选择结束后点击"探索"窗口"确定"结果如表 1-3 所示:

(1) 百分位数表

表 1-3　百分位数

		百分位数						
		5	10	25	50	75	90	95
加权平均 (定义 1)	食品烟酒	3542.120	3804.800	4124.000	4788.600	5943.500	8203.760	9190.560
	其他用品及服务	219.200	242.380	316.100	365.100	553.800	819.300	1069.560
Tukey 的枢纽	食品烟酒				4134.050	4788.600	5939.700	
	其他用品及服务				322.900	365.100	522.400	

(2) "极值"表格给出了 5 个最大值和 5 个最小值作为异常的嫌疑值。

从表 1-4 可以看出,对于"食品烟酒"最高的 5 个值从高到低对应的案例号为 2、29、6、4、1,对应的城市分别为上海、天津、广东、浙江和北京;最低的 5 个城市从低到高对应的案例号为 7、30、27、31、14 分别为山西、河南、宁夏、云南及甘肃。

从表 1-5 可以看出,对于"其他用品及服务"最高的 5 个值从高到低对应的城市分别为上海、北京、天津、广东和江苏。最低的 5 个城市从低到高分别为西藏、云南、广西、贵州和甘肃。

表1-4 食品烟酒的极值			
	序号	案例号	值
最高	1	2	10005.9
	2	29	8647.0
	3	6	8317.0
	4	4	7750.8
	5	1	7548.9
最低	1	7	3324.8
	2	30	3687.0
	3	27	3796.4
	4	31	3838.4
	5	14	3886.9

表1-5 其他用品及服务极值			
	序号	案例号	值
最高	1	2	1173.3
	2	1	1000.4
	3	29	845.6
	4	6	714.1
	5	3	653.3
最低	1	12	213.5
	2	31	223.0
	3	9	237.1
	4	11	263.5
	5	14	282.8

（3）箱线图及异常可疑点

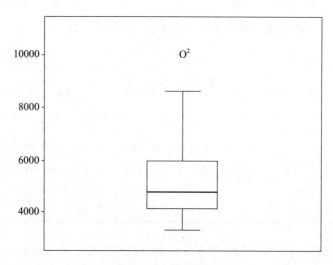

图1-12 食品烟酒的箱线

由图1-12显示的结果可知,食品烟酒的异常可疑值所对应的城市为上海。

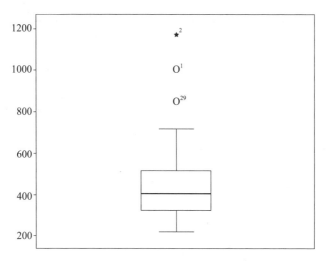

图 1-13　其他用品及服务的箱线

由图 1-13 显示可知,其他用品及服务的异常可疑值所对应的城市为北京和天津,极端点为上海。

4. 数据归一化的 SPSS 操作步骤

选择分析(analyze)菜单→描述统计(descriptive statistics)→描述(descriptives)→选择变量(衣着、医疗保健)到右边的框里→点选将标准化得分另存为"(save standardized values as variables)→选择确定。

在数据视图中增加两列数据,数据名为"Z 衣着"和"Z 医疗保健",分别是衣着、医疗保健进行标准化以后的数据。

5. 数据的正态性检验

该种方式的标注需要数据服从正态分布或数据量较大,首先对数据进行正态性检验。

SPSS 软件操作:选择分析菜单→描述统计→探索→选择所有的变量到右边的框里→点击"绘制"勾选"带检验的正态图",确定返回。得到表 1-6。

表 1-6　正态性检验

	Kolmogorov–Smirnov[a]			Shapiro–Wilk		
	统计量	df	Sig.	统计量	df	Sig.
食品烟酒	.179	31	.013	.875	31	.002
衣着	.114	31	.200*	.962	31	.331
居住	.336	31	.000	.629	31	.000
生活用品及服务	.177	31	.014	.839	31	.000

续表

	Kolmogorov–Smirnov[a]			Shapiro–Wilk		
	统计量	df	Sig.	统计量	df	Sig.
交通通信	.185	31	.009	.887	31	.003
教育文化娱乐	.251	31	.000	.832	31	.000
医疗保健	.123	31	.200[*]	.944	31	.106
其他用品及服务	.222	31	.000	.813	31	.000

a. Lilliefors 显著水平修正

[*]. 这是真实显著水平的下限。

由表 1-6 可以看出,"衣着""医疗保健"的数据服从正态分布,可以通过 3σ 原则,标注异常值,其他数据不能用该原则进行标注。

6. 通过 3σ 原则,将异常值标注

SPSS 操作:数据(data)菜单→选择个案(select cases)→选择"如果条件满足"选项,选择如果(if)点按钮设置,进入后选择 Zscore(衣着),在右上的计算栏显示 Z 衣着,输入"Z 衣着<=3&Z 衣着>=-3",点击"继续",返回后点击"确定"。

图 1-14 通过 3σ 原则筛选食品烟酒的命令

在数据视图中增加一列,列命名"filter_$",取值为 0 和 1,取值 0 代表没有选取(Not Selected),取值 1 代表选取(Selected),由报告结果可知,数据全部选取,没有超出 3σ 以外的数

据。类似地,通过 3σ 原则筛选"医疗保健"的数据,也全部通过了检验。

由于分析的数据样本量为 31,如果对数据处理的要求不是很严格,那么对不服从正态分布的数据也可运行使用 3σ 原则进行筛选。通过该原则筛选"教育文化娱乐"的数据发现,上海的数据没有被选取并在记录前进行了标识,表明该数据将不再参与接下来的分析。

	地区	食品烟...	衣着	居住	生活用品	交通通...	教育文化娱乐	医疗保健	其他用品及服务	Z食品烟酒	Z教育文化娱乐	filter_$
1	北 京	7548.90	2238.30	12295.00	2492.40	5034.00	3916.70	2899.70	1000.40	1.31679	2.36789	1
2	上 海	10005.9	1733.40	13708.70	1824.90	4057.70	4685.90	2602.10	1173.30	2.78670	3.35659	0

图 1-15 通过 3σ 原则筛选教育文化娱乐数据的标注结果

上述结果也可以通过运行界面的结果汇报得到:

```
USE ALL.
COMPUTE filter_$ =(Z 衣着=3&  Z 衣着>=-3).
VARIABLE LABELS filter_$ 'Z 衣着=3&  Z 衣着>=-3(FILTER)'.
VALUE LABELS filter_$ 0'Not Selected'1'Selected'.
FORMATS filter_$ (f1.0).
FILTER BY filter_$.
EXECUTE.


USE ALL.
COMPUTE filter_$ =(Z 医疗保健<=3  & Z 医疗保健>=-3).
VARIABLE LABELS filter_$ 'Z 医疗保健<=3  & Z 医疗保健>=-3(FILTER)'.
VALUE LABELS filter_$ 0'Not Selected'1'Selected'.
FORMATS filter_$ (f1.0).
FILTERBY filter_$.
EXECUTE


USE ALL.
COMPUTE filter_$ =(Z 教育文化娱乐<=3&Z 教育文化娱乐>=-3).
VARIABLE LABELS filter_$ 'Z 教育文化娱乐<=3&Z 教育文化娱乐>=-3(FILTER)'.
VALUE LABELS filter_$ 0'Not Selected'1'Selected'.
FORMATS filter_$ (f1.0).
FILTER BY filter_$.
EXECUTE.
```

报告同样显示对"衣着"和"医疗保健"筛选后数据全部可用,通过"教育文化娱乐"筛选后处理的结果已经执行。

经过对实际问题的分析可知,全国重点城市的"衣着"和"医疗保健"类消费没有超出 3σ 范围的数据,消费没有异常数据,而"教育文化娱乐"数据中上海市的数据超出了 3σ 范围,明显高于全国其他城市,说明上海市在 2017 年此项消费支出非常高。如果希望通过分析平均数据得到一般性水平,为政策制定提供依据时,建议将该数据剔除,以免因为该异常数据的存在影响分析结果。

1.3 数据预处理习题

1. 某人手术后在一天 24 小时内,从零点开始每小时测得的血压中的高压数据分别为:139,122,117,125,119,118,132,103,115,127,113,116,107,127,125,127,145,132,121,130,109,123,141,133,118。请根据测得的数据推测该病人术后上午 8 点半的高压数值。分别用三次样条插值、分段三次厄米多项式插值和三次多项式插值来进行估计,并画出拟合函数的图像,体会三种插值效果的差异。

2. 附表 1[环保重点城市空气质量情况(2017)]给出了 2017 年环保重点城市空气质量情况数据,用箱线图显示各指标的异常值,并输出各指标 5 个最大值和 5 个最小值作为异常的嫌疑值,对上述指标进行正态性检验,观察哪些指标可以通过 3σ 原则检测异常值,并对异常值进行标注(数据来自中国统计年鉴 2018)。数据参见附表 1。

3. 表 1-7 给出了 2015 年我国部分省份经济发展的相关数据。具体包括:"x1:年末户籍人口(万人)、x2:公共财政收入(万元)、x3:工业总产值(当年价格)(万元)、x4:教育支出(万元)、x5:住宅(万元)、x6:普通高等学校在校生人数(万人)、x7:每百人公共图书馆藏书(册、件)、x8:职工平均工资(元)、x9:城市维护建设资金支出(万元)、x10:每万人拥有公共汽车(辆)、x11:人均城市道路面积(平方米)、x12:绿地面积(公顷)",用箱线图显示各指标的异常值,并输出各指标 5 个最大值和 5 个最小值作为异常的嫌疑值,对上述指标进行正态性检验,观察哪些指标可以通过 3σ 原则检测异常值,并对异常值进行标注。数据来自《中国城市统计年鉴 2016》。

表 1-7 2015 年我国部分省份经济发展的相关数据

地区	x1	x2	x3	x4	x5	x6	x7	x8	x9	x10	x11	x12
北京市	1345.2	47238597	174496269	8556654	19626850	593448	441.79	113077.0443	15536209	17.31	7.46	81305
天津市	1026.9	26671100	282421305	5074400	12505300	512854	165.25	84186.43449	26419600	11.31	13.65	28406
河北省	7650.83	22378881	460464486	9438248	30917797	1314764	31.27	51548.03092	2271104	12.95	13.45	64416
山西省	3498.02	10644935	125458417	5136002	10983146	823428	49.47	52663.53984	1842979	7.56	12.37	31812
内蒙古	2154.12	14753842	176412074	4111695	7245717	426422	62.19	55751.72496	1012174	9.64	22.85	49001
辽宁省	4229.67	20507311	325944309	5103523	26033152	1035706	96.46	53252.20078	1487449	10.61	12.47	81844

续表

地区	x1	x2	x3	x4	x5	x6	x7	x8	x9	x10	x11	x12
吉林省	2448.49	8247791	216499153	3372446	5932998	611905	45.12	53077.70451	889109	9.03	13.49	35283
黑龙江	3641.33	8994023	115136357	4194160	6771119	923549	50.31	50899.8969	761399	9.52	10.57	63629
上海市	1442.97	55194964	313226240	7673169	18133187	511623	524.49	100966.4164	1281899	12.02	7.96	127332
江苏省	7717.59	73448000	1473088600	15023400	60802054	1871309	88.72	67219.33313	9841115	8.91	17.21	228917
浙江省	4873.33	44568612	664318763	11185708	44507263	1027164	125.75	69295.72506	4999158	12.45	14.61	96385
安徽省	6949.11	23102615	398095355	7524385	28579176	1183386	27.55	57148.14257	6592593	6.61	13.75	88252
福建省	3720.58	22587180	412514918	6746066	28649524	759132	98.85	59208.10566	2883599	12.07	12.18	51728
江西省	4914.48	19864743	309962899	6785442	11131784	974419	44.32	51553.66377	2005457	6.05	11.47	43661
山东省	9821.71	53550330	1440531120	15120999	43989775	2169479	78.81	57600.37146	5002369	9.57	18.02	160740
河南省	11103.25	28129141	727199488	10882251	34911520	1810227	23.56	44008.38912	1740424	11.08	10.96	71308
湖北省	5307.79	27084000	421688138	6730362	29061402	1417890	52.04	48161.91419	2516663	10.5	7.49	57812
湖南省	6946.85	25578928	374486685	7648512	16644226	1161098	34.56	53074.08317	2776670	12.2	13.13	48102
广东省	8993.71	74034333	1249126499	18468706	57954425	1813813	103.96	65957.13195	8936882	16.14	13.24	391608
广西	5518.24	11923296	224021480	6786462	13953224	873463	49.21	55015.37734	4517413	5.23	9.73	70520
海南省	318.77	2164550	6008649	674456	6070823	196918	84.58	58261.77153	39530	11.01	9.49	7377
重庆市	3371.84	21548276	214000119	5362416	23904910	767114	38.67	62091.11477	4059817	4.11	7.58	55934
四川省	8397.47	23529276	378890720	9719101	29106869	1366493	48.11	58528.00611	4996857	14.24	8.29	69932
贵州省	3156.06	9161110	80078635	4858985	11023019	491841	38.74	62446.19327	119154	7.58	7.28	11935
云南省	2883.97	9859507	74162892	4098301	12256203	533935	36.99	47567.08835	1180935	11.24	12.69	23088
西藏	53.03	890277	971152	563519	367879	21358		114619.2953		23.26	44.57	1665
陕西省	3922.13	14801317	198649025	5513904	17466221	1155434	42.23	55838.7082	5887764	8.14	10.58	34962
甘肃省	2454.44	5224753	68998309	3688923	5061537	543450	36.12	54340.48712	441539	6.44	8.14	19840
青海省	371.4	116S208	17153052	696213	2219606	70710	46.53	58781.73326	493537	20.86	7.08	3988
宁夏	664.11	2672041	37758114	1163127	3966814	115620	102.24	61923.01079	58337	10.99	19.11	20416
新疆	296.8	4436589	31247574	923492	2835665	185712	145.69	70711.67876	113877	17.96	14.89	32361

第 2 章　回归分析的实验

2.1　回归分析方法介绍

一、回归分析的主要内容

"回归"是由英国著名生物学家兼统计学家高尔顿（Francis Galton）在研究人类遗传问题时提出来的。为了研究父代与子代身高的关系，高尔顿收集了 1078 对父亲及其儿子的身高数据。他发现这些数据的散点图大致呈直线状态，总的趋势是父亲的身高增加时，儿子的身高也倾向于增加。当高尔顿对试验数据进行深入研究时发现了一个很有趣的现象：当父亲高于平均身高时，他们的儿子身高比他更高的概率要小于比他更矮的概率；父亲矮于平均身高时，他们儿子的身高比他更矮的概率要小于比他更高的概率。这反映出一个规律，即儿子的身高有向他们父辈的平均身高回归的趋势，这就是所谓的回归效应。

相互有联系的现象（或变量）之间的联系方式及密切程度各不相同。变量之间的关系可以分成两类：一类是确定的函数关系，另一类是不确定的统计相关关系。变量之间的统计相关关系可以由相关分析和回归分析来研究。回归分析是研究一个变量关于另一个（或一些）变量的依赖关系的计算方法和理论。目的在于通过后者的已知或设定值，去估计和预测前者的（总体）均值。前一个变量称为被解释变量或响应变量，后一个变量称为解释变量或自变量。

回归分析是一种预测性的实验方法，它研究事物之间不完全确定的相关变量之间的数量关系。回归分析是数学实验和分析数据的重要工具。回归分析首先是根据所研究问题和目的设置因变量 y，再选取与 y 有统计关系的一些变量作为自变量。这种方法通常用于预测分析、时间序列模型以及发现变量之间的因果关系。例如，探讨司机的鲁莽驾驶与道路交通事故之间的数量关系，就可以采用回归分析的办法进行研究。

回归分析研究的内容主要包括线性回归、非线性回归以及含有定性变量的回归等。

二、建立实际问题回归模型的过程

首先是根据一个具体的经济或社会问题设置相关的指标变量，然后收集相关的数据，根据收集的数据构建理论模型,由已有的数据确定模型的未知参数,再对问题进行合理性检验,运用检验后的模型进行分析、预测和控制等。

1. 指标设置

回归分析主要是揭示事物之间相关变量之间的数量联系。首先需要根据所研究问题的目的设置因变量 y,也称为被解释变量。其次选取与 y 有统计关系的一些变量 $x_1, x_2, \ldots, x_n$ 作为自变量,也称为解释变量。对于一个具体的研究而言,当研究的目的确定后,被解释变量也就随之确定下来。而解释变量的确定并不十分容易,首先是因为我们对研究问题认识的局限性,无法保证选取的变量就是被解释变量的最重要因素;其次是按照模型要求选取的变量应是彼此不相关的。但是在实际问题中很难找到彼此之间完全不相关的变量;最后,对于研究的实际问题,有些重要的数据可能无法获得,只能将该因素分解成几个因素或选取能够近似代表该指标的变量来替代。

选取的指标并不是越多越好。一个模型漏掉重要的指标会影响模型的使用效果,但是选取的指标过多,同样会因为喧宾夺主而冲淡主要影响因素的作用。此外,选取变量过多,难免会出现相关性过高而产生对某一个或某几个因素叠加造成共线性问题;并且变量选取过多必然会造成因为计算量过大导致的精度下降问题。

2. 数据的收集

数据的收集和整理是建立模型进行数学实验的一项重要基础工作。样本数据的质量,直接决定了回归模型的表达程度。

常用的样本数据分时间序列数据和截面数据。时间序列数据就是按照时间顺序排列的统计数据,如新中国成立以来每年的国民生产总值、历年接受高等教育的人数等都是时间序列数据。时间序列数据的使用需要特别注意数据的可比性和数据的统计口径。例如,讨论 20 世纪 60 年代人们的消费水平和现在人们的消费水平,就需要对收集到的当年的消费水平数据进行转换,而不能直接进行比较,否则就失去了本来的意义。

截面数据是指同一个时间截面上的数据。例如,2017 年我国不同省份城镇居民的收入和消费支出之间的关系数据就是截面数据。使用截面数据进行分析时最容易产生的问题是异方差。

无论是时间序列数据还是截面数据,为了使模型的参数估计更为有效,通常要求样本量的容量 n 大于解释变量的个数 p。当然对于 n 与 p 的关系到底多少更为合理,没有一个统一的要求。英国统计学家肯德尔(M. Kendall)在《多元统计》一书中认为样本量 n 的个数最好是解释变量 p 个数的 10 倍以上。

3. 数据的初步处理

在利用给定数据进行回归分析之前,应该先对数据进行初步的分析,处理异常值。异常值的判断及处理见第 1 章,在数据量比较大,且异常值较少时,可以通过直接去掉该点的方式,使用新数据进行回归分析,增加回归分析的拟合精度。如果选取样本的数据量本身就较小,或者问题研究中就存在一些特殊情况需要特别关注的话,则应该根据具体问题进行深入细致的分析。详细解决请参见【4】。

三、线性回归模型与回归方程

1. 回归模型

如果变量 $x_1, x_2, \ldots, x_p$ 与随机变量 y 之间存在相关关系,即当变量 $x_1, x_2, \ldots, x_p$ 取定值后,y 有相应的概率分布与之对应。随机变量 y 与相关变量 $x_1, x_2, \ldots, x_p$ 之间的概率模型为

$$y = f(x_1, x_2, \ldots, x_p) + \varepsilon \tag{2-1}$$

其中,随机变量 y 称为被解释变量或因变量,$x_1, x_2, \ldots, x_p$ 称为解释变量或自变量。上述的随机方程分为两部分:一部分是由一般变量 $x_1, x_2, \ldots, x_p$ 的确定性关系表达的部分 $f(x_1, x_2, \ldots, x_p)$,另一部分是 $x_1, x_2, \ldots, x_p$ 的确定性关系不好描述的随机误差部分 ε。其中随机误差包含下列的影响因素:

(1)由于人们认识的局限性或其他各种原因制约未引进回归模型的,但是对回归模型产生影响的因素;

(2)样本数据采集过程中变量观测值的观测误差;

(3)模型设定的误差;

(4)其他随机因素;

这些因素应该是微小的,不占模型主要地位的部分。

2. 线性回归模型

当模型(2-1)中回归函数 $f(x_1, x_2, \ldots, x_p)$ 为线性函数时,(2-1)可以表达成:

$$y = \beta_0 + \beta_1 x_1 + \beta_2 x_2 + \cdots + \beta_p x_p + \varepsilon \tag{2-2}$$

其中 $\beta_0, \beta_1, \beta_2, \ldots, \beta_p$ 为未知参数,称为回归系数。线性回归模型的"线性"是指 $\beta_0, \beta_1, \beta_2, \ldots, \beta_p$ 这些未知参数是线性的。线性回归是回归模型中最重要的部分。一方面是因为线性模型的应用最广泛,另一方面是因为许多非线性的模型可以经过适当的转换化为线性模型进行处理。

对于一个实际问题,如果已经获得了 n 组观测数据 $(x_{i1}, x_{i2}, \ldots, x_{ip}, y_i)$ $(i = 1, 2, \ldots, n)$,则线性回归方程可以表示为:

$$\begin{cases} y_1 = \beta_0 + \beta_1 x_{11} + \beta_2 x_{12} + \cdots + \beta_p x_{1p} + \varepsilon_1 \\ y_2 = \beta_0 + \beta_1 x_{21} + \beta_2 x_{22} + \cdots + \beta_p x_{2p} + \varepsilon_2 \\ \qquad\qquad\qquad \vdots \\ y_n = \beta_0 + \beta_1 x_{n1} + \beta_2 x_{n2} + \cdots + \beta_p x_{np} + \varepsilon_n \end{cases} \tag{2-3}$$

写成矩阵表示就是：

$$y = X\beta + \varepsilon \tag{2-4}$$

其中：$y = \begin{pmatrix} y_1 \\ y_2 \\ \vdots \\ y_n \end{pmatrix}$，$X = \begin{pmatrix} 1 & x_{11} & x_{12} & \cdots & x_{1p} \\ 1 & x_{21} & x_{22} & \cdots & x_{2p} \\ \vdots & \vdots & \vdots & & \vdots \\ 1 & x_{n1} & x_{n2} & \cdots & x_{np} \end{pmatrix}$，$\beta = \begin{pmatrix} \beta_1 \\ \beta_2 \\ \vdots \\ \beta_p \end{pmatrix}$，$\varepsilon = \begin{pmatrix} \varepsilon_1 \\ \varepsilon_2 \\ \vdots \\ \varepsilon_n \end{pmatrix}$，$X$ 是一个 $n \times (p+1)$ 阶矩

阵，称为回归设计矩阵或资料矩阵。

3. 回归模型的基本假设

如果 $(x_{i1}, x_{i2}, \ldots, x_{ip}, y_i)(i=1, 2, \ldots, n)$ 为变量的一组观测值,则线性回归模型的未知参数可以通过对变量的观察值来进行估计和拟合得到具体数值。为了对模型的参数进行估计,首先需要对回归模型进行基本假设：

（1）解释变量 $x_1, x_2, \ldots, x_p$ 是确定性的非随机变量,观测值 $x_{i1}, x_{i2}, \ldots, x_{ip}, y_i$ 是常数。

（2）等方差及随机误差不相关的假设：

$$E(\varepsilon_i) = 0 \quad i = 1, 2, \ldots, n, \quad \text{cov}(\varepsilon_i, \varepsilon_j) = \begin{cases} \sigma^2 & i = j \\ 0 & i \neq j \end{cases} \quad i, j = 1, 2, \ldots, n_\circ$$

（3）正态性假设：

$$\varepsilon_i \sim N(0, \sigma^2) \quad i = 1, 2, \ldots, n, \quad \varepsilon_1, \varepsilon_2, \ldots, \varepsilon_n \text{ 相互独立。}$$

（4）样本量的个数多于解释变量的个数,即 $n > p$。

4. 线性回归方程

描述 y 的期望值依赖于 $x_1, x_2, \ldots, x_p$ 的线性方程,称为多元线性回归方程。

根据回归模型的假定,多元线性回归方程为

$$E(y) = \beta_0 + \beta_1 x_1 + \beta_2 x_2 + \cdots + \beta_p x_p \tag{2-5}$$

多元线性回归方程描述了因变量 y 的期望与自变量 $x_1, x_2, \ldots, x_p$ 之间的关系。例如,两个自变量的多元线性回归方程形式为

$$E(y) = \beta_0 + \beta_1 x_1 + \beta_2 x_2 \tag{2-6}$$

可以在三维空间中将图像画出来,二元线性回归方程的图像是三维空间中的一个平面,如图 2-1 所示。

二元线性回归模型

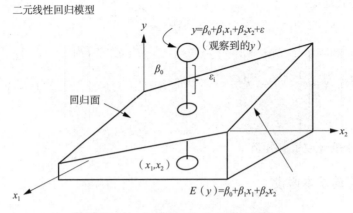

$y=\beta_0+\beta_1x_1+\beta_2x_2+\varepsilon$
（观察到的 y）

β_0

ε_i

回归面

x_2

(x_1,x_2)

x_1

$E(y)=\beta_0+\beta_1x_1+\beta_2x_2$

图2-1　二元线性回归方程的直观图

5. 线性回归方程系数的解释

首先以一个实际案例进行说明。

例2.1 建立手机销售量的预测模型时,用 y 表示手机的销售量, x_1 表示手机的销售价格, x_2 表示消费者的可支配收入,则可以建立二元线性回归模型为

$$y=\beta_0+\beta_1x_1+\beta_2x_2+\varepsilon \tag{2-7}$$

对式(2-7)两边取期望得

$$E(y)=\beta_0+\beta_1x_1+\beta_2x_2 \tag{2-8}$$

在式(2-8)中,保持 x_2 不变,为一个常数,则: $\dfrac{\partial E(y)}{\partial x_1}=\beta_1$,即 β_1 可以解释为在消费者的可支配收入 x_2 不变的情况下,手机的价格 x_1 每增加一个单位,手机销售量 y 的平均增加速度。一般来讲,随着手机的价格上升,手机的销售量是减少的,因此 β_2 的符号应该是负的。

在式(2-8)中,如果 x_1 保持不变,为一个常数,则: $\dfrac{\partial E(y)}{\partial x_2}=\beta_2$,即 β_2 可以解释为在手机价格 x_1 不变的情况下,消费者的可支配收入 x_2 每增加一个单位,手机销售量 y 的平均增加速度。一般来讲,随消费者可支配收入的增加,手机的销售量是增加的,因此 β_2 的符号应该是正的。

对一般含有 p 个自变量的多元线性回归而言,每个回归系数 β_i 表示在回归方程中其他自变量保持不变的情况下,自变量 x_i 每增加一个单位时,因变量 y 的平均增加程度。多元回归中的回归系数称为偏回归系数,本书中也称为回归系数。

5. 估计的多元线性回归方程

由于回归方程中的参数 $\beta_0,\beta_1,\beta_2,\dots,\beta_p$ 是不知道的,需要利用样本数据对它们进行估

计。当用样本数据去估计参数时,就得到了估计的回归方程,一般形式为

$$\hat{y} = \hat{\beta}_0 + \hat{\beta}_1 x_1 + \hat{\beta}_2 x_2 + \ldots + \hat{\beta}_p x_p \tag{2-9}$$

式中,$\hat{\beta}_0, \hat{\beta}_1, \hat{\beta}_2, \ldots, \hat{\beta}_p$ 是参数 $\beta_0, \beta_1, \beta_2, \ldots, \beta_p$ 的估计值,称为偏回归系数,$\hat{y}$ 是 y 的估计值。$\hat{\beta}_i$ 表示在 $x_1, x_2, \ldots, x_{i-1}, x_{i+1}, \ldots, x_p$ 不变的情况下,x_i 变化一个单位时因变量 y 的平均变动量。

6. 回归方程的参数估计

回归方程中的参数 $\hat{\beta}_0, \hat{\beta}_1, \hat{\beta}_2, \ldots, \hat{\beta}_p$ 一般可以用普通最小二乘法(OLS)、极大似然法(ML)或矩估计(MM)等方法进行估计。Matlab、SPSS、STATA 等软件均可以方便地根据样本数据进行未知参数的估计。

本书仅介绍最小二乘估计。也就是使得残差平方和

$$Q(\hat{\beta}_0, \hat{\beta}_1, \hat{\beta}_2, \ldots, \hat{\beta}_p) = \sum (y_i - \hat{y}_i)^2 = \sum (y_i - \hat{\beta}_0 - \hat{\beta}_1 x_1 - \hat{\beta}_2 x_2 - \cdots - \hat{\beta}_p x_p)^2 = \min \tag{2-10}$$

由此通过微积分求偏导数,可以求出 $\hat{\beta}_0, \hat{\beta}_1, \hat{\beta}_2, \ldots, \hat{\beta}_p$ 的方程组为

$$\begin{cases} \left.\dfrac{\partial Q}{\partial \beta_0}\right|_{\beta_0 = \hat{\beta}_0} = -2\sum_{i=1}^{n}(y_i - \hat{\beta}_0 - \hat{\beta}_1 x_{i1} - \hat{\beta}_2 x_{i2} - \cdots - \hat{\beta}_p x_{ip}) = 0 \\ \left.\dfrac{\partial Q}{\partial \beta_1}\right|_{\beta_1 = \hat{\beta}_1} = -2\sum_{i=1}^{n}(y_i - \hat{\beta}_0 - \hat{\beta}_1 x_{i1} - \hat{\beta}_2 x_{i2} - \cdots - \hat{\beta}_p x_{ip})x_{i1} = 0 \\ \left.\dfrac{\partial Q}{\partial \beta_2}\right|_{\beta_2 = \hat{\beta}_2} = -2\sum_{i=1}^{n}(y_i - \hat{\beta}_0 - \hat{\beta}_1 x_{i1} - \hat{\beta}_2 x_{i2} - \cdots - \hat{\beta}_p x_{ip})x_{i2} = 0 \\ \qquad\qquad\vdots \\ \left.\dfrac{\partial Q}{\partial \beta_p}\right|_{\beta_p = \hat{\beta}_p} = -2\sum_{i=1}^{n}(y_i - \hat{\beta}_0 - \hat{\beta}_1 x_{i1} - \hat{\beta}_2 x_{i2} - \cdots - \hat{\beta}_p x_{ip})x_{ip} = 0 \end{cases} \tag{2-11}$$

当 $n \geq p+1$ 且 $X'X$ 为非奇异矩阵时,可以通过普通最小二乘法或极大似然估计的方法进行参数估计,得到:

$$\hat{\beta} = (X'X)^{-1}X'y \tag{2-12}$$

其中:$y = \begin{pmatrix} y_1 \\ y_2 \\ \vdots \\ y_n \end{pmatrix}, X = \begin{pmatrix} 1 & x_{11} & x_{12} & \cdots & x_{1p} \\ 1 & x_{21} & x_{22} & \cdots & x_{2p} \\ \vdots & \vdots & \vdots & & \vdots \\ 1 & x_{n1} & x_{n2} & \cdots & x_{np} \end{pmatrix}, \beta = \begin{pmatrix} \beta_1 \\ \beta_2 \\ \vdots \\ \beta_p \end{pmatrix}$。

四、回归方程的拟合优度

回归方程在一定程度上描述了因变量 y 和自变量 $x_1, x_2, \ldots, x_p$ 之间的数量关系,根据这

一方程中自变量 $x_1, x_2, \ldots, x_p$ 的取值来估计及预测 y 的值。其中估计及预测的精度取决于回归方程对观测数据的拟合程度。回归方程与各观测点的接近程度称为回归方程对数据的拟合优度。一般用多重判定系数进行描述。在多元线性回归中,回归平方和占总平方和的比例称为多重判定系数,计算公式为

$$R^2 = \frac{SSR}{SST} = 1 - \frac{SSE}{SST} \qquad (2\text{-}13)$$

其中 SSR 是回归平方和,SST 为总平方和,SSE 为残差平方和。

在该公式中,当自变量增加时,会使得预测误差变得比较小,从而减少残差平方和。如果模型中增加一个自变量,即使这个自变量在统计上并不显著,R^2 也会增大,为了避免该问题,统计上经常用修正的多重判定系数来代替多重判定系数。修正判定系数的计算公式为

$$R_a^2 = 1 - (1 - R^2) \times \frac{n-1}{n-p-1} = 1 - \frac{\dfrac{SSE}{n-p-1}}{\dfrac{SST}{n-1}}。 \qquad (2\text{-}14)$$

五、回归方程的显著性检验

回归分析的目的是根据建立的估计方程去估计预测 y 的值。当我们根据样本进行数据拟合时,实际已经假定了自变量 $x_1, x_2, \ldots, x_p$ 与因变量 y 之间存在线性关系,并且假定误差项 ε 服从正态分布,并且是等方差的,但这些假设是否成立需要进行检验。估计的方程只有通过了检验才能用于预测和估计。通常回归方程的检验分成线性关系的检验和回归系数的检验两种。

1. 线性关系检验

就是检验因变量 y 与 p 个自变量之间是否存在显著的线性关系,也称为显著性检验。具体步骤:

第一步:提出假设 $H_0: \beta_1 = \beta_2 = \ldots = \beta_p = 0$　$H_1: \beta_1, \beta_2, \ldots, \beta_p$ 至少有一个不为 0;

第二步:计算检验的统计量:$F = \dfrac{\dfrac{SSR}{p}}{\dfrac{SSE}{n-p-1}} \sim F(p, n-p-1)$;

第三步:做出统计决策。在给定显著性水平 α(通常最常见的 $\alpha = 0.05$,常用的还有 $\alpha = 0.1$ 及 $\alpha = 0.01$ 等)的情况下,根据分子自由度为 p,分母自由度为 $n-p-1$,查 F 分布表得到 F_α。若 $F > F_\alpha$,则拒绝原假设;否则不拒绝原假设。一般计算机软件输出的结果都提供 P 值,可以通过 P 值进行检验,当 $P < \alpha$ 时拒绝原假设,否则不拒绝原假设。通常软件默认的 α 的值为 0.05。

只有当检验拒绝了原假设,才能认为因变量 y 与 p 个自变量总体之间存在显著的线性关系。此时并不意味着 y 与每个系数之间都存在着线性关系。要判断每个自变量对因变量 y 的影响是否显著,则需要对各个回归系数分别进行检验。

2. 回归系数的检验

回归系数检验的具体步骤为:

第一步:提出假设:$H_0 : \beta_i = 0$ $\quad H_1 : \beta_i \neq 0$ $\quad (i = 1, 2, \ldots, p)$;

第二步:计算检验的统计量:$t_i = \dfrac{\hat{\beta}_i}{S_{\hat{\beta}_i}} \sim t(n - p - 1)$;

其中,$S_{\hat{\beta}_i}$ 为回归系数分布的标准差,$S_{\hat{\beta}_i} = \dfrac{S_y}{\sqrt{\sum x_i^2 - \dfrac{1}{n} \left(\sum x_i \right)^2}}$。

第三步:做出统计决策。在给定显著性水平 α 的情况下,根据自由度为 $n - p - 1$,查 t 分布表得到 $t_{\frac{\alpha}{2}}$。若 $|t| > t_{\frac{\alpha}{2}}$,则拒绝原假设;否则不拒绝原假设。一般计算机软件输出的结果通过 P 值进行检验,当 $P < \alpha$ 时拒绝原假设,否则不拒绝原假设。只有拒绝了原假设,才能认为 x_i 的系数 $\beta_i \neq 0$,即 y 与 x_i 存在线性关系。

六、多重共线性

当回归模型中使用两个及两个以上的变量时,这些自变量之间往往会包含重复的信息,并且为线性相关的。例如,探讨银行的不良贷款 y 与贷款余额及累计应收贷款之间是否存在线性关系,此时自变量贷款余额和累计应收贷款之间就存在很强的相关关系,提供重复的信息。

1. 多重共线性所产生的问题

当回归模型中两个或两个以上的变量之间彼此线性相关时,称回归分析中存在多重共线性。在实际问题的研究过程中,自变量之间存在多重共线性是很常见的。当研究的经济问题涉及时间序列资料时,由于经济变量随时间往往存在共同的变化趋势,容易存在共线性。例如,研究我国城镇居民的消费状况时,影响居民消费的因素有很多,一般有职工平均工资、银行利率、全国零售物价指数、国债利率、货币发行量、居民储蓄额等,这些因素显然既对居民的消费产生重要影响,同时彼此之间又存在很强的相关性。即便是利用截面数据建立的回归方程,也常常因为变量选取和数据获取等因素造成高度相关的情况。例如,研究某地区粮食产量的模型时,讨论以粮食的产量为因变量 y,以农民的农业资金投入 x_1、肥料支出费用 x_2 和浇水面积 x_3 之间的关系。从单独因素来看,三者都是影响粮食产量的重要因素。但是综合进行分析就会发现,农民的农业资金投入 x_1 已经用肥料支出费用 x_2 和浇水面积 x_3

表达出来,从而造成多重共线性。去除农民的农业资金投入 x_1,再进行回归,会发现模型的拟合结果和预测的效果都比之前理想很多。

回归方程中变量之间多重共线性的存在会造成回归结果的混乱,做出错误的拟合。

在实际问题的研究中,回归模型存在完全共线性的可能性并不大,经常遇到的是存在近似共线性的情况。一般来讲,自变量之间的相关程度越高,多重共线性就越严重,回归系数估计值的方差越大,回归系数的置信区间就越宽,估计的精度就会大幅下降,使估计值的稳定性变差,进一步导致回归方程整体高度显著时,一些回归系数通不过显著性检验,回归系数的正负号与预期估计的符号相反,造成无法解释回归方程等问题。

利用模型去做经济分析时,要尽可能避免多重共线性。利用模型进行经济分析,只要保证自变量的相关模型在未来时期保持不变,即使回归模型中包含严重的多重共线性,也可以得到较好的预测结果,如果不能保证自变量的相关模型在未来时期保持不变,则多重共线会对回归预测产生严重的影响。

2. 多重共线性的判断

在建立好的回归方程后,可以通过以下一些指标来判断回归方程是否存在多重共线性。

第一个指标:相关系数。对自变量进行相关性分析,当两个自变量的相关系数高于 0.8 时,表明回归方程存在多重共线性。需要说明的是,当两个自变量的相关系数低时,并不能表示这两个变量之间不存在多重共线性。

第二个指标:方差扩大因子。一般统计软件都会提供 VIF_j 的值。

$$VIF_j = \frac{1}{1 - R_j^2} \tag{2-15}$$

其中,R_j^2 为自变量 x_j 对其他 $p-1$ 个变量的复决定系数,R_j^2 度量了自变量 x_j 与其他 $p-1$ 个自变量的线性相关程度。这种相关程度越强,说明自变量之间的多重共线性越严重。R_j^2 越接近于 1,VIF_j 的值就越大。经验上,当 $VIF_j \geq 10$ 时,就说明 x_j 与其他 $p-1$ 个自变量之间存在严重多重共线性,且这种多重共线性会过度影响最小二乘估计的结果。

第三个指标:容忍度。有些软件提供 $Tol_j = 1 - R_j^2$ 的值,即容忍度(tolerance)。当 $Tol_j \leq 0.1$ 时,认为 x_j 与其他 $p-1$ 个自变量之间存在严重多重共线性。

第四个指标:条件系数。若一个实际问题的 n 组观测数据为 $(x_{i1}, x_{i2}, \ldots, x_{ip}, y_i)$ $(i = 1, 2, \ldots, n)$,X 为资料矩阵,$X'X$ 的最大特征根记为 $\lambda_{\max}$,第 i 个特征根为 λ_i。定义 $k_i = \sqrt{\dfrac{\lambda_{\max}}{\lambda_i}}$ 为 λ_i 的条件数。通常 $0 < k < 10$ 时,认为变量之间没有多重共线性;$10 \leq k < 100$ 时,认为变量之间有较强的多重共线性;$k \geq 100$ 时,认为变量之间存在严重的多重共线性。

除了上述几个判断指标,还可以通过直观法对变量之间的多重共线性进行初步的判断。例如,当增加或剔除一个自变量时,回归系数的估计值会发生较大变化,或者一些重要的自变量在回归方程中没有通过显著性检验,或者回归方程中一些变量系数的符号明显与定性分析的结果相违背等,都可以认定变量之间存在多重共线性。

3. 多重共线性的消除

消除多重共线性最常用的方法是剔除一些不重要的解释变量。在实际问题的分析过程中如果无法判断出变量的重要性程度,则可以首先去掉方差扩大因子最大者所对应的自变量(或者是相关系数最大者),再重新建立回归方程,去除该自变量进行回归拟合以后,如果仍然存在严重的多重共线性,再继续按照方差扩大因子最大原则去除。

需要注意的是:当第二次再去除一个自变量进行回归拟合以后,可以再次添加第一次去除的自变量进行拟合,防止因为去除变量过快而造成去除分析问题的重要影响因素。

建立一个实际问题的回归模型时,如果收集的样本数据太少,也容易产生多重共线性。当选取的变量个数接近样本量 n 时,自变量间就容易产生共线性。所以在运用回归模型进行实际问题研究时,要尽可能使样本量 n 大于自变量个数 p。

结合所研究的实际问题的背景,根据专家的建议、通常考虑该类问题的变量选取、深入探索各自变量之间内在的关系方法,均在剔除或添加变量环节起到重要作用。

总之,在选择回归模型进行试验时,可以将回归系数的显著性检验、方差扩大因子 VIF 的多重共线性检测、自变量的实际含义等进行综合考虑后,再确定添加或剔除变量。

七、预测与控制

建立回归模型最主要的两个应用是预测和控制。

1. 预测

预测又分为单值预测和区间预测。

单值预测是将自变量的取值 $(x_{01}, x_{02}, \cdots, x_{0p})$ 代入 $\hat{\beta}_0 + \hat{\beta}_1 x_{01} + \hat{\beta}_2 x_{02} + \cdots + \hat{\beta}_p x_{0p}$

得到的值 $\hat{y}_0$ 即为预测值。该方法也可用于回归模型建立优劣的检验。具体做法就是:当观察数据量比较大的时候,在利用观察数据确定回归模型的参数时,留下几组数据不参与拟合,在得到回归方程后,将自变量 $(x_{i1}, x_{i2}, \ldots, x_{ip})$ 代入回归方程,看得到的 $\hat{y}_i$ 与观察值 n 的差距。如果这个差值不大,也可以认为模型建立效果较好。

区间预测是指根据给定的自变量取值,给出 $\hat{y}_i$ 的取值区间。一般统计软件都直接给出该区间的值。

2. 控制

控制问题相当于预测的反问题,预测与控制有着密切的关系。很多经济和工程问题,都要求 y 在一定的范围内取值。例如,研究今年的经济增长率时,希望经济增长率保持在7%~

12%;在控制通货膨胀问题中,希望全国的零售物价指数增长控制在5%以内等。这些问题归结为:要求 $T_1 < y < T_2$,如何控制 $(x_1, x_2, \dots, x_p)$。即讨论如何控制自变量 $(x_1, x_2, \dots, x_p)$,才能以 $1-\alpha$ 的把握使得目标值 y 控制在 $T_1 < y < T_2$ 中。即 $P(T_1 < y < T_2) \geq 1-\alpha$。一般软件都提供预测的结果。详细的理论推导及公式可以参见【9】

2.2 线性回归分析的实验案例

例 2.2 超市选址问题。某超市是一家连锁超市,为了确定一个连锁超市的最佳位置,决定建立回归模型描述各连锁超市的总销售量。每家连锁店的总销售量都是地理位置相关属性的函数,找到描述这种函数的方程,就可以选择下一个新的连锁店的位置。

由该问题出发,了解实际情况,理想的地址应该具备一些特点。首先是超市所处的位置,此外,某位置具有独特的属性也很重要。通过分析发现,实际上有 3 个主要因素决定销售量:超市附近的人口密度、附近居民的一般收入水平以及附近规模相当的超市的数量(可以视其为竞争对手)。

由该问题出发,最终确认解释变量为:

1. 竞争对手数(方圆 2 千米内的相近规模的超市数量);

2. 人口数(方圆 3 千米内居住的人口数);

3. 收入(居住地人口的平均收入水平)。

首先通过调研得到 33 组数据如下:

表 2-1 超市相关数据

序号	营业额 y（元）	竞争对手（个）	人口（人）	月收入水平（元）	序号	营业额 y（元）	竞争对手（个）	人口（人）	月收入水平（元）
1	107919	3	65044	13240	18	125343	6	149894	15289
2	118866	5	101376	22554	19	121886	3	57386	16702
3	98579	7	124989	16916	20	134594	6	185105	19093
4	122015	2	55249	20967	21	152937	3	114520	26502
5	152827	3	73775	19576	22	109622	3	52933	18760
6	91259	5	48484	15039	23	149884	5	203500	33424
7	123550	8	138809	21857	24	98388	4	39334	14988
8	160931	2	50244	26435	25	140791	3	95120	18505
9	98496	6	104300	24024	26	101260	3	49200	16839
10	108052	2	37852	14987	27	139517	4	113566	28915
11	144788	3	66921	30902	28	115236	9	194125	19033

续表

序号	营业额 y（元）	竞争对手（个）	人口（人）	月收入水平（元）	序号	营业额 y（元）	竞争对手（个）	人口（人）	月收入水平（元）
12	164571	4	166332	31573	29	136749	7	233844	19200
13	105564	3	61951	19001	30	105067	7	83416	22833
14	102568	5	100441	20058	31	136872	6	183953	14409
15	103342	2	39462	16194	32	117146	3	60457	20307
16	127030	5	139900	21384	33	163538	2	65065	20111
17	166755	6	171740	18800	34	125634	4	103887	20558

希望通过线性回归的方式来确定解释变量与被解释变量之间的关系。设竞争对手为 x_1，人口数为 x_2，月收入水平 x_3。回归模型为

$$y = \beta_0 + \beta_1 x_1 + \beta_2 x_2 + \beta_3 x_3 + \varepsilon$$

应用 SPSS 软件进行运算，确定回归模型的参数，并进行参数检验等。

在进行回归分析之前，首先绘制散点图，观察数据的走势。选择菜单"图形（Graphs）→ 图标建立（Chart Buider）"，弹出"图标建立（Chart Buider）"对话框，选中"散点/点图（Scatter/Dot）"选项，并选择简单散点图（Simple Scatter），选中"营业额"到 y 轴坐标，"竞争对手"到 x 坐标，得到散点图 2-2。

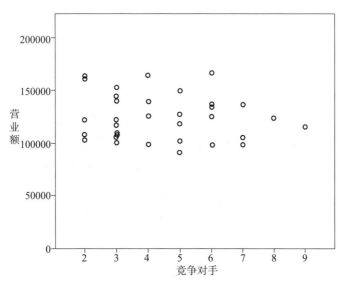

图 2-2　竞争对手与营业额散点

类似地，我们还可得到人口与营业额的散点图 2-3 及收入水平与营业额散点图 2-4。

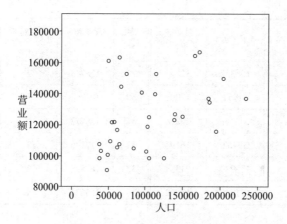

图 2-3　人口与营业额的散点

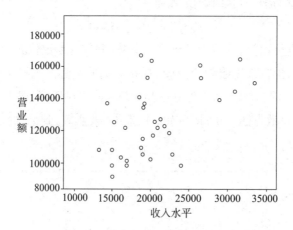

图 2-4　收入水平与营业额散点

由上述三幅散点图可以看出,数据没有特殊的异常点,可以进行回归。

然后选择菜单"分析(Analyze)→回归(Regression)→线性(Linear)"以"营业额"为因变量,"竞争对手""人口""月收入水平"为自变量,进行回归,得到表2-2。

表 2-2　模型汇总[b]

| 模型 | R | R^2 | 调整 R^2 | 标准估计的误差 | 更改统计量 | | | | | Durbin-Watson |
					R^2 更改	F 更改	df1	df2	Sig. F 更改	
1	.785[a]	.617	.578	14324.721	.617	16.092	3	30	.000	1.945

注:a 为预测变量(常量),表示收入水平、竞争对手、人口。

　　b 为因变量,表示营业额

由模型汇总表中可知,$R^2 = 0.617$,调整后的 $R^2 = 0.578$,可以接受。$P < 0.000$。

表 2-3 回归系数

模型	非标准化系数		标准系数	t	Sig.	B 的 95% 置信区间		共线性统计量	
	B	标准误差	试用版			下限	上限	容差	VIF
（常量）	102168.553	12562.051		8.133	.000	76513.423	127823.683		
竞争对手	-9049.471	2019.478	-.776	-4.481	.000	-13173.795	-4925.147	.426	2.346
人口	.354	.072	.883	4.945	.000	.208	.500	.401	2.495
收入水平	1.282	.534	.295	2.401	.023	.191	2.372	.846	1.182

由表 2-3 可知，回归的方程为

$$\hat{y} = 102168.553 - 9049.471x_1 + 0.354x_2 + 1.282x_3 \qquad (2\text{-}16)$$

由 Sig 的数据（即 P 值）可知，几个回归系数均通过了检验。且系数的区间都不包含 0 点，符号是确定的。竞争对手的系数是负的。这说明竞争对手个数增加时，会导致营业额的下降；人口数和收入水平的系数都是正的，说明营业额会随着两个变量的增加而增加。这都是和实际相吻合的。

由线性统计量容差和 VIF 的数据可以看出，容差大于 0.1，且 VIF 均小于 10，判断选取的自变量之间不存在多重共线性的问题。

表 2-4 系数相关[a]

模型			收入水平	竞争对手	人口
1	相关性	收入水平	1.000	.315	-.391
		竞争对手	.315	1.000	-.757
		人口	-.391	-.757	1.000
	协方差	收入水平	.285	339.617	-.015
		竞争对手	339.617	4078290.924	-109.446
		人口	-.015	-109.446	.005

注：a 为因变量，表示营业额

由表 2-4 可以看出，除竞争对手与人口数的相关性较强外，其他自变量之间的相关程度都可以接受。而竞争对手与人口两个指标的容差和 VIF 均显示不存在多重共线性，因此不对上述两个指标进行剔除。

例 2.3 研究我国城镇居民家庭全年人均消费性支出的影响因素。

由问题出发，根据经济学基本知识，分析影响居民消费的因素有很多。居民的收入水平、消费价格指数、生活必需品消费、教育消费、医疗消费等。最终确认被解释变量为居民家庭平均每人消费性支出 y，解释变量为：x_1 食品消费、x_2 服装消费、x_3 居住消费居住、x_4 交通消费、x_5 通信消费、x_6 教育消费、x_7 医疗消费、x_8 地区人均 GDP、x_9 地区消费价格指数及 x_{10} 地区失业率等。选取 10 个解释变量研究城镇居民家庭平均每人消费性支出 y。

数据选取 2013 年版《中国统计年鉴》中 30 个省、市、自治区 2012 年的数据。以居民的消费性支出(单位:元)为因变量,上述 10 个变量为自变量进行多元线性回归。其中 $x_1 \sim x_8$ 的单位为元,x_{10} 的单位为%。数据如表 2-5 所示。

表 2-5　我国 2012 年城镇居民家庭全年人均消费性支出数据　　　　　　　　单位:元

指标 地区	消费支出	食品	服装	居住	交通	通信	教育	医疗	地区人均GDP	地区消费价格指数	地区失业率(%)
北京	24045.86	7535.29	2638.90	1970.94	2725.74	1055.77	1214.24	1658.37	1658.37	103.30	1.27
天津	20024.24	7343.64	1881.43	1854.22	2004.89	1078.48	925.25	1556.35	1556.35	102.80	3.60
河北	12531.12	4211.16	1541.99	1502.41	1115.09	608.67	481.39	1047.28	1047.28	102.60	3.69
山西	12211.53	3855.56	1529.47	1438.88	1012.22	660.08	719.76	905.88	905.88	102.50	3.33
内蒙古	17717.10	5463.18	2730.23	1583.56	1863.06	709.88	786.53	1354.09	1354.09	103.10	3.73
辽宁	16593.60	5809.39	2042.40	1433.28	1507.46	815.83	816.58	1309.62	1309.62	102.50	3.55
吉林	14613.53	4635.27	2044.80	1594.14	1083.91	696.75	883.10	1447.50	1447.50	102.50	3.65
黑龙江	12983.55	4687.23	1806.92	1336.85	922.41	540.19	627.29	1180.67	1180.67	103.20	4.15
上海	26253.47	9655.60	2111.17	1790.48	3221.58	1342.23	1241.36	1016.65	1016.65	102.80	3.05
江苏	18825.28	6658.37	1915.97	1437.08	1855.02	834.48	1111.65	1058.11	1058.11	102.20	3.14
浙江	21545.18	7552.02	2109.58	1551.69	3048.46	1085.04	1457.04	1228.02	1228.02	102.20	3.01
安徽	15011.66	5814.92	1540.66	1396.97	1012.05	797.67	948.12	1142.96	1142.96	102.30	3.68
福建	18593.21	7317.42	1634.21	1753.86	1924.89	1036.89	756.09	773.22	773.22	102.40	3.63
江西	12775.65	5071.61	1476.63	1173.91	915.30	586.04	548.65	670.71	670.71	102.20	3.00
山东	15778.24	5201.32	2196.98	1572.35	1634.99	735.24	692.03	1005.25	1005.25	102.10	3.33
河南	13732.96	4607.47	1885.99	1190.81	1125.25	605.09	549.10	1085.47	1085.47	102.60	3.08
湖北	14495.97	5837.93	1783.41	1371.15	867.08	609.90	725.83	1029.55	1029.55	102.90	3.83
湖南	14608.95	5441.63	1624.57	1301.60	1421.93	662.23	787.20	918.41	918.41	102.00	4.23
广东	22396.35	8258.44	1520.59	2099.75	2882.35	1294.31	1078.38	1048.28	1048.28	102.80	2.48
广西	14243.98	5552.56	1146.46	1377.26	1448.53	640.12	679.88	883.56	883.56	103.30	3.41
海南	14456.55	6556.10	864.96	1521.04	1261.77	742.57	572.28	993.24	993.24	103.20	2.01
重庆	16573.14	6870.23	2228.76	1177.02	1090.36	812.88	480.59	1101.56	1101.56	102.60	3.30
四川	15049.54	6073.86	1651.14	1284.09	1088.11	858.61	622.15	772.75	772.75	102.50	4.02
贵州	12585.70	4992.85	1399.00	1013.53	1146.18	744.85	499.87	654.53	654.53	102.70	3.29
云南	13883.93	5468.17	1759.89	973.76	1476.90	788.05	502.94	939.13	939.13	102.80	4.03
陕西	15332.84	5550.71	1789.06	1322.22	1046.19	742.19	955.48	1212.44	1212.44	102.80	3.22
甘肃	12847.05	4602.33	1631.40	1287.93	799.76	775.90	517.32	1049.65	1049.65	102.70	2.68
青海	12346.29	4667.34	1512.24	1232.39	983.65	566.11	422.02	906.14	906.14	103.10	3.37
宁夏	14067.15	4768.91	1875.70	1193.37	1468.29	642.12	581.15	1063.09	1063.09	102.00	4.18
新疆	13891.72	5238.89	2031.14	1166.59	1030.83	629.45	600.01	1027.60	1027.60	103.80	3.39

通过线性回归的方式来确定解释变量与被解释变量之间的关系,运用 SPSS 软件实现。

选择菜单栏中的"分析(Analyze)"→"回归(Regression)"→"线性(Linear)"命令,弹出"线性回归(Linear Regression)"对话框。这既是一元线性回归也是多元线性回归的主操作窗口。多元回归模型涉及多个自变量,要在线性回归(Linear Regression)对话框左侧的候选变量列表框中选择多个变量,将其添加至自变量【Independent(s)】列表框中,即选择这些变量作为多元线性回归的自变量。

表 2-6   模型汇总

模型	更改统计量				
	R^2 更改	F 更改	df1	df2	Sig. F 更改
1	.993[a]	304.310	9	20	.000

注:a. 预测变量:(常量),地区失业率,服装(元),地区消费价格指数,食品(元),地区人均 GDP(元),居住(元),教育(元),交通(元),通信(元)。

由表 2-6 可知:调整后的 $R^2 = 0.993$,可以接受。$P < 0.000$,线性模型的回归方程通过检验。

表 2-7   模型系数[a]

模型		非标准化系数		标准系数	t	Sig.
		B	标准误差	试用版		
1	(常量)	−5288.530	22031.684		−.240	.813
	食品(元)	1.237	.140	.446	8.832	.000
	服装(元)	1.912	.267	.202	7.167	.000
	居住(元)	1.591	.468	.116	3.397	.003
	交通(元)	1.259	.264	.232	4.762	.000
	通信(元)	1.284	1.004	.073	1.279	.216
	教育(元)	1.571	.518	.112	3.036	.007
	地区人均 GDP(元)	.088	.514	.006	.172	.865
	地区消费价格指数	47.859	213.097	.005	.225	.825
	地区失业率	−226.918	137.928	−.039	−1.645	.116

注:a. 因变量:消费支出(元)

通过系数数据可以看出:食品、服装、居住、交通、教育等几个指标通过了显著性检验;常数项、通信、地区人均 GDP、地区消费价格指数、地区失业率等几个指标没有通过显著性检验。

表 2-8　已排除的变量[b]

模型		Beta In	t	Sig.	偏相关	共线性统计量
						容差
1	医疗(元)	.[a]	.	.	.	.000

由已排除的变量可知医疗被排除在整个线性模型之外,并且模型的拟合进一步去除变量,首先去除医疗和地区人均 GDP 继续建立线性回归模型。

表 2-9　系数[a]

模型		非标准化系数		标准系数	t	Sig.
		B	标准误差	试用版		
1	(常量)	−6157.823	20945.175		−.294	.772
	食品(元)	1.234	.136	.445	9.108	.000
	服装(元)	1.941	.202	.205	9.619	.000
	居住(元)	1.627	.408	.119	3.985	.001
	交通(元)	1.245	.247	.230	5.051	.000
	通信(元)	1.289	.980	.073	1.314	.203
	教育(元)	1.606	.465	.114	3.458	.002
	地区消费价格指数	56.370	202.450	.006	.278	.783
	地区失业率	−228.382	134.448	−.040	−1.699	.104

注:a. 因变量:消费支出(元)

通过系数数据可以看出,还是有通信、地区消费价格指数、地区失业率没有通过系数检验没有通过显著性检验;再一次去除地区价格消费指数进行回归分析,还有通信、地区失业率没有通过系数检验没有通过显著性检验;再一次去除通信之后进行回归分析得到表 2-10。

表 2-10　回归系数

模型		非标准化系数		标准系数	t	Sig.	B 的 95%置信区间		共线性统计量	
		B	标准误差	试用版			下限	上限	容差	VIF
	(常量)	−332.227	820.023		−.405	.689	−2028.574	1364.121		
	食品(元)	1.356	.094	.489	14.386	.000	1.161	1.551	.296	3.379
	服装(元)	1.919	.198	.203	9.692	.000	1.509	2.328	.779	1.283
	居住(元)	1.773	.390	.129	4.544	.000	.966	2.580	.421	2.373
	交通(元)	1.357	.229	.250	5.926	.000	.883	1.830	.192	5.208
	教育(元)	1.576	.452	.112	3.491	.002	.642	2.510	.332	3.012
	地区失业率	−240.473	121.586	−.042	−1.978	.060	−491.992	11.046	.770	1.299

当显著性水平 α 取 0.10 时,回归方程通过线性检验,并且各系数通过检验,共线性统计量 VIF 的值均不超过 10,不存在多重共线性。并且除常数项以外,各变量的系数符号没有发

生改变含义明确。

最终的回归方程为

$$\hat{y} = -332.227 + 1.356x_1 + 1.919x_2 + 1.773x_3 + 1.375x_4 + 1.576x_6 - 240.473x_{10} \quad (2-17)$$

食品、服装、居住、交通、教育的变动和居民人均消费性支出之间是正向变动关系。例如,在其他变量的值保持不变的情况下,食品消费增加一个单位,消费性支出将增加 1.356 个单位。地区失业率与人均消费性支出之间是反向变动关系。当人均失业率提高一个百分比单位时,人均的消费性支出会下降 240.473 个单位。也就是说,当经济不景气的时候,人们的消费性支出会下降,人们会更多地保存现金,以备不时之需。

由分析可知,在众多因素的影响下,各个指标会因为有较强的相关性而导致相互影响,而经过几次的实验分析可知,医疗与居民的消费性支出之间的线性关系不明显。画出散点图如下:

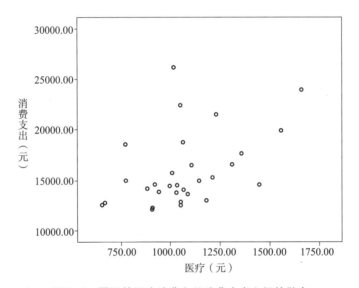

图 2-5　居民的医疗消费和总消费支出之间的散点

由图 2-5 可以看出,医疗的消费与总消费支出之间的线性关系非常弱。这说明无论经济条件是什么样,医疗的消费都是刚性需求。而且无论居民的人均消费情况如何,医疗的费用都不会有非常大的变化。一般情况下,不会有人因为经济问题而选择看病或不看病,身体的健康状况决定了医疗消费的金额。

2.3　非线性回归分析方法介绍

一、可以化为线性回归的曲线回归方程

在实际问题中,很多回归模型的被解释变量 y 和解释变量 x 之间的关系都不是线性关

系,其中一些回归模型可以通过对自变量或因变量的函数变换转化为线性关系,利用线性回归求解未知参数,并做出回归分析。如:

$$y=\beta_0+\beta_1 e^{bx}+\varepsilon\,(b\ 已知) \tag{2-18}$$

$$y=ae^{bx}e^{\varepsilon} \tag{2-19}$$

$$y=ae^{bx}+\varepsilon \tag{2-20}$$

$$y=\beta_0+\beta_1 x+\beta_2 x^2+\cdots+\beta_p x^p+\varepsilon \tag{2-21}$$

对于式(2-18),只需要令 $x'=e^{bx}$,原模型就转化为 $y=\beta_0+\beta_1 x'+\varepsilon$ 的线性形式了。

对于式(2-19),需要两边取自然对数:$lny=lna+bx+\varepsilon$,令 $y'=lny$,$a'=lna$,原模型就转化为 $y'=a'+bx+\varepsilon$ 的线性形式了。

对于式(2-20),需要令 $x'=e^{bx}$,$y'=y-\varepsilon$,原模型就转化为 $y=\beta_0+\beta_1 x'+\varepsilon'$ 的线性形式了。

对于式(2-21),需要令 $x_1=x$,$x_2=x^2$,$\cdots$,$x_p=x^p$,原模型就转化为 $y=\beta_0+\beta_1 x_1+\beta_2 x_2+\cdots+\beta_p x_p+\varepsilon$ 的线性形式了。

二、不进行回归方程的转化,借助软件直接进行拟合

现在借助计算机软件进行回归,可以很容易进行,有时甚至不需要将模型进行转化。不同的软件会提供常见的非线性模型的回归。

1. 利用 SPSS 软件回归模块的曲线估计功能进行估计

如 SPSS 软件针对表2-11 给出的11 种常见的可线性化曲线,可以直接进行回归。

表2-11　SPSS 软件提供可以直接进行回归的非线性函数

函数名称	方程形式	函数名称	方程形式
线性函数	$y=\beta_0+\beta_1 x$	复合函数	$y=\beta_0\beta_1{}^x$
对数函数	$y=\beta_0+\beta_1 lnx$	S 型函数	$y=exp(\beta_0+\beta_1\dfrac{1}{x})$
逆函数	$y=\beta_0+\beta_1\dfrac{1}{x}$	逻辑函数	$y=\dfrac{1}{\dfrac{1}{u}+\beta_0\beta_1{}^x}$　u 是已知常数
二次曲线	$y=\beta_0+\beta_1 x+\beta_2 x^2$	增长函数	$y=exp(\beta_0+\beta_1 x)$
三次曲线	$y=\beta_0+\beta_1 x+\beta_2 x^2+\beta_3 x^3$	指数函数	$y=\beta_0 exp(\beta_1 x)$
幂函数	$y=\beta_0 x^{\beta_1}$		

例2.4　对国内生产总值 GDP 的拟合。

选取我国 GDP 指标为因变量,单位为亿元,拟合 GDP 关于时间 t 的趋势曲线。以 1991 年为基准年,取 t=1,2017 年 t=27,数据见表2-12。

表 2-12　我国 1991—2017 年 GDP 数据

年份	t	y	年份	t	y	年份	t	y
1991	1	21781.5	2000	10	99214.6	2009	19	340507
1992	2	26923.5	2001	11	109655	2010	20	397980
1993	3	35333.9	2002	12	120333	2011	21	471564
1994	4	48197.9	2003	13	135823	2012	22	519322
1995	5	60793.7	2004	14	159878	2013	23	568845
1996	6	71176.6	2005	15	184937	2014	24	636463
1997	7	78973.0	2006	16	216314	2015	25	677000
1998	8	84402.3	2007	17	265810	2016	26	744127
1999	9	89677.1	2008	18	314045	2017	27	827122

首先画出散点图,如图 2-6 所示,观察两个变量之间的关系:

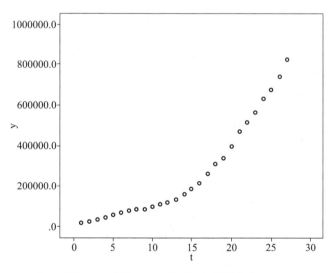

图 2-6　我国 GDP 随时间变化的散点图

由图形 2-6 可知,我国 GDP 随时间变化大体呈指数趋势,采用 SPSS 软件的回归分析模块的曲线估计进行。

选择菜单"分析(Analyze)→回归(Regression)→曲线估计(Curvilinear Regression)",选择 GDP 为因变量,时间 t 为自变量,如图 2-7 所示,进行曲线估计,并与线性估计进行比较,得到图 2-8。

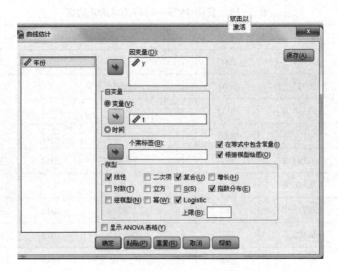

图 2-7　GDP 随时间变化的拟合曲线的操作

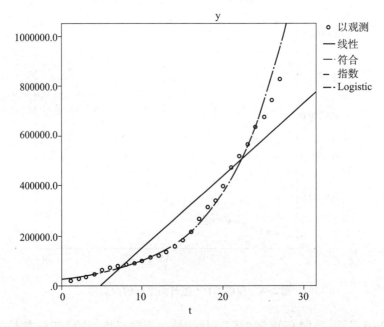

图 2-8　我国 GDP 随时间变化的拟合曲线

　　由拟合的图 2-8 可知,采用复合拟合、指数拟合与 Logistic(逻辑函数)拟合的是同一条曲线。再根据软件报告表 2-17 模型汇总和参数估计值可知,线性拟合的 $R^2 = 0.877 < 0.987$ 明显低于其他三种方式的拟合值。其他三种方式拟合的 R^2 相等,只是各自的参数值不同。采用复合方式进行拟合的结果为:复合拟合方程为 $\hat{y} = 25935.879 \times 1.143^x$,指数拟合方程为 $\hat{y} = 25935.879 \times e^{0.133x}$,因为 $\ln 1.1432 = 0.133$,故两个方程的拟合结果是一致的。类似的可以验证 Logistic 拟合方程与复合拟合、指数拟合结果相同。

表 2-13   模型汇总和参数估计值

因变量: y

方程	模型汇总					参数估计值	
	R^3	F	df1	df2	Sig.	常数	b1
线性	.877	177.596	1	25	.000	-136469.151	29076.366
复合	.987	1962.623	1	25	.000	25935.879	1.143
指数	.987	1962.623	1	25	.000	25935.879	.133
Logistic	.987	1962.623	1	25	.000	3.856E-5	.875

注: 自变量为 t。

2. 利用 SPSS 软件回归模块的非线性功能进行估计

利用 SPSS 软件回归分析功能中的非线性模型, 可以通过输入公式的方式进行非线性回归操作。

例 2.5   牙膏的销售模型。

某大型牙膏制造企业为了更好地拓展产品市场, 有效地管理库存, 公司董事会要求销售部门根据市场调查, 找出公司生产的牙膏销售量与销售价格、广告投入等之间的关系, 从而预测出在不同价格和广告费用下的销售量。为此, 销售部的研究人员收集了过去 30 个销售周期(每个销售周期为 4 周)公司生产的牙膏的销售量、销售价格、投入的广告费用, 以及同期其他厂家生产的同类牙膏的市场平均销售价格, 见表 2-14。试根据这些数据建立一个数学模型, 分析牙膏销售量与其他因素的关系, 为制定价格策略和广告投入策略提供数量依据。该案例数据选自参考文献【23】

表 2-14   牙膏销售量与销售价格、广告费用等数据

销售周期	公司销售价格(元)	其他厂家平均价格(元)	广告费用(百万元)	销售量(百万支)
1	3.85	3.80	5.5	7.38
2	3.75	4.00	6.75	8.51
3	3.70	4.30	7.25	9.52
4	3.60	3.70	5.50	7.50
5	3.60	3.85	7.00	9.33
6	3.6	3.80	6.50	8.28
7	3.6	3.75	6.75	8.75
8	3.8	3.85	5.25	7.87
9	3.8	3.65	5.25	7.10

销售周期	公司销售价格(元)	其他厂家平均价格(元)	广告费用(百万元)	销售量(百万支)
10	3.85	4.00	6.00	8.00
11	3.90	4.10	6.50	7.89
12	3.90	4.00	6.25	8.15
13	3.70	4.10	7.00	9.10
14	3.75	4.20	6.90	8.86
15	3.75	4.10	6.80	8.90
16	3.80	4.10	6.80	8.87
17	3.70	4.20	7.10	9.26
18	3.80	4.30	7.00	9.00
19	3.70	4.10	6.80	8.75
20	3.80	3.75	6.50	7.95
21	3.80	3.75	6.25	7.65
22	3.75	3.65	6.00	7.27
23	3.70	3.90	6.50	8.00
24	3.55	3.65	7.00	8.50
25	3.60	4.10	6.80	8.75
26	3.70	4.25	6.80	9.21
27	3.75	3.65	6.50	8.27
28	3.75	3.75	5.75	7.67
29	3.80	3.85	5.80	7.93
30	3.70	4.25	6.80	9.26

实验分析:

1. 选取价格差代替商品价格和其他商品的均价

由于牙膏是百姓生活的必备品,是刚性需求,因此无论价格高低,大家都必然会选购,在选购的时候,更在意的是和牙膏品牌之间的比较。因此影响品牌销量的不是价格,而是和其他品牌的价格差。因此在进行实验的过程中,采用该品牌的牙膏与其他品牌牙膏的价格差作为自变量 x_1 进行分析。

2. 分析价格差与销量之间的函数关系

通过经济学分析认为价格差与销售量之间应该是线性关系,也就是说,这种影响是比较直接的。做出价格差与销售量之间的散点图与拟合效果图,如图 2-9 所示,再由表 2-15 价格差与销售量的模型参数汇总可知,选择二次或者更高次曲线,模型 R^2 的值提高很少,因此也证实了用线性进行拟合即可。

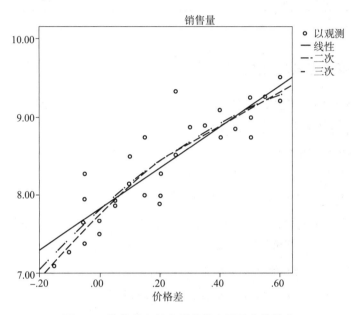

图 2-9 价格差和销售量的散点图及曲线拟合

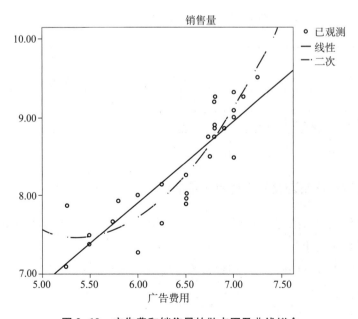

图 2-10 广告费和销售量的散点图及曲线拟合

表 2–15 模型汇总和参数估计值

因变量:销售量

方程	模型汇总					参数估计值			
	R^2	F	df1	df2	Sig.	常数	b1	b2	b3
线性	.792	106.303	1	28	.000	7.814	2.665		
二次	.804	55.488	2	27	.000	7.804	3.484	−2.728	
三次	.806	35.916	3	26	.000	7.824	3.685	−3.674	2.802

注:自变量为价格差。

3. 分析广告费与销量之间的函数关系

广告投入是影响商品销售的重要因素。尤其是在资讯异常发达的时代,广告效应在商品的销售中占据了很重要的地位。如多年前某著名影视演员关于某品牌牙膏的广告语"身体倍儿棒,吃嘛嘛香!"就曾经对大众的消费产生了一定的影响。本案例中选取广告费用为变量 x_2,牙膏的销售量为因变量 y 进行回归分析。

在回归之前,通过相关经济学知识进行分析可知,做广告,可以使销售量增加,根据边际产量递减规律广告费投入到一定数量后,销售量达到最优;由于消费者的厌恶,继续增加广告费投入销售量不但不会增加,反而会减少。因此可以假设广告费用与销售量呈二次多项式函数关系,并做出广告费和销售量的散点图,如图 2–11 所示。此外,通过表 2–16 还可以看出,利用二次曲线进行拟合 $R^2 = 0.838$,比直线的拟合效果好,且模型以及参数均可以通过检验。

表 2–16 模型汇总和参数估计值

因变量:销售量

方程	模型汇总					参数估计值		
	R^2	F	df1	df2	Sig.	常数	b1	b2
线性	.767	92.324	1	28	.000	1.649	1.043	
二次	.838	69.814	2	27	.000	25.109	−6.559	.610

注:自变量为广告费用。

4. 分析广告费、价格差交互作用对销量的影响

通过生活经验及分析猜想价格差与广告费用的交互作用会对销量产生影响。因此在模型中用两者的乘积来表示。

由上述 4 点分析及操作验证,以销售量为因变量 y,价格差 x_1 和广告费 x_2 为自变量建立非线性回归模型:

$$y = c_0 + c_1 x_1 + c_2 x_2 + c_3 x_2^2 + c_4 x_1 x_2 + \varepsilon \tag{2-22}$$

利用 SPSS 软件,选择菜单"分析(Analyze)→回归(Regression)→非线性(Nonlinear)",首先进行回归系数的设置,给定初始值,按照模型输入表达式,如图 2-11 所示。

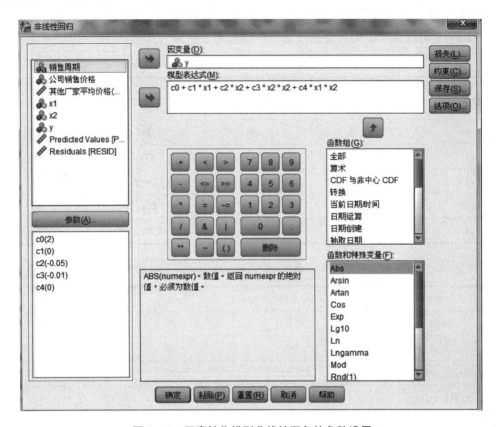

图 2-11　牙膏销售模型非线性回归的参数设置

运行软件得到迭代历史记录表 2-17,参数估计值表 2-18 和方差分析表 2-19 的结果如下:

表 2-17　迭代历史记录[b]

迭代数[a]	残差平方和	参数				
		c0	c1	c2	c3	c4
1.0	1540.183	2.000	.000	−.050	−.010	.000
1.1	1.064	29.113	11.134	−7.608	.671	−1.478
2.0	1.064	29.113	11.134	−7.608	.671	−1.478
2.1	1.064	29.113	11.134	−7.608	.671	−1.478

注:导数是通过数字计算的。

a. 主迭代数在小数左侧显示,次迭代数在小数右侧显示。

b. 由于连续残差平方和之间的相对减少量最多为 SSCON=1.00E-008,因此在 4 模型评估和 2 导数评估之后,系统停止运行。

由表 2-17 可知,迭代运行到第二次残差和估计的各参数均稳定收敛。

由表 2-18 可知,回归的方程为

$$\hat{y} = 29.113 + 11.134x_1 - 7.608x_2 + 0.671x_2^2 - 1.478x_1x_2 \tag{2-23}$$

各回归参数 95% 的置信区间均不包含 0 点,即参数的符号是确定的,含义明确。

由表 2-19 可知 $R^2 = 0.921$,比较满意。F 值远大于临界值,模型可用。

表 2-18 参数估计值

参数	估计	标准误	95%置信区间	
			下限	上限
c0	29.113	7.483	13.701	44.525
c1	11.134	4.446	1.978	20.291
c2	−7.608	2.469	−12.693	−2.523
c3	.671	.203	.254	1.089
c4	−1.478	.667	−2.852	−.104

表 2-19 ANOVA[a]

源	平方和	df	均方
回归	2120.467	5	424.093
残差	1.064	25	.043
未更正的总计	2121.532	30	
已更正的总计	13.459	29	

注:因变量:y

a. $R^2 = 1 - （残差平方和）/（已更正的平方和）= .921$。

2.4 含有定性变量的回归模型

在实际问题的研究中,经常会碰到一些非数值型变量,如分类变量:性别、学历、年级等。我们经常会考虑这些分类变量对研究结果的影响。通常也把这些分类变量称为定性变量。定性变量的回归在流行病学的回归中研究比较多。常用的情况是探索某类疾病的危险程度,根据危险因素预测某类疾病发生的概率等。

例 2.6 某研究所人员的工资分析。

某研究所的职工工资如表 2-20 所示,请建立一个模型来分析该研究所的职工兼职管理、职称、工作年限与他们的工资之间的关系。

表2-20 某研究所职工的工资情况

编号	管理	职称	参加工作年限（年）	工资（元）	编号	管理	职称	参加工作年限（年）	工资（元）
1	否	初级	3	7627	30	否	副高级	14	11874
2	否	初级	4	8402	31	否	副高级	16	12126
3	否	初级	6	8284	32	否	副高级	16	12196
4	否	初级	7	8617	33	否	副高级	23	12378
5	否	初级	9	8795	34	否	副高级	18	12622
6	否	初级	20	10627	35	否	副高级	17	13125
7	否	初级	21	10084	36	否	副高级	19	13131
8	否	初级	24	8940	37	否	副高级	9	13150
9	否	初级	25	8617	38	否	副高级	23	13188
10	否	初级	30	10115	39	否	副高级	15	13195
11	是	初级	32	14429	40	否	副高级	9	13313
12	否	中级	4	11118	41	否	副高级	16	13387
13	否	中级	10	11867	42	否	副高级	16	13387
14	否	中级	11	9515	43	否	副高级	10	13563
15	否	中级	12	11835	44	否	副高级	19	13568
16	否	中级	12	10066	45	否	副高级	21	13843
17	否	中级	13	11534	46	否	副高级	13	13905
18	否	中级	15	10626	47	否	副高级	21	13971
19	否	中级	16	10165	48	否	正高级	9	18069
20	否	中级	20	10681	49	是	正高级	23	18758
21	否	中级	21	11293	50	否	正高级	15	19005
22	否	中级	23	11166	51	否	正高级	16	19005
23	否	中级	28	12360	52	是	正高级	22	19488
24	否	中级	30	11967	53	是	正高级	30	20217
25	否	副高级	13	10985	54	是	正高级	33	26351
26	否	副高级	17	11215	55	是	正高级	10	58905
27	否	副高级	16	11243	56	否	正高级	21	16952
28	否	副高级	23	11684	57	否	正高级	10	17469
29	否	副高级	20	11768					

分析：通过建模来分析薪金和工作年限、职称、是否担任管理职务等的关系。薪金和工作年限是数值型变量。是否担任管理是用是否的形式。可以通过定义虚拟变量的形式实现：也就是用1代表担任管理、0代表不担任管理。职称是分类变量，也可以用虚拟变量表示。因为职称分为初级、中级、副高级和高级四个等级，可以用3个虚拟变量完成。

变量假设：$x_1=\begin{cases}1 & \text{担任管理工作}\\0 & \text{不担任管理工作}\end{cases}$，$x_3=\begin{cases}1 & \text{中级职称}\\0 & \text{非中级职称}\end{cases}$，$x_3=\begin{cases}1 & \text{副高级职称}\\0 & \text{非副高级职称}\end{cases}$，$x_4=\begin{cases}1 & \text{高级职称}\\0 & \text{非高级职称}\end{cases}$，$x_5$ 代表工作年限，y 代表工资。由上述假设可知，当变量 $x_2=x_3=x_4=0$ 时，代表初级职。

回归模型假设：

$$y=\beta_0+\beta_1 x_1+\beta_2 x_2+\beta_3 x_3+\beta_4 x_4+\beta_5 x_5+\varepsilon \tag{2-24}$$

由变量假设，将数据重新整理为表 2-21。

表 2-21 整理后的某研究所职工工资情况

编号	管理	中级	副高	正高	参加工作年限	工资	编号	管理	中级	副高	正高	参加工作年限	工资
1	0	0	0	0	3	7627	30	0	1	0	0	16	10165
2	0	0	0	0	4	8402	31	0	0	1	0	17	13125
3	0	1	0	0	4	11118	32	0	0	1	0	17	11215
4	0	0	0	0	6	8284	33	0	0	1	0	18	12622
5	0	0	0	0	7	8617	34	0	0	1	0	19	13568
6	0	0	0	0	9	8795	35	0	0	1	0	19	13131
7	0	0	1	0	9	13150	36	0	0	0	0	20	10627
8	0	0	1	1	9	18069	37	0	0	0	0	20	11768
9	0	0	1	0	9	13313	38	0	1	0	0	20	10681
10	0	0	1	0	10	13563	39	0	0	0	0	21	10084
11	0	0	0	1	10	18469	40	0	0	1	0	21	13971
12	0	1	0	0	10	11867	41	0	0	0	1	21	15952
13	1	0	1	1	10	58905	42	0	0	1	0	21	13843
14	0	1	0	0	11	9515	43	0	1	0	0	21	11293
15	0	1	0	0	12	11835	44	1	0	1	1	22	19488
16	0	1	0	0	12	10066	45	0	0	1	0	23	13188
17	0	0	1	0	13	10985	46	0	0	1	0	23	11684
18	0	0	1	0	13	13905	47	0	0	1	0	23	12378
19	0	1	0	0	13	11534	48	1	0	1	1	23	19758
20	0	0	1	0	14	11874	49	0	1	0	0	23	11166
21	0	0	1	1	15	18005	50	0	0	0	0	24	8940
22	0	0	1	0	15	13195	51	0	0	0	0	25	8617

续表

编号	管理	中级	副高	正高	参加工作年限	工资	编号	管理	中级	副高	正高	参加工作年限	工资
23	0	1	0	0	15	10626	52	0	1	0	0	28	12360
24	0	0	1	0	16	13387	53	0	0	0	0	30	10115
25	0	0	1	1	16	18005	54	1	0	1	1	30	19217
26	0	0	1	0	16	12126	55	0	1	0	0	30	11967
27	0	0	1	0	16	13387	56	1	0	0	0	32	14429
28	0	0	1	0	16	12196	57	1	0	1	1	33	25351
29	0	0	1	0	16	11243							

首先对数据进行初步分析,看工资是否有奇异值,画出编号与工资的散点图 2-11。

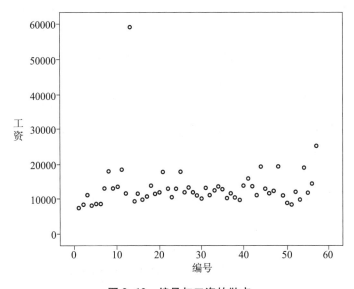

图 2-12　编号与工资的散点

由图 2-12 可知存在一个奇异点,对照表 2-22 可知编号为 13 号的工资明显高于其他数据非常多,不适于做回归分析,因此去掉该数据。

由模型汇总表 2-22 可知,$R^2 = 0.941$,调整后的 $R^2 = 0.857$,$p > 0.001$,从这几个指标看,模型整体可用。由模型系数表 2-23 可以看出,几个系数 $\hat{\beta}(i = 0, 1, 2, 3, 4, 5)$ 均满足 $p < 0.05$,各系数均通过了检验。同时,所有系数 95% 的置信区间的值均不包含 0 点,是可以使用的。

表 2-22　模型汇总

模型	R	R^2	调整 R^2	标准估计的误差	更改统计量				
					R^2 更改	F 更改	df1	df2	Sig. F 更改
1	.941[a]	.886	.875	1201.643	.886	78.019	5	50	.000

注:a 预测变量:(常量),x5,x2,x4,x3,x1。

表 2-23　模型系数^a

模型		非标准化系数		标准系数	t	Sig.	B 的 95% 置信区间	
		B	标准误差	试用版			下限	上限
1	（常量）	8646.965	527.816		16.383	.000	7586.815	9707.116
	x1	2131.814	759.730	.180	2.806	.007	605.852	3657.776
	x2	1489.231	477.081	.187	3.122	.003	530.985	2447.477
	x3	2981.754	401.537	.441	7.426	.000	2175.243	3788.265
	x4	6083.264	534.601	.663	11.379	.000	5009.486	7157.041
	x5	57.779	25.784	.123	2.241	.030	5.991	109.567

注：a. 因变量：y。

回归模型：

$$\hat{y} = 8646.965 + 2131.814x_1 + 1489.231x_2 + 2981.754x_3 + 6083.264x_4 + 57.779x_5 \quad (2-24)$$

模型的含义：一个不担任管理职务的初级职称的基本工资为 8646.965 元，在其他因素都不变的情况下，承担管理工作，工资增加 2131.814 元，其他因素相同的前提下，中级职称比初级职称的工资多 1489.231 元，副高比初级职称工资高 2981.754 元，正高比初级职称的工作多 6083.264 元，其他因素都不变的情况下，工龄增加一年工资提高 57.779 元。定性变量作为因变量的回归通常称为 Logistic 回归，此时的因变量可以是二分类的，也可以是多分类的，实际问题中以二分类变量最常用。详细可以参考文献【2】。

2.5　线性回归模型习题

1. 在有氧锻炼中，人的耗氧能力 $y[ml \cdot (min \cdot kg)^{-1}]$ 是衡量身体状况的重要指标，它可能与以下因素有关：年龄 x_1（岁），体重 x_2（kg），1500 米跑所用时间 x_3（min），静止时心速 x_4（次/min），跑步后心速 x_5（次/min）。对 24 名 40~57 岁志愿者进行了测试，结果如表 2-24 所示。请根据这些数据建立耗氧能力与诸因素之间的回归模型。

表 2-24　耗氧能力测试相关数据

序号	y	x1	x2	x3	x4	x5	序号	y	x1	x2	x3	x4	x5
1	44.6	44	89.5	6.82	62	178	13	44.8	45	66.5	6.67	51	176
2	45.3	40	75.1	6.04	62	185	14	47.2	47	79.2	6.36	47	162
3	54.3	44	85.8	5.19	45	156	15	51.9	54	83.1	6.20	50	166
4	59.6	42	68.2	4.90	40	166	16	49.2	49	81.4	5.37	44	180
5	49.9	38	89.0	5.53	55	178	17	40.9	51	69.6	6.57	57	168
6	44.8	47	77.5	6.98	58	176	18	46.7	51	77.9	6.00	48	162
7	45.7	40	76.0	7.17	70	176	19	46.8	48	91.6	6.15	48	162

续表

序号	y	x1	x2	x3	x4	x5	序号	y	x1	x2	x3	x4	x5
8	49.1	43	81.2	6.51	64	162	20	50.4	47	73.4	6.05	67	168
9	39.4	44	81.4	7.85	63	174	21	39.4	57	73.4	7.58	58	174
10	60.1	38	81.9	5.18	48	170	22	46.1	54	79.4	6.70	62	156
11	50.5	44	73.0	6.08	45	168	23	45.4	52	76.3	5.78	48	164
12	37.4	45	87.7	8.42	56	186	24	54.7	50	70.9	5.35	48	146

2. 为了考察果汁饮料 y 销售量的影响因素,某同学调查了碳酸饮料 x_1、茶饮料 x_2、冲泡类饮料 x_3 及咖啡类饮料 x_4 的销售量,请根据表 2-25 的数据建立回归模型,探讨果汁饮料的影响因素。

表 2-25　各种饮料的销售量　　　　　　　　　　　　　　　　　　单位:千袋

地区	果汁销量	碳酸饮料销量	茶饮料销量	冲泡饮料销量	咖啡饮料销量
1	23.69	25.68	23.60	10.10	4.18
2	24.10	25.77	23.42	13.31	2.43
3	22.74	25.88	22.09	9.49	6.50
4	17.84	27.43	21.43	11.09	25.78
5	18.27	29.95	24.96	14.48	28.16
6	20.29	33.53	28.37	16.97	24.26
7	22.61	37.31	42.57	20.16	30.18
8	26.71	41.16	45.16	26.39	17.08
9	31.19	45.73	52.46	27.04	7.39
10	30.50	50.59	45.30	23.08	3.88
11	29.63	58.82	46.80	24.46	10.53
12	29.69	65.28	51.11	33.82	20.09
13	29.25	71.25	53.29	33.57	21.22
14	31.05	73.37	55.36	39.59	12.63
15	32.28	76.68	54.00	48.49	11.17

3. 某同学研究文化程度及收入情况对储蓄的影响,在中等收入的人群中,随机调查了 14 个低学历和 16 个高学历的家庭收入及储蓄的情况。其中 y 为上一年家庭储蓄的增加额(单位:万元),x_1 为上一年家庭总收入(单位:万元),x_2 为学历(分低学历和高学历两类)。请根据表 2-26 的数据分析文化程度及收入情况对储蓄的影响。

表2-26 家庭收入及储蓄情况

序号	y	x1	x2	序号	y	x1	x2	序号	y	x1	x2
1	1.40	23	低学历	11	4.30	23	低学历	21	8.00	50	高学历
2	1.00	32	高学历	12	2.30	37	高学历	22	7.90	42	高学历
3	2.70	28	低学历	13	3.20	40	高学历	23	10.00	39	低学历
4	1.90	35	高学历	14	5.20	29	低学历	24	10.00	48	高学历
5	1.30	26	低学历	15	3.20	38	高学历	25	10.00	46	低学历
6	1.70	32	高学历	16	3.20	46	高学历	26	5.00	48	高学历
7	2.00	26	低学历	17	3.50	42	高学历	27	12.00	42	低学历
8	1.20	34	高学历	18	5.60	37	高学历	28	11.00	39	低学历
9	3.20	22	低学历	19	7.50	35	低学历	29	9.00	37	低学历
10	1.30	28	高学历	20	6.40	48	高学历	30	7.00	38	高学历

4. 表2-27给出了美国人口随时间增长数据,某同学希望用 Logistic 生长曲线来进行拟合估计,已知 $x(t)=\dfrac{x_m}{1+\left(\dfrac{x_m}{x_0}-1\right)e^{-rt}}$,其中 x_m 为环境允许的最大人口数,x_0 为初始人口数,r 为增长率,可以将1790年的时间计为0,10年一个间隔即1800年时间为1。请利用给定的数据,确定模型的参数 r、x_0 及 x_m。

表2-27 美国人口随时间增长数据

年份	人口	年份	人口
1790	3.9	1910	92.0
1800	5.3	1920	105.7
1810	7.2	1930	122.8
1820	9.6	1940	131.7
1830	12.9	1950	150.7
1840	17.1	1960	179.3
1850	23.2	1970	203.2
1860	31.4	1980	226.5
1870	38.6	1990	248.7
1880	50.2	2000	281.4
1890	62.9	2010	308.7
1900	76.0		

第3章 聚类分析的数学实验

在实际问题的处理过程中,人们往往会遇到通过划分同种属性的对象来解决问题的情况。如按照空气中细颗粒物、可吸入颗粒物、二氧化硫、二氧化氮、臭氧、一氧化碳等几项指标的含量对空气质量进行分级,得到空气质量预报;对学生的能力培养按照学习科目分为培养运算能力、培养推理能力、培养记忆能力、培养学生的综合实践能力等。如何寻找一种客观的方法,基于一个多维角度的观察从而寻找到某种"自然"的结构,就成为专家学者探讨的重要话题。聚类分析就是解决此类问题的一种常用方法。

3.1 聚类分析方法介绍

一、聚类分析的主要内容

随着科技的发展,在社会、经济、人口研究中,存在着很多需要分类研究以及构造分类模式的问题。例如,我国不同城市及地区经济发展水平差异很大,按照经济发展水平的高低将全国各城市分为一线城市、二线城市、三线城市等;根据各地区人口生育水平、生育模式、人口死亡的年龄及疾病特征等来分析研究各地区的人口出生和死亡情况等。以前这些工作往往靠经验和专业知识进行定性分析,分析的结果往往具有很强的主观性和随意性,不能很好地揭示客观事物的内在本质和外在差别,尤其是需要同时考虑多个指标、多个因素的问题,定性分析的精确度会受很大的影响。

1. 聚类分析的概念

分类是将一个观测对象指定到某一类或者某一组中。分类的问题有两种:一种是对当前所研究的问题已知它的类别数目及各类的特征,将另外一些未知类别的个体归到某一类中去,即判别问题。另一种是事先不知道研究的问题应该分成几类,更不知道观测的个体具体分类的情况,需要通过对观测数据进行处理,选定一定度量个体接近程度的统计量,确定分类数目,建立分类方法,按照此方法依据产品的接近程度给出合理的分类,这就是聚类分析。

聚类分析又称群分类,它是一种重要的人类行为,所谓的类,通俗地讲就是相似元素的集合。

2. 聚类分析的常用方法

从统计学的观点看,聚类分析是通过数据建模简化数据的一种方法。到目前为止,聚类分析的方法还不成熟,理论也不完善,但是因为它能解决很多实际问题,特别是和其他方法联合使用解决问题时更为有效,因此聚类分析现在有较为广泛的应用。

聚类分析方法根据分类方式的不同可以分为系统聚类法、动态聚类法、有序样品聚类法、图论聚类法和模糊聚类法等。聚类分析根据分类对象的不同又可以分为 R-型聚类和 Q-型聚类两大类。R-型聚类是指对变量指标进行分类,Q-型聚类是指对样品进行分类。

目前 SPSS、SAS、R、MATLAB 等计算机软件均可以实现聚类分析的数据处理。

3. 聚类分析的主要应用

聚类分析在很多行业都有广泛的应用,在商业上被用来发现不同的客户群,并且通过购买模式刻画不同客户群的特征;在生物上被用来对动植物和基因进行分类,获取对种群固有结构的认识;在地理上能够帮助分析在地球中被观察的数据库商趋于的相似性;在保险行业上,通过一个高的平均消费来为汽车保险单持有者的分组,同时根据住宅类型、价值、地理位置来鉴定一个城市的房产分组;在互联网应用上,被用来在网上进行文档归类来修复信息;在电子商务上,用于网站建设数据挖掘,通过分组聚类出具有相似浏览行为的客户,并分析客户的共同特征,更好地帮助电子商务人员了解自己的客户,向客户提供更合适的服务。

二、距离与相似系数

为了对样品或变量进行分类,首先要研究它们之间的关系。度量样品或变量之间相似程度的统计量有很多,目前用得比较多的是距离和相似系数。

根据取值的不同,变量可以分成定性变量和定量变量。

定性变量是指变量属性上的差异,如电源开关分开、关两种状态;人们从事的职业可以分为公务员、教师、商人、医生、农民、艺术家、自由职业者等;某产品的质量可以分为优质、良好、合格、不合格等几类;一个成年人受教育程度可分为文盲、小学、中学、专科、本科、硕士、博士等。定性变量又可以细分为有序变量和名义变量,其中有序变量是指变量的变化只有顺序,没有数量,如产品的质量、受教育程度等。名义变量没有次序,只是标注了变量的不同状态,如电源开关的状态、职业划分等。

定量变量中多数是由数据来表达的量,如人均收入水平、产品的价格、天气的温度等。

对变量进行分类前,需要对原始数据进行预处理,使其所有变量尺度均匀化。不同类型的变量进行分类时需要定义不同的距离和相似程度,才能给出较为合理的聚类方法。

1. 定量变量的数据变换方法

（1）变量的标准化

设有 n 个样品,m 个特征变量,设第 i 个样品,第 j 个变量的观测值为 $x_{ij}(i=1,2,\ldots,n;j=1,2,\ldots,m)$,由此可构成一个 $n \times m$ 阶矩阵:

$$X = (x_{ij}) = \begin{pmatrix} x_{11} & x_{12} & \cdots & x_{1m} \\ x_{21} & x_{22} & \cdots & x_{2m} \\ \vdots & \vdots & \ddots & \vdots \\ x_{n1} & x_{n1} & \cdots & x_{nm} \end{pmatrix} \tag{3-1}$$

称 $\bar{x}_j = \dfrac{1}{n}\sum_{i=1}^{n} x_{ij}$ 为变量的均值、$s_j = \sqrt{\dfrac{1}{n-1}\sum_{i=1}^{n}(x_{ij}-\bar{x}_j)^2}$ 为变量的标准差。

式（3-1）中每个变量 x_{ij} 根据公式

$$x'_{ij} = \frac{x_{ij}-\bar{x}_j}{s_j} \quad (i=1,2,\ldots,n;j=1,2,\ldots,m) \tag{3-2}$$

进行变换,称为标准化。标准化以后的变量均值为 0,标准差为 1。

（2）变量的正规化

对每个变量进行以下变换,称为正规化。

$$x'_{ij} = \frac{x_{ij}-\min_{1\leq t\leq n}\{x_{tj}\}}{\max_{1\leq t\leq n}\{x_{tj}\} - \min_{1\leq t\leq n}\{x_{tj}\}} \quad (i=1,2,\ldots,n;j=1,2,\ldots,m) \tag{3-3}$$

显然,$0 \leq x'_{ij} \leq 1$。需要注意的是,数据的预处理应以不丢失原有信息为前提。两种预处理方法的选择应根据现有数据的特点来考虑。

2. 变量及样品间的距离

通常用距离来描述样品间的亲疏程度。设观测数据由（3-1）表示 n 个样品,m 个特征变量,设第 i 个样品,第 j 个变量的观测值为 $x_{ij}(i=1,2,\ldots,n;j=1,2,\ldots,m)$,用 d_{ij} 表示样品 $X_{(i)}$ 和 $X_{(j)}$ 之间的距离,距离首先要满足以下几点:

- $d_{ij} \geq 0$ 对一切 i,j 成立;$d_{ij}=0 \Leftrightarrow X_{(i)}=X_{(j)}$;
- $d_{ij}=d_{ji}$ 对一切 i,j 成立;
- $d_{ij} \leq d_{ik}+d_{kj}$ 对一切 i,j,k 成立;

在满足上述条件的基础上,可以根据需要分别定义样品间的距离及相似系数。

（1）样品间的几种常用距离:

① 闵科夫斯基距离:

称

$$d_{ij}(q) = \left(\sum_{t=1}^{m} |x_{it} - x_{jt}|^q \right)^{\frac{1}{q}} \quad (i,j = 1,2,\ldots,n) \tag{3-4}$$

为闵科夫斯基距离。

在式(3-4)中,当 $q=1$ 时,称

$$d_{ij}(1) = \sum_{t=1}^{m} |x_{it} - x_{jt}| \quad (i,j = 1,2,\ldots,n)$$

为一阶闵科夫斯基距离,也称为绝对距离。

在式(3-4)中,当 $q=2$ 时,称

$$d_{ij}(2) = \sqrt{\sum_{t=1}^{m} (x_{it} - x_{jt})^2} \quad (i,j = 1,2,\ldots,n)$$

为二阶闵科夫斯基距离,就是常用的欧氏距离。欧氏距离是聚类分析中应用最广泛的距离。该距离的缺点是定义方式与各个变量的量纲有关,没有考虑距离之间的相关性,也没有考虑各变量方差的不同。

在欧氏距离的定义中,变差大的变量在距离中的作用会更大,这是不合理的。通常的解决办法是对各变量加权(如利用方差加权构造统计距离):

$$d_{ij}^*(2) = \sqrt{\sum_{t=1}^{m} \left(\frac{x_{it} - x_{jt}}{s_t} \right)^2} \quad (i,j = 1,2,\ldots,n)$$

在式(3-4)中,当 q 趋于 ∞ 时,称

$$d_{ij}(\infty) = \max_{1 \leqslant t \leqslant m} |x_{it} - x_{jt}| \quad (i,j = 1,2,\ldots,n)$$

为切比雪夫距离。

②兰氏距离(要求 $x_{ij} > 0$)

$$d_{ij}(L) = \frac{1}{m} \sum_{t=1}^{m} \frac{|x_{it} - x_{jt}|}{(x_{it} + x_{jt})} \quad (i,j = 1,2,\ldots,n)$$

兰氏距离是无量纲的量,克服了闵氏距离与各个指标的量纲有关的缺点。并且兰氏距离对大的奇异值也不敏感,因此比较适合高度偏倚的数据。兰氏距离的缺点是没有考虑数据变量之间的相关性。

③马氏距离

样品 $X_{(i)}$ 和 $X_{(j)}$ 的马氏距离为

$$d_{ij}(M) = (X_{(i)} - X_{(j)})' S^{-1} (X_{(i)} - X_{(j)})$$

其中 S^{-1} 为样本协方差矩阵的逆矩阵。马氏距离排除了变量之间相关性的干扰,并且不受量纲的影响。但是在聚类分析处理之前,如果用全部数据计算均值和协方差求马氏距离,效果并不理想。比较合理的方法是用各个类的样本来计算各自的协方差矩阵,同一类样品间的马氏距离用同一类协方差进行计算。但是类的形成又需要依赖样品间的距离,而样品

间合理的马氏距离又依赖类,形成循环而达不到理想的分类效果。

④斜交空间距离

$$d_{ij} = \left(\frac{1}{m^2} \sum_{k=1}^{m} \sum_{l=1}^{m} (x_{ik} - x_{jk})(x_{il} - x_{jl}) r_{kl} \right)^{\frac{1}{2}} (i,j = 1,2,\dots,n)$$

其中 r_{kl} 为变量 X_k 和 X_l 之间的相关系数。

由于大多数变量之间都存在不同程度的相关性,此时用正交空间距离来计算样品间的距离容易产生形变,从而使得用聚类分析进行分类时的谱系结构发生变形。斜交空间距离可以使具有相关性变量的谱系结构不发生变形。

聚类分析方法不仅可以对样品进行分类,还可以对变量进行分类。在对变量进行分类时,通常采用相似系数表示变量之间的密切程度。

(2)变量间的相似系数

①夹角余弦(相似系数):将变量 X_i 的 n 次观察值 $(x_{1i},x_{2i},\dots,x_{ni})$ 看成 n 维空间的向量,将 X_i 与 X_j 的夹角余弦 $\cos\alpha_{ij}$ 称为两个向量的相似系数:记为

$$C_{ij}(1) = \cos\alpha_{ij} = \frac{\left| \sum_{k=1}^{n} x_{ki} x_{kj} \right|}{\sqrt{\sum_{k=1}^{n} x_{ki}^2 \cdot \sum_{k=1}^{n} x_{kj}^2}} (i,j = 1,2,\dots,m)。$$

当 $\alpha_{ij} = 0°$ 时,$\cos\alpha_{ij} = 1$,两个变量完全相似;当 $\alpha_{ij} = 90°$ 时,$\cos\alpha_{ij} = 0$,说明两个变量不相关。

②相关系数(相关系数):相关系数是对数据标准化处理后的夹角余弦

$$C_{ij}(2) = r_{ij} = \frac{\left| \sum_{k=1}^{n} (x_{ki} - \bar{x_i})(x_{kj} - \bar{x_j}) \right|}{\sqrt{\sum_{k=1}^{n} (x_{ki} - \bar{x_i})^2 \cdot \sum_{k=1}^{n} (x_{kj} - \bar{x_j})^2}} (i,j = 1,2,\dots,m)$$

其中 $\bar{x_i} = \frac{1}{n} \sum_{k=1}^{n} x_{ki}, \bar{x_j} = \frac{1}{n} \sum_{k=1}^{n} x_{kj}$,则 $R = (r_{ij})_{n \times n}$。当 $r_{ij} = 1$ 时,两个变量线性相关。注意:$x_i = \{x_{i1},x_{i2},\dots,x_{im}\}$ 中的样本 x_{ki} 属于同一个样本空间 $X_i(k = 1,2,\dots,n)$。

(3)变量间的距离

①利用相似系数定义变量之间的距离:

$d_{ij} = 1 - |C_{ij}|$ 或者 $d_{ij}^2 = 1 - C_{ij}^2$ $(i,j = 1,2,\dots,m)$

②利用样本协方差矩阵 S 来定义距离:

设 $S = (s_{ij})_{m \times m} > 0$,变量 X_i 与 X_j 之间的距离可以定义为:

$$d_{ij} = s_{ii} + s_{jj} - 2s_{ij}(i,j = 1,2,\dots,m)$$

③把变量 X_i 的 n 次观测值看成 n 维空间的点。在 n 维空间中按样品间的距离,可以定义变量间的各种距离。因篇幅所限不再赘述。

(4)定性变量的距离

通常可以把定性变量称为项目,定性变量的不同"取值"称为类目。如性别是项目、性别中的男或女是类目,而且只能取男或女中的一个类目,不能两个全取。但有些类目是可以同时取多个的,如人的体型作为项目,瘦、适中、胖、壮等类目可以兼取胖且壮。

设样品 $X_{(i)}$ 的取值为 $[\delta_i(k,1),\delta_i(k,2),...,\delta_i(k,r_k)]$ $(i=1,2,...,n;k=1,2,...,m)$,其中 n 为样品的个数,m 为项目的个数,r_k 为第 k 个项目的类目数。如表3-1所示:

表3-1 定性数据的类目表示例

样品＼项目	项目1				项目2		项目3					项目4		
	1	2	3	4	1	2	1	2	3	4	5	1	2	3
$X_{(i)}$	1	0	0	0	0	1	1	0	0	0	1	0	1	0
$X_{(j)}$	0	1	0	0	0	1	0	0	1	0	1	0	1	0

上述示例中 $k=1$ 时,$X_{(i)}$ 的取值为 $(1,0,0,0)$,$r_1=4$,$\delta_i(1,1)=1$,$\delta_i(1,2)=\delta_i(1,3)=\delta_i(1,4)=0$ 。若定义:

$$\delta_i(k,l)=\begin{cases}1, & \text{当第 } i \text{ 个样品中第 } k \text{ 个项目的定性数据为第 } l \text{ 个类目时} \\ 0, & \text{否则}\end{cases}$$

称 $\delta_i(k,l)$ 为第 k 个项目的 l 类目在第 i 个样品中的反映。

设两个样品分别为 $X_{(i)}$ 和 $X_{(j)}$,若 $\delta_i(k,l)=\delta_j(k,l)=1$,则称这两个样品在第 k 个项目的第 l 个类目上 1-1 配对;若 $\delta_i(k,l)=\delta_j(k,l)=0$,则称这两个样品在第 k 个项目的第 l 个类目上 0-0 配对;若 $\delta_i(k,l)\neq\delta_j(k,l)$,则称为不配对。

在两个样品配对中,记 m_0,m_1,m_2 分别为 0-0 配对、1-1 配对和不配对的总数,定义:

$$d_{ij}=\frac{m_0+m_1}{m_0+m_1+m_2}$$

为两个样品 $X_{(i)}$ 和 $X_{(j)}$ 的距离。

对于表3-1的数据,易见两个样品的取值为 $m_0=7,m_1=3,m_2=4$,项目数 $m=4$,总类目数 $P=14$. $d_{12}=\frac{m_0+m_1}{m_0+m_1+m_2}=\frac{10}{14}=\frac{5}{7}$ 。

根据研究问题的不同,对样品中不同配对种类可以取不同的权重,常用的距离定义还有:

$$d_{ij}=\frac{m_1}{m_1+m_2} \text{、} d_{ij}=\frac{m_1}{m_0+m_1+m_2} \text{、} d_{ij}=\frac{2(m_0+m_1)}{2(m_0+m_1)+m_2} \text{等形式。}$$

定性变量间的相似系数可以采用列联表的形式得到,详解参考文献【5】。

3. 类和类的特征

由于客观事物是千差万别的,在不同问题中类的含义也不完全相同,因此想给类一个严格的定义是非常困难的,下面给出几个类的定义方法,以适用于不同的场合。

用 G 表示类。设 G 中有 n 个元素,这些元素用 i,j 表示。

第一种定义:设 T 为给定的阈值,如果对于任意的 $i,j \in G$,对它们之间的距离 d_{ij},都有 $d_{ij} \leqslant T$,则称 G 为一个类。

第二种定义:设 T 为给定的阈值,如果对于任意的 $i \in G$,都有 $\dfrac{1}{n-1}\sum_{j \in G} d_{ij} \leqslant T$,则称 G 为一个类。

第三种定义:设 T,V 为给定的阈值,如果对于任意的 $i,j \in G$,两两元素的平均满足

$$\frac{1}{n(n-1)} \sum_{i \in G} \sum_{j \in G} d_{ij} \leqslant T, d_{ij} \leqslant V,$$

则称 G 为一个类。

第四种定义:设 T 为给定的阈值,如果对于任意的 $i \in G$,一定存在 $j \in G$,使得 $d_{ij} \leqslant T$,则称 G 为一个类。

以上几种定义中,第一种定义方式要求是最高的,凡是符合第一种定义的类也一定是符合后面三种定义的类。使用哪种方式更多地需要考虑实际问题需要。

研究问题的过程中经常需要从不同角度刻画 G 的特征。假设类 G 包含 n 个 m 元样品,分别记为 $X_{(1)}, X_{(2)}, \ldots, X_{(n)}$。常用的特征有:

均值(或称为 G 的重心): $\bar{X}_G = \dfrac{1}{n} \sum_{i=1}^{n} X_{(i)}$

样本离差阵及样本协方差阵: $A_G = \sum_{i=1}^{n} (X_{(i)} - \bar{X}_{(G)})(X_{(i)} - \bar{X}_{(G)})', S_G = \dfrac{1}{n-1} A_G$。

类的直径: $D_G = \sum_{i=1}^{n} (X_{(i)} - \bar{X}_{(G)})'(X_{(i)} - \bar{X}_{(G)}) = tr(A_G)$ 及 $D_G = \max_{i,j \in G} d_{ij}$。

这是定义直径最典型的两种方法,除此之外根据问题的需要还可以有多种定义直径的方法。

在聚类分析中,不仅要考虑各个类的特征,而且要计算类与类之间的距离。由于类的形状是多种多样的,因此类与类之间的距离也有多种计算方法。

3.2 几种常用的聚类方法

一、系统聚类法

系统聚类法也称为分层聚类法,是目前在实际问题中应用最多的一类方法,是将类由多变少的一种方法。

1. 系统聚类的基本思想

设有 n 个样品，m 个变量，设第 i 个样品，第 j 个变量的观测值为 $x_{ij}(i=1,2,\dots,n;j=1,2,\dots,m)$，构成的 $n\times m$ 阶矩阵为

$$X=(x_{ij})=\begin{pmatrix} x_{11} & x_{12} & \dots & x_{1m} \\ x_{21} & x_{22} & \dots & x_{2m} \\ \vdots & \vdots & \ddots & \vdots \\ x_{n1} & x_{n1} & \dots & x_{nm} \end{pmatrix}, n 个 m 元样品记为 X_{(i)}(i=1,2,\dots,n)。$$

设有 n 个样品，每个样品测得 m 项指标，系统聚类的基本思想是：首先定义样品间的距离（或相似系数）和类与类之间的距离。开始将 n 个样品看成 n 类，即每个样品看成一类，这时类之间的距离和样品之间的距离是等价的；然后将距离最近的两类合并成一个新的类，并计算该类和其他各类之间的距离，再按照"最小距离"原则合并类，这样每次缩小一类，直到所有的样品都合成一类为止（或变量间的）。

2. 系统聚类的基本步骤

第一步：数据变换。变换后的数据更方便比较和计算。选择合适的样品间的距离定义（如选择欧氏距离）及度量类之间的距离定义；

第二步：计算 n 个样品两两间的距离，得到样品间的距离矩阵 D_0；

第三步：初始 n 个样品各自构成一类，类的个数 $k=n$，第 i 类 $G_i=\{X_{(i)}\}(i=1,2,\dots,n)$，此时类之间的距离就是样品之间的距离 $D_1=D_0$；

第四步：对得到的距离矩阵 D_1，合并类间距离最小的两类为一个新类 D_2，这时类的个数 n 减少一类；

第五步：计算新类和其他类之间的距离，得到新的距离矩阵；

第六步：不断重复上述过程。直到所有的数据都合并到一类为止；

第七步：画出谱系聚类图；

第八步：决定分类的个数及各类成员。

上面定义了几种距离的公式，按照每种距离的公式都可以得到一种系统聚类法。

例 3.1 根据教育部网站公布的数据显示，截至 2017 年底，北京、天津、上海、福建、广东、西藏和青海几个省份的普通高校数量（包括本科院校和高职高专两类）分别为 92 所、57 所、64 所、89 所、151 所、7 所和 12 所。根据高校数量对以上 7 个地区进行分类。

解：样品间的距离取平方欧氏距离，即两个地区高校数量差的绝对值。取该类中元素之间距离的最小值作为类之间的距离，根据系统聚类的步骤得：

（1）计算 7 个省市地区的普通高等学校数量差，由两两距离得到表 3-2，由于对称性，只

给出上三角的数据,以下步骤中也均按此样式给出。

表 3-2　7 个省市地区的普通高等学校数量差

地区	北京	天津	上海	福建	广东	西藏	青海
北京	0	35	28	3	59	85	80
天津		0	7	32	94	50	45
上海			0	25	87	57	52
福建				0	62	82	77
广东					0	144	139
西藏						0	5
青海							0

对应的初始矩阵为 D_0,距离矩阵 D_0 中各元素数值的大小就反映了 7 个省份间普通高等学校数量的差。

$$D_0 = \begin{pmatrix} 0 & 35 & 28 & 3 & 59 & 85 & 80 \\ & 0 & 7 & 32 & 94 & 50 & 45 \\ & & 0 & 25 & 87 & 57 & 52 \\ & & & 0 & 62 & 82 & 77 \\ & & & & 0 & 144 & 139 \\ & & & & & 0 & 5 \\ & & & & & & 0 \end{pmatrix}$$

在开始的 7 类中,将普通高校数量差最小的北京和福建合并成一个新类,此时重新计算北京/福建这个新类和其他类的普通高校数量差,见表 3-3。

表 3-3　第一步合并

地区	北京/福建	天津	上海	广东	西藏	青海
北京/福建	0	32	25	59	82	77
天津		0	7	94	50	45
上海			0	87	57	52
广东				0	144	139
西藏					0	5
青海						0

由此得到距离矩阵 D_1,$D_1 = \begin{pmatrix} 0 & 32 & 25 & 59 & 82 & 77 \\ & 0 & 7 & 94 & 50 & 45 \\ & & 0 & 87 & 57 & 52 \\ & & & 0 & 144 & 139 \\ & & & & 0 & 5 \\ & & & & & 0 \end{pmatrix}$。

由距离矩阵可知,青海和西藏两省的普通高校数量差为5,在当前各类中是最小的。将青海和西藏两省合并成一类,并重新计算新类中各地区的距离,得到表3-4。

表3-4　第二步合并

地区	北京/福建	天津	上海	广东	西藏/青海
北京/福建	0	32	25	59	77
天津		0	7	94	45
上海			0	87	52
广东				0	139
西藏/青海					0

由此得到矩阵距离矩阵 D_2, $D_2 = \begin{pmatrix} 0 & 32 & 25 & 59 & 77 \\ & 0 & 7 & 94 & 45 \\ & & 0 & 87 & 52 \\ & & & 0 & 139 \\ & & & & 0 \end{pmatrix}$。

由距离矩阵可知,天津和上海地区的普通高校数量差为7,在新的各类中是最小的。将天津和上海两类合并成一类,并重新计算新类中各地区的距离,得到表3-5。

表3-5　第三步合并

地区	北京/福建	天津/上海	广东	西藏/青海
北京/福建	0	25	59	77
天津/上海		0	87	45
广东			0	139
西藏/青海				0

由此得到距离矩阵 D_3, $D_3 = \begin{pmatrix} 0 & 25 & 59 & 77 \\ & 0 & 87 & 45 \\ & & 0 & 139 \\ & & & 0 \end{pmatrix}$。

由距离矩阵可知,北京/福建与天津/上海地区的普通高校数量差为25,在新的各类中是最小的。将北京/福建与天津/上海地区两类合并成一类,并重新计算新类中各地区的距离,得到表3-6。

表3-6　第四步合并

地区	北京/福建/上海/天津	广东	西藏/青海
北京/福建/上海/天津	0	59	45
广东		0	139
西藏/青海			0

由此得到矩阵距离矩阵 D_4，$D_4 = \begin{pmatrix} 0 & 59 & 45 \\ & 0 & 139 \\ & & 0 \end{pmatrix}$。

由距离矩阵可知，西藏/青海与北京/福建/上海/天津地区的普通高校数量差为45，在新的各类中是最小的。将西藏/青海与北京/福建/上海/天津地区两类合并成一类，并重新计算新类中各地区的距离，得到表3-7。

表 3-7　第五步合并

地区	北京/福建/上海/天津/西藏/青海	广东
北京/福建/上海/天津/西藏/青海	0	59
广东		0

由此得到矩阵距离矩阵 D_5，$D_5 = \begin{pmatrix} 0 & 59 \\ & 0 \end{pmatrix}$，最后一步把所有的地区合并成一个类。

由上述合并过程得到的谱系聚类图如图3-1所示。其中1~7分别对应的是北京、天津、上海、福建、广东、西藏和青海各省份。

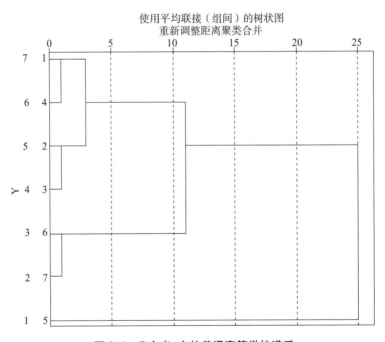

图 3-1　7 个省、市的普通高等学校谱系

根据谱系图进行分类：

分成2类：$G_1 = \{$北京，福建、天津、上海、西藏和青海$\}$，$G_2 = \{$广东$\}$；

分成3类：$G_1 = \{$北京，福建、天津、上海$\}$，$G_2 = \{$西藏、青海$\}$；$G_3 = \{$广东$\}$；

分成 4 类：$G_1 = \{$北京,福建$\}$, $G_2 = \{$天津、上海$\}$; $G_3 = \{$西藏和青海$\}$, $G_4 = \{$广东$\}$;

分成 5 类：$G_1 = \{$北京,福建$\}$, $G_2 = \{$天津$\}$、$G_3 = \{$上海$\}$; $G_4 = \{$西藏、青海$\}$, $G_5 = \{$广东$\}$;

分成 6 类：$G_1 = \{$北京,福建$\}$, $G_2 = \{$天津$\}$; $G_3 = \{$上海$\}$; $G_4 = \{$西藏$\}$, $G_5 = \{$青海$\}$, $G_6 = \{$广东$\}$。

由该题目的含义可以得出,本题按照普通高校数量分成 3 类或 4 类比较合适。

在例 3.1 中,标度类与类之间距离的方法也称为最短距离法。采用最短距离法对样品进行分类时,类与类之间的距离是采用了所有元素中距离最短的作为类之间的距离,由于该种分类法对数据有链接聚合的趋势,因此在聚类中并不是普遍使用的方法。如果类与类之间距离采用最长距离法或其他度量距离的方法进行分类,结果与上述结果不一定相同。类与类之间常用的距离定义方法有以下几种：

3. 类与类之间距离的定义方法

用 d_{ij} 表示样品 $X_{(i)}$ 和 $X_{(j)}$ 的距离,样品的亲疏关系用相似系数 C_{ij} 表示,用 D_{ij} 表示类 G_i 和 G_j 之间的距离。

（1）最长距离法

类与类之间的距离定义为两类中相距最远的样品之间的距离：

$$D_{pq} = \max_{X_{(i)} \in G_p, X_{(j)} \in G_q} d_{ij}$$

在合并过程中,当类 G_i 和 G_j 合并成 G_r 以后,按照最长距离法计算新类 G_r 与其他类之间的距离。类似地可以定义 $D_{pq} = \min\limits_{X_{(i)} \in G_p, X_{(j)} \in G_q} d_{ij}$,称为最短距离法。

（2）中间距离法

当某步骤类 G_p 和 G_q 合并成 G_r 以后,按照取中间距离的方法计算新类 G_r 与其他类之间的距离,递推公式：

$$D_{rk}^2 = \frac{1}{2}(D_{pk}^2 + D_{qk}^2) + \beta D_{pq}^2 \quad \left(-\frac{1}{4} \leqslant \beta \leqslant 0, k \neq p, q\right).$$

常取 $\beta = -\frac{1}{4}$。由几何知识可知,D_{rk} 是以 D_{qk}, D_{pk}, D_{pq} 为边的三角形中 D_{pq} 边上的中线。

（3）重心法

上述三种定义距离的方法没有考虑每一类中包含样品的个数。将两类间的距离定义为两类重心间距离的方法称为重心法。实际上,每一类样品的重心就是该类样品的均值。

当某步骤类 G_p 和 G_q 合并成 G_r 以后,它们包含的样品数分别为 $n_p, n_q, n_r(n_r = n_p + n_q)$,各类的重心分别为 $\bar{X}^{(p)}, \bar{X}^{(q)}, \bar{X}^{(r)}$,显然：

$$\bar{X}^{(r)} = \frac{1}{n_r}(n_p \bar{X}^{(p)} + n_q \bar{X}^{(q)})。$$

设某一类 $G_k(k \neq p,q)$ 的重心为 $\bar{X}^{(k)}$,则它与新类 G_r 的距离为: $D_{rk}=d\{\bar{X}^{(r)},\bar{X}^{(k)}\}$。

如果样品间的距离取欧氏距离,代入后有:

$$D_{rk}^2 = (\bar{X}^{(k)}-\bar{X}^{(r)})'(\bar{X}^{(k)}-\bar{X}^{(r)})$$

$$= \left[\frac{n_p}{n_r}(\bar{X}^{(k)}-\bar{X}^{(p)})+\frac{n_q}{n_r}(\bar{X}^{(k)}-\bar{X}^{(q)})\right]' \cdot \left[\frac{n_p}{n_r}(\bar{X}^{(k)}-\bar{X}^{(p)})+\frac{n_q}{n_r}(\bar{X}^{(k)}-\bar{X}^{(q)})\right]$$

$$= \frac{n_p}{n_r}D_{pk}^2+\frac{n_q}{n_r}D_{qk}^2-\frac{n_p n_q}{n_r n_r}D_{pq}^2 \quad (k \neq p,q)$$

如果样品间的距离不是取欧氏距离,则重心法可以导出不同的公式。

(4)类平均法

重心法虽然有很好的代表性,但并没有很充分地利用各样品的信息,因此又有人定义了两类样品两两之间平方距离的平均作为类之间的距离:

$$D_{pq}^2 = \frac{1}{n_p n_q}\sum_{X_{(i)} \in G_p, X_{(j)} \in G_q} d_{ij}^2$$

类平均法也是目前使用比较广泛、聚类效果比较好的一种聚类方法。当某步骤将类 G_p 和 G_q 合并成 G_r 以后,$G_r=\{G_p,G_q\}$,且 $n_r=n_p+n_q$,此时 G_r 和其他类 G_k 距离平方的递推公式为

$$D_{rk}^2 = \frac{n_p}{n_r}D_{pk}^2+\frac{n_q}{n_r}D_{qk}^2 \quad (k \neq p,q)$$

此外,为了充分考虑两个类之间的距离及在新类中所占的比例,还有可变类平均法和可变法等聚类分析的方法。

(5)离差平方和法

离差平方和法是 Ward 于 1936 年提出来的,因此也称 Ward 法。Ward 法是实际问题中应用比较广泛、分类效果较好的一类方法。它是基于方差分析的基本思想,认为合理的分类应该满足:同类样品之间的离差平方和应该比较小,不同类样品之间的离差平方和应该比较大。

基本思想是:先将 n 个样品每个样品分成一类,此时 $W=0$;然后每次将其中的某两类合并成一类,因为每缩小一类离差平方和就要增加,每次选择使 W 增加最小的两类合并,直到合并成一类为止。

假定已经将 n 个样品分成 k 类,记为 $G_1,G_2,\ldots,G_k$. 令 n_r 表示 G_t 类的样品个数,$\bar{X}^{(t)}$ 表示 G_t 类第 i 个样品的重心,$X_{(i)}^{(t)}$ 表示 G_t 类的第 i 个样品。此时 G_t 中样品的离差平方和为

$$W_t = \sum_{i=1}^{n_t}(X_{(i)}^{(t)}-\bar{X}^{(t)})'(X_{(i)}^{(t)}-\bar{X}^{(t)})$$

其中 $x_{(i)}^{(t)}, \bar{x}(t)$ 为 m 维向量,w_t 为一数值 $t=1,2,\ldots,k$。

k 个类的总离差平方和为

$$W = \sum_{t=1}^{k} W_t = \sum_{t=1}^{k} \sum_{i=1}^{n_t} (X_{(i)}^{(t)} - \bar{X}^{(t)})'(X_{(i)}^{(t)} - \bar{X}^{(t)})$$

当 k 固定时,要选择使 W 达到极小的分类。

样品间采用欧氏距离,当类 G_p 和 G_q 合并成 G_r 以后,G_r 和其他类 G_k 之间的递推公式

为:$D_{rk}^2 = \dfrac{n_k+n_p}{n_r+n_k}D_{pk}^2 + \dfrac{n_k+n_q}{n_r+n_k}D_{qk}^2 - \dfrac{n_k}{n_r+n_k}D_{pq}^2 (k \neq p, q)$。

4. 系统聚类几种计算距离方法的统一

上述几种聚类方法的步骤完全相同,Lance 和 Williams 给出了统一的公式:

$$D_{rk}^2 = \alpha_p D_{pk}^2 + \alpha_q D_{qk}^2 + \beta D_{pq}^2 + \gamma |D_{pk}^2 - D_{qk}^2|$$

上述不同的系统聚类方法就是参数 $\alpha_p, \alpha_q, \beta, \gamma$ 取不同的值得到的。统一公式的给出,为计算机编程解决聚类问题提供了很大的方便。

例如,在最短距离中就是 $\alpha_p = \dfrac{1}{2}, \alpha_q = \dfrac{1}{2}, \beta = 0, \gamma = -\dfrac{1}{2}$;在离差平方和距离测算中就是

$\alpha_p = \dfrac{n_k+n_p}{n_r+n_k}, \alpha_q = \dfrac{n_k+n_q}{n_r+n_k}, \beta = -\dfrac{n_k}{n_r+n_k}, \gamma = 0$。

5. 系统聚类分类数目的确定

聚类分析的目的就是研究对象的分类,如何选择分类的数目是一个重要问题。由于类的结构和内容很难给出一个统一的定义,因此分类的数目确定至今仍没有一个统一的标准。在实际问题中可以根据分类的阈值、样本值散点图、相关统计量的值再结合问题研究的目的和实际需要选择合适的分类数。

系统分类的分类数量没有统一的确定方法,Bemirmen 于 1972 年提出了根据谱系图来进行分类的准则,也是目前进行分类数量确定主要准则。

准则 1　任何类在临近的类中都应该是突出的,也就是各类重心之间的距离应该足够大;

准则 2　各类所包含的元素个数不应该过多;

准则 3　分类的数目符合实用的目的;

准则 4　若采用不同的聚类方法进行处理,则在各自聚类的图上应该能够发现相同的类。

二、动态聚类法

系统聚类法一次形成类以后便不能改变,这就要求一次分类分得比较准确,对分类方法

提出了较高的要求,相应的计算量也比较大。当样本容量很大时,需要占据足够大的计算机内存空间,而且在分类过程中,需要将每类样品和其他类样品之间的距离逐一加以比较,以此决定应该合并的类别。当数据量比较大时,分类需要较多的计算时间,同时要求支持计算的机器内存足够大。基于以上问题,产生了动态聚类的方法。基本步骤是:

1. 按照一定的原则选择一批凝聚点(聚核);

2. 让样品向最近的凝聚点凝聚,这样就由点凝聚成类,得到初始分类;

3. 初始分类不一定合理,可按"最近距离"原则进行修改,直到分类合理得到最终的分类为止。

三、K-均值聚类法

K-均值聚类法也称为快速聚类法,是 Macqueen 于 1967 年提出的聚类方法,该种聚类方法中类的个数 K 预先给定或者在聚类过程中确定,是一种非谱系聚类的方法。该种聚类方法在解决数据量非常大的问题时,比系统聚类法有更大的优势。

K-均值聚类法的核心过程由三步组成:首先把样品粗略分成 K 个初始类;其次是对初始类进行修改,逐个分配样品到其最近均值的类中,重新计算接受新样品的类的均值;最后重复第二步的操作,直到各类元素均无元素进出为止。

K-均值聚类法最终聚类的结果在很大程度上依赖最初的划分。另外,如果指定了初始类的中心,系统只负责分类,不再更改初始类中心的位置,最终将每个样品数据都归类到各个初始中心。

该种归类方法因为在计算机计算过程中无须确定距离,也不需要存储数据,因此该种聚类方法的优点是占内存少、计算量小、处理速度快,特别适合大样本的聚类分析,缺点是要求用户指定分类的数目,并且只能对观测值进行聚类,不能对变量进行聚类分析。

四、有序样品的聚类

前面讨论的样品是相对独立的,分类时是彼此相等的。在实际问题中,还存在一种与顺序密切相关的问题,例如,要研究新中国成立以来的国民收入分成几个阶段的问题。阶段的划分必须以时间顺序进行。研究类似的问题,实际上是在给定的数据中找一些分点,将所有的数据分成几段,每段看成一类,这种分类的方法就是有序样品的分类。

在有序样品分类中,分点的位置不同就产生了不同的分类方法,每一种给出分点位置的方法称为一个分割。分类时希望分点位置达到最合适,这就是最优分割问题。也就是求一个分割满足:各段分割内部样品之间的差异最小,而不同段之间样品的差异明显大于内部样品的差异。

要想把 n 个有序样品分成 k 类,有序样品的分类结果要求每一类必须是相邻的元素组成,因此分类所有的可能为 C_{n-1}^{k-1} 种,当 n 较大时,有序样品的分类可能性远远小于一般样品分类的总数。由此可见,有序样品的分类问题相对要简单一些。

这里介绍 Fisher 提出的被称为最优分割的算法。设 $X_{(1)}, X_{(2)}, \ldots, X_{(n)}$ 是 n 个有序样品,分成 k 类。最优分割的步骤:

第一步:定义类的直径:设某一类 $G_{ij} = \{X_{(i)}, X_{(i+1)}, \ldots, X_{(j)}\}$ $(j>i)$,$\bar{X}_G$ 为它们的均值,表示该类的直径。定义

$$\bar{X}_G = \frac{1}{j-i+1} \sum_{t=i}^{j} X_t,$$

用 $D(i,j)$ 表示这类直径,常用的直径有:$D(i,j) = \sum_{t=i}^{j} (X_{(t)} - \bar{X}_G)'(X_{(t)} - \bar{X}_G)$。

第二步:定义目标函数:将 n 个有序样品分成 k 类,定义该种分类的目标函数为各类的直径之和。显然当 n 和 k 固定时,目标函数的值越小,分类的方法越合理。

第三步:求出精确的最优解:对于固定的 n,选择不同的 k,就会得到不同的目标函数,选出目标函数最小的,就是最优解的分割方案。

3.3　系统聚类及 K-聚类分析的实验案例

例 3.2　空气质量问题系统聚类法

通过聚类的方式针对 2013 年我国 51 个环保重点城市空气质量情况的数据进行分析。数据包含的指标:二氧化硫年平均浓度、二氧化氮年平均浓度、可吸入颗粒物(PM10)年平均浓度、一氧化碳日均值第 95 百分位浓度、臭氧(O_3)日最大 8 小时第 90 百分位浓度、细颗粒物(PM2.5)年平均浓度等 6 个。数据来源于《中国统计年鉴 2014》。

表 3-8　2013 年我国 51 个环保重点城市空气质量情况

城市	二氧化硫年平均浓度($\mu g/m^3$)	二氧化氮年平均浓度($\mu g/m^3$)	可吸入颗粒物(PM10)年平均浓度($\mu g/m^3$)	一氧化碳日均值第 95 百分位浓度(mg/m^3)	臭氧(O_3)日最大 8 小时第 90 百分位浓度($\mu g/m^3$)	细颗粒物(PM2.5)年平均浓度($\mu g/m^3$)
北京	26	56	108	3.4	188	89
天津	59	54	150	3.7	151	96
石家庄	105	68	305	5.7	173	154
太原	80	43	157	3.4	148	81
呼和浩特	56	40	146	4.1	104	57
沈阳	90	43	129	3.2	139	78
长春	44	44	130	2.1	127	73
哈尔滨	44	56	119	2.2	72	81
上海	24	48	84	1.6	158	62
南京	37	55	137	2.1	138	78

续表

城市	二氧化硫年平均浓度($\mu g/m^3$)	二氧化氮年平均浓度($\mu g/m^3$)	可吸入颗粒物(PM10)年平均浓度($\mu g/m^3$)	一氧化碳日均值第95百分位浓度(mg/m^3)	臭氧(O_3)日最大8小时第90百分位浓度($\mu g/m^3$)	细颗粒物(PM2.5)年平均浓度($\mu g/m^3$)
杭州	28	53	106	1.9	155	70
宁波	22	44	86	1.7	137	54
温州	23	51	94	1.9	147	58
嘉兴	30	47	94	2.1	173	68
湖州	29	52	111	1.8	180	74
绍兴	38	49	105	1.9	133	71
金华	34	41	99	1.9	164	70
衢州	36	37	94	1.4	134	68
舟山	10	22	58	1.1	122	33
台州	17	34	82	1.8	154	53
丽水	19	32	69	1.2	143	49
合肥	22	39	115	1.8	101	88
福州	11	43	64	1.2	73	36
厦门	20	44	62	1.2	136	36
南昌	40	40	116	1.8	122	69
济南	95	61	199	3.1	190	110
青岛	58	43	106	2.0	115	67
郑州	59	52	171	4.9	109	108
武汉	33	60	124	2.1	161	94
长沙	33	46	94	2.3	134	83
广州	20	52	72	1.5	156	53
深圳	11	40	61	1.6	123	40
珠海	13	37	59	1.5	128	38
佛山	32	53	83	1.6	167	52
江门	27	33	77	2.1	164	51
肇庆	28	38	85	2.1	167	54
惠州	16	29	59	1.3	150	38
东莞	23	45	65	1.4	172	47
中山	19	42	66	1.4	164	48
南宁	19	38	90	1.7	125	57
海口	7	17	47	1.0	106	27

续表

城市	二氧化硫年平均浓度(μg/m³)	二氧化氮年平均浓度(μg/m³)	可吸入颗粒物(PM10)年平均浓度(μg/m³)	一氧化碳日均值第95百分位浓度(mg/m³)	臭氧(O_3)日最大8小时第90百分位浓度(μg/m³)	细颗粒物(PM2.5)年平均浓度(μg/m³)
重庆	32	38	106	1.5	163	70
成都	31	63	150	2.6	157	96
贵阳	31	33	85	1.3	101	53
昆明	28	40	82	2.0	121	42
拉萨	9	22	64	2.0	143	26
西安	46	57	189	4.5	132	105
兰州	33	35	153	2.2	92	67
西宁	48	41	163	3.3	102	70
银川	77	43	118	2.7	107	51
乌鲁木齐	29	61	146	5.9	116	88

由问题出发,对我国 51 个城市的空气质量数据进行系统聚类分析。首先选择菜单"分析(Analyze)→分类(Classify)→系统聚类(hierarchical cluster)",在变量栏放入"二氧化硫年平均浓度、二氧化氮年平均浓度、可吸入颗粒物(PM10)年平均浓度、一氧化碳日均值第95百分位浓度、臭氧(O_3)日最大 8 小时第 90 百分位浓度、细颗粒物(PM2.5)年平均浓度"等 6个变量,在标注个案栏存入"城市";在分群选项选择"个案";输出选项选择"统计量"和"图"。选项如图 3-2 所示。

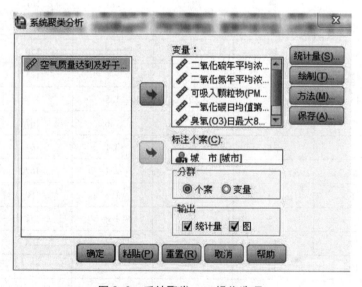

图 3-2　系统聚类 spss 操作选项

图 3-3　系统聚类 spss 操作方法选择

绘制选项栏选择树状图（Dendrogram）选项；方法（Method）选项栏聚类方法选择 Ward 法，度量区间度量标准选择平方 Euclidean 距离，如图 3-3 所示；点击"确定"，得到以下结果：

表 3-9　案例处理汇总[a,b]

案例					
有效		缺失		总计	
N	百分比	N	百分比	N	百分比
51	100. 0	0	. 0	51	100. 0

注：[a] 平方 Euclidean 距离已使用。

注：[b] Ward 联结。

由案例处理汇总信息表可以看出，本例中的 51 个数据均为有效数据，没有缺失。

根据谱系图 3-4 结合题意分析认为，上述 51 个城市按空气质量的情况分成 4 类比较合适，结果为：

第一类：深圳、珠海、厦门、丽水、惠州、拉萨、舟山、海口、福州；

第二类：绍兴、衢州、长沙、宁波、南宁、昆明、东莞、中山、广州、江门、肇庆、台州、上海、温州、佛山、北京、湖州、金华、重庆、嘉兴、杭州；

第三类：天津、太原、呼和浩特、沈阳、长春、哈尔滨、南京、合肥、南昌、青岛、郑州、武汉、成都、贵阳、西安、兰州、西宁、银川、乌鲁木齐；

第四类：石家庄、济南。

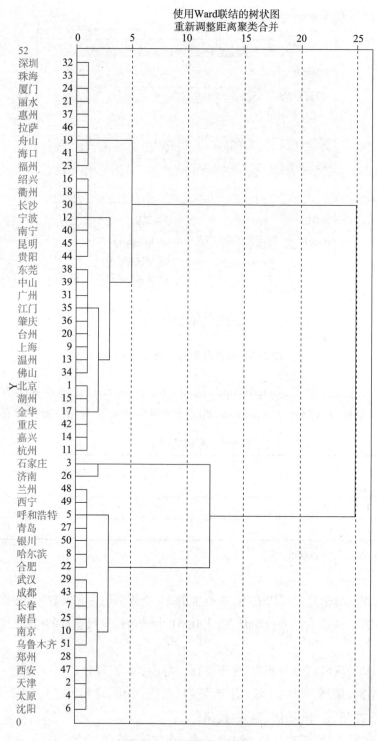

图 3-4　系统聚类的谱系

由分类的结果可以看出,第一类城市在 2013 年全年空气质量最好;第二类城市在

2013 年全年空气质量次之;第四类城市排名第三位;第三类城市在 2013 年全年空气质量最差。

考虑到几个变量数据的绝对数值有较大差异,为了减少这种影响,我们对表 3-4 先进行标准化处理,然后进行聚类分析。操作过程如下:

选择菜单"分析(Analyze)→分类(Classify)→系统聚类(hierarchical cluster)",在变量栏、标注个案栏、在分群选项、输出选项选择、绘制选项栏选择等和上述操作相同;在方法(Method)选项栏聚类方法选择 Ward 法,度量区间度量标准选择平方 Euclidean 距离不变,增加一个选项:转换值中的标准化一个下拉菜单选择 Z 得分,对数据进行标准化,如图 3-5 所示:

图 3-5 系统聚类 spss 操作数据标准化

此时得到聚类的谱系图如图 3-6 所示,与未对变量进行标准化的结果有所不同。

根据谱系图分成 3 类或 5 类比较合适,为了方便比较,此处仍给出分成 4 类的分类结果:

第一类:北京、绍兴、长沙、天津、太原、呼和浩特、沈阳、长春、哈尔滨、南京、合肥、南昌、青岛、郑州、武汉、成都、西安、兰州、西宁、银川、乌鲁木齐;

第二类:杭州、嘉兴、湖州、金华、重庆、上海、温州、台州、广州、佛山、江门、肇庆、东莞、中山;

第三类:衢州、宁波、南宁、贵阳、昆明、舟山、丽水、福州、厦门、深圳、珠海、惠州、海口、拉萨;

第四类:石家庄、济南。

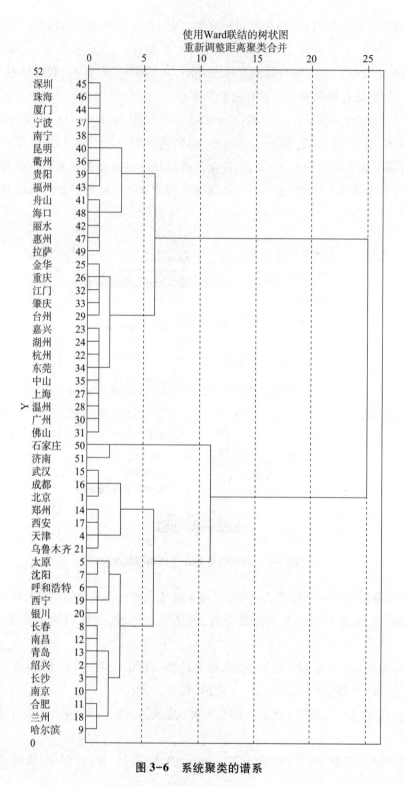

图 3-6　系统聚类的谱系

由分析可知,对数据进行标准化以后再做聚类效果会好于未做分类的数据结果。以上数据进行聚类分析的结果可以为城市空气质量的治理提供重要依据。

例 3.3　对案例 3.2 的数据进行快速聚类分析

选择菜单"分析(Analyze)→分类(Classify)→K-聚类(K-Means cluster)",变量栏、标注个案栏、分群选项等和上述操作一致。聚类数:千　在保存选项卡中选择"聚类成员"和"与聚类中心的距离",如图 3-7 所示。在选项这一设置中的统计量选择"方差分析表"和"每个个案的聚类信息",缺失值选择"按列表排除个案",如图 3-8 所示。

图 3-7　　　　　　　　　　　　　　　　图 3-8

运行结果报告了聚类成员,见(表 3-10),对表 3-10 的报告结果按照已经完成的聚类进行排序得到表 3-11,结果的距离表示该数据成员与聚类中心的距离。

表 3-10　未排序的聚类成员

案例号	城市	聚类	距离	案例号	城市	聚类	距离
1	天津	3	31.31	16	合肥	3	48.974
2	太原	3	39.313	17	南昌	3	33.587
3	沈阳	3	43.646	18	青岛	3	42.213
4	南京	3	21.495	19	兰州	3	44.516
5	郑州	3	42.385	20	银川	3	51.027
6	武汉	3	47.374	21	贵阳	1	34.67
7	成都	3	43.201	22	福州	1	51.025
8	西安	3	52.769	23	北京	2	44.714
9	西宁	3	34.141	24	长沙	2	32.375
10	乌鲁木齐	3	28.279	25	杭州	2	19.43
11	济南	3	100.566	26	嘉兴	2	16.251
12	绍兴	2	32.583	27	湖州	2	32.808
13	呼和浩特	3	34.499	28	金华	2	14.922
14	长春	3	18.344	29	重庆	2	19.971
15	哈尔滨	3	59.514	30	上海	2	7.561

续表

案例号	城市	聚类	距离	案例号	城市	聚类	距离
31	温州	2	14.935	42	昆明	1	20.776
32	台州	2	20.41	43	舟山	1	16.726
33	广州	2	23.043	44	丽水	1	22.808
34	佛山	2	17.993	45	厦门	1	18.669
35	江门	2	22.188	46	深圳	1	10.345
36	肇庆	2	15.186	47	珠海	1	10.77
37	东莞	2	32.931	48	惠州	1	28.804
38	中山	2	30.215	49	海口	1	34.103
39	衢州	2	27.915	50	拉萨	1	27.982
40	宁波	2	24.193	51	石家庄	4	0
41	南宁	1	29.764				

表 3-11 已排序的分类结果

案例号	城市	聚类	距离	案例号	城市	聚类	距离
21	贵阳	1	34.67	31	温州	2	14.935
22	福州	1	51.025	32	台州	2	20.41
41	南宁	1	29.764	33	广州	2	23.043
42	昆明	1	20.776	34	佛山	2	17.993
43	舟山	1	16.726	35	江门	2	22.188
44	丽水	1	22.808	36	肇庆	2	15.186
45	厦门	1	18.669	37	东莞	2	32.931
46	深圳	1	10.345	38	中山	2	30.215
47	珠海	1	10.77	39	衢州	2	27.915
48	惠州	1	28.804	40	宁波	2	24.193
49	海口	1	34.103	1	天津	3	31.31
50	拉萨	1	27.982	2	太原	3	39.313
12	绍兴	2	32.583	3	沈阳	3	43.646
23	北京	2	44.714	4	南京	3	21.495
24	长沙	2	32.375	5	郑州	3	42.385
25	杭州	2	19.43	6	武汉	3	47.374
26	嘉兴	2	16.251	7	成都	3	43.201
27	湖州	2	32.808	8	西安	3	52.769
28	金华	2	14.922	9	西宁	3	34.141
29	重庆	2	19.971	10	乌鲁木齐	3	28.279
30	上海	2	7.561	11	济南	3	100.566

续表

案例号	城市	聚类	距离	案例号	城市	聚类	距离
13	呼和浩特	3	34.499	18	青岛	3	42.213
14	长春	3	18.344	19	兰州	3	44.516
15	哈尔滨	3	59.514	20	银川	3	51.027
16	合肥	3	48.974	51	石家庄	4	0
17	南昌	3	33.587				

由表 3-7 可知,第一类至第四类分别包含的成员个数为 12、19、19、1。第四类仅包含石家庄一个地区,和前面系统聚类明显不同的是,济南被分到了第三类中,济南与聚类中心的距离为 100.566,该距离明显大于该类中其他成员与聚类中心的距离。第一类和第二类各成员与聚类中心的距离没有明显的差异。最终聚类中心的表如表 3-12 所示。该表报告了二氧化硫年平均浓度等 6 个指标各类的中心坐标。

表 3-12　最终聚类中心

	聚类			
	1	2	3	4
二氧化硫年平均浓度($\mu g/m^3$)	16	27	52	105
二氧化氮年平均浓度($\mu g/m^3$)	33	45	49	68
可吸入颗粒物(PM10)年平均浓度($\mu g/m^3$)	67	90	143	305
一氧化碳日均值第 95 百分位浓度(mg/m^3)	1.4	1.9	3.0	5.7
臭氧(O_3)日最大 8 小时第 90 百分位浓度($\mu g/m^3$)	123	158	125	173
细颗粒物(PM2.5)年平均浓度($\mu g/m^3$)	40	63	82	154

表 3-13 给出了最终聚类中心间的距离。由该报告可以看出,前三类与第四类的中心距离相差都非常大,表明石家庄的空气质量情况明显与其他三类有大的差异。由此报告所得到的结论,综合石家庄的空气质量数据,应警示该地区在抓经济生产的同时,一定要立即采取措施进行环境整治,减少有害污染物的排放,最大限度地降低空气质量问题对居民生活造成的影响。

表 3-13　最终聚类中心间的距离

聚类	1	2	3	4
1		51.464	95.654	285.595
2	51.464		69.732	247.523
3	95.654	69.732		192.095
4	285.595	247.523	192.095	

表 3-14 ANOVA

	聚类		误差		F	Sig.
	均方	df	均方	df		
二氧化硫年平均浓度($\mu g/m^3$)	5166.087	3	196.739	47	26.259	.000
二氧化氮年平均浓度($\mu g/m^3$)	832.339	3	68.490	47	12.153	.000
可吸入颗粒物年平均浓度($\mu g/m^3$)	29587.395	3	361.544	47	81.836	.000
一氧化碳日均值第 95 百分位浓度(mg/m^3)	11.578	3	.620	47	18.678	.000
臭氧(O_3)日最大 8 小时第 90 百分位浓度($\mu g/m^3$)	5002.267	3	507.366	47	9.859	.000
细颗粒物(PM2.5)年平均浓度($\mu g/m^3$)	7042.978	3	183.993	47	38.279	.000

表 3-14 为方差分析表,显示了各个指标在不同类的均值比较情况。各数据项的含义依次是:组间均方、组间自由度、组内均方、组内自由度。从上表中可以看到,各个指标在不同类之间的差异是非常明显的,Sig 值的结果表明 6 个变量指标对分类的贡献都是显著的。这进一步验证了聚类分析结果的有效性。

需要说明的是,此处的 F 检验仅用于描述性目的,因为选中的聚类将被用来最大化不同聚类中案例间的差别。观测到的显著性水平并未据此进行更正,因此无法判断各类均值是否有明显差异。

3.4 模糊聚类分析

模糊聚类分析是采用模糊数学语言,根据研究对象本身的属性来构造模糊矩阵,并在此基础上根据一定的隶属度来确定聚类关系,从而客观地划分类型。因为有很多事物之间的界限并不是确切的。当聚类涉及事物之间的模糊界限时,需运用模糊聚类分析方法。该部分基础知识和基本概念内容详见本书第 9 章。

一、模糊 C 均值聚类法

1. 模糊 C 均值聚类法的聚类方法

对于给定的样本观测数据矩阵:

$$X = \begin{pmatrix} x_1 \\ x_2 \\ \vdots \\ x_n \end{pmatrix} = \begin{pmatrix} x_{11} & x_{12} & \cdots & x_{1p} \\ x_{21} & x_{22} & \cdots & x_{2p} \\ \vdots & \vdots & \ddots & \vdots \\ x_{n1} & x_{n2} & \cdots & x_{np} \end{pmatrix}$$

其中:X 的每一行为一个样品（或观测），每一列为一个变量的 n 个观测值，即 X 是由 n 个样品的 p 个变量的观测值构成的矩阵。模糊聚类就是将 n 个样品被划分成为 C 类（$2 \leqslant c \leqslant n$），记 $V = \{v_1, v_2, \ldots, v_c\}$ 为 c 个类的聚类中心，其中 $v_i = \{v_{i1}, v_{i2}, \ldots, v_{ip}\}$（$i = 1, 2, \ldots, c$）。在模糊划分中，每一个样品都不是严格地被划分为某一类，而是以一定的隶属度属于某一类。

令 μ_{ik} 表示第 i 个样品 x_k 属于 i 的隶属度，此处 $0 \leqslant \mu_{ik} \leqslant 1$，$\sum\limits_{i=1}^{c} \mu_{ik} = 1$。定义目标函数

$$J(U, V) = \sum_{k=1}^{n} \sum_{i=1}^{c} \mu_{ik}^{m} d_{ik}^{2}$$

其中:$U = (\mu_{ik})_{c \times m}$ 为隶属度矩阵，$d_{ik} = \| x_k - v_i \|$。由定义可知，$J(U, V)$ 表示各类样品到聚类中心的加权平方距离之和，权重是样品 x_k 属于第 i 的隶属度的 m 次方。模糊 C 均值聚类法的聚类准则是求 U，V，使 $J(U, V)$ 取得最小值。

2. 模糊 C 均值聚类法的聚类步骤

第一步:确定类的个数 c，幂指数 m>1 和初始隶属度矩阵 $U^0 = (\mu_{ik}^0)$，通常做法是取 [0，1] 上的均匀分布随机数来确定初始隶属度矩阵 U^0。令 $l = 1$ 表示第一步迭代。

第二步:计算第 l 步的聚类中心 $V^{(1)}$：

$$v_i(l) = \frac{\sum\limits_{k=1}^{c} (\mu_{ik}^{(l-1)})^{m} x_k}{\sum\limits_{k=1}^{c} (\mu_{ik}^{(l-1)})^{m}}, i = 1, 2, \ldots, c$$

第三步:修正隶属度矩阵 $U^{(l)}$，计算目标函数 $J^{(l)}$。

$$\mu_{ik}^{(l)} = \frac{1}{\sum\limits_{k=1}^{c} \left(\dfrac{d_{ik}^{(l)}}{d_{jk}^{(l)}} \right)^{\frac{2}{m-1}}}, i = 1, 2, \ldots, c; k = 1, 2, \ldots, n$$

$$J^{(l)}(U^{(l)}, V^{(l)}) = \sum_{k=1}^{n} \sum_{i=1}^{c} (\mu_{ik}^{(l)})^{m} (d_{ik}^{(l)})^{2}$$

其中 $d_{ik}^{(l)} = \| x_k - v_i^{(l)} \|$。

第四步:对于给定的终止容限 $\varepsilon_u > 0$（或者目标函数终止容限 $\varepsilon_J > 0$ 或最大迭代步长 L_{max}），当 $max\{ | \mu_{ik}^{(1)} - \mu_{ik}^{(l-1)} | \} < \varepsilon_u$（或当 $l > 1$，$| J^{(1)} - J^{(l-1)} | < \varepsilon_j$ 或 $l > L_{max}$）时，停止迭代，否则 $l = l+1$ 返回第二步继续计算。

经过以上步骤的迭代后，可以求出最终的隶属度矩阵 U 和聚类中心 V，使得目标函数 $J(U, V)$ 取得最小值。根据最终的隶属度矩阵 U 中元素的取值可以确定所有样品的归属，当 $\mu_{jk} = \max\limits_{1 \leqslant i \leqslant c} \{ \mu_{ik} \}$ 时，将样品 x_k 归为第 j 类。

在模糊 C 均值聚类方法中，每一个数据点按照一定的模糊隶属度属于某一聚类中心。这一聚类技术作为对传统聚类技术的改进，是 Jim Bezdek 于 1981 年提出的。该方法首先随

机选取若干聚类中心,所有的数据都被赋予对聚类中心一定的模型隶属度,然后通过迭代方法不断修正聚类中心,迭代过程以极小化所有数据点到各个聚类中心的距离及隶属度值的加权和为优化目标。

二、模糊 C 均值聚类法的 Matlab 调用函数

Matlab 模糊逻辑工具箱中提供了模糊 C 均值聚类函数:fcm 函数。

(1)fcm 函数的调用格式

$[\text{center}, U, \text{obj\_fcn}] = \text{fcm}(\text{data}, \text{cluster\_n})$

$[\text{center}, U, \text{obj\_fcn}] = \text{fcm}(\text{data}, \text{cluster\_n}, \text{options})$

(2)参数说明

输入参数 data 表示需要进行聚类的数据集,形式如式(3-1)所示,是 n×m 的矩阵,每行对应一个样品,每一列对应一个变量。

输入参数 cluster_n 是一个正整数,是事先规定的需要聚类的个数。

数入参数 options 是包含 4 个元素的向量,用来设置迭代的参数。

如 options=$[3,200,1e-6,0]$),第一个元素表示隶属度的幂指数,该值应该大于 1,默认值为 2;第二个元素是最大迭代次数,默认值为 100;第三个元素是目标函数的终止容许限度,默认值为 10^{-5};第四个元素用来控制是否显示中间迭代过程,取值为 0 时表示不显示,否则是显示迭代过程。

输出参数 center 是 cluster_n 个类的中心坐标矩阵,是 cluster_n 行、m 列的矩阵。

输出参数 U 是 cluster_n 行、m 列的隶属度矩阵,它的第 i 行第 k 列元素表示第 k 个样品属于第 i 类的隶属度,可以根据 U 中每列元素的取值来判定每个样品的归属。

输出参数 obj_fcn 是目标函数值向量,它的第 i 个元素表示第 i 步迭代的目标函数值,所包含元素的总数是实际迭代的总步数。

注意:由于 fcm 函数通过生成随机数的方式确定隶属度矩阵的初值,因此调用 fcm 函数进行聚类分析时,每次聚类的结果可能会有细微的差别,类的顺序可能会有不同,但整体聚类的结果相同。

三、传递闭包法进行聚类

基本思路是对原始数据进行变换,计算样本或变量间的相似系数,建立模糊相似矩阵 R;其次利用模糊运算对相似矩阵进行运算,求出其传递闭包 $t(R)$,生成模糊等价矩阵;最后根据不同的置信水平 λ 对模糊等价矩阵进行分类。由于涉及一些模糊数学的计算,此处不再赘述。

3.5　模糊聚类分析的实验案例

例 3.4　利用模糊 C 均值聚类法对案例 3.2 的数据进行聚类分析。
本例的数据采用 Matlab 编程实现。

一、数据的读取和标准化

1. 程序源代码

$[\,\mathrm{xdata},\mathrm{textdata}\,]=\mathrm{xlsread}(\,'\mathrm{E}\colon/2013$ 全国重点城市的空气质量数据$'\,)$;

$\mathrm{city}=\mathrm{textdata}(\,2\colon\mathrm{end},1\,)$;

$\mathrm{x}=\mathrm{zscore}(\,\mathrm{xdata}\,)$;

2. 解释说明

程序的第一行是从名为"2013 全国重点城市的空气质量数据"的文件中读取数据;

第二行是提取元胞数组 textdata 的第一列从第二行至最后一行的信息,也就是在 city 中保持城市名称信息;

第三行是调用 zscore 函数,对文件数据进行标准化处理,去除因为数据单位不同造成的数据偏差。

3. 标准化以后的数据

程序报告结果为:

x =

```
 -0.4187   1.1040   -0.0111    0.9993    1.7944    0.9304
  1.0647   0.9169    0.9022    1.2648    0.4671    1.2173
  3.1325   2.2263    4.2724    3.0344    1.2563    3.5940
  2.0087  -0.1119    1.0544    0.9993    0.3594    0.6026
  0.9299  -0.3924    0.8152    1.6187   -1.2190   -0.3809
  2.4582  -0.1119    0.4455    0.8224    0.0366    0.4797
  0.3905  -0.0183    0.4673   -0.1509   -0.3939    0.2748
  0.3905   1.1040    0.2281   -0.0625   -2.3669    0.6026
 -0.5086   0.3558   -0.5329   -0.5933    0.7182   -0.1760
  0.0758   1.0105    0.6195   -0.1509    0.0007    0.4797
 -0.3288   0.8234   -0.0546   -0.3279    0.6106    0.1519
```

-0.5985 -0.0183 -0.4894 -0.5049 -0.0352 -0.5038

-0.5535 0.6364 -0.3155 -0.3279 0.3236 -0.3399

-0.2389 0.2622 -0.3155 -0.1509 1.2563 0.0699

-0.2838 0.7299 0.0541 -0.4164 1.5074 0.3158

0.1208 0.4493 -0.0763 -0.3279 -0.1787 0.1928

-0.0591 -0.2989 -0.2068 -0.3279 0.9334 0.1519

0.0308 -0.6730 -0.3155 -0.7703 -0.1428 0.0699

-1.1379 -2.0759 -1.0983 -1.0357 -0.5733 -1.3643

-0.8232 -0.9536 -0.5764 -0.4164 0.5747 -0.5448

-0.7333 -1.1407 -0.8591 -0.9473 0.1801 -0.7087

-0.5985 -0.4860 0.1411 -0.4164 -1.3266 0.8895

-1.0929 -0.1119 -0.9678 -0.9473 -2.3311 -1.2414

-0.6884 -0.0183 -1.0113 -0.9473 -0.0710 -1.2414

0.2107 -0.3924 0.1629 -0.4164 -0.5733 0.1109

2.6830 1.5716 1.9676 0.7339 1.8661 1.7910

1.0198 -0.1119 -0.0546 -0.2394 -0.8244 0.0289

1.0647 0.7299 1.3588 2.3265 -1.0396 1.7090

-0.1040 1.4781 0.3368 -0.1509 0.8258 1.1353

-0.1040 0.1687 -0.3155 0.0260 -0.1428 0.6846

-0.6884 0.7299 -0.7939 -0.6818 0.6464 -0.5448

-1.0929 -0.3924 -1.0330 -0.5933 -0.5374 -1.0775

-1.0030 -0.6730 -1.0765 -0.6818 -0.3580 -1.1594

-0.1490 0.8234 -0.5547 -0.5933 1.0410 -0.5857

-0.3737 -1.0471 -0.6851 -0.1509 0.9334 -0.6267

-0.3288 -0.5795 -0.5112 -0.1509 1.0410 -0.5038

-0.8682 -1.4212 -1.0765 -0.8588 0.4312 -1.1594

-0.5535 0.0752 -0.9461 -0.7703 1.2204 -0.7906

-0.7333 -0.2054 -0.9243 -0.7703 0.9334 -0.7497

-0.7333 -0.5795 -0.4025 -0.5049 -0.4657 -0.3809

-1.2727 -2.5436 -1.3375 -1.1242 -1.1472 -1.6102

-0.1490 -0.5795 -0.0546 -0.6818 0.8975 0.1519

-0.1939 1.7587 0.9022 0.2915 0.6823 1.2173

-0.1939 -1.0471 -0.5112 -0.8588 -1.3266 -0.5448

-0.3288 -0.3924 -0.5764 -0.2394 -0.6091 -0.9955

−1.1828	−2.0759	−0.9678	−0.2394	0.1801	−1.6512
0.4804	1.1975	1.7502	1.9726	−0.2145	1.5861
−0.1040	−0.8601	0.9674	−0.0625	−1.6495	0.0289
0.5703	−0.2989	1.1848	0.9108	−1.2907	0.1519
1.8738	−0.1119	0.2064	0.3799	−1.1114	−0.6267
−0.2838	1.5716	0.8152	3.2113	−0.7885	0.8895

二、对数据运用模糊 C 均值法进行聚类

1. 程序源代码

```
options = [3,200,1e-6,0];
[center,U,obj_fcn] = fcm(x,4,options)
```

2. 解释说明

程序的第一行是设置隶属度的幂指数为 3；最大迭代次数为 200；目标函数的终止容许限度为 10^{-6}；不显示中间迭代过程。

第二行是调用 fcm 函数对 2013 年全国重点城市的空气质量进行模糊 C 均值聚类，分成 4 类，返回中心矩阵 center，隶属度矩阵 U 和目标函数值 obj_fcn。

3. 程序报告结果

```
center =
0.2737    0.0148    0.2346   −0.0263   −0.3804    0.1866
  −0.6394   −0.6796   −0.6742    0.5499   −0.1490   −0.7436
0.9763    0.8455    1.0831    1.3085    0.1486    1.1439
  −0.2723    0.1510   −0.2823   −0.3142    0.5107   −0.1335
U =
  Columns 1 through 9
0.2403    0.1208    0.2418    0.2579    0.3086    0.2800    0.6646    0.3205    0.1685
0.1918    0.0710    0.1959    0.1568    0.2033    0.1768    0.1003    0.2132    0.1967
0.2772    0.7102    0.3392    0.3880    0.2744    0.3291    0.0937    0.2381    0.0887
0.2907    0.0980    0.2231    0.1973    0.2136    0.2141    0.1414    0.2282    0.5461

  Columns 10 through 18
0.3488    0.2386    0.1925    0.2057    0.2068    0.2351    0.4237    0.2222    0.2910
```

0.1606	0.1724	0.3787	0.2027	0.1895	0.1971	0.1588	0.2008	0.3096
0.2181	0.1342	0.0817	0.1012	0.1312	0.1762	0.1156	0.1148	0.1074
0.2725	0.4548	0.3471	0.4904	0.4726	0.3916	0.3019	0.4622	0.2920

Columns 19 through 27

0.2159	0.1782	0.1633	0.3405	0.2570	0.1872	0.4890	0.2359	0.4306
0.4124	0.4469	0.5299	0.2494	0.3383	0.4454	0.1907	0.1752	0.1928
0.1341	0.0958	0.0875	0.1694	0.1585	0.1011	0.1084	0.3695	0.1587
0.2375	0.2791	0.2193	0.2408	0.2462	0.2663	0.2118	0.2194	0.2180

Columns 28 through 36

0.2285	0.2666	0.3794	0.2037	0.1771	0.1613	0.2141	0.2056	0.2024
0.1521	0.1768	0.1785	0.2638	0.5071	0.5466	0.2257	0.3617	0.2963
0.4413	0.2653	0.1422	0.1184	0.0952	0.0879	0.1332	0.1186	0.1141
0.1781	0.2913	0.2999	0.4141	0.2206	0.2041	0.4270	0.3140	0.3872

Columns 37 through 45

0.1866	0.1968	0.1849	0.1913	0.2319	0.2378	0.2539	0.2621	0.2131
0.4580	0.3042	0.3541	0.5111	0.3718	0.2438	0.1670	0.3834	0.4662
0.1111	0.1211	0.1071	0.0805	0.1533	0.1225	0.3296	0.1268	0.0948
0.2443	0.3779	0.3539	0.2170	0.2430	0.3959	0.2495	0.2277	0.2258

Columns 46 through 51

0.2139	0.2018	0.3447	0.3430	0.3287	0.2445
0.3988	0.1328	0.2450	0.1881	0.2149	0.1857
0.1391	0.5001	0.1873	0.2647	0.2296	0.3548
0.2482	0.1652	0.2230	0.2042	0.2269	0.2150

obj_fcn =

36.0635

18.7409

18.6149

18.4943

18.3543

18.2074

18. 0718

17. 9601

17. 8780

17. 8268

17. 8006

17. 7883

17. 7809

17. 7741

17. 7662

17. 7569

17. 7463

17. 7350

17. 7238

17. 7134

17. 7044

17. 6972

17. 6917

17. 6877

17. 6849

17. 6830

17. 6818

17. 6810

17. 6805

17. 6802

17. 6800

17. 6799

17. 6798

17. 6798

17. 6797

17. 6797

17. 6797

17. 6797

17. 6797

17. 6797

17. 6797

17. 6797

上述结果中返回的类中心坐标矩阵 center 是一个 4×7 的矩阵,每一行是一个类的类中心坐标。隶属度矩阵 U 是一个 4×51 的矩阵,每一列是一个城市属于 4 个类的隶属度,如矩阵 U 第一列的四个元素分别为 0. 1719、0. 2975、0. 2843 和 0. 2463,表示北京属于第一类的隶属度为 0. 1719,属于第二类的隶属度为 0. 2975,属于第三类的隶属度为 0. 2843,属于第四类的隶属度为 0. 2463。从这 4 个数值可以看出,北京属于第二类的隶属度最大,因此将北京划分到第二类中,其他城市的分类类同。返回的目标函数 obj_fcn 包含 32 个元素的列向量,说明求解的过程经历了 32 步迭代。

三、聚类结果

从 fcm 函数的返回结果不能直观看出每个城市所属的类,可以通过查找每一列中所包含的城市序号(或者查找隶属度矩阵 U 的每一列中最大值的航标)来确定每个城市所属的类。

1. 程序源代码

```
id1 = find( U( 1, : ) = = max( U ) ) ;
id2 = find( U( 2, : ) = = max( U ) ) ;
id3 = find( U( 3, : ) = = max( U ) ) ;
id4 = find( U( 4, : ) = = max( U ) ) ;
city( id1 )
city( id2 )
city( id3 )
city( id3 )
```

2. 解释说明

程序的第 i 行是查找第 i 类中所有城市的序号,city(idi) 是显示第 i 类包含的城市,i = 1, 2,3,4。

3. 程序报告结果

第一类包含的城市为:

ans =

　　'宁波'

'衢州'

'舟山'

'台州'

'丽水'

'福州'

'厦门'

'深圳'

'珠海'

'江门'

'惠州'

'中山'

'南宁'

'海口'

'贵阳'

'昆明'

'拉萨'

第二类包含的城市为：

ans =

'天津'

'石家庄'

'太原'

'沈阳'

'济南'

'郑州'

'成都'

'西安'

'乌鲁木齐'

第三类包含的城市为：

ans =

'北京'

'上海'

'杭州'

'温州'

'嘉兴'

'湖州'

'金华'

'武汉'

'广州'

'佛山'

'肇庆'

'东莞'

'重庆'

第四类包含的城市为：

ans =

'呼和浩特'

'长春'

'哈尔滨'

'南京'

'绍兴'

'合肥'

'南昌'

'青岛'

'长沙'

'兰州'

'西宁'

'银川'

由例 3.4 可以看出,对同样的一组数据进行聚类分析,可以得到不同的类别。模糊聚类分析的好处是不但给出了聚类的结果,还可以从隶属度矩阵查看与该类的隶属程度。

3.6 聚类分析习题

1. 表 3-15 列出了 2017 年我国 31 个省、市、自治区的城镇居民家庭平均每人全年消费性支出的 8 个主要变量(食品烟酒、衣着、居住、生活用品及服务、交通和通信、教育文化娱乐、医疗保健、其他用品及服务)数据,请根据这 8 个主要变量的观测数据,利用系统聚类法,对各地区进行聚类分析。

表 3-15 2017 年我国各地区城镇居民家庭平均每人全年消费性支出　　　单位:元

地区	食品烟酒	衣着	居住	生活用品及服务	交通通信	教育文化娱乐	医疗保健	其他用品及服务
北京	7548.9	2238.3	12295.0	2492.4	5034.0	3916.7	2899.7	1000.4
天津	86477	1944.8	5922.4	1655.5	3744.5	2691.5	2390.0	845.6
河北	3912.8	1173.5	3679.4	1066.2	2290.3	1578.3	1396.3	340.1
山西	3324.8	1206.0	2933.5	761.0	1884.0	1879.3	1359.7	316.0
内蒙古	5205.3	1866.2	3324.0	1199.9	2914.9	2227.8	1653.8	553.8
辽宁	5605.4	1671.6	3732.5	1191.7	3088.4	2534.5	1999.9	639.3
吉林	4144.1	1379.0	2912.3	795.8	2218.0	1928.5	1818.3	435.9
黑龙江	4209	1437.7	2833.0	776.4	2185.5	1898.0	1791.3	446.6
上海	10005.9	1733.4	13708.7	1824.9	4057.7	4685.9	2602.1	1173.3
江苏	6524.8	1505.9	5586.2	1443.5	3496.4	2747.6	1510.9	653.3
浙江	7750.8	1585.9	6992.9	1345.8	4306.5	2844.9	1696.1	556.1
安徽	5143.4	1037.5	3397.6	890.8	2102.3	1700.5	1135.9	343.8
福建	7212.7	1119.1	5533.0	1179.0	2642.8	1966.4	1105.3	491.0
江西	4626.1	1005.8	3552.2	859.0	1600.7	1606.8	877.8	329.7
山东	4715.1	1374.6	3565.8	1260.5	2568.3	1948.4	1484.3	363.6
河南	3687	1184.5	2988.3	1056.4	1698.6	1559.8	1219.8	335.2
湖北	5098.4	1131.7	3699.0	1025.9	1795.7	1930.4	1838.3	418.2
湖南	5003.6	1086.1	3428.9	1054.0	2042.6	2805.1	1424.0	316.1
广东	8317.0	1230.3	5790.9	1447.4	3380.0	2620.4	1319.5	714.1
广西	4409.9	564.7	2909.3	762.8	1878.5	1585.8	1075.6	237.1
海南	5935.9	631.1	2925.6	769.0	1995.0	1756.8	1101.2	288.1
重庆	5943.5	1394.8	3140.9	1245.5	2310.3	1993.0	1471.9	398.1
四川	5632.2	1152.7	2946.8	1062.9	2200.0	1468.2	1320.2	396.8
贵州	3954.0	863.4	2670.3	802.4	1781.6	1783.3	851.2	263.5
云南	3838.4	651.3	2471.1	742.0	2033.4	1573.7	1125.3	223.0
西藏	4788.6	1047.6	1763.2	617.2	1176.9	441.6	271.5	213.5
陕西	4124.0	1084.0	2978.6	1036.2	1760.7	1857.6	1704.8	353.7
甘肃	3886.9	1071.3	2475.1	836.8	1796.5	1537.1	1233.4	282.8
青海	4453.0	1265.9	2754.5	929.0	2409.6	1686.6	1598.7	405.8
宁夏	3796.4	1268.9	2861.5	932.4	2616.8	1955.6	1553.6	365.1
新疆	4338.5	1305.5	2698.5	943.2	2382.6	1599.3	1466.3	353.4

2. 在我国服装标准制定中,对某地区成年女子的 14 个部位尺寸(体型尺寸)进行了据测量,根据测算数据计算得到 14 个部位尺寸之间的相关系数矩阵,如表 3-16 所示,试对 14 个量进行聚类分析。

表 3-16 服装尺寸

	x1	x2	x3	x4	x5	x6	x7	x8	x9	x10	x11	x12	x13
x1 上体长	1												
x2 手臂长	0.366	1											
x3 胸围	0.242	0.233	1										
x4 颈围	0.28	0.194	0.59	1									
x5 总肩宽	0.36	0.324	0.476	0.435	1								
x6 前胸宽	0.282	0.263	0.483	0.47	0.452	1							
x7 后背宽	0.245	0.265	0.54	0.478	0.535	0.663	1						
x8 前腰节高	0.448	0.345	0.452	0.404	0.431	0.322	0.266	1					
x9 后腰节高	0.486	0.367	0.365	0.357	0.429	0.283	0.287	0.82	1				
x10 总体长	0.648	0.662	0.216	0.316	0.429	0.283	0.263	0.527	0.547	1			
x11 身高	0.679	0.681	0.243	0.313	0.43	0.302	0.294	0.52	0.558	0.957	1		
x12 下体长	0.486	0.636	0.174	0.243	0.375	0.29	0.255	0.403	0.417	0.857	0.582	1	
x13 腰围	0.133	0.153	0.732	0.477	0.339	0.392	0.446	0.266	0.241	0.054	0.099	0.055	1
x14 臀围	0.376	0.252	0.676	0.581	0.441	0.447	0.44	0.424	0.372	0.363	0.376	0.321	0.627

3. 表 3-17 列出了 46 个国家和地区 3 年(1990 年、2000 年和 2006 年)的婴儿死亡率和出生时预期的寿命数据。请利用 K-均值聚类法,对给定的国家和地区进行聚类分析。数据由国家统计局网站 2008 年国际数据整理而成。

表 3-17 婴儿死亡率和出生时预期的寿命数据

国家和地区	婴儿死亡率(‰)			出生时平均预期寿命(岁)		
	1990 年	2000 年	2006 年	1990 年	2000 年	2006 年
中国	36.3	29.9	20.1	68.9	70.3	72
中国香港				77.4	80.9	81.6
孟加拉国	100	66	51.6	54.8	61	63.7
文莱	10	8	8	74.2	76.2	77.1
柬埔寨	84.5	78	64.8	54.9	56.5	58.9
印度	80	68	57.4	59.1	62.9	64.5
印度尼西亚	60	36	26.4	61.7	65.8	68.2
伊朗	54	36	30	64.8	68.9	70.7

续表

国家和地区	婴儿死亡率(‰)			出生时平均预期寿命(岁)		
	1990 年	2000 年	2006 年	1990 年	2000 年	2006 年
以色列	10	5.6	4.2	76.6	79	80
日本	4.6	3.2	2.6	78.8	81.1	82.3
哈萨克斯坦	50.5	37.1	25.8	68.3	65.5	66.2
朝鲜	42	42	42	69.9	66.8	67
韩国	8	5	4.5	71.3	75.9	78.5
老挝	120	77	59	54.6	60.9	63.9
马来西亚	16	11	9.8	70.3	72.6	74
蒙古国	78.5	47.6	34.2	62.7	65.1	67.2
缅甸	91	78	74.4	59	60.1	61.6
巴基斯坦	100	85	77.8	59.1	63	65.2
菲律宾	41	30	24	65.6	69.6	71.4
新加坡	6.7	2.9	2.3	74.3	78.1	79.9
斯里兰卡	25.6	16.1	11.2	71.2	73.6	75
泰国	25.7	11.4	7.2	67	68.3	70.2
越南	38	23	14.6	64.8	69.1	70.8
埃及	66.7	40	28.9	62.2	68.8	71
尼日利亚	120	107	98.6	47.2	46.9	46.8
南非	45	50	56	61.9	48.5	50.7
加拿大	6.8		4.9	77.4	79.2	80.4
墨西哥	41.5	31.6	29.1	70.9	74	74.5
美国	9.4	6.9	6.5	75.2	77	77.8
阿根廷	24.7	16.8	14.1	71.7	73.8	75
巴西	48.1	26.9	18.6	66.6	70.4	72.1
委内瑞拉	26.9	20.7	17.7	71.2	73.3	74.4
白俄罗斯	20.1	15	11.8	70.8		68.6
捷克	10.9	4.1	3.2	71.4	75	76.5
法国	7.4	4.4	3.6	76.7	78.9	80.6
德国	7	4.4	3.7	75.2	77.9	79.1
意大利	8.2	4.6	3.5	76.9	79.5	81.1
荷兰	7.2	4.6	4.2	76.9	78	79.7
波兰	19.3	8.1	6	70.9	73.7	75.1
俄罗斯联邦	22.7	20.2	13.7	68.9	65.3	65.6
西班牙	7.6	4.5	3.6	76.8	79	80.8
土耳其	67	37.5	23.7	66	70.4	71.5

续表

国家和地区	婴儿死亡率(‰)			出生时平均预期寿命(岁)		
	1990 年	2000 年	2006 年	1990 年	2000 年	2006 年
乌克兰	21.5	19.2	19.8	70.1	67.9	68
英国	8	5.6	4.9	75.9	77.7	79.1
澳大利亚	8	4.9	4.7	77	79.2	81
新西兰	8.3	5.9	5.2	75.4	78.6	79.9

4. 1999 年财政部、国家经贸委、人事部和国家计委联合发布了《国有资本金绩效评价规则》。其中,对竞争性工商企业的评价指标体系包括八大基本指标:净资产收益率、总资产报酬率、总资产周转率、流动资产周转率、资产负债率、已获利息倍数、销售增长率和资本积累率。表 3-18 是根据以上指标给出的 35 家上市公司 2008 年的年报数据,请针对数据对这些上市公司进行聚类分析。

表 3-18　上市公司 2008 年的年报数据

公司简称	净资产收益率	总资产报酬率	资产负债率	总资产周转率	流动资产周转率	已获利息倍数	销售增长率	资本积累率
深圳能源	9.17	4.92	53.45	0.39	1.57	3.56	2.76	33.00
深南电 A	0.61	1.23	61.17	0.60	1.74	1.41	-12.81	-0.01
富龙热电	-11.30	-5.56	48.89	0.13	0.76	-0.34	-40.10	-9.93
穗恒运 A	-7.70	-1.53	70.25	0.57	2.70	0.61	-29.45	-7.15
粤电力 A	0.34	-1.15	54.84	0.48	2.42	0.52	11.78	-7.72
韶能股份	-2.95	-1.29	61.79	0.27	2.52	0.53	15.77	-4.67
ST 惠天	-1.86	-0.81	63.34	0.40	1.09	0.43	8.08	-1.82
城投控股	12.28	8.46	39.92	0.25	0.57	40.20	29.21	-2.19
大连热电	1.58	0.96	60.53	0.32	0.70	1.31	-3.44	0.75
华电能源	0.43	0.33	77.63	0.40	2.39	1.08	12.66	-6.04
国电电力	1.26	0.20	71.65	0.26	1.68	1.10	-5.88	5.68
长春经开	0.09	0.21	29.10	0.05	0.08	1.23	9.07	0.09
大龙地产	1.21	0.09	61.63	0.04	0.05	1.84	-57.90	-0.08
金丰投资	9.78	6.51	46.07	0.20	0.31	6.22	-51.99	-8.40
新黄浦	6.81	5.96	31.91	0.12	0.31	5.57	-18.48	4.99
浦东金桥	9.02	6.16	42.74	0.20	0.86	4.51	40.62	4.75
外高桥	6.90	2.09	78.11	0.70	2.47	7.04	19.88	5.21
中华企业	14.31	6.82	63.67	0.37	0.44	5.89	33.93	11.82
渝开发 A	6.53	5.14	31.61	0.14	0.40	4.42	-15.56	6.64
莱茵置业	21.22	7.95	73.67	0.44	0.52	1.04	-13.15	28.42
粤宏远 A	-8.47	-4.84	44.12	0.14	0.24	-3.90	-26.72	-7.81
中国国贸	8.40	6.21	48.06	0.12	3.04	1.10	1.20	5.06
万科 A	12.65	5.77	67.44	0.37	0.39	10.62	15.38	8.93

续表

公司简称	净资产收益率	总资产报酬率	资产负债率	总资产周转率	流动资产周转率	已获利息倍数	销售增长率	资本积累率
三木集团	1.96	1.05	80.12	0.88	0.95	1.74	−11.30	−9.55
国兴地产	2.97	2.21	44.34	0.17	0.17	30.65	−74.76	3.06
中关村	9.69	1.72	80.11	0.47	0.57	2.03	−7.90	1.59
中兴通讯	11.65	5.02	70.15	0.98	1.21	4.28	27.36	17.40
长城电脑	1.01	0.39	53.93	1.35	3.57	1.22	−6.99	−30.87
南天信息	9.48	6.61	45.43	1.06	1.41	4.62	15.13	110.72
同方股份	3.57	2.63	53.32	0.78	0.00	2.79	−4.77	26.72
永鼎股份	2.54	1.69	71.91	0.42	0.63	1.87	27.49	2.63
宏图高科	10.71	5.42	57.49	1.77	2.12	3.21	33.03	11.23
新大陆	4.54	3.74	31.88	0.86	1.09	7.49	18.42	−6.27
方正科技	4.42	3.16	43.95	1.40	4.67	3.06	−13.58	4.73
复旦复华	4.44	3.68	49.44	0.53	0.85	3.19	13.57	2.60

第4章 判别分析的数学实验

判别分析是在分类已经确定的条件下,根据所研究个体的观测指标来判断样品所属类型的一种统计分析方法,在现实中应用非常广泛。在生产、科研和日常生活中经常会遇到如何根据观察到的数据资料对所研究的对象进行判别归类的问题。判别分析与回归分析不同,它适用于被解释变量是非度量变量的情形。判别分析的主要目的是识别一个个体所属的类别。例如,根据应聘者提供的资料来判断是否应该招聘该人;根据经济运行规律判断某一年的经济指标是否正常;在市场预测中,根据以往调查所得的种种指标,判断下季度产品是畅销、平常或滞销;根据某本科生的学习成绩和综合评价来判断其是否具有推荐免试进入硕士研究生阶段学习的资格;根据已有的气象学资料和收集的数据来判断明天的天气是晴还是阴;在医疗诊断中,根据某人如体温、血压、白细胞等指标来判别此人当前的身体状况是生病了还是健康。股票持有者根据近期股市的行情判断本周股票的涨跌情况等。由此可见,在实际问题中需要判别的问题几乎随处可见。

判别分析与聚类分析不同。判别分析是在已知研究对象分成若干类型(或组别)并已取得各种类型的一批已知样品的观测数据,在此基础上根据某些准则建立判别式,然后对未知类型的样品进行判别分类。聚类分析是给定样品要划分的类型事先并不知道,需要通过聚类分析来确定样品的分类。判别分析和聚类分析往往联合起来使用。当给定的样品需要归类,但是总体样品的类别又不清楚时,往往先用聚类分析对原总体的样品进行分类,然后再用判别分析建立将样品归到分好的类中。

判别分析内容很丰富,方法很多。本章仅介绍四种常用的判别方法,即距离判别法、费希尔判别法、贝叶斯判别法和逐步判别法。

4.1 判别分析方法介绍

一、判别分析的基本思想

我们研究问题时经常会遇到包含属性变量为被解释变量和几个度量的解释变量的问题,这时需要选择一种适合的分析方法。如果此时的变量都是定量的,就可以用多元回归分析进行描述。但如果是定性变量,使用多元回归就不是十分合适,当被解释变量是属性定性变量而解释变量是度量变量时,判别分析是非常适合的方法,在很多情况下,被解释变量包含两组,如性别分男、女;考试分通过和未通过;当然也有分成多组的情况:如产品的质量分优质品、合格品和次品几个等级;一年按季节分成春、夏、秋、冬等。当包含的变量有两组时,称为两组判别分析,当分成三组或三组以上时,称为多组判别分析。

判别分析的基本要求是:分组类型在两组以上;每组案例的规模至少在一个以上。解释变量必须是可测量的,才能够计算平均值和方差,使其能够合理地应用于统计函数。

二、距离判别法

距离判别法也叫直观判别法,其基本思想是:根据已知分类的数据,分别计算各类的重心即分组(类)的均值,判别准则是对任给的一次观测,若它与第 i 类的重心距离最近,就认为它来自第 i 类。距离判别法对各类(或总体)的分布没有特定的要求。

1. 两个总体的距离判别法

设有两个总体(或称两类)G_1、G_2,从第一个总体中抽取 n_1 个样品,从第二个总体中抽取 n_2 个样品,每个样品测量 p 个指标。

任取一个样品,指标值为 $X = (x_1, \dots, x_p)'$,问 X 应判归为哪一类?

首先计算 X 到 G_1、G_2 总体的距离,分别记为 $D(X, G_1)$ 和 $D(X, G_2)$,按距离最近原则:

$$\begin{cases} X \in G_1, & \text{当 } D(X, G_1) < D(X, G_2) \\ X \in G_2, & \text{当 } D(X, G_1) > D(X, G_2) \text{ 进行归类。} \\ \text{待判}, & \text{当 } D(X, G_1) = D(X, G_2) \end{cases}$$

按照定义距离的不同方式,可以得到不同的结果,根据数值的大小按距离最近准则进行判别归类。

用矩阵 $\begin{pmatrix} x_{11}^{(i)} & x_{12}^{(i)} & \cdots & x_{1p}^{(i)} \\ x_{21}^{(i)} & x_{22}^{(i)} & \cdots & x_{2p}^{(i)} \\ \vdots & \vdots & \ddots & \vdots \\ x_{n_i1}^{(i)} & x_{n_i2}^{(i)} & \cdots & x_{n_ip}^{(i)} \end{pmatrix}$ 表示第 i 个总体的数据,每一行代表一个样品,每一列代表

一个变量,用 $\bar{x}_j^{(i)}$ 代表第 i 个总体第 j 个指标的均值,$\bar{X}^{(i)} = (\bar{x}_1^{(i)}, \dots, \bar{x}_p^{(i)})'$,$i = 1, 2$,$\mu^{(i)}$ 和 $\sum^{(i)}$ 表示总体 $G_{(i)}$ 的均值向量和协方差矩阵,$i = 1, 2; j = 1, 2, \dots, p$。

在判别分析中经常会用到马氏距离,此处以马氏距离为例对上述准则做讨论,此时的距离公式为

$$D^2(X, G_i) = (X - \mu^{(i)})' \left(\sum{}^{(i)} \right)^{-1} (X - \mu^{(i)}) \quad i = 1, 2$$

判别准则为

(1) 当 $\sum^{(1)} = \sum^{(2)} = \sum$ 时,

计算 $D^2(X, G_2)$ 及 $D^2(X, G_1)$ 的差:

$D^2(X, G_2) - D^2(X, G_1)$

$= X'\sum^{-1}X - 2X'\sum^{-1}X\mu^{(2)} + \mu^{(2)}{}'\sum^{-1}\mu^{(2)} - \left[X'\sum^{-1}X - 2X'\sum^{-1}\mu^{(1)} + \mu^{(1)}{}'\sum^{-1}\mu^{(1)}\right]$

$= 2X'\sum^{-1}(\mu^{(1)} - \mu^{(2)}) - (\mu^{(1)} + \mu^{(2)})'\sum^{-1}(\mu^{(1)} - \mu^{(2)})$

$= 2\left[X - \dfrac{1}{2}(\mu^{(1)} + \mu^{(2)})\right]'\sum^{-1}(\mu^{(1)} - \mu^{(2)})$

令 $\bar{\mu} = \dfrac{1}{2}(\mu^{(1)} + \mu^{(2)})$, $W(X) = (\mu^{(1)} - \mu^{(2)})'\sum^{-1}(\mu^{(1)} - \mu^{(2)})$

判别准则可写成:

$$\begin{cases} X \in G_1, & \text{当 } W(X) > 0 \quad \text{即 } D^2(X, G_2) > D^2(X, G_1) \\ X \in G_2, & \text{当 } W(X) < 0 \quad \text{即 } D^2(X, G_2) < D^2(X, G_1) \\ \text{待判}, & \text{当 } W(X) = 0 \quad \text{即 } D^2(X, G_2) = D^2(X, G_1) \end{cases}$$

当 $\sum, \mu^{(1)}, \mu^{(2)}$ 已知时,令 $a = \sum^{-1}(\mu^{(1)} - \mu^{(2)}) \underline{\underline{\Delta}} (a_1, \dots, a_p)'$

则 $\sum W(X) = (X - \bar{\mu})'a = a'(X - \bar{\mu}) = (a_1, \dots, a_p)\begin{pmatrix} x_1 - \bar{\mu}_1 \\ \vdots \\ x_p - \bar{\mu}_p \end{pmatrix}$

$= a_1(x_1 - \bar{\mu}_1) + \dots + a_p(x_p - \bar{\mu}_p)$

显然,$W(X)$ 是 $x_1, \dots, x_p$ 的线性函数,称 $W(X)$ 为线性判别函数,a 为判别系数。

当 $\sum, \mu^{(1)}, \mu^{(2)}$ 未知时,通过样本来估计。设 $X_1^{(i)}, X_2^{(i)}, \dots, X_{n_i}^{(i)}$ 来自 G_i 的样本,$i = 1, 2$。

$$\hat{\mu}^{(1)} = \frac{1}{n_1}\sum_{i=1}^{n_1} X_i^{(1)} = \bar{X}^{(1)}, \hat{\mu}^{(2)} = \frac{1}{n_2}\sum_{i=1}^{n_2} X_i^{(2)} = \bar{X}^{(2)}, \hat{\sum} = \frac{1}{n_1 + n_2 - 2}(S_1 + S_2)$$

其中 $S_i = \sum_{t=1}^{n_i}(X_t^{(i)} - \bar{X}^{(i)})(X_t^{(i)} - \bar{X}^{(i)})'$, $\bar{X} = \dfrac{1}{2}(\bar{X}^{(1)} + \bar{X}^{(2)})$, $i = 1, 2$。

线性判别函数为

$W(X) = (X - \bar{X})'\hat{\sum}^{-1}(\bar{X}^{(1)} - \bar{X}^{(2)})$。

当 $p = 1$ 时,若两个总体的分布分别为 $N(\mu_1, \sigma^2)$ 和 $N(\mu_2, \sigma^2)$,判别函数 $W(X) = \left(X - (\dfrac{\mu_1 + \mu_2}{2})\right)\dfrac{1}{\sigma^2}(\mu_1 - \mu_2)$。

不妨设 $\mu_1 < \mu_2$，这时 $W(X)$ 的符号取决于 $X > \bar{\mu}$ 或 $X < \bar{\mu}$。当 $X < \bar{\mu}$ 时，判 $X \in G_1$；当 $X > \bar{\mu}$ 时，判 $X \in G_2$。可见，用距离判别所得到的准则是颇为合理的。但从图 4-1 可以清晰地看出，用这个判别法有时也会出错。如 X 来自 G_1，但却落入 D_2，被判为属 G_2，错判的概率为图中阴影的面积，记为 $P(2|1)$，类似有 $P(1|2)$，显然 $P(2|1) = P(1|2) = 1 - \Phi\left(\dfrac{\mu_1 - \mu_2}{2\sigma}\right)$。

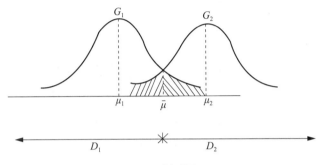

图 4-1　判别图示

当两总体靠得很近(即 $|\mu_1 - \mu_2|$ 小)时，无论用何种办法，错判概率都很大，这时作判别分析是没有意义的。因此只有两个总体的均值有显著差异时，作判别分析才有意义。

（2）当 $\sum^{(1)} \neq \sum^{(2)}$ 时，

按距离最近原则，类似地有：

$$\begin{cases} X \in G_1, & \text{当 } D(X, G_1) < D(X, G_2) \\ X \in G_2, & \text{当 } D(X, G_1) > D(X, G_2) \\ \text{待判}, & \text{当 } D(X, G_1) = D(X, G_2) \end{cases}$$

仍然用 $W(X) = D^2(X, G_2) - D^2(X, G_1)$

$$= (X - \mu^{(2)})'\left(\sum^{(2)}\right)^{-1}(X - \mu^{(2)}) - (X - \mu^{(1)})'\left(\sum^{(1)}\right)^{-1}(X - \mu^{(1)})$$

作为判别函数，它是 X 的二次函数。

2. 多个总体的距离判别法

两个总体的讨论推广到多个总体。设有 k 个总体 $G_1, \ldots, G_k$，均值和协方差阵分别为 $\mu^{(i)}$、$\sum^{(i)}$，$i = 1, \ldots, k$，从每个总体 G_i 中抽取 n_i 个样品，$i = 1, \ldots, k$，每个样品测 p 个指标。现任取一个样品，实测指标值为 $X = (x_1, \ldots, x_p)'$，判断 X 应判归为哪一类的问题。按照最小距离原则进行判别归类时，首先计算样品 X 到 k 个总体的距离 $D^2(X, G_i)$，然后进行比较，设 $i = l$。若 $D_l^2(X, G_i) = \min\limits_{i=1,2,\ldots,k}\{D_i^2(X, G_i)\}$，则 $X \in G_i$。计算距离时也分 $\sum^{(i)} = \sum^{(j)}$ 和 $\sum^{(i)}$、$\sum^{(j)}$ 不完全相等两种情况进行讨论，当 $\mu^{(i)}$、$\sum$ 未知时，仍然选择估计量 $\hat{\mu}^{(i)} = \bar{X}^{(i)} = $

$$\frac{1}{n_i}\sum_{a=1}^{n_i}X_a^{(i)}, i=1,\dots,k, \hat{\sum}=\frac{1}{n-k}\sum_{i=1}^{k}S_i \text{ 代替来进行计算。}$$

三、费希尔(Fisher)判别法

费希尔判别法是 *Fisher* 于 1936 年提出的,该判别法对总体的分布并未提出什么特定的要求。

1. 基本思想

费希尔判别法的基本思想是投影,把在原来的坐标系下很难分开的高维空间的点向低维空间投影,在投影上建立判别函数。下面以两总体费希尔判别法为例进行说明。

从两个总体中抽取具有 p 个指标的样品观测数据,借助方差分析的思想构造判别函数:$y=c_1x_1+c_2x_2+\dots+c_px_p$,其中系数 $c_1,c_2,\dots,c_p$ 确定的原则是使两组间的区别最大,而使每个组内部的离差最小。有了判别式后,对于一个新的样品,将它的 p 个指标值代入判别式中求出 y 值,然后与判别临界值(或称分界点后面给出)进行比较,就可以判别它应属于哪一个总体。

2. 构造判别函数

用矩阵

$$\begin{pmatrix} x_{11}^{(i)} & x_{12}^{(i)} & \dots & x_{1p}^{(i)} \\ x_{21}^{(i)} & x_{22}^{(i)} & \dots & x_{2p}^{(i)} \\ \vdots & \vdots & \ddots & \vdots \\ x_{n_i1}^{(i)} & x_{n_i2}^{(i)} & \dots & x_{n_ip}^{(i)} \end{pmatrix}$$

表示第 i 个总体的数据,每一行代表一个样品,每一列代表一个变量,每个样品观测 p 个指标,$i=1,2$。

设新建立的判别式为 $y=c_1x_1+c_2x_2+\dots+c_px_p$,将属于不同总体的样品观测值代入判别式中,得

$$y_i^{(1)}=c_1x_{i1}^{(1)}+c_2x_{i2}^{(1)}+\dots+c_px_{ip}^{(1)} \quad i=1,\dots,n_1$$
$$y_i^{(2)}=c_1x_{i1}^{(1)}+c_2x_{i2}^{(1)}+\dots+c_px_{ip}^{(2)} \quad i=1,\dots,n_2$$

对上边两式分别左右相加,再乘以相应的样品个数,分别得到第一组和第二组数据的"重心":

$$\bar{y}^{(1)}=\sum_{k=1}^{p}c_k\bar{x}_k^{(1)}, \bar{y}^{(2)}=\sum_{k=1}^{p}c_k\bar{x}_k^{(2)}$$

要使判别函数能够很好地区别来自不同总体的样品,来自相同样品的离差平方和越小,来自不同总体的平均值相差越大越好。也就是

$$I = \frac{(\bar{y}^{(1)} - \bar{y}^{(2)})^2}{\sum\limits_{i=1}^{n_1} (y_i^{(1)} - \bar{y}^{(1)})^2 + \sum\limits_{i=1}^{n_2} (y_i^{(2)} - \bar{y}^{(2)})^2}$$

取得越大越好。

利用微积分求极值的必要条件可求出使 I 达到最大值的 $c_1, c_2, \ldots, c_p$，得

$$\begin{pmatrix} c_1 \\ c_2 \\ \vdots \\ c_p \end{pmatrix} = \begin{pmatrix} s_{11} & s_{12} & \cdots & s_{1p} \\ s_{21} & s_{22} & \cdots & s_{2p} \\ \vdots & \vdots & & \vdots \\ s_{p1} & s_{p2} & \cdots & s_{pp} \end{pmatrix}^{-1} \begin{pmatrix} d_1 \\ d_2 \\ \vdots \\ d_p \end{pmatrix}$$

其中 $d_k = \bar{x}_k^{(1)} - \bar{x}_k^{(2)}, s_{kl} = \sum\limits_{i=1}^{n_1} (x_{ik}^{(1)} - \bar{x}_k^{(1)})(x_{il}^{(1)} - \bar{x}_l^{(1)}) + \sum\limits_{i=1}^{n_2} (x_{ik}^{(2)} - \bar{x}_k^{(2)})(x_{il}^{(2)} - \bar{x}_l^{(2)})$

$k = 1, 2, \ldots, p, l = 1, 2, \ldots, p$。

3. 确定判别临界值(分界点) y_0

在两总体先验概率相等的假设下，一般常取

$$y_0 = \frac{n_1 \bar{y}^{(1)} + n_2 \bar{y}^{(2)}}{n_1 + n_2}$$

如果由原始数据求得 $\bar{y}^{(1)}$ 与 $\bar{y}^{(2)}$，

当 $\bar{y}^{(1)} > \bar{y}^{(2)}$ 时，判别准则为：把一个新样品 $X = (x_1, \ldots, x_p)'$ 代入判别函数中所得值记为 y，若 $y > y_0$，则判定 $X \in G_1$，若 $y < y_0$，则判定 $X \in G_2$。

当 $\bar{y}^{(1)} < \bar{y}^{(2)}$ 时，判别准则为：若 $y > y_0$，则判定 $X \in G_2$；若 $y < y_0$，则判定 $X \in G_1$。

4. 检验判别效果

原假设认为判别总体的均值相等，给定检验水平 a，根据软件报告的 P 值，若 $P < \alpha$，则 H_0 被否定，认为判别有效。否则认为判别无效。

类似两总体费希尔判别法可给出多总体费希尔判别法。

四、贝叶斯(Bayes)判别法

距离判别法只要知道总体的均值和方差，不涉及总体的分布类型。当参数未知时，就用样本均值和样本方差来估计。距离判别方法简单、结论明确，很实用。但缺点是该判别法与各总体出现的机会大小完全无关，此外，距离判别法也没有考虑判别造成的损失。这也存在不合理性。费希尔判别法随着总体个数的增加，建立的判别式也增加，因而计算起来还是比较麻烦的。

贝叶斯判别法的基本思想是假定对所研究的对象已有一定的认识，常用先验概率来描

述这种认识。然后抽取一个样本，用样本来修正已有的认识（即先验概率分布），得到后验概率分布，计算新给样品属于各总体的条件概率 $P(l|x)$，$l=1,\dots,k$，比较 k 个概率的大小，然后将新样品判归为来自概率最大的总体。

1. 基本思想

设有 k 个总体 $G_1,G_2,\dots,G_k$，它们的先验概率分别为 $q_1,q_2\dots,q_k$。各总体的密度函数分别为 $f_1(x),f_2(x),\dots,f_k(x)$（在离散型随机变量中指的是概率函数），在观测到一个样品 x 的情况下，用贝叶斯公式计算它来自第 g 总体的后验概率：

$$P(g\mid x)=\frac{q_g f_g(x)}{\sum\limits_{i=1}^{k}q_i f_i(x)},g=1,2,\dots,k,$$

当 $P(h|x)=\max\limits_{1\leqslant g\leqslant k}P(g|x)$ 时，判别 X 来自第 h 总体。

有时也使用错判损失最小的概念作为判决函数。用 $L(h|g)$ 表示损失函数，它表示本来是第 g 总体的样品错判为第 h 总体的损失。

把 X 错判归第 h 个总体的平均损失定义为

$$E(h\mid x)=\sum_{g\neq h}\frac{q_g f_g(x)}{\sum\limits_{i=1}^{k}q_i f_i(x)}\cdot L(h\mid g)$$

显然上式是对损失函数依概率加权平均。当 $h=g$ 时，有 $L(h|g)=0$；当 $h\neq g$ 时，有 $L(h|g)>0$。

建立判别准则：如果 $E(h|x)=\min\limits_{1\leqslant g\leqslant k}E(g|x)$，则判定 x 来自第 h 总体。

由于在实际应用中损失函数 $L(h|g)$ 不容易确定，因此经常假设各种错判的损失皆相等，即

$$L(h\mid g)=\begin{cases}0 & h=g\\ 1 & h\neq g\end{cases}。$$

在这种假设下，寻找 h 使后验概率最大和使错判的平均损失最小是等价的。

2. 多元正态总体的贝叶斯判别法

在解决实际问题时遇到的总体大多服从正态分布，把 p 元正态分布密度函数

$$f_g(x)=(2\pi)^{-p/2}\left|\sum{}^{(g)}\right|^{-1/2}\cdot exp\left\{-\frac{1}{2}(x-\mu^{(g)})'\sum{}^{(g)-1}(x-\mu^{(g)})\right\}$$

代入 $P(g\mid x)$ 的表达式中，寻找使 $P(g\mid x)$ 最大的 g（式中 $\mu^{(g)}$ 和 $\sum^{(g)}$ 分别是第 g 总体的均值向量（p 维）和协差阵（p 阶））。

为简化计算，经常假设各总体的协方差矩阵相等，最终的判别函数与判别准则为：

$$\begin{cases} y(g \mid x) = lnq_g - \dfrac{1}{2}\mu^{(g)'} \sum\nolimits^{-1} \mu^{(g)} + x' \sum\nolimits^{-1} \mu^{(g)} \\ y(g \mid x) \xrightarrow{\quad g \quad} \max \end{cases}$$

其中 $x = (x_1, x_2, \ldots, x_p)'$，$\mu^{(g)} = (\mu_1^{(g)}, \mu_2^{(g)}, \ldots, \mu_p^{(g)})'$，$\sum = (v_{ij})_{p \times p}$，$\sum^{-1} = (v_{ij})_{p \times p}$

经推导可知，使 y 为最大的 h，其 $P(h|x)$ 必为最大，因此只需把样品 x 代入判别式中：分别计算 $y(g|x)$，$g = 1, \ldots, k$。若 $y(g|x) = \max\limits_{1 \le g \le k} \{y(g|x)\}$，则把样品 x 归入第 h 总体。

五、逐步判别法

前面介绍的判别方法都是用已给的全部变量 $x_1, x_2, \ldots, x_p$ 来建立判别式，但这些变量在判别式中所起的作用，一般来说是不同的，也就是说，各变量在判别式中的判别能力不同，有些起着非常重要的作用，有些可能作用很小，如果不加区分地把这些变量全部用来建立判别函数，不仅会增加大量的计算，而且会因为变量之间的相关性引起计算上的困难，同时一些对区分不同总体判别能力很小变量的引入会产生干扰，致使判别函数的不稳定，反而会影响判别效果。如何筛选出具有显著判别能力的变量来建立判别式是一个重要问题，有许多专家学者给出了多种方法，有向前筛选法、向后筛选法和逐步筛选法等。采用逐步筛选法确定变量使得建立的判别函数中仅保留判别能力显著的变量的方法，称为逐步判别法。

逐步判别法与逐步回归法的基本思想类似，都是采用"有进有出"的算法，即逐步引入变量，每次把一个判别能力"最强"的变量引入判别式，同时也考虑之前引入判别式的某些变量，如果其判别能力随新引入变量而变得不显著（如其作用被后引入的某几个变量的组合代替），则从判别式中剔除该变量，直到判别式中没有不重要的变量需要剔除，而剩下的变量也没有重要的变量可引入判别式时，逐步筛选结束。筛选变量过程的实质是作假设检验，通过检验找出显著性变量，剔除不显著变量。

4.2　判别分析方法案例分析

例 4.1 距离判别案例。表 4-1 是全国 30 个省、市、自治区 1994 年影响各地区经济增长的 4 个变量及相关数据。其中 x_1 表示经济增长率(%)、x_2 表示非国有化水平(%)、x_3 表示开放度(%)、x_4 表示市场化程度(%)。针对以上 4 个指标，将序号为 1~27 号的省份分成两类，请根据给出的分类判别江苏、安徽和陕西属于哪个类别。数据选自 1998 年第 1 期《经济理论与经济管理》。

表 4-1 我国 30 个省份 1994 年经济增长数据

类别	序号	地区	x_1	x_2	x_3	x_4
1	1	辽宁	11.2	57.25	13.47	73.41
1	2	河北	14.9	67.19	7.89	73.09
1	3	天津	14.3	64.74	19.41	72.33
1	4	北京	13.5	55.63	20.59	77.33
1	5	山东	16.2	75.51	11.06	72.08
1	6	上海	14.3	57.63	22.51	77.35
1	7	浙江	20	83.94	15.99	89.5
1	8	福建	21.8	68.03	39.42	71.9
1	9	广东	19	78.31	83.03	80.75
1	10	广西	16	57.11	12.57	60.91
1	11	海南	11.9	49.97	30.7	69.2
2	12	黑龙江	8.7	30.72	15.41	60.25
2	13	吉林	14.3	37.65	12.95	66.42
2	14	内蒙古	10.1	34.63	7.68	62.96
2	15	山西	9.1	56.33	10.3	66.01
2	16	河南	13.8	65.23	4.69	64.24
2	17	湖北	15.3	55.62	6.06	54.74
2	18	湖南	11	55.55	8.02	67.47
2	19	江西	18	62.88	6.4	58.83
2	20	甘肃	10.4	30.01	4.61	60.26
2	21	宁夏	8.2	29.28	6.11	50.71
2	22	四川	11.4	62.88	5.31	61.49
2	23	云南	11.6	28.57	9.08	68.47
2	24	贵州	8.4	30.23	6.03	55.55
2	25	青海	8.2	15.96	8.04	40.26
2	26	新疆	10.9	24.75	8.34	46.01
2	27	西藏	15.6	21.44	28.62	46.01
	28	江苏	16.5	80.05	8.81	73.04
	29	安徽	20.6	81.24	5.37	60.43
	30	陕西	8.6	42.06	8.88	56.37

对上述问题应用 SPSS 进行求解:

软件操作:由问题出发,对待判的 3 个城市进行判别。首先选择菜单"分析(Analyze)→
分类(Classify)→判别分析(Discriminant)"在弹出的对话框中选中"类别"到分组变量选项
栏,选择"$x_1 \sim x_4$"四个变量到"自变量"栏,选择"一起输入自变量"。在"分组变量"选项栏的"定义范围"中最小值填入 1，最大值填入 2，单击"确定"返回主界面，如图 4-2 所示。

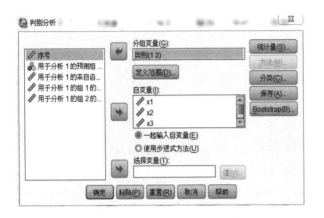

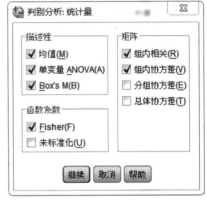

图 4-2 判别分析 spss 操作变量选择 **图 4-3 判别分析 spss 操作统计量报告设制**

接着单击主界面的"统计量"按钮，在弹出的对话框中选择"均值"和"单变量 ANOVA（A）"，在矩阵选项中选择"组内相关"和"组内协方差"，系数选择"Fisher（F）"单击"确定"返回主界面，如图 4-3 所示。

再单击主界面的"分类"按钮，设置分类统计量。在弹出的对话框中"先验概率"选项选择"所有组相等"选项（选择"所有组相等"的选项就是先验概率都相等，如果选择"根据组大小计算"，则先验概率的大小与组中样本量的大小成正比。当各组样本量相等时，二者选择没有区别。如果样本量不相等，选择两种方式，在结果上会略有不同）以及"在组内"和"摘要表"，单击"确定"返回主界面，如图 4-4 所示，最后单击"保存"按钮，保存输出的分类信息。在弹出的对话框中选择"预测组成员"选项以及"判别得分"，单击"确定"返回主界面，如图 4-5 所示。

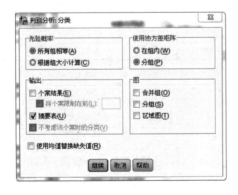

图 4-4 判别分析 spss 操作分类过程 **图 4-5 判别分析 spss 操作保存设置**

结果分析：

首先表 4-2 是分析案例的处理摘要，报告显示有效分类的 27 个数据即已经分好组的数据,3 个缺少代码的数据,即待判数据,同时给出了百分比信息,合计数据为 30 个。

表 4-2　分析案例处理摘要

未加权案例		N	百分比
有效		27	90.0
排除的	缺失或越界组代码	3	10.0
	至少一个缺失判别变量	0	0.0
	缺失或越界组代码还有至少一个缺失判别变量	0	0.0
	合计	3	10.0
合计		30	100.0

其次表 4-3 组统计量给出了各组及合计的均值和标准差,以及有效数据的个数信息。

表 4-3　组统计量

类别		均值	标准差	有效的 N(列表状态)	
				未加权的	已加权的
1	x_1	15.7364	3.33175	11	11.000
	x_2	65.0282	10.72709	11	11.000
	x_3	25.1491	21.26090	11	11.000
	x_4	74.3500	7.16398	11	11.000
2	x_1	11.5625	3.00397	16	16.000
	x_2	40.1081	16.63743	16	16.000
	x_3	9.2281	5.94755	16	16.000
	x_4	58.1050	8.53527	16	16.000
合计	x_1	13.2630	3.72064	27	27.000
	x_2	50.2607	18.96437	27	27.000
	x_3	15.7144	16.05658	27	27.000
	x_4	64.7233	11.31069	27	27.000

表 4-4　对数行列式

类别	秩	对数行列式
1	4	15.588
2	4	14.580
汇聚的组内	4	16.190

注:打印的行列式的秩和自然对数是组协方差矩阵的秩和自然对数。

表 4-5　检验结果

Box's M		30.179
F	近似	2.456
	df1	10
	df2	2154.045
	Sig.	.006

注:对相等总体协方差矩阵的零假设进行检验。

由表 4-4 行列式的结果可以看出矩阵不是奇异矩阵,表 4-5 表明拒接了各总体协方差相等的假设,因此宜采用组间连接,否则可以采用组内连接的方式进行连接。

由此需要单击主界面的"分类"按钮,再设置分类统计量。在弹出的对话框中使用协方差矩阵选项中重新选择"分组"。

表 4-6 给出了不同类之间"经济增长率"等四个指标均值相等的检验结果。从结果可以看到,它们的概率 P 值都远小于显著性水平 0.05,因此,可以认为两个类指标之间的均值存在显著差异,可以进行判别分析。

表 4-6　组间均值的均等性检验

	Wilks 的 Lambda	F	df1	df2	Sig.
x1	.684	11.524	1	25	.002
x2	.567	19.085	1	25	.000
x3	.754	8.178	1	25	.008
x4	.483	26.778	1	25	.000

表 4-7 给出了判别函数的特征值表。从表 4-5 可以看出,本例仅有一个判别函数用于分析,特征值为 1.479,方差百分比为 100%,方差累计百分比为 100%,典型相关系数(即正则相关)为 0.771。

表 4-7　特征值

函数	特征值	方差的%	累积%	正则相关性
1	1.479[a]	100.0	100.0	.772

注:a. 分析中使用了前一个典型判别式函数。

表 4-8 是对判别函数的显著性检验表。其中 Wilks' λ 值等于 0.403,卡方统计量等于 20.878,自由度为 4,概率 P 值为 0.000,小于显著性水平 0.05,判别函数有效。

表 4-8　Wilks 的 Lambda

函数检验	Wilks 的 Lambda	卡方	df	Sig.
1	.403	20.878	4	.000

表 4-9　标准化的典型判别式函数系数

	函数
	1
x1	.190
x2	.242
x3	.360
x4	.648

表 4-9 给出了标准化判别函数的系数,标准化变量的系数就是判别权重。本题标准化判别函数为

Function=0.190×经济增长率+0.242×非国有化水平+0.360×开放度+0.648×市场化程度

从判别系数看到,"市场化程度"的系数值最大,为 0.648,该变量对判别结果的影响是最大的;相反,"经济增长率"变量对判别结果的影响最小。

表 4-10 给出了结构矩阵,是判别变量与标准化函数之间的合并类内相关系数,变量按照相关系数的绝对值大小排列,表面判别变量与判别函数之间的相关性,如变量"市场化程度"与判别函数关系最密切,值为 0.851,相应的"开放度"与判别函数的关系最小。

表 4-10　结构矩阵

	函数
	1
x4	.851
x2	.718
x1	.558
x3	.470

表 4-11 给出的是按照非标准判别函数计算的函数类型,即判别函数在各类均值处的判别分数值。可以看到,在两个类型处,判别分数值差异较大。

表 4-11　组质心处的函数

类别	函数
	1
1	1.411
2	-.970

注:在组均值处评估的非标准化典型判别式函数。

表 4-12 给出了非标准化判别函数系数,非标准判别函数为

Function=-7.263+0.060×经济增长率+0.017×非国有化水平+0.025×开放度+0.081×市

场化程度

根据这个判别函数代入各变量数值可以计算。

例如,将江苏省的数据代入:

$Function = -7.263 + 0.060 \times 16.50 + 0.017 \times 80.05 + 0.025 \times 8.81 + 0.081 \times 73.04 = 1.25134$

表 4-12　典型判别式函数系数

	函数
	1
x1	.060
x2	.017
x3	.025
x4	.081
（常量）	-7.263

注:非标准化系数。

表 4-13 给出了 Fisher 线性判别函数的系数,因此可以建立各类线性判别模型。

类型一:

$F1 = -54.567 + 1.812 \times$ 经济增长率 $- 0.337 \times$ 非国有化水平 $- 0.058 \times$ 开放度 $+ 1.380 \times$ 市场化程度

类型二:

$F2 = -36.746 + 1.669 \times$ 经济增长率 $- 0.377 \times$ 非国有化水平 $- 0.119 \times$ 开放度 $+ 1.188 \times$ 市场化程度

将待判别的省市的各类经济指标代入上述两个判别函数进行计算,二者比较,如果 F1>F2,对应的省市归入 1 类;如果 F1<F2,对应的省市归入 2 类。

表 4-13　分类函数系数

	类别	
	1	2
x1	1.812	1.669
x2	-.337	-.377
x3	-.058	-.119
x4	1.380	1.188
（常量）	-54.567	-36.746

注:Fisher 的线性判别式函数。

表 4-14 列出了最后判别分析的分类结果。从中可以看到,第一类的 11 个省市中,只有一个省(广西壮族自治区)判别错误,判别方法指出它应该归于第二类,判别的正确率为 90.9%;同时,第二类中的 16 个省市判别的正确率为 100%。同时,数据文件中新增加变量

"Dis_1"列出了所有省市的判别结果。对于待判别省市来说,江苏和安徽被判属第一组,陕西被判属第二组。数据文件中新增加变量"Dis1_1"列,是各变量的 Z 得分。根据 Z 得分的大小与质心处的坐标进行比较,最终对待判数据进行归类。如江苏省的 Z 得分为 1.18715(与通过函数计算得到的 1.25134 略有差别,是因为通过函数计算时是取小数点后两位,而软件计算则是选取了小数点后 18 位,如果本题采用软件报告的数据精度重新计算,$F = -7.263 + 0.060373804974758 \times 16.5 + 0.0166004384813869 \times 80.05 + 0.0253196016365456 \times 8.81 + 0.0808045099649694 \times 73.04 = 1.187$,此时与软件计算结果相符),该值与第一类的质心 1.411 更近,于是判断江苏省属于第一类。按照判别函数广西的 Z 得分为 -0.10880,与第二类的质心 -0.970 更接近,因此,从判别函数看,广西应该属于第二类。

表 4-14　分类结果[a]

类别			预测组成员		合计
			1	2	
初始	计数	1	10	1	11
		2	0	16	16
		未分组的案例	2	1	3
	%	1	90.9	9.1	100.0
		2	.0	100.0	100.0
		未分组的案例	66.7	33.3	100.0

注:a 已对初始分组案例中的 96.3% 进行了正确分类。

例 4.2　收集 21 个企业在破产前两年的年度财务数据,同时对 25 个财务良好的企业收集同一个时期的数据。收集的数据包含 x_1——现金流/总债务、x_2——净收入/总资产、x_3——流动资产/流动债务、x_4——流动资产/净销售额。表 4-15 组别为 1 的是破产企业,组别为 2 的是非破产企业。请针对以上 4 个指标,根据给出的分类判别 4 个未知企业属于哪个类别。

表 4-15　企业的运营情况

企业编号	组别	现金流/总债务	净收入/总资产	流动资产/流动债务	流动资产/净销售额	企业编号	组别	现金流/总债务	净收入/总资产	流动资产/流动债务	流动资产/净销售额
1	1	-0.45	-0.41	1.09	0.45	26	2	0.32	0.07	4.24	0.63
2	1	-0.56	-0.31	1.51	0.16	27	2	0.31	0.05	4.45	0.69
3	1	0.06	0.02	1.01	0.4	28	2	0.12	0.05	2.52	0.69
4	1	-0.07	-0.09	1.45	0.26	29	2	-0.02	0.02	2.05	0.35
5	1	-0.1	-0.09	1.56	0.67	30	2	0.22	0.08	2.35	0.4
6	1	-0.14	-0.07	0.71	0.28	31	2	0.17	0.07	1.8	0.52
7	1	0.04	0.01	1.5	0.71	32	2	0.15	0.05	2.17	0.55

续表

企业编号	组别	现金流/总债务	净收入/总资产	流动资产/流动债务	流动资产/净销售额	企业编号	组别	现金流/总债务	净收入/总资产	流动资产/流动债务	流动资产/净销售额
8	1	-0.07	-0.06	1.37	0.4	33	2	-0.1	-0.01	2.5	0.58
9	1	0.07	-0.01	1.37	0.34	34	2	0.14	-0.03	0.46	0.26
10	1	-0.14	-0.14	1.42	0.43	35	2	0.14	0.07	2.61	0.52
11	1	-0.23	-0.3	0.33	0.18	36	2	0.15	0.06	2.23	0.56
12	1	0.07	0.02	1.31	0.25	37	2	0.16	0.05	2.31	0.2
13	1	0.01	0	2.15	0.7	38	2	0.29	0.06	1.84	0.38
14	1	-0.28	-0.23	1.19	0.66	39	2	0.54	0.11	2.33	0.48
15	1	0.15	0.05	1.88	0.27	40	2	-0.33	-0.09	3.01	0.47
16	1	0.37	0.11	1.99	0.38	41	2	0.48	0.09	1.24	0.18
17	1	-0.08	-0.08	1.51	0.42	42	2	0.56	0.11	4.29	0.44
18	1	0.05	0.03	1.68	0.95	43	2	0.2	0.08	1.99	0.3
19	1	0.01	0	1.26	0.6	44	2	0.47	0.14	2.92	0.45
20	1	0.12	0.11	1.14	0.17	45	2	0.17	0.04	2.45	0.14
21	1	-0.28	-0.27	1.27	0.51	46	2	0.58	0.04	5.06	0.13
22	2	0.51	0.1	2.49	0.54	47	待判	-0.16	-0.1	1.45	0.51
23	2	0.08	0.02	2.01	0.53	48	待判	0.41	0.12	2.01	0.39
24	2	0.38	0.11	3.27	0.35	49	待判	0.13	-0.09	1.26	0.34
25	2	0.19	0.05	2.25	0.33	50	待判	0.37	0.08	3.65	0.43

如例 4.1 的操作类似地进行。

结果分析：

表 4-16 给出了不同类之间四个指标均值相等的检验结果。从结果可以看到，流动资产/净销售额的比较概率为 0.845，不能通过检验，其他三个指标的概率 P 值都远小于显著性水平 0.05，因此，可以认为两个类指标的前三个指标的均值存在显著差异，进行判别分析可以去除流动资产/净销售额指标。

表 4-16　组均值的均等性检验

	Wilks 的 Lambda	F	df1	df2	Sig.
现金流/总债务	.656	23.106	1	44	.000
净收入/总资产	.690	19.765	1	44	.000
流动资产/流动债务	.623	26.610	1	44	.000
流动资产/净销售额	.999	.039	1	44	.845

表 4-17 给出了判别函数的特征值表。从表 4-17 可以看出，本例仅有一个判别函数用于分析，特征值为 0.901，方差百分比为 100%，方差累计百分比为 100%，典型相关系数

为 0.688。

表 4-17　特征值

函数	特征值	方差的%	累积%	正则相关性
1	.901[a]	100.0	100.0	.688

注:a 分析中使用了前一个典型判别式函数。

表 4-18 是对判别函数的显著性检验表。其中 Wilks' λ 值等于 0.526,卡方统计量等于 27.295,自由度(df)等于 3,相伴概率 P 值为 0.000,远小于显著性水平 0.05,因此判别函数是有效的。

表 4-18　Wilks 的 Lambda

函数检验	Wilks 的 Lambda	卡方	df	Sig.
1	.526	27.295	3	.000

表 4-19 给出了标准化判别函数的系数,由此可以得到标准化判别函数如下:

Function=0.241×现金流/总债务+0.385×净收入/总资产+0.664×流动资产/流动债务

根据判别系数可以看到,"流动资产/流动债务"的系数值最大,等于 0.664,该变量对判别结果的影响是最大的;"现金流/总债务"变量对判别结果的影响最小。

表 4-19　标准化的典型判别式函数系数

	函数
	1
现金流/总债务	.241
净收入/总资产	.385
流动资产/流动债务	.664

表 4-20 给出的是按照非标准判别函数计算的函数类心,即判别函数在各类均值处的判别分数值。可以看到,在两个类心处,判别分数值差异较大。

表 4-20　组质心处的函数

类别	函数
	1
1	1.411
2	-.970

注:在组均值处评估的非标准化典型判别式函数

表 4-21 给出了 Fisher 线性判别函数的系数,因此可以建立各类线性判别模型。

类型一:

F1=-2.792-0.540×现金流/总债务-10.331×净收入/总资产+2.428×流动资产/流动

债务

类型二：

F2＝－5.927+1.561×现金流/总债务－3.447×净收入/总资产+3.968×流动资产/流动

债务

将代判别的 4 个企业数据代入上述两个判别函数进行计算，

二者比较，如果 F1>F2，对应的企业归入 1 类；如果 F1<F2，对应的企业归入 2 类。

表 4-21　分类函数系数

	组别	
	1	2
现金流/总债务	－.540	1.561
净收入/总资产	－10.331	－3.447
流动资产/流动债务	2.428	3.968
（常量）	－2.792	－5.927

注：Fisher 的线性判别式函数

表 4-22 列出了最后判别分析的分类结果。可以看到，第一类的 21 个企业中，有 3 个企业判别错误，判别方法指出它应该归于第二类，判别的正确率为 85.7%；同时，第二类中的 25 个企业有 1 个企业判别错误，判别方法指出它应该归于第一类，判别的正确率为 96%。报告结果显示，已对初始分组案例中数据分类的正确率为 91.3%。同时，数据文件中新增加变量"Dis_1"列出了所有企业的判别结果。对于待判别企业来说，47、49 企业被判属第一组，属于破产企业，48、50 被判属第二组，属于非破产企业。

表 4-22　分类结果[a]

组别			预测组成员		合计
			1	2	
初始	计数	1	18	3	21
		2	1	24	25
		未分组的案例	2	2	4
	%	1	85.7	14.3	100.0
		2	4.0	96.0	100.0
		未分组的案例	50.0	50.0	100.0

例 4.3　根据表 4-23 所示，2017 年我国 28 个省、市、自治区和城镇直辖市的城镇居民家庭平均每人全年消费性支出的数据，运用费希尔判别法判断天津、云南和河南属于哪种消费类型，运用该种分类方式对已知样品的误判率进行分类。

表 4-23　2017 年我国各省市城镇居民家庭平均每人全年消费性支出　　　　　单位:元

支出 地区	食品烟酒	衣着	居住	生活用品 及服务	交通通信	教育文 化娱乐	医疗保健	其他用品 及服务	组别
北　京	7548.90	2238.30	12295.00	2492.40	5034.00	3916.70	2899.70	1000.40	1
上　海	10005.90	1733.40	13708.70	1824.90	4057.70	4685.90	2602.10	1173.30	1
江　苏	6524.80	1505.90	5586.20	1443.50	3496.40	2747.60	1510.90	653.30	1
浙　江	7750.80	1585.90	6992.90	1345.80	4306.50	2844.90	1696.10	556.10	1
福　建	7212.70	1119.10	5533.00	1179.00	2642.80	1966.40	1105.30	491.00	1
广　东	8317.00	1230.30	5790.90	1447.40	3380.00	2620.40	1319.50	714.10	1
山　西	3324.80	1206.00	2933.50	761.00	1884.00	1879.30	1359.70	316.00	2
江　西	4626.10	1005.80	3552.20	859.90	1600.70	1606.80	877.80	329.70	2
广　西	4409.90	564.70	2909.30	762.80	1878.50	1585.80	1075.60	237.10	2
安　徽	5143.40	1037.50	3397.60	890.80	2102.30	1700.50	1135.90	343.80	2
贵　州	3954.00	863.40	2670.30	802.40	1781.60	1783.30	851.20	263.50	2
西　藏	4788.60	1047.60	1763.20	617.20	1176.90	441.60	271.50	213.50	2
陕　西	4124.00	1084.00	2978.60	1036.20	1760.70	1857.60	1704.80	353.70	2
甘　肃	3886.90	1071.30	2475.10	836.80	1796.50	1537.10	1233.40	282.80	2
河　北	3912.80	1173.50	3679.40	1066.20	2290.30	1578.30	1396.30	340.10	2
内蒙古	5205.30	1866.20	3324.00	1199.90	2914.90	2227.80	1653.80	553.80	3
辽　宁	5605.40	1671.60	3732.50	1191.70	3088.40	2534.50	1999.90	639.30	3
吉　林	4144.10	1379.00	2912.30	795.80	2218.00	1928.50	1818.30	435.90	3
黑龙江	4209.00	1437.70	2833.00	776.40	2185.50	1898.00	1791.30	446.60	3
海　南	5935.90	631.10	2925.60	769.00	1995.00	1756.80	1101.20	288.10	3
山　东	4715.10	1374.60	3565.80	1260.50	2568.30	1948.40	1484.30	363.60	3
湖　北	5098.40	1131.70	3699.00	1025.90	1795.70	1930.40	1838.30	418.20	3
湖　南	5003.60	1086.10	3428.90	1054.00	2042.60	2805.10	1424.00	316.10	3
重　庆	5943.50	1394.80	3140.90	1245.50	2310.30	1993.00	1471.90	398.10	3
四　川	5632.20	1152.70	2946.80	1062.90	2200.00	1468.20	1320.20	396.80	3
青　海	4453.00	1265.90	2754.50	929.00	2409.60	1686.60	1598.70	405.80	3
宁　夏	3796.40	1268.90	2861.50	932.40	2616.80	1955.60	1553.60	365.10	3
新　疆	4338.50	1305.50	2698.50	943.30	2382.60	1599.30	1466.30	353.40	3
天　津	8647.00	1944.80	5922.40	1655.50	3744.50	2691.50	2390.00	845.60	
河　南	3687.00	1184.50	2988.30	1056.40	1698.60	1559.80	1219.80	335.20	
云　南	3838.40	651.30	2471.10	742.00	2033.40	1573.70	1125.30	223.00	

操作：由问题出发,对待判的 3 个城市进行判别。首先选择菜单"分析(Analyze)→分类
(Classify)→判别分析(Discriminant)",在弹出的对话框中选中
"分组变量"选择"组别",单击"定义范围"按钮,因为给出的样
品分成 1~3 共 3 类,因此此处的最小值填 1,最大值为 3。选择
"食品烟酒、衣着、居住、生活用品及服务、交通和通信、教育文
化娱乐、医疗保健、其他用品及服务"八个变量到"自变量"栏,
选择"一起输入自变量"的方式。

在"统计量"按钮中其他选项和距离判别相同,在"函数系
数"选项中选择"未标准化(Unstandardized)",如图 4-6 所示,
单击"确定",返回主界面。"保存"按钮中各项的输出选取与
距离判别法相同。

图 4-6 费希尔判别分析 spss 操作

结果分析：

从表 4-24 的结果报告可以看出,8 个变量的均值是不相等的,可以做判别分析。

表 4-24 组均值的均等性检验

	Wilks 的 Lambda	F	df1	df2	Sig.
食品烟酒	.232	41.487	2	25	.000
衣着	.644	6.897	2	25	.004
居住	.357	22.516	2	25	.000
生活用品及服务	.419	17.356	2	25	.000
交通通信	.279	32.287	2	25	.000
教育文化娱乐	.464	14.459	2	25	.000
医疗保健	.674	6.048	2	25	.007
其他用品及服务	.371	21.210	2	25	.000

表 4-25 给出了判别函数的特征值表。从表 4-25 可以看出,本例有 2 个判别函数用于
分析,第一个判别函数的特征值为 6.351,方差百分比为 78.9%,第二个判别函数的特征值为
1.700,方差百分比为 21.1%. 典型相关系数分别为 0.929 和 0.793。

表 4-25 特征值

函数	特征值	方差的%	累积%	正则相关性
1	6.351[a]	78.9	78.9	.929
2	1.700[a]	21.1	100.0	.793

注:a 分析中使用了前两个典型判别式函数。

表 4-26 是对判别函数的显著性检验表。其中相伴概率 P 值均小于显著性水平 0.05,
因此两个判别函数都是有效的。

表 4-26 Wilks 的 Lambda

函数检验	Wilks 的 Lambda	卡方	df	Sig.
1~2	.050	64.243	16	.000
2	.370	21.355	7	.003

表 4-27 给出了标准化判别函数的系数,由此可以得到标准化判别函数如下:

根据判别系数看到,对于第一判别函数:"交通通信"的系数值最大,等于 1.066,该变量对判别结果的影响是最大的;"生活用品及服务"变量对判别结果的影响最小,等于-0.034。

对于第二判别函数:"医疗保健"的系数值最大,等于 1.859,该变量对判别结果的影响是最大的;"生活用品及服务"变量对判别结果的影响最小,等于-0.146。

表 4-27 标准化的典型判别式函数系数

	函数	
	1	2
食品烟酒	.543	1.158
衣着	-.302	.624
居住	.068	-1.852
生活用品及服务	-.034	-.146
交通通信	1.066	-.163
教育文化娱乐	-.111	.301
医疗保健	-.553	1.859
其他用品及服务	.319	-.751

表 4-28 给出的是按照非标准判别函数计算的函数类心,即判别函数在各类均值处的判别分数值。可以看到,在三个类心处,判别分数值差异较大。第一组的质心为(4.490,-0.410),第二组的质心为(-1.786,-1.533),第三组的质心为(-0.836,1.251)。

表 4-28 组质心处的函数

组别	函数	
	1	2
1	4.490	-.410
2	-1.786	-1.533
3	-.836	1.251

注:在组均值处评估的非标准化典型判别式函数。

由表 4-29 的结果得到典型判别式的函数为

F1 = -6.624+0.001×食品烟酒-0.001×衣着+0.002×交通通信-0.001×医疗保健+0.002×其他用品及服务;

F2＝－9.546＋0.001×食品烟酒＋0.002×衣着－0.001×居住－0.001×生活用品＋0.001×教育文化娱乐＋0.004×医疗保健－0.005×其他用品及服务。

利用典型判别函数可以计算待判样品的函数值坐标,选择"保存"按钮的"判别得分"选项,会在数据表中报告 F1 和 F2 的值。需要根据选择的距离计算公式算出该值与质心的距离。哪个距离最近,就将样品归入哪一类中。

表 4-29　典型判别式函数系数

	函数	
	1	2
食品烟酒	.001	.001
衣着	－.001	.002
居住	.000	－.001
生活用品及服务	.000	－.001
交通通信	.002	.000
教育文化娱乐	.000	.001
医疗保健	－.001	.004
其他用品及服务	.002	－.005
（常量）	－6.624	－9.546

注:非标准化系数。

表 4-30 的分类结果显示,对于初始组成员按照规则进行判断,在给出的已知分类中,按照费希尔判别法判别的正确分类是 100%。未分组的天津、云南和河南分别分到了三个组中。由数据文件中新增加变量"Dis_1"列可知天津被判属第三组,云南和河南被判属第二组。

表 4-30　分类结果[a]

组别			预测组成员			合计
			1	2	3	
初始	计数	1	6	0	0	6
		2	0	9	0	9
		3	0	0	13	13
		未分组的案例	0	2	1	3
	%	1	100.0	.0	.0	100.0
		2	.0	100.0	.0	100.0
		3	.0	.0	100.0	100.0
		未分组的案例	.0	66.7	33.3	100.0

注:a 已对初始分组案例中的 100.0%个进行了正确分类。

例 4.4　例 4.3 中表 4-23 为 2017 年我国 28 个省、市、自治区的城镇居民家庭平均每人全年消费性支出的数据,运用贝叶斯判别法判断天津、云南和河南各属于哪一类。

操作:首先选择菜单"分析(Analyze)→分类(Classify)→判别分析(Discriminant)",在弹出的对话框中选中"分组变量"选择"组别",单击"定义范围"按钮,因为给出的样品分成 1~3 共 3 类,因此此处的最小值填 1,最大值为 3。选择"食品烟酒、衣着、居住、生活用品及服务、交通和通信、教育文化娱乐、医疗保健、其他用品及服务"八个变量到"自变量"栏,选择"一起输入自变量"的方式。在"统计量"按钮中的"函数系数"选择"Fisher(F)",其他设置和费希尔判别的设置相同。

在"分类"按钮的"先验概率"选项中选择"根据组大小计算",如图 4-6"保存"按钮中各项的输出选取与距离判别法相同。

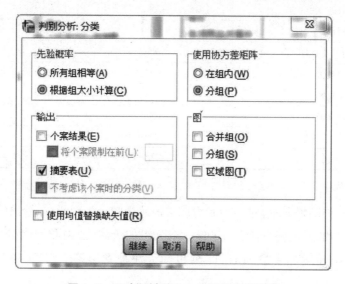

图 4-6　贝叶斯判别法 spss 操作分类设置

结果分析:

表 4-31 输出结果中只有"分类函数系数"一项和采用费希尔判别结果有本质不同,相同或相近部分不再赘述。由表 4-30 可以写出分类判别函数:

F1=−116.625+0.026×食品烟酒+0.030×衣着−0.007×居住−0.003×生活用品及服务+0.014×交通通信+0.006×教育文化娱乐+0.026×医疗保健−0.103×其他用品及服务;

F2=−56.528+0.02×食品烟酒+0.034×衣着−0.006×居住−0.001×生活用品及服务+0.007×教育文化娱乐+0.030×医疗保健−0.111×其他用品及服务;

F3=−87.387+0.025×食品烟酒+0.039×衣着−0.009×居住−0.003×生活用品及服务+0.002×交通通信+0.00×教育文化娱乐+0.040×医疗保健−0.124×其他用品及服务;

将待判样品的坐标代入上述三个函数中,哪个值最大,样品就归入哪一类中。

表 4-31　分类函数系数

	组别		
	1	2	3
食品烟酒	.026	.020	.025
衣着	.030	.034	.039
居住	-.007	-.006	-.009
生活用品及服务	-.003	-.001	-.003
交通通信	.014	.000	.002
教育文化娱乐	.006	.007	.008
医疗保健	.026	.030	.040
其他用品及服务	-.103	-.111	-.124
（常量）	-116.625	-56.528	-87.387

注:Fisher 的线性判别式函数。

表 4-32 的分类结果显示,对于初始组成员按照规则进行判断,在给出的已知分类中,按照贝叶斯判别法判别的正确分类是 96.4%,按照分类函数进行判别,已知类别的陕西应该分在第三类中。

未分组的天津、云南和河南分别被分到了三个组中。由数据文件中新增加变量“Dis_1”列可知天津被判属第三组,云南和河南被判属第二组。

表 4-32　分类结果[a]

组别			预测组成员			合计
			1	2		
初始	计数	1	6	0	0	6
		2	0	8	1	9
		3	0	0	13	13
		未分组的案例	0	2	1	3
	%	1	100.0	.0	.0	100.0
		2	.0	88.9	11.1	100.0
		3	.0	.0	100.0	100.0
		未分组的案例	.0	66.7	33.3	100.0

注:a 已对初始分组案例中的 96.4% 进行了正确分类。

由此可见,同样的数据,采用费希尔判别分析和采用贝叶斯判别分析的判别函数和判别结果都会有所不同。

例 4.5　根据表 4-23 所示的 2017 年我国 28 个省、市、自治区的城镇居民家庭平均每人全年消费性支出按照 8 个主要变量(食品、衣着、居住、家庭设备用品及服务、交通和通信、教育文化娱、医疗保健及杂项商品和服务)分成 3 组,请运用逐步判别法判断天津、云南、河南属于哪种消费类型,同时给出利用逐步判别法的分类函数。

操作: 由问题出发,对待判的 3 个城市进行判别。首先选择菜单"分析(Analyze)→分类(Classify)→判别分析(Discriminant)",在弹出的对话框中选中"类别"到分组变量选项栏,选择"食品、衣着、居住、家庭设备用品及服务、交通和通信、教育文化娱乐、医疗保健及杂项商品和服务"八个变量到"自变量"栏,选择"使用步进式方法"。在"分组变量"选项栏的"定义范围"中最小值填入 1,最大值填入 3,单击"确定",此时"方法"按钮成为可用状态。统计量按钮中各项的输出方式选取与距离判别法相同。

图 4-8 逐步判别 spss 操作方法设置

"方法"按钮中方法选择有 5 种选择,如图 4-8 所示。这 5 种选择也是选取统计量的不同方式,由统计量与临界值的比较来确定哪个自变量被选入。此处选择"Wilks' lambda(W)",在"标准"栏选择使用 F 值,该选项也是系统默认的方法。当变量大于 F 值时,此变量进入模型,默认的删除值是 3.84。当变量的 F 值小于指定的删除值时,该变量从模型中去除,默认的删除值是 2.71。如果想少选入几个变量可取"进入"的值大一些,如"进入"的值选择 10,"删除"的值选择 8;如果希望多选入变量可取进入的值大一些,如进入的值选择 1,删除的值选择 0.8。我们在此处选择三组不同的进入和删除值,本例"标准"栏选择 1 和 0.8 作为进入和删除的值。

其他按钮的设置和距离判别法相同,不再赘述。

结果分析:

由表 4-33 可知,各变量的均等性检验拒绝了原假设,认为各变量的均值有明显差异,可以进行判别分析。

表 4-33 组均值的均等性检验

	Wilks 的 Lambda	F	df1	df2	Sig.
食品烟酒	.232	41.487	2	25	.000
衣着	.644	6.897	2	25	.004
居住	.357	22.516	2	25	.000
生活用品及服务	.419	17.356	2	25	.000
交通通信	.279	32.287	2	25	.000
教育文化娱乐	.464	14.459	2	25	.000
医疗保健	.674	6.048	2	25	.007
其他用品及服务	.371	21.210	2	25	.000

由表 4-34 可知,总体的协方差不相等,应该在"分类"按钮中选择"分组"选项。

表 4-34 检验结果

Box's M		71.759
F	近似	2.570
	df1	20
	df2	1010.434
	Sig.	.000

注:对相等总体协方差矩阵的零假设进行检验。

表 4-35 给出了输入/删除的变量。由结果可以看出,食品烟酒、交通通信、居住和医疗保健四个变量被选入,其他变量没有被选入。此时的 Sig 值均小于 0.05,是显著的。

表 4-35 输入/删除的变量[a,b,c,d]

步骤	输入的	Wilks 的 Lambda							
		统计量	df1	df2	df3	精确 F			
						统计量	df1	df2	Sig.
1	食品烟酒	.232	1	2	25.000	41.487	2	25.000	.000
2	交通通信	.150	2	2	25.000	19.031	4	48.000	.000
3	居住	.117	3	2	25.000	14.764	6	46.000	.000
4	医疗保健	.055	4	2	25.000	17.848	8	44.000	.000

注:在每个步骤中,输入了最小化整体 Wilk 的 Lambda 变量。

a 步骤的最大数目是 16。

b 要输入的最小偏 F 是 1。

c 要删除的最大偏 F 是 0.8。

d F 级、容差或 VIN 不足以进行进一步计算。

表 4-36 给出了分析中变量的选取过程,经过 4 步筛选后结束。由表格的第三列"要删除的 F"可以看出每步的筛选过程。首先认为所有的变量都没有入选(都是要删除的),第 1 步中要删除的变量中找到 F 值最大的,比较是 41.487>1,选出对应项"食品烟酒"作为入选的变量;然后找到 F 值排第二的"交通通信",重新计算因为"交通通信"入选后 F 值的变化,此时 F 值仍然均大于 1,接着进行。四步以后选出全部的进入变量。

表 4-36 分析中的变量

步骤		容差	要删除的 F	Wilks 的 Lambda
1	食品烟酒	1.000	41.487	
2	食品烟酒	.996	10.396	.279
	交通通信	.996	6.580	.232
3	食品烟酒	.699	9.940	.218
	交通通信	.586	8.571	.204
	居住	.455	3.221	.150
4	食品烟酒	.522	9.589	.1040
	交通通信	.494	6.208	.087
	居住	.208	12.562	.119
	医疗保健	.229	12.158	.117

表 4-37 给出了不在分析中变量的选取过程,经过 3 步筛选后结束。由表格的第三列"要输入的 F"可以看出每步的筛选过程。从第 0 步中要输入 F 值最大的是 41.487,选出对应项"食品烟酒";然后重新输入 F 值,此时最大的值为 6.580,选出对应项"交通通信";对剩下的变量再次计算,要输入的 F 值中最大的为 3.221,选出对应项"居住";对剩下的变量再次进行计算,要输入的 F 值中最大的为 12.158,选出对应项"医疗保健"。经过四次筛选后,要输入的 F 值均小于 1,选入变量没有删除,此时筛选终止。

表 4-37 不在分析中的变量

步骤		容差	最小容差	要输入的 F	Wilks 的 Lambda
0	食品烟酒	1.000	1.000	41.487	.232
	衣着	1.000	1.000	6.897	.644
	居住	1.000	1.000	22.516	.357
	生活用品及服务	1.000	1.000	17.356	.419
	交通通信	1.000	1.000	32.287	.279
	教育文化娱乐	1.000	1.000	14.459	.464
	医疗保健	1.000	1.000	6.048	.674
	其他用品及服务	1.000	1.000	21.210	.371

续表

步骤		容差	最小容差	要输入的 F	Wilks 的 Lambda
1	衣着	.997	.997	2.994	.185
	居住	.774	.774	1.627	.204
	生活用品及服务	.944	.944	1.659	.203
	交通通信	.996	.996	6.580	.150
	教育文化娱乐	.890	.890	.854	.216
	医疗保健	.997	.997	2.501	.192
	其他用品及服务	.811	.811	1.032	.213
2	衣着	.450	.450	1.545	.132
	居住	.455	.455	3.221	.117
	生活用品及服务	.437	.437	.558	.143
	教育文化娱乐	.548	.548	.543	.143
	医疗保健	.500	.500	2.969	.119
	其他用品及服务	.466	.466	.513	.143
3	衣着	.422	.390	2.105	.098
	生活用品及服务	.328	.328	.276	.114
	教育文化娱乐	.299	.248	2.264	.097
	医疗保健	.229	.208	12.158	.055
	其他用品及服务	.267	.261	1.828	.100
4	衣着	.406	.208	.299	.054
	生活用品及服务	.324	.190	.036	.055
	教育文化娱乐	.260	.182	.033	.055
	其他用品及服务	.200	.171	.092	.055

表 4-38 显示筛选变量的四步中 Sig 值均有效。

表 4-38 Wilks 的 Lambda

步骤	变量数目	Lambda	df1	df2	df3	精确 F			
						统计量	df1	df2	Sig.
1	1	.232	1	2	25	41.487	2	25.000	.000
2	2	.150	2	2	25	19.031	4	48.000	.000
3	3	.117	3	2	25	14.764	6	46.000	.000
4	4	.055	4	2	25	17.848	8	44.000	.000

表 4-39 给出了函数检验的信息,Sig. 值均小于 0.05,可见两个判别函数均有效。

表 4-39　Wilks 的 Lambda

函数检验	Wilks 的 Lambda	卡方	df	Sig.
1~2	.055	67.951	8	.000
2	.399	21.609	3	.000

表 4-40 给出了标准化判别函数的系数,由此得到标准化判别函数:

表 4-40　标准化的典型判别式函数系数

	函数	
	1	2
食品烟酒	.683	.903
居住	.039	-2.063
交通通信	.921	.015
医疗保健	-.487	1.866

利用典型判别函数计算待判样品的函数值坐标,

Function1 = 0.683 * 食品烟酒 + 0.039 * 居住 + 0.921 * 交通通信 - 0.487 * 医疗保健

Function2 = 0.903 * 食品烟酒 - 2.063 * 居住 + 0.015 * 交通通信 + 1.866 * 医疗保健

根据标准化判别函数的判别系数看到,函数 1"交通通信"的系数值最大,等于 0.921,该变量对判别结果的影响是最大的;相反,"居住"变量对判别结果的影响最小,为 0.039。

函数 2"居住"的系数值最大,等于 -2.063,该变量对判别结果的影响是最大的;相反,"交通通信"变量对判别结果的影响最小,为 0.015。

然后分别计算样品和三个类型组质心处的距离(见表 4-41),得到的是观测样品的 Z-得分,根据 Z 得分,哪个距离最近,就将样品归入哪一类中。

表 4-41　组质心处的函数

组别	函数	
	1	2
1	4.401	-.462
2	-1.863	-1.413
3	-.741	1.191

注:在组均值处评估的非标准化典型判别式函数。

表 4-42　分类函数系数

	组别		
	1	2	3
食品烟酒	.020	.013	.017
居住	-.008	-.007	-.011

续表

	组别		
	1	2	3
交通通信	.021	.009	.012
医疗保健	.017	.020	.030
（常量）	−101.775	−38.314	−64.470

注：Fisher 的线性判别式函数。

表 4-42 给出了分类函数的系数，由此得到分类函数为：

F1=−101.775+0.020*食品烟酒−0.008*居住+0.021*交通通信+0.017*医疗保健；

F2=−38.314+0.013*食品烟酒−0.007*居住+0.009*交通通信+0.020*医疗保健；

F3=−64.470+0.017*食品烟酒−0.011*居住+0.012*交通通信+0.030*医疗保健；

根据分类函数将待判样品的相应坐标代入，将样品判入得分最高的组中。

表 4-43 的分类结果显示，对于初始组成员按照规则进行判断，在给出的已知分类中，按照贝叶斯判别法判别的正确分类是 96.4%，按照分类函数进行判别，已知类别的陕西应该被分在第三类中。

未分组的天津、云南和河南分别分到了三个组中。由数据文件中新增加变量"Dis_1"列可知天津被判属第三组，云南和河南被判属第二组。

表 4-43 分类结果[a]

组别			预测组成员			合计
			1	2	3	
初始	计数	1	6	0	0	6
		2	0	8	1	9
		3	0	0	13	13
		未分组的案例	0	2	1	3
	%	1	100.0	.0	.0	100.0
		2	.0	88.9	11.1	100.0
		3	.0	.0	100.0	100.0
		未分组的案例	.0	66.7	33.3	100.0

注：a 已对初始分组案例中的 96.4% 个进行了正确分类。

根据逐步判别法给出的判断结果会根据选取作为判断的自变量的个数不同而有所区别。在实际问题的研究中到底选择哪种判别结果作为问题的解答，还需要结合讨论问题的重点以及分类时更希望运用哪些指标进行描述综合考虑。

4.3 判别分析习题

1. 上市公司的类型主要划分为 ST 公司和非 ST 公司。表 4-44 给出了沪、深两市中的 ST 公司和非 ST 公司的研究样本和待研究样本。通过配对原则进行选取,对每一家 ST 公司,按行业类别、时期和资产规模的原则选取一家非 ST 公司。财务指标选取流动比率、总资产周转率、资产净利率和总资产增长率。其中类型的值为 1 表示 ST 公司,值为 2 表示非 ST 公司。请根据已经研究的样本给出是 ST 公司和非 ST 公司的判别函数。同时对待判的三家公司进行判别。

表 4-44 沪、深两市部分公司数据账务

公司类型	公司	类别	流动比率	总资产周转率	资产净利率	总资产增长率	公司类型	公司	类别	流动比率	总资产周转率	资产净利率	总资产增长率
ST	ST 成百	1	0.6	0.03	0	-0.01	非ST	贵华旅业	2	0.7	0.13	-0.14	-0.21
	ST 黎明	1	2	0.03	-0.02	-0.28		江苏吴中	2	2.1	0.49	0.06	0.17
	ST 棱光	1	1.3	0.03	-0.13	-0.11		浙江东日	2	1	0.1	0.02	0.15
	ST 高斯达	1	1.8	0	0	0.13		国际大厦	2	1.4	0.12	-0.02	0.1
	ST 生态	1	0.9	0.26	0.06	0.19		农产品	2	0.7	0.3	0.02	0.62
	ST 康赛	1	1.1	0.01	-0.03	0		浙江富润	2	1.2	0.46	0.04	0.16
	ST 中燕	1	0.2	0	-0.23	-0.26		上海三毛	2	1.7	0.26	0.01	0
	ST 鞍一工	1	0.7	0.02	-0.03	-0.1		飞彩股份	2	1.5	0.29	0.02	0.22
	ST 自仪	1	0.8	0.27	0	-0.3		吴中仪表	2	2.8	0.11	0.02	0.64
	ST 达声	1	0.7	0.01	-0.73	-0.12		夏新电子	2	1.4	0.37	-0.02	0.06
	ST 中华 A	1	0.7	0	-0.02	-0.03		济南轻骑	2	2	0.07	-0.06	0
	ST 英达 A	1	0.8	0.21	0	-0.07		北大股份	2	1.8	0.24	0.03	0.24
	ST 中桥 A	1	1	0.01	-0.03	-0.07		深宝恒	2	1.3	0.07	0.22	-0.07
	ST 吉发	1	1.1	0.4	-0.11	-0.08		光彩建设	2	2.8	0.07	0	0.7
	ST 猴王	1	0.4	0.04	-0.07	-0.47		大西洋	2	3.4	0.5	0.03	0
	ST 金马	1	0.5	0.12	-0.09	0.08		西藏圣地	2	0.6	0.07	0	0.02
	ST 海洋	1	0	0	0	0.15		洞庭水殖	2	3.8	0.11	0.01	0.06
待判	东风药业		4.7	0.25	0.04	-0.07	待判	兴发集团		1.3	0.24	0.02	-0.03
	ST 合成		1.3	0.12	-0.02	-0.06							

2. 判别分析在动植物分类中有着重要的应用,最著名的一个例子是 1936 年 Fisher 的鸢尾花数据。鸢尾花为法国的国花,Setosa、Versicolour、Virginica 是三种有名的鸢尾花,其萼片是绚丽多彩的,和向上的花瓣不同,花萼是下垂的。这三种鸢尾花很像,人们试图根据建立模型,根据萼片和花瓣的四个度量对鸢尾花进行分类。表 4-45 给出 150 个鸢尾花的萼片长

（sepal length）、萼片宽（sepal width）、花瓣长（petal length）、花瓣宽（petal width）以及这些花分别属于的种类（Species）等共五个变量，其中类别 1,2,3 依次代表 Setosa、Versicolour、Virginica 三种鸢尾花。三种鸢尾花各有 50 个观测值。请利用距离判别法和费希尔判别法对待判的 9 种花进行判别归类。（数据来自：http://en. wikipedia. org/wiki/Iris_flower_data_set）

表 4-45　鸢尾花分类数据表

类别	萼片长	萼片宽	花瓣长	花瓣宽	类别	萼片长	萼片宽	花瓣长	花瓣宽	类别	萼片长	萼片宽	花瓣长	花瓣宽
1	5.10	3.50	1.40	0.20	2	7.00	3.20	4.70	1.40	3	6.30	3.30	6.00	2.50
1	4.90	3.00	1.40	0.20	2	6.40	3.20	4.50	1.50	3	5.80	2.70	5.10	1.90
1	4.70	3.20	1.30	0.20	2	6.90	3.10	4.90	1.50	3	7.10	3.00	5.90	2.10
1	4.60	3.10	1.50	0.20	2	5.50	2.30	4.00	1.30	3	6.30	2.90	5.60	1.80
1	5.00	3.60	1.40	0.20	2	6.50	2.80	4.60	1.50	3	6.50	3.00	5.80	2.20
1	5.40	3.90	1.70	0.40	2	5.70	2.80	4.50	1.30	3	7.60	3.00	6.60	2.10
1	4.60	3.40	1.40	0.30	2	6.30	3.30	4.70	1.60	3	4.90	2.50	4.50	1.70
1	5.00	3.40	1.50	0.20	2	4.90	2.40	3.30	1.00	3	7.30	2.90	6.30	1.80
1	4.40	2.90	1.40	0.20	2	6.60	2.90	4.60	1.30	3	6.70	2.50	5.80	1.80
1	4.90	3.10	1.50	0.10	2	5.20	2.70	3.90	1.40	3	7.20	3.60	6.10	2.50
1	5.40	3.70	1.50	0.20	2	5.00	2.00	3.50	1.00	3	6.50	3.20	5.10	2.00
1	4.80	3.40	1.60	0.20	2	5.90	3.00	4.20	1.50	3	6.40	2.70	5.30	1.90
1	4.80	3.00	1.40	0.10	2	6.00	2.20	4.00	1.00	3	6.80	3.00	5.50	2.10
1	4.30	3.00	1.10	0.10	2	6.10	2.90	4.70	1.40	3	5.70	2.50	5.00	2.00
1	5.80	4.00	1.20	0.20	2	5.60	2.90	3.60	1.30	3	5.80	2.80	5.10	2.40
1	5.70	4.40	1.50	0.40	2	6.70	3.10	4.40	1.40	3	6.40	3.20	5.30	2.30
1	5.40	3.90	1.30	0.40	2	5.60	3.00	4.50	1.50	3	6.50	3.00	5.50	1.80
1	5.10	3.50	1.40	0.30	2	5.80	2.70	4.10	1.00	3	7.70	3.80	6.70	2.20
1	5.70	3.80	1.70	0.30	2	6.20	2.20	4.50	1.50	3	7.70	2.60	6.90	2.30
1	5.10	3.80	1.50	0.30	2	5.60	2.50	3.90	1.10	3	6.00	2.20	5.00	1.50
1	5.40	3.40	1.70	0.20	2	5.90	3.20	4.80	1.80	3	6.90	3.20	5.70	2.30
1	5.10	3.70	1.50	0.40	2	6.10	2.80	4.00	1.30	3	5.60	2.80	4.90	2.00
1	4.60	3.60	1.00	0.20	2	6.30	2.50	4.90	1.50	3	7.70	2.80	6.70	2.00
1	5.10	3.30	1.70	0.50	2	6.10	2.80	4.70	1.20	3	6.30	2.70	4.90	1.80
1	4.80	3.40	1.90	0.20	2	6.40	2.90	4.30	1.30	3	6.70	3.30	5.70	2.10
1	5.00	3.00	1.60	0.20	2	6.60	3.00	4.40	1.40	3	7.20	3.20	6.00	1.80

续表

类别	萼片长	萼片宽	花瓣长	花瓣宽	类别	萼片长	萼片宽	花瓣长	花瓣宽	类别	萼片长	萼片宽	花瓣长	花瓣宽
1	5.00	3.40	1.60	0.40	2	6.80	2.80	4.80	1.40	3	6.20	2.80	4.80	1.80
1	5.20	3.50	1.50	0.20	2	6.70	3.00	5.00	1.70	3	6.10	3.00	4.90	1.80
1	5.20	3.40	1.40	0.20	2	6.00	2.90	4.50	1.50	3	6.40	2.80	5.60	2.10
1	4.70	3.20	1.60	0.20	2	5.70	2.60	3.50	1.00	3	7.20	3.00	5.80	1.60
1	4.80	3.10	1.60	0.20	2	5.50	2.40	3.80	1.10	3	7.40	2.80	6.10	1.90
1	5.40	3.40	1.50	0.40	2	5.50	2.40	3.70	1.00	3	7.90	3.80	6.40	2.00
1	5.20	4.10	1.50	0.10	2	5.80	2.70	3.90	1.20	3	6.40	2.80	5.60	2.20
1	5.50	4.20	1.40	0.20	2	6.00	2.70	5.10	1.60	3	6.30	2.80	5.10	1.50
1	4.90	3.10	1.50	0.10	2	5.40	3.00	4.50	1.50	3	6.10	2.60	5.60	1.40
1	5.00	3.20	1.20	0.20	2	6.00	3.40	4.50	1.60	3	7.70	3.00	6.10	2.30
1	5.50	3.50	1.30	0.20	2	6.70	3.10	4.70	1.50	3	6.30	3.40	5.60	2.40
1	4.90	3.10	1.50	0.10	2	6.30	2.30	4.40	1.30	3	6.40	3.10	5.50	1.80
1	4.40	3.00	1.30	0.20	2	5.60	3.00	4.10	1.30	3	6.00	3.00	4.80	1.80
1	5.10	3.40	1.50	0.20	2	5.50	2.50	4.00	1.30	3	6.90	3.10	5.40	2.10
1	5.00	3.50	1.30	0.30	2	5.50	2.60	4.40	1.20	3	6.70	3.10	5.60	2.40
1	4.50	2.30	1.30	0.30	2	6.10	3.00	4.60	1.40	3	6.90	3.10	5.10	2.30
1	4.40	3.20	1.30	0.20	2	5.80	2.60	4.00	1.20	3	5.80	2.70	5.10	1.90
1	5.00	3.50	1.60	0.60	2	5.00	2.30	3.30	1.00	3	6.80	3.20	5.90	2.30
1	5.10	3.80	1.90	0.40	2	5.60	2.70	4.20	1.30	3	6.70	3.30	5.70	2.50
1	4.80	3.00	1.40	0.30	2	5.70	3.00	4.20	1.20	3	6.70	3.00	5.20	2.30
1	5.10	3.80	1.60	0.20	2	5.70	2.90	4.20	1.30	3	6.30	2.50	5.00	1.90
1	4.60	3.20	1.40	0.20	2	6.20	2.90	4.30	1.30	3	6.50	3.00	5.20	2.00
1	5.30	3.70	1.50	0.20	2	5.10	2.50	3.00	1.10	3	6.20	3.40	5.40	2.30
1	5.00	3.30	1.40	0.20	2	5.70	2.80	4.10	1.30	3	5.90	3.00	5.10	1.80
待判1	5.80	2.70	1.80	0.73	待判2	5.60	3.10	3.80	1.80	待判3	6.10	2.50	4.70	1.10
待判4	6.10	2.60	5.70	1.90	待判5	5.10	3.10	6.50	0.62	待判6	5.80	3.70	3.90	0.13
待判7	5.70	2.70	1.10	0.12	待判8	6.40	3.20	2.40	1.60	待判9	6.70	3.00	1.90	1.10

3. 表 4-46 是 2008 年三个不同行业的 29 家上市公司的年报数据,选取净资产收益率、总资产报偿率、总资产周转率和流动资产周转率指标,试用费希尔判别法判断 4 个未知企业属于哪一类。

表 4-46

行业	公司简称	净资产收益率	总资产报酬率	总资产周转率	流动资产周转率
1	深南电 A	0.61	1.23	0.60	1.74
1	富龙热电	−11.30	−5.56	0.13	0.76
1	穗恒运 A	−7.70	−1.53	0.57	2.70
1	粤电力 A	0.34	−1.15	0.48	2.42
1	韶能股份	−2.95	−1.29	0.27	2.52
1	ST 惠天	−1.86	−0.81	0.40	1.09
1	华电能源	0.43	0.33	0.40	2.39
1	国电电力	1.26	0.20	0.26	1.68
1	中国国贸	8.40	6.21	0.12	3.04
2	大龙地产	1.21	0.09	0.04	0.05
2	金丰投资	9.78	6.51	0.20	0.31
2	新黄浦	6.81	5.96	0.12	0.31
2	浦东金桥	9.02	6.16	0.20	0.86
2	中华企业	14.31	6.82	0.37	0.44
2	渝开发 A	6.53	5.14	0.14	0.40
2	万科 A	12.65	5.77	0.37	0.39
2	三木集团	1.96	1.05	0.88	0.95
2	国兴地产	2.97	2.21	0.17	0.17
2	中关村	9.69	1.72	0.47	0.57
2	长春经开	0.09	0.21	0.05	0.08
3	中兴通讯	11.65	5.02	0.98	1.21
3	长城电脑	1.01	0.39	1.35	3.57
3	同方股份	3.57	2.63	0.78	0.00
3	永鼎股份	2.54	1.69	0.42	0.63
3	宏图高科	10.71	5.42	1.77	2.12
3	新大陆	4.54	3.74	0.86	1.09
3	方正科技	4.42	3.16	1.40	4.67
3	复旦复华	4.44	3.68	0.53	0.85
3	南天信息	9.48	6.61	1.06	1.41
	待判企业 1	9.17	4.92	0.39	1.57
	待判企业 2	12.28	8.46	0.25	0.57
	待判企业 3	1.58	0.96	0.32	0.70
	待判企业 4	−8.47	−4.84	0.14	0.24

4. 对本章例 3.5 中的问题,根据表 4-31 的数据,运用逐步判别法,选取进入和删除的 F

值为系统默认值,判断上海、山西、河南和湖北分别属于哪个消费组。

5. 现今国际上流行将国家按照发展水平而划分为发达国家、中等发达国家和发展中国家三类。表4-47从世界国家或地区中选取13个典型的发达国家(I)、11个典型的中等发达国家(II)和9个典型的发展中国家(III)2005年的相关数据。其中指标x_1为人均GDP(万美元)、x_2为万美元国内生产总值能耗(吨标准油)、x_3为城镇人口比重(%)、x_4为人口预期寿命(年)。运用距离判别法和贝叶斯判别法,判断我国2005年的经济发展水平属于哪一类,我国的广东地区的经济发展水平又属于哪一类。

表4-47 2005年世界部分国家及地区发展数据

国家	x_1	x_2	x_3	x_4	国家/地区	x_1	x_2	x_3	x_4
美国(I)	4.18	1.89	80.80	77.40	阿根廷(II)	0.47	3.47	91.00	75.00
日本(I)	3.56	1.17	66.00	81.80	科威特(II)	3.19	3.48	98.00	78.00
德国(I)	3.38	1.24	73.40	78.50	墨西哥(II)	0.82	2.09	76.00	74.00
法国(I)	3.51	1.29	76.70	80.20	斯洛文尼亚(II)	1.78	2.03	50.00	78.00
英国(I)	3.71	1.05	89.70	78.50	印度(III)	0.07	6.64	28.70	63.50
意大利(I)	3.02	1.05	67.60	80.00	伊朗(III)	0.28	8.46	66.90	71.10
加拿大(I)	3.50	2.40	80.10	79.80	乌克兰(III)	0.18	16.63	67.80	68.20
荷兰(I)	3.85	1.30	80.20	78.70	泰国(III)	0.28	5.67	33.00	70.50
新西兰(I)	2.61	1.57	86.20	79.20	越南(III)	0.06	9.66	27.40	70.30
西班牙(I)	2.59	1.29	76.70	80.40	菲律宾(III)	0.12	4.53	62.70	70.80
澳大利亚(I)	3.30	1.81	88.20	79.90	尼日利亚(III)	0.08	9.25	46.20	43.70
葡萄牙(I)	1.76	1.46	58.00	78.00	印度尼西亚(III)	0.13	6.26	48.10	67.40
希腊(I)	2.22	1.26	60.00	79.00	埃及(III)	0.12	6.84	42.60	70.20
匈牙利(II)	1.09	2.52	66.00	73.00	中国	0.17	7.65	40.4	71.5
韩国(II)	1.64	2.70	80.80	78.00	中国广东	0.29	4.54	60.68	73.27

第 5 章　主成分分析的数学实验

5.1　主成分分析方法介绍

在实际问题研究中,为了全面系统地分析问题,经常会考虑众多相关的变量。因为每个变量都在不同程度上反映了所研究问题的某些信息,并且指标之间彼此有一定的相关性,因而所得的统计数据反映的信息在一定程度上会有重叠。例如,学生综合评价研究中的专业基础课成绩与专业课成绩、获奖学金次数等之间会存在较高的相关性。因而人们希望对这些变量加以"改造",用较少的互不相关的综合变量来反映原变量所提供的绝大部分信息,通过对新变量的分析达到解决问题的目的。主成分分析就是满足上述要求的一种统计方法。

一、总体的主成分

1. 主成分分析概述

主成分分析是以最少的信息丢失为前提,将原有变量通过线性组合的方式综合成少数几个新变量;用新变量代替原有变量参与数据建模,这样可以大大减少分析过程中的计算工作量;主成分对新变量的选取不是对原有变量的简单取舍,而是原有变量重组后的结果,因此不会造成原有变量信息的大量丢失,并能够代表原有变量的绝大部分信息;同时选取的新变量之间互不相关,能够有效地解决变量信息重叠、多重共线性等给分析应用带来的诸多问题。

例如,英国统计学家斯科特(Scott)1961 年曾对英国 157 个城镇发展水平进行研究。调查得到影响城镇发展水平的 57 个原始变量,由于计算和研究非常烦琐,他经过主成分分析发现,用原来变量的线性组合构造 5 个新变量,可以以 95%的精确度概括原始数据的信息。显然,研究 5 个变量的变化和数据的关系,比 57 个变量要更加快捷有效。主成分分析通过降维的方式,达到了简化数据的目的。当然,主成分分析的结果往往不是研究的最终结果,而是作为其他研究方法的辅助手段使用。

2. 主成分分析的数学模型

设 $X_1, X_2, \ldots, X_p$ 为实际问题所涉及的 p 个随机变量。记为 $X = (X_1, X_2, \ldots, X_p)'$，$a_i = (a_{i1}, a_{i2}, \ldots, a_{ip})$，$i = 1, 2, \ldots, p$。主成分分析的基本思想是将原来众多的具有一定相关性的变量 $X_1, X_2, \ldots, X_p$ 重新组合成一组个数较少的互不相关的综合指标 $F_1, F_2, \ldots, F_p$ 来代替原来的指标。综合指标应该如何去提取，使其既能最大限度地反映原变量 $X_1, X_2, \ldots, X_p$ 所代表的信息，又能保证新指标之间保持相互无关（信息不重叠），要解决的首要问题是主成分分析。

首先分析如何确定第一主成分 F_1。需要找到 p 个数 $a_{11}, a_{21}, \ldots, a_{p1}$，将 F_1 表示原变量的线性组合 $F_1 = a_{11}X_1 + a_{21}X_2 + \ldots a_{p1}X_p$，以 F_1 作为新变量指标。由数学知识可知，主成分所提取的信息量可用其方差来度量，其方差 $D(F_1)$ 越大，表示 F_1 包含的信息越多，但是系数 a_{11}, $a_{21}, \ldots, a_{p1}$ 取的值越大，方差越大，甚至可以保证 $D(F_1) \to \infty$ 时，因此约束在 $a'_i a_i = 1$ 的条件下使得方差 $D(F_1)$ 达到最大。

如果第一主成分不足以代表原来 p 个指标的信息，再考虑选取第二个主成分指标 F_2，为有效地反映原信息，F_1 已有的信息就不需要再出现在 F_2 中。从数学上讲就是要求 F_2 与 F_1 保持独立、不相关。所以 F_2 是与 F_1 不相关的 $X_1, X_2, \ldots, X_p$ 的所有线性组合中方差最大的，故称 F_2 为第二主成分。

依此类推构造出的 $F_1, F_2, \ldots, F_m$ 为原变量指标 $X_1, X_2, \ldots, X_p$ 的第一、第二、……、第 m 个主成分。

也就是考虑线性变换：

$$
\begin{cases}
F_1 = a_{11}X_1 + a_{21}X_2 + \ldots a_{p1}X_p \\
F_2 = a_{12}X_1 + a_{22}X_2 + \ldots a_{p2}X_p \\
\qquad\qquad \ldots \\
F_p = a_{1p}X_1 + a_{2p}X_2 + \ldots a_{pp}X_p
\end{cases}
$$

由上述分析可知，主成分分析的新变量及系数的选取应该满足：

（1）$a_{1i}^2 + a_{2i}^2 + \ldots + a_{pi}^2 = 1$，$i = 1, 2, \ldots, p$.

（2）F_j 与 F_i 互不相关，即 $cov(F_j, F_i) = 0$，$i, j = 1, 2, \ldots, p$.

（3）F_1 是 $X_1, X_2, \ldots, X_p$ 的所有线性组合中方差最大的；F_2 是与 F_1 不相关的 $X_1, X_2, \ldots, X_p$ 的所有线性组合中方差最大的；依次类推，F_p 是与 $F_1, F_2, \ldots, F_{p-1}$ 不相关的 $X_1, X_2, \ldots, X_p$ 的所有线性组合中方差最大的。

（4）主成分的方差依次递减，重要性也依次递减。即 $D(F_1) \geq D(F_2) \geq \ldots \geq D(F_p) \geq 0$。

由分析可知，确定各主成分 $F_i(i = 1, 2, \ldots, m)$ 关于原变量 $X_j(j = 1, 2, \ldots, p)$ 的表达式，就是确定满足条件的系数 $a_{ij}(i = 1, 2, \ldots, p; j = 1, 2, \ldots, p)$。

3. 主成分分析的几何意义

设有 n 个样品,每个样品有 p 个变量,记为 $X_1, X_2, \ldots, X_p$,它们的新组合变量记为 F_1, $F_2, \ldots, F_p$。当 $p = 2$ 时,原变量 X_1, X_2 与新变量之间相关关系如图 5-1 所示:

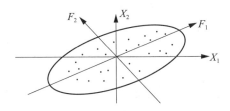

图 5-1　主成分的几何意义

对于二元正态分布变量,n 个分散的点大致形成了一个椭圆,若在椭圆长轴方向取坐标轴 F_1,在短轴方向取 F_2,则新坐标轴相当于旧坐标在平面上做了一个坐标变换,按逆时针方向旋转 θ 角度,新旧坐标变换的关系为

$$\begin{pmatrix} F_1 \\ F_2 \end{pmatrix} = \begin{pmatrix} \cos\theta & \sin\theta \\ -\sin\theta & \cos\theta \end{pmatrix} \begin{pmatrix} X_1 \\ X_2 \end{pmatrix} = UX$$

显然 $U = \begin{pmatrix} \cos\theta & \sin\theta \\ -\sin\theta & \cos\theta \end{pmatrix}$ 是正交矩阵,满足系数要求。

从图 5-1 还可以看出二维平面上 n 个点的波动大部分可以归结为在 F_1 轴上的波动,而在 F_2 轴上的波动是较小的。如果图 5-1 的椭圆比较扁平,那么可以只考虑 F_1 方向上的波动,忽略 F_2 方向的波动。这样一来,二维可以降为一维,只取第一个综合变量 F_1 即可,而 F_1 是椭圆的长轴。一般情况下,p 个变量组成 P 维空间,n 个样品就是 p 维空间的 n 个点,对 p 元正态分布变量来说,找主成分的问题就是找 P 维空间中椭球体的主轴问题。

主成分分析的几何意义就是一个坐标旋转的过程,各主成分表达式就是新坐标系与原坐标系的转换关系。在新坐标系中,各坐标轴的方向就是原始数据变差最大的方向。

3. 总体主成分的计算公式

求 X 的第一主成分 $F_1 = a_{11}X_1 + a_{21}X_2 + \ldots a_{p1}X_p$ 的问题就是确定系数 $a_{11}, a_{21}, \ldots, a_{p1}$,使得在 $a_{1i}^2 + a_{2i}^2 + \ldots + a_{pi}^2 = 1$ 的条件下,$D(F_1)$ 达到最大。这是一个条件极值问题,可以用拉格朗日乘子法求解。问题归结为求 $\sum$ 的特征值和对应的正交化单位特征向量的问题。

一般地:设 $\sum > 0$ 是 $X = (X_1, X_2, \ldots, X_p)'$ 的协方差矩阵,$\sum$ 的特征值和对应的正交化单位特征向量分别为:$\lambda_1 \geqslant \lambda_2 \geqslant \ldots \geqslant \lambda_p > 0$ 及 $a_1, a_2, \ldots, a_p$,则 X 的第 i 个主成分为

$$F_i = a'_i X, \quad i = 1, 2, \ldots, p_o$$

4. 总体主成分的性质

设 $\Sigma = (\sigma_{ij})_{p \times p}$，$\Lambda = diag(\lambda_1, \lambda_2, \ldots, \lambda_p)$，其中 $\lambda_1 \geq \lambda_2 \geq \ldots \geq \lambda_p > 0$ 为 Σ 的特征值，a_1，$a_2, \ldots, a_p$ 是对应的正交化单位特征向量，记正交矩阵 $A = (a_1, a_2, \ldots, a_p)$，主成分

$$F = (F_1, F_2, \ldots, F_p)', F_i = a'_i X \quad i = 1, 2, \ldots, p。$$

总体主成分具有如下性质：

（1）$D(F) = \Lambda$，即 $D(F_i) = \lambda_i, i = 1, 2, \ldots, p$，且它们彼此互不相关。

（2）$\sum\limits_{i=1}^{p} \sigma_{ii} = \sum\limits_{i=1}^{p} \lambda_i$，称 $\sum\limits_{i=1}^{p} \sigma_{ii}$ 为原总体 X 的总方差。

（3）称 $\dfrac{\lambda_i}{\sum\limits_{i=1}^{p} \lambda_i}$ 为第 i 个主成分的贡献率；$\dfrac{\sum\limits_{i=1}^{m} \lambda_i}{\sum\limits_{i=1}^{p} \lambda_i}$ 为前 m 个主成分累计贡献率。

第 i 个主成分的贡献率表明第 i 个主成分 F_i 提供 $X_1, X_2, \ldots, X_p$ 中信息的能力。前 m 个主成分累计贡献率表明前 m 个主成分 $F_1, F_2, \ldots, F_m$ 综合提供 $X_1, X_2, \ldots, X_p$ 中信息的能力。在实际应用中，通常选取 $m < p$，使前面 m 个主成分的累计方差贡献率达到较高的比例（在实际操作中，有一种观点是选取特征值大于 1 的变量，认为如果特征值小于 1，则该主成分的解释力度不如直接引入一个原变量的平均解释力度大。如可以取 m，使累计方差贡献率超过 75%。具体的比例数值需要根据研究的实际问题最终确定）。这样用前 m 个主成分 F_1，$F_2, \ldots, F_m$ 代替原始变量 $X_1, X_2, \ldots, X_p$，不但可以使变量的维数降低，而且不会损失原始变量中的太多信息。

（4）主成分 F_k 与原始变量 X_i 的相关系数 $\rho(F_k, X_i) = \dfrac{\sqrt{\lambda_k} a_{ik}}{\sqrt{\sigma_{ii}}}$ $(k, i = 1, 2, \ldots, p)$，称为因子载荷或因子负荷率。

因子载荷是主成分解释中非常重要的解释依据，因子载荷的绝对值大小刻画了该主成分的重要意义及其成因。由定义可见，因子载荷与系数向量及成正比，与 X_i 的标准差成反比。因此在解释主成分的成因或第 i 个变量对第 k 个主成分的重要性时，应该根据因子载荷量而不能仅仅根据 F_k 与 X_i 的变换系数来解释。

（5）因子载荷与原始变量 X_i 的方差之间的关系：$\sum\limits_{i=1}^{p} \rho^2(F_k, X_i) \sigma_{ii} = \lambda_k (k = 1, 2, \ldots, p)$。

（6）称 $v_i = \dfrac{1}{\sigma_{ii}} \sum\limits_{k=1}^{m} \lambda_k a_{ik}^2 (i = 1, 2, \ldots, p)$ 为 $F_1, F_2, \ldots, F_m$ 对原始变量 X_i 的方差贡献率。

对原始变量 X_i 的方差贡献率说明了前 m 个主成分提取了原始变量 X_i 中 v_i 的信息，由此可以判断提取的主成分说明原始变量的能力。

5. 由相关矩阵出发求主成分

将变量进行标准化：

$$X_i^* = \frac{X_i - \mu_i}{\sqrt{\sigma_{ii}}},$$

其中 $E(X_i) = \mu_i$，$D(X_i) = \sigma_{ii}$。于是 $E(X_i^*) = 0$，$D(X_i^*) = 1$。此时标准化的随机向量 X^* $= (X_1^*, X_2^*, \ldots, X_p^*)'$ 的协方差矩阵 $\sum^*$ 就是原来随机向量的相关系数矩阵 R，$\lambda_1^* \geqslant \lambda_2^* \geqslant \ldots \geqslant \lambda_p^* > 0$ 是相关矩阵 R 的特征值，$a_k^* = (a_{1k}^*, a_{2k}^*, \ldots, a_{pk}^*)(k = 1, 2, \ldots, p)$ 是相关系数矩阵 R 对应于 λ_i^* 的正交化单位特征向量，主成分向量记为 $F^* = (F_1^*, F_2^*, \ldots, F_p^*)'$。

由相关系数出发求解主成分的过程与主成分个数的确定准则，与由协方差矩阵出发求主成分的过程与主成分个数的确定准则一致，不再赘述。求得的主成分与原始变量的关系式为

$$F_i^* = a_i^* {}' X^* = a_i^* {}' (\sum^{\frac{1}{2}})^{-1} (X - \mu) \quad (i = 1, 2, \ldots, p)。$$

于是由相关系数出发求解出的主成分向量有与总体主成分相应的性质：

(1) $D(F^*) = \Lambda^*$，即 $D(F_i^*) = \lambda_i^*$，$i = 1, 2, \ldots, p$；

(2) $\sum_{i=1}^{p} \lambda_i^* = p$；

(3) $\rho(F_k^*, X_i^*) = \sqrt{\lambda_k^*} a_{ik}^* (k, i = 1, 2, \ldots, p)$；

(4) $\sum_{i=1}^{p} \rho^2(F_k^*, X_i^*) = 1$；

(5) $\sum_{i=1}^{p} \rho^2(Z_k^*, X_i^*) = \lambda_k^*$。

6. 由协方差矩阵或相关矩阵求解主成分的选择

求解主成分的过程就是对矩阵结构进行分析的过程。在实际问题的分析过程中，由协方差矩阵出发和由相关矩阵出发求解主成分的过程相同。但是求出的结果有差别，有时的差别还很大。[8]

如果原始数据的量纲不同或者数量级有很大的差别，通过协方差矩阵来求主成分，就会出现优先考虑方差大的变量的情况，有时会造成很多不合理影响。但是对原始数据进行标准化的过程实际上也是抹杀原始变量离散程度差异的过程，原始数据的标准化也可能会抹杀一部分重要信息，使得标准化后各变量对主成分构成中的作用趋于相等。专家学者也提出了相应的改进方法。[10][11]

到目前为止，对于从哪个角度出发求解主成分更为合理还没有一个定论，在实际问题的分析中建议分别从不同角度出发求解主成分并研究其结果的差别，看是否发生明显差异并

分析这种差异产生的原因,结合问题的实际意义最终确定用哪种结果更合理,而不是仅仅根据数据的运算结果来作出结论。

二、样本的主成分

在实际问题的研究中,一般总体的协方差矩阵 Σ(及相关系数矩阵 R)通常是未知的,需要通过样本来估计。设有 n 个样品,每个样品有 p 个指标,一共得到 np 个数据,原始资料矩阵为

$$X = \begin{pmatrix} x_{11} & x_{12} & \cdots & x_{1p} \\ x_{21} & x_{22} & \cdots & x_{2p} \\ \vdots & \vdots & \vdots & \vdots \\ x_{n1} & x_{n2} & \cdots & x_{np} \end{pmatrix}$$

记 $X = (X_1, X_2, \ldots, X_p)'$;$x_i = (x_{i1}, x_{i2}, \ldots, x_{ip})'$,$i = 1, 2, \ldots, n$;

$\bar{x} = (\bar{x}_1, \bar{x}_2, \ldots, \bar{x}_p)'$;$\bar{x}_j = \dfrac{1}{n} \sum\limits_{i=1}^{n} x_{ij}$,$j = 1, 2, \ldots, p$;

$s_{ij} = \dfrac{1}{n-1} \sum\limits_{k=1}^{n} (x_{ki} - \bar{x}_i)(x_{kj} - \bar{x}_j)$,$i, j = 1, 2, \ldots, p$。

协方差矩阵 S 及样本相关矩阵 R 分别为

$$S = (s_{ij})_{p \times p} = \frac{1}{n-1} \sum_{k=1}^{n} (x_k - \bar{x})(x_k - \bar{x})',\ R = (r_{ij})_{p \times p} = \left(\frac{S_{ij}}{\sqrt{S_{ii}} \sqrt{S_{jj}}} \right)_{p \times p}$$

以样本协方差矩阵 S 作为总体协方差矩阵 Σ 的无偏估计,$\hat{\lambda}_1 \geq \hat{\lambda}_2 \geq \ldots \geq \hat{\lambda}_p \geq 0$ 为样本协方差矩阵 S 的 p 个特征值,$\hat{a}_1, \hat{a}_2, \ldots, \hat{a}_p$ 是对应的正交化单位特征向量,则样本的 p 个主成分为

$$\hat{F}_i = \hat{a}'_i X \quad i = 1, 2, \ldots, p。$$

以样本相关系数矩阵 R 作为总体相关系数矩阵的估计。如果原始资料矩阵 X 是经过标准化处理的,则由矩阵求得的协方差矩阵就是相关矩阵,即 S 与 R 完全相同。由协方差矩阵求解主成分的过程与由相关矩阵出发求解主成分的过程一致。

从上述求解主成分的过程可以看出,主成分分析不要求数据来自正态总体。主成分分析主要是对矩阵结构的分析,主要运用矩阵运算、矩阵对角化和矩阵的谱分解,只要协方差矩阵或其相关矩阵均是非负定的,就可以通过解主成分的步骤求出其特征值、标准正交特征向量,进而求出主成分,达到缩减数据维数的目的。主成分分析的这一特性大大扩展了其应用范围,对于多维数据,只要是涉及降维的处理,都可以尝试使用。

5.2 主成分分析方法案例分析

例 5.1　消费结构是指在消费过程中各项消费支出占居民总支出的比重,它是反映居民生活消费水平、生活质量变化状况以及内在过程合理化程度的重要标志。而消费结构的变动不仅是消费领域的重要问题,而且关系到整个国民经济的发展。因为合理的消费结构及消费结构的升级和优化不仅反映了消费的层次和质量的提高,也为建立合理的产业结构和产品结构提供了重要的依据。表 5-1 给出了 2017 年全国居民分地区人均消费支出的部分数据,具体分为食品、衣着、居住、家庭设备用品及服务、交通通信、文教娱乐及服务、医疗保健、其他用品及服务等 8 个部分。试对各地区居民生活消费进行主成分分析。

表 5-1　2017 年全国居民分地区人均消费支出　　　　单位:元

类别\地区	食品烟酒	衣着	居住	生活用品及服务	交通通信	教育文化娱乐	医疗保健	其他用品及服务
北京	7548.9	2238.3	12295.0	2492.4	5034.0	3916.7	2899.7	1000.4
天津	8647.0	1944.8	5922.4	1655.5	3744.5	2691.5	2390.0	845.6
河北	3912.8	1173.5	3679.4	1066.2	2290.3	1578.3	1396.3	340.1
山西	3324.8	1206.0	2933.5	761.0	1884.0	1879.3	1359.7	316.0
内蒙古	5205.3	1866.2	3324.0	1199.9	2914.9	2227.8	1653.8	553.8
辽宁	5605.4	1671.6	3732.5	1191.7	3088.4	2534.5	1999.9	639.3
吉林	4144.1	1379.0	2912.3	795.8	2218.0	1928.5	1818.3	435.9
黑龙江	4209.0	1437.7	2833.0	776.4	2185.5	1898.0	1791.3	446.6
上海	10005.9	1733.4	13708.7	1824.9	4057.7	4685.9	2602.1	1173.3
江苏	6524.8	1505.9	5586.2	1443.5	3496.4	2747.6	1510.9	653.3
浙江	7750.8	1585.9	6992.9	1345.8	4306.5	2844.9	1696.1	556.1
安徽	5143.4	1037.5	3397.6	890.8	2102.3	1700.5	1135.9	343.8
福建	7212.7	1119.1	5533.0	1179.0	2642.8	1966.4	1105.3	491.0
江西	4626.1	1005.8	3552.2	859.9	1600.7	1606.8	877.8	329.7
山东	4715.1	1374.6	3565.8	1260.5	2568.4	1948.4	1484.3	363.6
河南	3687.0	1184.5	2988.3	1056.4	1698.6	1559.8	1219.8	335.2
湖北	5098.4	1131.7	3699.0	1025.9	1795.7	1930.4	1838.3	418.2
湖南	5003.6	1086.1	3428.9	1054.0	2042.6	2805.1	1424.0	316.1
广东	8717.0	1230.3	5790.9	1447.4	3380.0	2620.4	1319.5	714.1

续表

类别 地区	食品 烟酒	衣着	居住	生活用品 及服务	交通通信	教育文 化娱乐	医疗保健	其他用品 及服务
广西	4409.9	564.7	2909.3	762.8	1878.5	1585.8	1075.6	237.1
海南	5935.9	631.1	2925.6	769.0	1995.0	1756.8	1101.2	288.1
重庆	5943.5	1394.8	3140.9	1245.5	2310.3	1993.0	1471.9	398.1
四川	5632.2	1152.7	2946.8	1062.9	2200.0	1468.2	1320.2	396.8
贵州	3954.0	863.4	2670.8	802.4	1781.6	1783.3	851.2	263.5
云南	3838.4	651.3	2471.1	742.0	2033.4	1573.7	1125.3	223.0
西藏	4788.6	1047.6	1763.2	617.2	1176.9	441.6	271.5	213.5
陕西	4124.0	1084.0	2978.6	1036.2	1760.7	1857.6	1704.8	353.7
甘肃	3886.9	1071.3	2475.1	836.8	1796.5	1537.1	1233.4	282.8
青海	4453.0	1265.9	2754.5	929.0	2409.6	1686.6	1598.7	405.8
宁夏	3796.4	1268.9	2861.5	932.4	2616.8	1955.6	1553.6	365.1
新疆	4338.5	1305.5	2698.5	943.2	2382.6	1599.3	1466.3	353.4

本章用 SPSS 软件解决主成分求解的计算问题。观察表 5-1 的数据,发现数据的数量级差别较大,因此本例选择从相关系数矩阵出发求解主成分。

SPSS 软件操作:

选择菜单栏中的"分析(Analyze)→降维(Data Reduction)→因子(Factor)"命令,弹出"因子分析(Factor Analysis)"对话框。

选择因子分析变量在"因子分析(Factor Analysis)"对话框左侧的候选变量列表框中的全部变量,均添加至"变量(Variables)"列表框中,如图 5-2 所示。

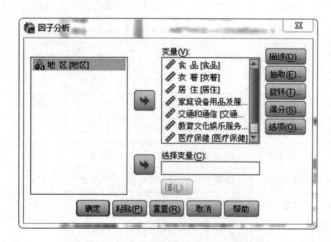

图 5-2 主成分分析 spss 操作变量选择

图 5-3 主成分分析 spss 操作描述统计

选择描述性统计量

单击"描述（Descriptives）"按钮，在弹出的对话框"统计量"中选择"单变量描述性"，输出分析变量的初始共同度、特征值以及解释方差的百分比等。

在"相关矩阵（Correlation Matrix）"选项中"系数""显著性水平""行列式"和"KMO 和 Bartlett 的球形度检验"。

单击"抽取"按钮，在"方法"下拉菜单中选择"主成分"；"输出"选项选择"碎石图"；"抽取"选项中选择默认值 1，如图 5-4 所示。

单击"得分"按钮，选择"保存为变量"，默认的方法是"回归"。如图 5-5 所示。

确定后运行程序。

图 5-4　主成分分析 spss 操作抽取选择

图 5-5　主成分分析 spss 操作得分选择

结果分析：

由表 5-2"相关矩阵"的结果可以看出 8 个变量有较高的相关性，可以做主成分分析。

表 5-2　相关矩阵[a]

		食品烟酒	衣着	居住	生活用品及服务	交通通信	教育文化娱乐	医疗保健	其他用品及服务
相关	食品烟酒	1.000	.525	.803	.757	.779	.743	.507	.842
	衣着	.525	1.000	.625	.785	.787	.662	.796	.799
	居住	.803	.625	1.000	.876	.836	.902	.709	.904
	生活用品及服务	.757	.785	.876	1.000	.890	.835	.772	.886
	交通通信	.779	.787	.836	.890	1.000	.843	.761	.878
	教育文化娱乐	.743	.662	.902	.835	.843	1.000	.807	.893
	医疗保健	.507	.796	.709	.772	.761	.807	1.000	.816
	其他用品及服务	.842	.799	.904	.886	.878	.893	.816	1.000

续表

		食品烟酒	衣着	居住	生活用品及服务	交通通信	教育文化娱乐	医疗保健	其他用品及服务
Sig.（单侧）	食品烟酒		.001	.000	.000	.000	.000	.002	.000
	衣着	.001		.000	.000	.000	.000	.000	.000
	居住	.000	.000		.000	.000	.000	.000	.000
	生活用品及服务	.000	.000	.000		.000	.000	.000	.000
	交通通信	.000	.000	.000	.000		.000	.000	.000
	教育文化娱乐	.000	.000	.000	.000	.000		.000	.000
	医疗保健	.002	.000	.000	.000	.000	.000		.000
	其他用品及服务	.000	.000	.000	.000	.000	.000	.000	

注:a 行列式=5.59E-006。

由表 5-3KMO 和 Bartlett 的检验可知,KMO = 0.881>0.6,说明数据适合做因子分析;Bartlett 球形检验的显著性 P 值 0.000<0.05,亦说明数据适合做因子分析。

表 5-3　KMO 和 Bartlett 的检验

取样足够度的 Kaiser-Meyer-Olkin 度量		.847
Bartlett 的球形度检验	近似卡方	320.499
	df	28
	Sig.	.000

由表 5-4"公因子方差"可以看出每个因子提取的程度。如主成分提取了"食品烟酒"变量 68.2%信息,提取了"其他用品及服务"变量 94.6%的信息。各变量提取信息均超过了 67%。

表 5-4　公因子方差

	初始	提取
食品烟酒	1.000	.682
衣着	1.000	.681
居住	1.000	.855
生活用品及服务	1.000	.890
交通通信	1.000	.882
教育文化娱乐	1.000	.862
医疗保健	1.000	.729
其他用品及服务	1.000	.946

注:提取方法:主成分分析。

总方差解释:由表 5-5 的结果可以看到,第一个因子的特征根值为 6.527,解释了原有 8

个变量总方差的 81.593%。选前 1 个因子为主因子即可。

表 5-5　解释的总方差

成分	初始特征值			提取平方和载入		
	合计	方差的%	累积%	合计	方差的%	累积%
1	6.527	81.593	81.593	6.527	81.593	81.593
2	.653	8.162	89.755			
3	.323	4.037	93.792			
4	.173	2.168	95.960			
5	.129	1.618	97.579			
6	.101	1.267	98.846			
7	.065	.810	99.656			
8	.028	.344	100.000			

注:提取方法:主成分分析。

图 5-6 为输出因子的碎石图,给出了每个特征值大小的直观图。它显示了按特征值大小排列的因子序号。由碎石图可以看到,在第二个特征值处有一个明显的拐点,从图 5-6 可以看到第一特征值是大因子,之后的 6 个特征值明显小一些。

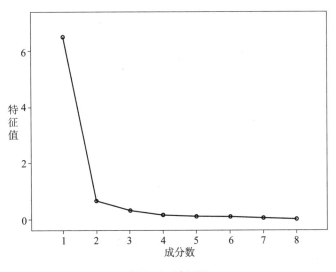

图 5-6　碎石图

表 5-6 给出了成分矩阵,也称为载荷矩阵,利用成分矩阵第 i 列的每个元素分别除以第 i 个特征根的平方根,就得到了主成分分析第 i 个主成分的系数。

$$F_1 = \frac{0.826}{\sqrt{6.527}}X_1 + \frac{0.826}{\sqrt{6.527}}X_2 + \frac{0.925}{\sqrt{6.527}}X_3 + \frac{0.944}{\sqrt{6.527}}X_4 + \frac{0.939}{\sqrt{6.527}}X_5 + \frac{0.928}{\sqrt{6.527}}X_6 + \frac{0.854}{\sqrt{6.527}}X_7 + \frac{0.973}{\sqrt{6.527}}X_8$$

经计算得到主成分分析的系数,如表 5-7 所示。

表 5-6   成分矩阵^a

	成分
	1
食品烟酒	.826
衣着	.826
居住	.925
生活用品及服务	.944
交通通信	.939
教育文化娱乐	.928
医疗保健	.854
其他用品及服务	.973
提取方法:主成分	

注:a 已提取了 1 个成分。

表 5-7   主成分分析的系数

	主成分
食品烟酒	0.323
衣着	0.323
居住	0.362
生活用品及服务	0.370
交通通信	0.368
教育文化娱乐	0.363
医疗保健	0.334
其他用品及服务	0.381

所以可以得到主成分的表达式为

$F_1 = 0.323X_1 + 0.323X_2 + 0.362X_3 + 0.370X_4 + 0.368X_5 + 0.363X_6 + 0.334X_7 + 0.381X_8$

主成分综合模型是以每个主成分所对应的特征值占所提取主成分总的特征值之和的比例作为权重计算主成分综合模型,如果模型提取了 m 个主成分,则综合模型的计算公式为

$$F = \frac{\lambda_1}{\sum\limits_{i=1}^{m} \lambda_i} F_1 + \frac{\lambda_2}{\sum\limits_{i=1}^{m} \lambda_i} F_2 + \ldots + \frac{\lambda_m}{\sum\limits_{i=1}^{m} \lambda_i} F_m$$

在本例中提取了一个主成分,因此 $F = \dfrac{\lambda_1}{\lambda_1} F_1 = F_1$。根据主成分综合模型即可计算综合主成分值,对其按综合主成分值进行排序,即可对各地区进行综合评价比较。

表 5-8 主成分排名与原始数据排名

地区	F1 得分排名	消费支出排名	地区	F1 得分排名	消费支出排名	地区	F1 得分排名	消费支出排名
北京	1	2	重庆	12	10	山西	23	26
上海	2	1	湖北	13	13	河南	24	25
天津	3	3	宁夏	14	21	江西	25	24
浙江	4	4	吉林	15	16	海南	26	20
江苏	5	6	黑龙江	16	17	甘肃	27	28
广东	6	5	河北	17	19	贵州	28	29
辽宁	7	8	青海	18	18	广西	29	27
福建	8	7	陕西	19	23	云南	30	30
内蒙古	9	9	新疆	20	22	西藏	31	31
山东	10	11	四川	21	14			
湖南	11	12	安徽	22	15			

表 5-8 给出的结果可以看出,利用选取的第一主成分进行的排名与居民实际消费情况基本相符。除宁夏、四川、安徽和海南外,其他省份的主成分排名与原始数据排名相差均较小。这四个省份的主成分排名也与原始数据排名相差不大。而主成分将 8 个因素抽取出一个主要成分进行分析研究,就非常方便简单了。

例 5.2 附录 1 给出了 2017 年我国 113 个环保重点城市空气质量情况的数据。具体包含:"二氧化硫年平均浓度($\mu g/m^3$)、二氧化氮年平均浓度($\mu g/m^3$)、可吸入颗粒物(PM10)年平均浓度($\mu g/m^3$)、一氧化碳日均值第 95 百分位浓度(mg/m^3)、臭氧(O_3)日最大 8 小时第 90 百分位浓度($\mu g/m^3$)、细颗粒物(PM2.5)年平均浓度($\mu g/m^3$)、空气质量达到及好于二级的天数(天)"7 个参数指标,试对我国上述城市的空气质量进行主成分分析。数据来自《中国统计年鉴 2018》。

解:观察附录 1 的数据,发现数据的量纲不同,即便是相同量纲的数据,取值的差异程度也非常大。如一氧化碳日均值第 95 百分位浓度(mg/m^3)、臭氧(O_3)日最大 8 小时第 90 百分位浓度($\mu g/m^3$),因此本例需要从相关系数矩阵出发求解主成分。为了方便描述,上述 7 个变量依次用"SO_2、NO_2、PM10、CO、O_3、PM2.5、优于二级"代表。

SPSS 操作:

选择所有变量进行主成分分析,点击"抽取"按钮,在"抽取"选项中选择因子的固定数量,填写数值为 2,如图 5-7 所示。其他各步骤操作过程与例 4.1 类似,不再赘述。

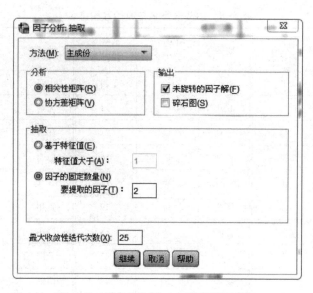

图 5-7　主成分分析 spss 操作抽取选择

结果分析：

由表 5-9"相关矩阵"的结果可以看出 7 个变量的相关性性数值,除 SO_2 与 NO_2 的相关系数 0.275<0.3 以外,其他变量的相关系数均大于 0.4,故数据集可以做主成分分析。

表 5-9　相关矩阵[a]

		SO_2	NO_2	PM10	CO	O_3	PM2.5	优于二级
相关	SO_2	1.000	.275	.568	.671	.410	.419	-.495
	NO_2	.275	1.000	.669	.537	.644	.656	-.695
	PM10	.568	.669	1.000	.743	.699	.909	-.916
	CO	.671	.537	.743	1.000	.485	.658	-.632
	O_3	.410	.644	.699	.485	1.000	.694	-.856
	PM2.5	.419	.656	.909	.658	.694	1.000	-.929
	优于二级	-.495	-.695	-.916	-.632	-.856	-.929	1.000
Sig.（单侧）	SO_2		.002	.000	.000	.000	.000	.000
	NO_2	.002		.000	.000	.000	.000	.000
	PM10	.000	.000		.000	.000	.000	.000
	CO	.000	.000	.000		.000	.000	.000
	O_3	.000	.000	.000	.000		.000	.000
	PM2.5	.000	.000	.000	.000	.000		.000
	优于二级	.000	.000	.000	.000	.000	.000	

注:a 行列式=.000。

由表 5-10 KMO 和 Bartlett 的检验可知,KMO=0.791>0.6,说明数据适合做因子分析;

Bartlett 球形检验的显著性 P 值 0.000<0.05,亦说明数据适合做因子分析。

表 5-10 KMO 和 Bartlett 的检验

取样足够度的 Kaiser-Meyer-Olkin 度量		.791
Bartlett 的球形度检验	近似卡方	883.909
	df	21
	.Sig.	.000

由表 5-11"公因子方差"可以看出每个因子提取的程度,如主成分提取了"优于二级"变量 94.3%信息,提取了"SO$_2$"变量 89.1%的信息。各变量提取信息均超过 70%,说明主成分对原始变量的代表程度较高。

表 5-11 公因子方差

	初始	提取
SO$_2$	1.000	.891
NO$_2$	1.000	.703
PM10	1.000	.900
CO	1.000	.806
O$_3$	1.000	.749
PM2.5	1.000	.862
优于二级	1.000	.943

注:提取方法:主成分分析。

总方差解释:由表 5-12 的结果可以看到,第一个因子的特征根值为 4.948,解释了原有 7 个变量总方差的 70.681%,第二个因子的特征根值为 0.906,前两个因子解释了原有 7 个变量总方差的 83.620%,因此选前 2 个因子为主因子即可。在运用软件操作时,没有选择特征值大于 1 的选项完成,而是选择两个固定的因子,由特征值的取值可以看出,第二特征值虽然小于 1,但与 1 的差距很小,而且,仅选第一个特征值的累计方差贡献率仅为 70.681%,说明程度稍低。

表 5-12 解释的总方差

成分	初始特征值			提取平方和载入		
	合计	方差的%	累积%	合计	方差的%	累积%
1	4.948	70.681	70.681	4.948	70.681	70.681
2	.906	12.939	83.620	.906	12.939	83.620
3	.444	6.343	89.963			
4	.396	5.662	95.626			
5	.209	2.979	98.605			
6	.073	1.041	99.646			
7	.025	.354	100.000			

注:提取方法:主成分分析。

表 5-13　成分矩阵[a]

	成分	
	1	2
SO_2	.628	.705
NO_2	.768	-.337
PM10	.949	.011
CO	.796	.415
O_3	.824	-.263
PM2.5	.915	-.157
优于二级	-.956	.172

注:提取方法:主成分。

a 已提取了 2 个成分。

表 5-13 给出了成分矩阵,也就是载荷矩阵,利用成分矩阵第 i 列的每个元素分别除以第 i 个特征根的平方根,就得到了主成分分析的第 i 个主成分的系数。由此写出主成分函数:

$$F_1{'} = \frac{0.628}{\sqrt{4.948}}X_1 + \frac{0.768}{\sqrt{4.948}}X_2 + \frac{0.949}{\sqrt{4.948}}X_3 + \frac{0.796}{\sqrt{4.948}}X_4 + \frac{0.824}{\sqrt{4.948}}X_5 + \frac{0.915}{\sqrt{4.948}}X_6 - \frac{0.956}{\sqrt{4.948}}X_7$$

$$F_2{'} = \frac{0.705}{\sqrt{0.906}}X_1 - \frac{0.337}{\sqrt{0.906}}X_2 + \frac{0.011}{\sqrt{0.906}}X_3 + \frac{0.415}{\sqrt{0.906}}X_4 - \frac{0.263}{\sqrt{0.906}}X_5 - \frac{0.157}{\sqrt{0.906}}X_6 + \frac{0.172}{\sqrt{0.906}}X_7$$

经计算得到主成分分析的函数,如表 5-15 所示

$$F_1 = 0.282X_1 + 0.345X_2 + 0.427X_3 + 0.358X_4 + 0.370X_5 + 0.411X_6 - 0.430X_7$$

$$F_2 = 0.741X_1 - 0.354X_2 + 0.012X_3 + 0.436X_4 - 0.276X_5 - 0.165X_6 + 0.181X_7$$

表 5-14　成分得分协方差矩阵

成分	1	2
1	1.000	.000
2	.000	1.000

注:提取方法:主成分。

构成得分。

由表 5-14 的成分得分协方差矩阵可以看出,选出的两个主成分是互不相关的。

根据主成分综合模型的计算公式 $F = \frac{\lambda_1}{\lambda_1 + \lambda_2}F_1 + \frac{\lambda_2}{\lambda_1 + \lambda_2}F_2$ 可计算综合主成分值,综合成分系数值如表 5-16 所示。由此得到综合成分函数为

$$F = 0.353X_1 + 0.237X_2 + 0.362X_3 + 0.370X_4 + 0.270X_5 + 0.322X_6 - 0.335X_7$$

表 5-15　主成分及综合成分系数值

	主成分		综合成分
	主成分 1	主成分 2	
SO_2	0.282	0.741	0.353
NO_2	0.345	-0.354	0.237
PM10	0.427	0.012	0.362
CO	0.358	0.436	0.370
O_3	0.370	-0.276	0.270
PM2.5	0.411	-0.165	0.322
优于二级	-0.430	0.181	-0.335

利用综合成分函数计算出 113 个城市的空气质量,并根据空气质量进行排名,数值越小,表明污染程度越轻,数值越大,污染程度越严重,如表 5-16 所示。由表中数据可见,海口、厦门等地空气质量非常好。石家庄、邯郸、临汾是污染最重的三个城市。首都北京的污染情况也非常严重。

通过对 2017 年我国 113 个环保重点城市空气质量的主成分分析,给出了污染程度的 2 个主成分,并通过主成分对上述城市的污染程度进行分析比较。由城市空气质量排名情况可知,空气质量与经济发展并不是此消彼长的关系,因此"有关经济建设必须以牺牲环境为代价"的说法是站不住脚的。

表 5-16　我国 113 个环保重点城市空气质量排名

城市	综合主成分得分	主成分排名	城市	综合主成分得分	主成分排名	城市	综合主成分得分	主成分排名
海口	-58.54	1	连云港	0.14	39	锦州	30.34	77
厦门	-51.85	2	常德	2.94	40	自贡	32.58	78
拉萨	-51.71	3	大同	2.99	41	马鞍山	33.09	79
玉溪	-51.54	4	上海	4.32	42	成都	34.41	80
曲靖	-44.69	5	延安	5.40	43	合肥	34.93	81
遵义	-44.36	6	青岛	5.59	44	镇江	36.92	82
昆明	-43.79	7	绍兴	6.58	45	石嘴山	39.03	83
汕头	-43.76	8	重庆	7.43	46	北京	39.99	84
北海	-43.22	9	长春	8.29	47	扬州	42.87	85
贵阳	-42.69	10	抚顺	8.37	48	兰州	43.32	86
福州	-42.37	11	泸州	8.93	49	三门峡	48.27	87
深圳	-39.61	12	株洲	9.04	50	银川	49.56	88
牡丹江	-36.57	13	长沙	9.81	51	天津	54.35	89
南宁	-36.53	14	湘潭	10.59	52	济宁	57.31	90

续表

城市	综合主成分得分	主成分排名	城市	综合主成分得分	主成分排名	城市	综合主成分得分	主成分排名
泉州	−36.21	15	杭州	11.51	53	潍坊	58.65	91
湛江	−36.20	16	日照	11.69	54	开封	60.53	92
攀枝花	−31.05	17	南通	11.88	55	平顶山	64.01	93
珠海	−29.02	18	吉林	12.16	56	泰安	64.08	94
齐齐哈尔	−27.32	19	苏州	12.80	57	枣庄	66.21	95
张家界	−27.19	20	荆州	13.20	58	长治	68.08	96
克拉玛依	−26.37	21	哈尔滨	14.20	59	徐州	74.68	97
韶关	−23.72	22	宜昌	14.25	60	济南	79.72	98
金昌	−22.40	23	宜宾	14.34	61	阳泉	80.04	99
温州	−20.98	24	南京	17.62	62	淄博	80.42	100
赤峰	−20.62	25	湖州	18.21	63	西安	80.49	101
本溪	−18.90	26	包头	18.81	64	唐山	80.51	102
桂林	−18.06	27	武汉	18.83	65	郑州	83.11	103
柳州	−17.08	28	德阳	19.67	66	洛阳	83.71	104
宁波	−14.95	29	鞍山	20.79	67	渭南	83.85	105
大连	−11.39	30	秦皇岛	21.84	68	焦作	89.04	106
岳阳	−11.33	31	无锡	25.06	69	太原	92.13	107
绵阳	−10.21	32	常州	26.81	70	咸阳	97.00	108
广州	−6.20	33	芜湖	27.34	71	安阳	102.64	109
南昌	−5.17	34	沈阳	29.17	72	保定	104.93	110
烟台	−3.83	35	铜川	29.34	73	石家庄	112.90	111
南充	−2.66	36	宝鸡	29.44	74	邯郸	114.57	112
西宁	−1.79	37	呼和浩特	29.84	75	临汾	122.68	113
九江	−1.01	38	乌鲁木齐	30.22	76			

例 5.3 附录 2 给出了多种品牌不同型号汽车的"价格($ * 1000)、排量(L)、马力(Pa)、轴距(cm)、宽度(cm)、长度(cm)、车重(T)和燃料容积(L)"8 个参数指标的 154 组数据,试对该数据集进行主成分分析。

解: 观察附录 2 的数据,发现数据的量纲不同,因此需要选择从相关系数矩阵出发求解主成分。

SPSS 操作:

选择所有变量进行主成分分析,操作过程与例 4.1 类似,不再赘述。

结果分析:

由表 5-17"相关矩阵"的结果可以看出 8 个变量的相关性满足进行主成分分析的要求。

表 5-17 相关矩阵^a

		价格	排量	马力	轴距	宽度	长度	车重	燃料容积
相关	价格	1.000	.623	.838	.106	.323	.150	.526	.424
	排量	.623	1.000	.836	.470	.688	.537	.760	.667
	马力	.838	.836	1.000	.283	.536	.387	.610	.504
	轴距	.106	.470	.283	1.000	.682	.840	.651	.654
	宽度	.323	.688	.536	.682	1.000	.709	.721	.658
	长度	.150	.537	.387	.840	.709	1.000	.627	.565
	车重	.526	.760	.610	.651	.721	.627	1.000	.864
	燃料容积	.424	.667	.504	.654	.658	.565	.864	1.000
Sig.(单侧)	价格		.000	.000	.095	.000	.031	.000	.000
	排量	.000		.000	.000	.000	.000	.000	.000
	马力	.000	.000		.000	.000	.000	.000	.000
	轴距	.095	.000	.000		.000	.000	.000	.000
	宽度	.000	.000	.000	.000		.000	.000	.000
	长度	.031	.000	.000	.000	.000		.000	.000
	车重	.000	.000	.000	.000	.000	.000		.000
	燃料容积	.000	.000	.000	.000	.000	.000	.000	

注:a. 行列式=.000。

由表 5-18 KMO 和 Bartlett 的检验可知,KMO = 0.810>0.6,说明数据适合做因子分析;Bartlett 球形检验的显著性 P 值 0.000<0.05,亦说明数据适合做因子分析。

表 5-18　KMO 和 Bartlett 的检验

取样足够度的 Kaiser-Meyer-Olkin 度量		.810
Bartlett 的球形度检验	近似卡方	1212.128
	df	28
	Sig.	.000

由表 5-19"公因子方差"可以看出每个因子提取的程度。如主成分提取了"马力"变量 90.3%的信息,提取了"燃料容积"变量 72.9%的信息。各变量提取信息均超过 72%。

表 5-19　公因子方差

	初始	提取
价格	1.000	.879
排量	1.000	.841
马力	1.000	.903
轴距	1.000	.874
宽度	1.000	.759

续表

	初始	提取
长度	1.000	.815
车重	1.000	.832
燃料容积	1.000	.729

注:提取方法:主成分分析。

总方差解释:由表5-20的结果可以看到,第一个因子的特征根值为5.121,解释了原有8个变量总方差的64.008%,第二个因子的特征根值为1.510,前两个因子解释了原有8个变量总方差的82.882%,可以选前2个因子为主因子即可。

表5-20　解释的总方差

成分	初始特征值			提取平方和载入		
	合计	方差的%	累积%	合计	方差的%	累积%
1	5.121	64.008	64.008	5.121	64.008	64.008
2	1.510	18.874	82.882	1.510	18.874	82.882
3	.496	6.205	89.087			
4	.328	4.100	93.187			
5	.223	2.793	95.980			
6	.141	1.757	97.736			
7	.115	1.433	99.169			
8	.066	.831	100.000			

注:提取方法:主成分分析。

表5-21给出了成分矩阵,也称为载荷矩阵,利用成分矩阵第 i 列的每个元素分别除以第 i 个特征根的平方根,就得到了主成分分析第 i 个主成分的系数。

表5-21　成分矩阵[a]

	成分	
	1	2
价格	.606	.715
排量	.878	.265
马力	.772	.554
轴距	.742	-.569
宽度	.843	-.221
长度	.760	-.487
车重	.912	-.026
燃料容积	.847	-.109

注:提取方法:主成分。

a 已提取了2个成分。

$$F_1' = \frac{0.606}{\sqrt{5.121}}X_1 + \frac{0.878}{\sqrt{5.121}}X_2 + \frac{0.772}{\sqrt{5.121}}X_3 + \frac{0.742}{\sqrt{5.121}}X_4 + \frac{0.843}{\sqrt{5.121}}X_5 + \frac{0.760}{\sqrt{5.121}}X_6 + \frac{0.912}{\sqrt{5.121}}X_7 + \frac{0.847}{\sqrt{5.121}}X_8$$

$$F_2' = \frac{0.715}{\sqrt{1.51}}X_1 + \frac{0.265}{\sqrt{1.51}}X_2 + \frac{0.554}{\sqrt{1.51}}X_3 - \frac{0.569}{\sqrt{1.51}}X_4 - \frac{0.221}{\sqrt{1.51}}X_5 - \frac{0.487}{\sqrt{1.51}}X_6 - \frac{0.026}{\sqrt{1.51}}X_7 - \frac{0.109}{\sqrt{1.51}}X_8$$

经计算得到主成分分析的函数为

$$F_1 = 0.268X_1 + 0.388X_2 + 0.341X_3 + 0.328X_4 + 0.373X_5 + 0.336X_6 + 0.403X_7 + 0.374X_8$$

$$F_2 = 0.582X_1 + 0.216X_2 + 0.451X_3 - 0.463X_4 - 0.180X_5 - 0.396X_6 - 0.021X_7 - 0.089X_8$$

根据主成分综合模型的计算公式 $F = \frac{\lambda_1}{\lambda_1 + \lambda_2}F_1 + \frac{\lambda_2}{\lambda_1 + \lambda_2}F_2$,可以计算出主成分的综合主成分值,结果如表 5-22 所示。

表 5-22　综合主成分得分

	第一主成分	第二主成分	综合主成分
价格	0.268	0.582	0.374
排量	0.388	0.216	0.362
马力	0.341	0.451	0.393
轴距	0.328	−0.463	0.120
宽度	0.373	−0.180	0.236
长度	0.336	−0.396	0.145
车重	0.403	−0.021	0.305
燃料容积	0.374	−0.089	0.263

由此写出主成分的计算公式:

$$F = 0.374X_1 + 0.362X_2 + 0.393X_3 + 0.120X_4 - 0.180X_5 + 0.236X_6 + 0.305X_7 + 0.263X_8$$

由该计算公式可以算出各种品牌汽车的主成分排名。

由成分得分协方差矩阵可以看出,选出的两个主成分是互不相关。

表 5-23　成分得分协方差矩阵

成分	1	2
1	1.000	.000
2	.000	1.000

注:提取方法:主成分。

构成得分。

5.3　主成分分析方法习题

1. 在企业效益评价中,经常会涉及很多指标。表 5-24 给出了我国部分省份某年独立经济核算共业企业的经济效益评价指标,共涉及 9 个指标。为了抓住经济效益评价中的主要问题,请从数据出发,求主成分。

表 5-24　部分企业效益数据

地区	100 元固定资产原值实现值(%)	100 元固定资产原值实现利税(%)	100 元资金实现利税(%)	100 元工业总产值实现利税(%)	100 元销售收入实现利税(%)	每吨标准煤实现工业产值(元)	每千瓦时电力实现工业产值(元)	全员劳动生产率(元/人年)	100 元流动资金实现产值(元)
北京	119.29	30.98	29.92	25.97	15.48	2178	3.41	21006	296.7
天津	143.98	31.59	30.21	21.94	12.29	2852	4.29	20254	363.1
河北	94.8	17.2	17.95	18.14	9.37	1167	2.03	12607	322.2
山西	65.8	11.08	11.06	12.15	16.84	882	1.65	10166	284.7
内蒙古	54.79	9.24	9.54	16.86	6.27	894	1.8	7564	225.4
辽宁	94.51	21.12	22.83	22.35	11.28	1416	2.36	13.386	311.7
吉林	80.49	13.36	13.76	16.6	7.14	1306	2.07	9400	274.1
黑龙江	75.86	15.82	16.67	20.86	10.37	1267	2.26	9830	267
上海	187.79	45.9	39.77	24.44	15.09	4346	4.11	31246	418.6
江苏	205.96	27.65	22.58	13.42	7.81	3202	4.69	23377	407.2
浙江	207.46	33.06	25.78	15.94	9.28	3811	4.19	22054	385.5
安徽	110.78	20.7	20.12	18.69	6.6	1468	2.23	12578	341.1
福建	122.76	22.52	19.93	18.34	8.35	2200	2.63	12164	301.2
江西	94.94	14.7	14.18	15.49	6.69	1669	2.24	10463	274.4
山东	117.58	21.93	20.89	18.65	9.1	1820	2.8	17829	331.1
河南	85.98	17.3	17.18	20.12	7.67	1306	1.89	11247	276.5
湖北	103.96	19.5	18.48	18.77	9.16	1829	2.75	15745	308.9
湖南	104.03	21.47	21.28	20.63	8.72	1272	1.98	13161	309
广东	136.44	23.64	20.83	17.33	7.85	2959	3.71	16259	334
广西	100.72	22.04	20.9	21.88	9.67	1732	2.13	12441	296.4
四川	84.73	14.35	14.17	16.93	7.96	1310	2.34	11703	242.5
贵州	59.05	14.48	14.35	24.53	8.09	1068	1.32	9710	206.7
云南	73.72	21.91	22.7	29.72	9.38	1447	1.94	12517	295.8
陕西	78.02	13.13	12.57	16.83	9.19	1731	2.08	11369	220.3
甘肃	59.62	14.07	16.24	23.59	11.34	926	1.13	13084	246.8
青海	51.66	8.32	8.26	16.11	7.05	1055	1.31	9246	176.49
宁夏	52.95	8.25	8.82	15.57	6.58	834	1.12	10406	245.4
新疆	60.29	11.26	13.14	18.68	8.39	1041	2.9	10983	266

2. 表 5-25 是我国 1984 年全国重点水泥企业经济效益综合评价指标。请利用主成分综合评价这些企业的经济效益。

表 5-25 我国 1984 年全国重点水泥企业经济效益综合指标数据

城市	固定资产利税率	资金利税率	销售收入利税率	资金利润率	固定资产产值率	流动资金周转天数	万元产值能耗	全员劳动生产率
琉璃河	16.68	26.75	31.84	18.40	53.25	55.00	28.83	1.75
邯郸	19.70	27.56	32.94	19.20	59.82	55.00	32.92	2.87
大同	15.20	23.40	32.98	16.24	46.78	65.00	41.69	1.53
哈尔滨	7.29	8.97	21.30	4.76	34.39	62.00	39.28	1.63
华新	29.45	56.49	40.74	43.68	75.32	69.00	26.68	2.14
湘乡	32.93	42.78	47.98	33.87	66.46	50.00	32.87	2.60
柳州	25.39	37.82	36.76	27.56	68.18	63.00	35.79	2.43
峨嵋	15.05	19.49	27.21	14.21	6.13	76.00	35.76	1.75
耀县	19.82	28.78	33.41	20.17	59.25	71.00	39.13	1.83
永登	21.13	35.20	39.16	26.52	52.47	62.00	35.08	1.73
工源	16.75	28.72	29.62	19.23	55.76	58.00	30.08	1.52
抚顺	15.83	28.03	26.40	17.43	61.19	61.00	32.75	1.60
大连	16.53	29.73	32.49	20.63	50.41	69.00	37.57	1.31
江南	22.24	54.59	31.05	37.00	67.95	63.00	32.33	1.57
江油	12.92	20.82	25.12	12.54	51.07	66.00	39.18	1.83

3. 某市为了全面分析机械类企业的经济效益,选择了 14 家企业 8 个不同的利润指标,统计数据如表 5-26 所示,试进行主成分分析。

表 5-26 14 家企业利润指标的统计数据

企业序号	净产值利润率(%)	固定资产利润率(%)	总产值利润率(%)	销售收入利润率(%)	产品成本利润率(%)	物耗利润率(%)	人均利润率(千元/人)	流动资金利润率(%)
1	40.4	24.7	7.2	6.1	8.3	8.7	2.442	20.0
2	25.0	12.7	11.2	11.0	12.9	20.2	3.542	9.1
3	13.2	3.3	3.9	4.3	4.4	5.5	0.578	3.6
4	22.3	6.7	5.6	3.7	6.0	7.4	0.176	7.3
5	34.3	11.8	7.1	7.1	8.0	8.9	1.726	27.5
6	35.6	12.5	16.4	16.7	22.8	29.3	3.017	26.6
7	22.0	7.8	9.9	10.2	12.6	17.6	0.847	10.6
8	48.4	13.4	10.9	9.9	10.9	13.9	1.772	17.8
9	40.6	19.1	19.8	19.0	29.7	39.6	2.449	35.8
10	24.8	8.0	9.8	8.9	11.9	16.2	0.789	13.7
11	12.5	9.7	4.2	4.2	4.6	6.5	0.874	3.9
12	1.8	0.6	0.7	0.7	0.8	1.1	0.056	1.0
13	32.3	13.9	9.4	8.3	9.8	13.3	2.126	17.1
14	38.5	9.1	11.3	9.5	12.2	16.4	1.327	11.6

4. 我国银行业从 20 世纪 90 年代开始股份制改革，到如今已经形成以五大国有银行为支柱，外加其他股份制银行、城市商业银行、农村信用社、政策性银行等在央行监管下服务范围广泛的银行体系。

随着我国金融体系的不断发展和完善，非银行金融机构正飞速发展，规模不断扩大，涉及业务更加多元。例如，一些非存款业务中，非银机构所占比例明显上升，因此商业银行在整个金融体系中所面临的风险和竞争压力也与日俱增，其他金融机构的发展和业务扩大对银行在金融体系中的权威地位也是一种挑战，所以银行业中相互竞争，努力探索新业务的现象也越发激烈。了解和引导银行业在现代金融环境下的发展是我国金融发展进程中的重中之重。但是，对整个银行业的管理离不开对单个银行在整个银行体系中所处位置的衡量。但单从资产数量或者吸纳的存款规模来衡量一家银行的地位显然太过片面。那么，在这个体量庞大的银行业体系中，要对整体银行业发展的状况有一个大致的了解，针对具体银行在整体银行业中的排名状况的分析是必不可少的。

从评估的角度来讲，对一家银行的分析主要有资产负债、流动性、偿债能力、盈利能力、风险抵御能力等。附录 3 给出了我国 2017 年 60 家商业银行的数据，从资产负债状况、市场占有状况、风险抵御能力、盈利能力等方面考察银行发展情况。

如果对这些银行进行排名，问采用主成分分析法是否合适，为什么。数据来自 Wind 数据库。

第6章　因子分析的数学实验

6.1　因子分析方法介绍

一、引言

做个形象的比喻:对面来了一群女生,我们一眼就能够分辨出她们的美丑,这就是判断分析,并且我们还会在脑海中迅速地将这群女生分为美的、一般的、丑的,这就是聚类分析。我们之所以认为某个女孩漂亮,是因为她具有漂亮女孩的一些共同点,如脸蛋漂亮、身材高挑、皮肤白皙等,这就是因子分析。

因子分析模型是主成分分析的推广,它也是利用降维的思想,研究原始变量的相关矩阵内部的依赖性,把每一个原始变量分解成两部分,一部分是少数几个公共因子的线性组合,另一部分是该变量所独有的特殊因子,其中公共因子和特殊因子都是不可观测的隐变量,需要对公共因子作出具有实际意义的合理解释。

下面来看一个例子,人的五项生理指标分别为收缩压、舒张压、心跳间隔、呼吸间隔和舌下温度。根据生理学知识,这五个指标是受植物神经支配的,植物神经分为交感神经和副交感神经,因此这五项指标至少受这两个公共因子的影响,这两个公共因子不能说明的部分归结为特殊因子,将上述5项生理指标分解成公共因子和特殊因子,并分析它们之间的关系,就是因子分析模型。

一般认为,因子分析是从查尔斯·斯皮曼(Charles Spearman)于1904年发表的文章《对智力测验得分进行统计分析》开始的。他提出了用来解决智力测验得分的统计方法。斯皮曼对学生考试所得的分数做了分析,发现在分数相关矩阵中存在一定的影响系统。其中一个例子就是取自"高级预备学校"33名学生的分数的研究。古典语、法语、英语、数学、判别和音乐六门考试成绩之间的相关性如表6-1所示。

表 6-1

	古典语	法语	英语	数学	判别	音乐
古典语	1.00	0.83	0.78	0.70	0.66	0.63
法语	0.83	1.00	0.67	0.67	0.65	0.57
英语	0.78	0.67	1.00	0.64	0.54	0.51
数学	0.70	0.67	0.64	1.00	0.45	0.51
判别	0.66	0.65	0.54	0.45	1.00	0.40
音乐	0.63	0.57	0.51	0.51	0.40	1.00

斯皮曼注意到表 6-1 相关阵中的课程是按照相关系数从左到右递减排列的,在每一行这些值大体都是按照同一程度减少。如果不考虑对角元素的话,任意两列的元素大致成比例,如对第一列和第二列做比有:

$$\frac{0.78}{0.67} \approx \frac{0.70}{0.67} \approx \frac{0.66}{0.65} \approx \frac{0.63}{0.57} \approx 1.1。$$

于是斯皮曼指出,如果第 i 门课程上的分数是由两部分组成:

$$X_i = a_i F + \varepsilon_i。$$

那么这一效用就可以被说明,其中 F 是对全体 X 所共有的随机变量,对各科考试成绩都有影响,ε_i 是 X_i 所特有的。也就是说,每一门科目的考试成绩都可以看作是一个公共因子(可以认为是一般智力)与一个特殊因子的和。

如果 F 和 ε_i 相互独立,进一步还有:

$$\mathrm{cov}(X_i, X_j) = E(a_i F + \varepsilon_i)(a_j F + \varepsilon_j) = a_i a_j D(F)$$

于是:$\dfrac{\mathrm{cov}(X_i, X_j)}{\mathrm{cov}(X_i, X_k)} = \dfrac{a_j}{a_k}$,与 i 无关,与在相关矩阵中所观察到的比例关系相一致。

问题的关键是:如何根据已知的观测数据确定各系数 a_i,保证公共因子和特殊因子相互独立,并且原始变量可以由公因子来表示,这些公因子是不可测的隐变量,是原始变量的线性组合,组合的实际意义是什么?进一步,当考虑多套测验,是否依然可以归结为上述的模型结构?上述思考过程是否可以推广?

因子分析的基本思想是根据相关性大小把原始变量分组,使同组内的变量之间相关性较高,而不同组的变量之间的相关性较低。每组变量代表一个基本结构,并用一个不可观察的综合变量表示,这个基本结构就称为公共因子。对于所研究的某一个具体问题,原始变量可以分解成两部分之和的形式,一部分是少数几个不可测的公共因子的线性函数,另一部分是与公共因子无关的特殊因子。

由生理指标分因子描述及斯皮曼解决智力测验问题的分析可以看出,因子分析有一个重要应用就是寻求基本结构,简化观测系统,将错综复杂的对象综合成几个少数因子(不可测的随机变量),再现因子与原始变量之间的内在联系。

因子分析还可以对变量或样品的数据进行分类处理。在得到因子的表达式之后,可以把原始变量的数据代入表达式得出因子得分值,根据因子得分在因子所构成的空间中把变量或样品点画出来,形象直观地达到分类的目的。

因子分析根据研究对象的不同可以分成 R 型因子分析和 Q 型因子分析。R 型因子分析研究变量之间的相关关系,Q 型因子分析研究样品之间的相关关系。这里主要介绍 R 型因子分析。

二、因子分析模型

设有 n 个样品,每个样品都有 p 个观测指标,这 p 个观测指标之间有较强的相关性。假设:

(1) $X = (X_1, X_2, \ldots, X_p)'$ 表示这些观测数据,$E(X) = \mu, D(X) = \sum$;

(2) 设 $F = (F_1, F_2, \ldots, F_m)'(m<p)$ 表示不可测的随机向量,$E(F) = 0, D(F) = I$,即向量 F 的各分量是相互独立的;

(3) $\varepsilon = (\varepsilon_1, \varepsilon_2, \ldots, \varepsilon_p)$,与 F 相互独立,且 $E(\varepsilon) = 0, D(\varepsilon) = D = diag(\sigma_1^2, \sigma_2^2, \ldots, \sigma_p^2)$,即 ε 也是相互独立的;

模型:

$$\begin{cases} X_1 = \mu_1 + a_{11}F_1 + a_{12}F_2 + \ldots + a_{1m}F_m + \varepsilon_1 \\ X_2 = \mu_2 + a_{21}F_1 + a_{22}F_2 + \ldots + a_{2m}F_m + \varepsilon_2 \\ \qquad\qquad\qquad\vdots \\ X_p = \mu_p + a_{p1}F_1 + a_{p2}F_2 + \ldots + a_{pm}F_m + \varepsilon_p \end{cases} \qquad (6-1)$$

称为正交因子模型。

正交因子模型(6.1)用矩阵表示为

$$X = \mu + AF + \varepsilon; \qquad (6-2)$$

此处 $A = \begin{pmatrix} a_{11} & a_{12} & \cdots & a_{1m} \\ a_{21} & a_{22} & \cdots & a_{2m} \\ \vdots & \vdots & \vdots & \vdots \\ a_{p1} & a_{p2} & \cdots & a_{pm} \end{pmatrix}, \mu = (\mu_1, \mu_2, \ldots \mu_p)', \varepsilon = (\varepsilon_1, \varepsilon_2, \ldots, \varepsilon_p,)'$。

其中 $F_1, F_2, \ldots, F_m$ 称为 X 的公共因子;$\varepsilon_1, \varepsilon_2, \ldots, \varepsilon_p$ 称为 X 的特殊因子;公共因子 $F_1, F_2, \ldots, F_m$ 相互独立且不可测,一般对 X 的每个分量 X_i 都有作用,是 X_i 的线性组合,公共因子的含义需要结合实际问题的具体意义来确定。而特殊因子 ε_i 只对 X_i 起作用,而且各因子之间互不相关,且特殊因子和公共因子之间也互不相关。模型中的矩阵 $A = (a_{ij})_{p\times m}$ 是待估的系数矩阵,称为因子载荷矩阵。元素 $a_{ij}(i=1,2,\ldots,p; j=1,2,\ldots,m)$ 称为第 i 个变量在第 j 个因子上的载荷,简称因子载荷。a_{ij} 的绝对值越大(因为 $|a_{ij}| \leqslant 1, i=1,2,\ldots,p; j=1,2,\ldots,$

m），表明 X_i 与 F_j 的依赖程度越大，或者说公共因子 F_j 对 X_i 的载荷量越大，进行因子分析的目的之一就是要求算出各因子载荷的值。

在实际问题研究中为了消除由于观测量纲的差异及数量级的不同造成的影响，经常先将样本的观测数据进行标准化处理，再建立因子分析模型，此时模型（6-1）的 $\mu_1 = \mu_2 = ... = \mu_p = 0$，$\sum$ 协方差矩阵就变成了相关系数矩阵，在此意义下，公共因子解释了观测变量之间的相关性。

三、因子分析模型与回归模型的比较

将因子分析模型

$$X_i = \mu_i + a_{i1}F_1 + a_{i2}F_2 + ... + a_{im}F_m + \varepsilon_i (i = 1, 2, ..., p)$$

与回归模型

$$Y_i = \beta_0 + x_{i1}\beta_1 + x_{i2}\beta_2 + ... + x_{ip}\beta_p + \varepsilon_i (i = 1, 2, ..., n)$$

进行比较会发现，二者在形式上有很多相似之处，例如特殊因子类似于回归分析模型中的残差 ε_i，因子载荷矩阵类似于回归模型中的标准回归系数，但这种相似也仅仅是形式上的相似，真实含义是截然不同的：公共因子 F_j 是不可观测的隐变量，自变量 X_j 是可观测的显变量；公因子的个数 m 在因子分析模型建立时是未知的，需要通过代入数值分析才能确定，回归分析中待估参数的个数 p 是确定的；因子分析中各公共因子之间是相互独立的，而回归分析中的自变量可以具有一定程度的相关性；因子分析中的特殊方差起到残差的作用，但是特殊方差要求彼此互不相关，而回归分析中的残差通常是彼此相关的。

四、正交因子模型中各量的统计意义

1. 因子载荷的统计意义

由模型（6-1）有：

$$\text{cov}(X_i, F_j) = \text{cov}(\sum_{j=1}^{m} a_{ij}F_j + \varepsilon_i, F_j) = \text{cov}(\sum_{j=1}^{m} a_{ij}F_j, F_j) + \text{cov}(\varepsilon_i, F_j) = a_{ij}$$

即 a_{ij} 是 X_i 与 F_j 的协方差。如果 X_i 是标准化以后的变量，则因子载荷 a_{ij} 是第 i 个变量与第 j 个因子的相关系数。X_i 是 $F_1, F_2, ..., F_m$ 的线性组合，系数 $a_{i1}, a_{i2}, ..., a_{im}$ 用来度量 X_i 被 $F_1, F_2, ..., F_m$ 线性组合的表示程度。

2. 变量共同度的统计意义

将因子载荷矩阵中各行元素的平方和记为 h_i^2，称为变量 X_i 的共同度。

$$h_i^2 = a_{i1}^2 + a_{i2}^2 + ... + a_{im}^2 (i = 1, 2, ..., p)$$

分析 X_i 的方差：$D(X_i) = D(\sum_{j=1}^{m} a_{ij}F_j + \varepsilon) = \sum_{j=1}^{m} a_{ij}^2 D(F_j) + \mathrm{cov}(\varepsilon_i) = h_i^2 + \sigma_i^2$

可知 X_i 的方差由两部分组成，第一部分是全部公共因子 h_i^2 对变量 X_i 的总方差所做出的贡献，称为公因子方差；第二部分 σ_i^2 是由特殊因子 ε_i 产生的方差，它仅与变量 X_i 有关，称为剩余方差。共同度 h_i^2 与 σ_i^2 是互补关系，h_i^2 越大表明变量 X_i 对共同因子的依赖程度越大，公共因子能解释变量 X_i 方差的比例越大，因子分析的效果就越好。

3. 共同因子 X_i 方差贡献率的统计意义

在因子载荷矩阵中各列元素的平方和记为 q_j^2，即

$$q_j^2 = a_{1j}^2 + a_{2j}^2 + \ldots + a_{pj}^2 \quad (j=1,2,\ldots,m)$$

q_j^2 表示的是公共因子 F_j 对 X 的所有分量 $X_1, X_2, \ldots, X_p$ 的总影响，称为第 j 个公共因子 F_j 对 X 的贡献，它是衡量第 j 个公共因子相对重要性的指标。q_j^2 越大，表明 F_j 对 X 的贡献越大。将因子载荷矩阵的所有都求出来，并按大小顺序排列，就能够以此为依据，找出最有影响的公共因子。

4. 因子模型不受量纲的影响

变量 X 量纲的变化等价于做一个线性变换。对 X 做变换 $X^* = CX$，其中 $C = diag(c_1, c_2, \ldots, c_p)(c_i > 0, i = 1, 2, \ldots, p)$，则模型变为 $X^* = \mu^* + A^*F + \varepsilon^*$，这仍然是一个因子模型，其中 $\mu^* = C\mu$，$A^* = CA$，$\varepsilon^* = C\varepsilon$。

5. 因子载荷矩阵不唯一

设 Γ 为一个正交矩阵，则有 $X = \mu + (A\Gamma)(\Gamma'F) + \varepsilon$，令 $A^* = A\Gamma$，$F^* = \Gamma'F$，则 F^* 是 F 做经过正交旋转后得到的新因子，A^* 是相应的因子载荷矩阵。当公共因子不好解释时，可以通过因子旋转得到新的因子载荷矩阵，使新的因子载荷矩阵具有更好的实际意义，以便于解释。

五、因子载荷矩阵的估计

在因子分析模型确定的过程中，如何确定载荷矩阵 A 是一个关键步骤。确定载荷矩阵 A 的方法有很多，主要有：主成分法、主轴因子法、极大似然法、综合最小平方法、α 因子提取法、映像因子分解法等。这些方法求解因子载荷的出发点不同，所得的结果也不完全相同，这里介绍前三种方法。

1. 主成分法

设 $X_1, X_2, \ldots, X_n$ 为取自总体 X 的样本，样本协方差矩阵 S 及样本相关矩阵 $\hat{R}$ 分别为

$$S = (s_{ij})_{p \times p} = \frac{1}{n-1} \sum_{k=1}^{n} (x_k - \bar{x})(x_k - \bar{x})',$$

$$\hat{R} = (r_{ij})_{p \times p} = \left(\frac{S_{ij}}{\sqrt{S_{ii}} \sqrt{S_{jj}}} \right)_{p \times p}$$

其中 $\bar{x} = \frac{1}{n} \sum_{k=1}^{n} x_k$ 为样本均值。用样本协方差矩阵 S 估计总体的协方差,样本相关系数矩阵 $\hat{R}$ 估计总体的相关系数 R。

从 S 出发求解主成分,设 $\lambda_1 \geqslant \lambda_2 \geqslant \dots \geqslant \lambda_p \geqslant 0$ 为样本协方差矩阵 S 的 p 个特征值,t_1,$t_2, \dots, t_p$ 是对应的正交化单位特征向量,则样本方差矩阵可以表示为

$$S = \lambda_1 t_1 t'_1 + \lambda_2 t_2 t'_2 + \dots + \lambda_m t_m t'_m + \dots + \lambda_p t_p t'_p$$

当前 m 个主成分的累计方差贡献率 $\dfrac{\sum\limits_{i=1}^{m} \lambda_i}{\sum\limits_{i=1}^{p} \lambda_i}$ 达到一个较高的水平时(80% 以上),可以由前 m 项给出载荷矩阵 A 的估计,后面的 $p - m$ 项作为特殊方差矩阵 D 的估计。即

$$S \approx \lambda_1 t_1 t'_1 + \lambda_2 t_2 t'_2 + \dots + \lambda_m t_m t'_m + \hat{D}$$

$$= (\sqrt{\lambda_1} t_1, \sqrt{\lambda_2} t_2, \dots, \sqrt{\lambda_m} t_m)(\sqrt{\lambda_1} t_1, \sqrt{\lambda_2} t_2, \dots, \sqrt{\lambda_m} t_m)' + \hat{D}$$

$$= \hat{A} \hat{A}' + \hat{D}$$

其中:$\hat{A} = (\sqrt{\lambda_1} t_1, \sqrt{\lambda_2} t_2, \dots, \sqrt{\lambda_m} t_m) = (\hat{a}_{ij})_{p \times m}$,$\hat{D} = diag(\hat{\sigma}_1^2, \hat{\sigma}_2^2, \dots, \hat{\sigma}_p^2)$,为了使特殊方差矩阵是对角矩阵,以及 S 和 $\hat{A} \hat{A}' + \hat{D}$ 的对角线元素相等,可以令:

$$\hat{\sigma}_i^2 = s_{ii} - \sum_{j=1}^{m} \hat{a}_{ij} \quad (i = 1, 2, \dots, p)$$

共同度的估计为:$\hat{h}_i^2 = \hat{a}_{i1}^2 + \hat{a}_{i2}^2 + \dots + \hat{a}_{im}^2$。

以上基于主成分分析求出的 $\hat{A}$ 和 $\hat{D}$ 是因子模型的一个解,称为主成分解。

主成分法比较简单,但是这种方法得到的特殊因子 $\varepsilon_1, \varepsilon_2, \dots, \varepsilon_p$ 之间不能保证是相互独立的。因此,用主成分分析法确定的因子载荷不完全符合因子分析模型的假设前提,也就是说,这种方法得到的因子载荷并不完全正确。但是当共同度较大时,特殊因子所起的作用较小,特殊因子之间的相关性所带来的影响几乎可以忽略不计。

2. 主因子法

主因子法也比较简单,在实际应用中比较普遍。它是主成分法的一种修正。从 X 的相关系数矩阵 R 出发,设 $R = AA' + D$,令

$$R^* = R - D = AA'$$

称为约相关矩阵。

如果已知特殊方差矩阵的初始估计 $(\hat{\sigma}_i^*)^2$，由此可以得到初始公因子方差（共同度）估计为：$\hat{h}_i^2 = 1 - (\hat{\sigma}_i^*)^2$，则约相关矩阵的一个估计为

$$\hat{R}^* = R - D = \begin{pmatrix} \hat{h}_1^2 & r_{12} & \cdots & r_{1p} \\ r_{21} & \hat{h}_2^2 & \cdots & r_{2p} \\ \vdots & \vdots & \vdots & \vdots \\ r_{p1} & r_{p2} & & \hat{h}_p^2 \end{pmatrix}$$

计算 $\hat{R}^*$ 的特征值和正交化的单位特征向量，取前 m 个正特征值 $\lambda_1^* \geqslant \lambda_2^* \geqslant \ldots \geqslant \lambda_m^* > 0$，相应的正交化单位特征向量为 $t_1, t_2, \ldots, t_p$，则有近似的分解式：$\hat{R}^* = AA'$，其中：

$$A = \left(\sqrt{\lambda_1^*} \cdot t_1^*, \sqrt{\lambda_2^*} \cdot t_2^*, \ldots, \sqrt{\lambda_m^*} \cdot t_m^* \right)。$$

令 $\hat{\sigma}_i^2 = 1 - \sum_{t=1}^{m} a_{it}^2 (i = 1, 2, \ldots, p)$，则 A 和 $\hat{D}^* = diag(\hat{\sigma}_1^2, \hat{\sigma}_2^2, \ldots, \hat{\sigma}_p^2)$ 为因子模型的一个解，这个解就称为主因子解。

从上面的分析可知，求主因子解是以约相关矩阵为基础的，而特殊因子方差 $(\hat{\sigma}_i^*)^2$ 与公共因子方差 $\hat{h}_i^2$ 都是未知的，需要先进行估计。实际求解过程中一般是先给出一个初始值 $\hat{D}^* = diag(\hat{\sigma}_1^2, \hat{\sigma}_2^2, \ldots, \hat{\sigma}_p^2)$，然后估计出载荷矩阵 A，得到新的特殊方差，重复上述步骤，直到解稳定为止。

3. 极大似然法

假定公共因子 F 和特殊因子 ε 服从正态分布，则能够得到因子载荷和特殊方差的极大似然估计，通过似然函数的构造，用数值极大化的方法可以得到极大似然估计 $\hat{A}$，最终确定出 $\hat{A}$ 和 $\hat{D}$，这就是极大似然法。

六、因子旋转

因子分析的主要目的是对公共因子给出符合实际意义的合理解释，解释的主要依据是因子载荷矩阵各列元素的取值。当因子载荷矩阵某一列上各元素的绝对值差距比较大，并且绝对值大的元素的个数较少时，则该公因子就易于解释，反之，公因子的解释就比较困难。另一方面：从前面的分析讨论可以看出，不管用哪种方法估计初始的因子载荷矩阵 A，都不是唯一的。

设 $F_1, F_2, \ldots, F_m$ 是初始的公共因子，选择合适的系数 $d_{ij}(i, j = 1, 2, \ldots, m)$，对 $F_1, F_2, \ldots,$

F_m 做非奇异的线性变换：$F'_i = d_{i1}F_1 + d_{i2}F_2 + \ldots + d_{im}F_m (i = 1, 2, \ldots, m)$，满足 $F'_1, F'_2, \ldots, F'_m$ 是相互独立的，这样就构造出了一组新的公因子 $F'_1, F'_2, \ldots, F'_m$。上述线性变换的过程就是因子旋转。

经过旋转得到新的公共因子对 X_i 的贡献 h_i^2 不变，但是由于因子载荷矩阵发生了变化，公共因子本身也很可能会发生变化，公共因子 F_j 对 X 的贡献 q_j^2 不再与原来相同，经过适当的旋转，就可以得到比较满意的公共因子了。

因子旋转分为正交旋转和斜交旋转。正交旋转由初始载荷矩阵 A 做一个正交线性变换。经过正交旋转得到新的公共因子仍保持彼此独立的性质，公因子提供的信息不会重叠。正交旋转的方法有：最大方差旋转、四次幂极大旋转和等方差极大旋转等。斜交旋转方法允许因子彼此相关，因此可以得到更简洁的新公因子，实际意义也更加易于解释。究竟选择何种方式进行因子旋转取决于研究问题的需要。如果因子分析的目的只是进行数据简化，而因子的确切含义是什么并不重要，多选择正交旋转。如果因子分析的目的是要得到理论上有意义的因子，可以选择斜交因子。在实际研究中，正交旋转应用得更为广泛。

无论是正交旋转还是斜交旋转，都应该使新的因子载荷系数要么尽可能接近于零，要么尽可能地远离零。接近于零的因子载荷 a_{ij} 说明 X_i 与 F_j 的相关性很弱，而一个绝对值比较大的因子载荷 a_{ij} 则表明公共因子 F_j 在很大程度上解释了 X_i 的变化。这样任何一个原始变量都会与某些公共因子存在较强的相关关系，而与另外的公共因子之间几乎不相关，这样公共因子的实际意义就比较容易确定。

在实际问题的解决过程中，因子旋转往往要反复进行多次才能得到满意的结果。每一次旋转，矩阵各列平方的相对方差之和都会比上次有所增加，到旋转后总方差的改变不大时，就可以停止旋转，得到新的公共因子及相应的因子载荷矩阵。

七、因子得分

前面讨论了从样本的协方差矩阵 S 或相关系数矩阵 R 出发，获取公共因子和因子载荷矩阵，并给出了公共因子的解释。当因子模型建立之后，常常需要反过来考察每一个样品的性质以及样品之间的相互关系。这就需要把公共因子表示成变量的线性组合，或反过来对每一个样品计算公因子的估计值，这就是所谓的因子得分。因子得分可用于模型的诊断，也可以进一步分析原始数据，如样本点之间的比较分析、样本点的聚类分析等。需要注意的是，因子得分的计算并不是通常意义上的参数估计，而是对不可观测的随机向量 F 的取值的估计。常用的估计因子得分的方法有加权最小二乘法和回归法两种。

1. 加权最小二乘法

设 X 满足正交因子模型（不妨设 $\mu = 0$）$X = AF + \varepsilon$。假定因子载荷矩阵 A 和特殊因子方差已知，把特殊因子 ε 看成误差。因为一般 $D(\varepsilon_i) = \sigma_i^2 (i = 1, 2, \ldots, p)$ 不相等，用加权最小二乘

法估计公因子 F 的值。

用误差方差的倒数作为权重的误差平方和,构造目标函数:

$$Q(F) = \sum_{i=1}^{p} \frac{\varepsilon_i^2}{\sigma_i^2} = \varepsilon' D^{-1} \varepsilon = (X - AF)' D^{-1} (X - AF) \qquad (6-3)$$

在式(6-3)中,A,D 已知,X 是可观测值,其值是已知的,求 F 的估计值 $\hat{F}$,使得 $Q(\hat{F}) = \min Q(F)$,求出得分因子的估计为

$$\hat{F} = (A'D^{-1}A)^{-1}A'D^{-1}X \qquad (6-4)$$

这就是因子得分的加权最小二乘估计。

如果假定 X 服从多元正态分布,也可以构造似然函数,通过极大似然估计的方法求 F 的估计值 $\hat{F}$,此时得到的结果与(6-4)一致,这个估计也称为巴特莱特(Barrlett)因子得分。

实际问题中,由于 A,D 未知,一般的做法是将它们的某个估计代入(6-4)。对于样品 $X_{(i)}$,其因子得分为

$$\hat{F}_i = (A'A)^{-1}A' \times (i) \quad (i = 1, 2, \ldots, n)。$$

2. 回归法

由于此时公共因子的个数少于原始变量的个数,且公共因子是不可观测的隐变量,载荷矩阵 A 不可逆,因此无法直接求出公共因子用原始变量表示的精确线性组合。解决问题的办法是利用回归的思想,将公共因子写成变量的线性组合,也就是用

$$\begin{cases} F_1 = \beta_{11}X_1 + \beta_{12}X_2 + \ldots + \beta_{1p}X_p \\ F_2 = \beta_{21}X_1 + \beta_{22}X_2 + \ldots + \beta_{2p}X_p \\ \quad \vdots \\ F_m = \beta_{m1}X_1 + \beta_{m2}X_2 + \ldots + \beta_{mp}X_p \end{cases}$$

来计算每个样品的公共因子得分。

假设变量 X 和公共因子 F 均已经标准化,此时回归方程中不存在常数项。这是一个多对多的回归问题,利用最小二乘法可以推导出 F 的估计值 $\hat{F}$:

$$\hat{F} = A'R^{-1}X$$

其中为 $A_{p \times m}$ 因子载荷矩阵,$R_{p \times p}$ 为原始相关系数矩阵,为 X 原始变量。此方法是汤普森(Thompson)提出来的,所得到因子得分也称为汤普森因子得分。

巴特莱特因子得分估计是无偏的,汤普森因子得分估计是有偏的;汤普森因子得分估计的平均预报误差较小,两种估计到底哪种更好,目前尚无定论。

八、主成分分析和因子得分的异同

1. 主成分分析一般不用数学模型来描述,它只是通常的变量变换,是将主成分表示为

原变量的线性组合;而因子分析是将原始变量表示为公因子和特殊因子的线性组合,需要构造正交或斜交因子模型。

2. 主成分分析是从空间生成的角度寻找能解释诸多变量变异绝大部分的几组彼此不相关的新变量(主成分);因子分析把展示出来的诸多变量看成是由对每一个变量都有作用的一些公共因子和一些仅对某一个变量有作用的特殊因子线性组合而成。因子分析的目的就是要从数据中探查能对变量起解释作用的公共因子和特殊因子,以及公共因子和特殊因子组合系数。

3. 主成分分析中不需要有假设,因子分析需要一些假设。因子分析的假设包括:各个公共因子之间不相关,特殊因子之间也不相关,公共因子和特殊因子之间也不相关。

4. 主成分分析只能用主成分法抽取;因子分析中抽取主因子的方法不仅有主成分法,还有极大似然法、未加权的最小平方法、映像因子分解等,基于这些不同算法得到的结果也会有所不同。

6. 主成分分析中,当给定的协方差矩阵或者相关矩阵的特征值是唯一的时候,主成分一般是固定的;而因子分析中因子不是固定的,可以旋转得到不同的因子。

6.2　因子分析方法案例分析

例 6.1　表 6-2 给出了 1984 年洛杉矶奥运会上 55 个国家和地区男子跑步项目竞赛的成绩数据。请从数据出发,建立因子分析模型,分析男子在不同距离赛跑的时间由哪些公共因素决定。其中 100 米、200 米、400 米数据的单位为秒;800 米、1500 米、5000 米、10000 米及马拉松数据的单位为分钟。

表 6-2　1984 年洛杉矶奥运会部分国家和地区男子竞赛的成绩

类别 国家和地区	100 米	200 米	400 米	800 米	1500 米	5000 米	10000 米	马拉松
阿根廷	10.39	20.81	46.84	1.81	3.70	14.04	29.36	137.72
澳大利亚	10.31	20.06	44.84	1.74	3.57	13.28	27.66	128.30
奥地利	10.44	20.81	46.82	1.79	3.60	13.26	27.72	135.90
比利时	10.34	20.68	45.04	1.73	3.60	13.22	27.45	129.95
百慕大	10.28	20.58	45.91	1.80	3.75	14.68	30.55	146.62
巴西	10.22	20.43	45.21	1.73	3.66	13.62	28.62	133.13
缅甸	10.64	21.52	48.30	1.80	3.85	14.45	30.28	139.95
加拿大	10.17	20.22	45.68	1.76	3.63	13.55	28.09	130.15
智利	10.34	20.80	46.20	1.79	3.71	13.61	29.30	134.03
中国	10.51	21.04	47.30	1.81	3.73	13.90	29.13	133.53
哥伦比亚	10.43	21.05	46.10	1.82	3.74	13.49	27.88	131.35

续表

类别\国家和地区	100 米	200 米	400 米	800 米	1500 米	5000 米	10000 米	马拉松
库克群岛	12.18	23.20	52.94	2.02	4.24	16.70	35.38	164.70
哥斯达黎加	10.94	21.90	48.66	1.87	3.84	14.03	28.81	136.58
(前)捷克斯洛伐克	10.35	20.65	45.64	1.76	3.58	13.42	28.19	134.32
丹麦	10.56	20.52	45.89	1.78	3.61	13.50	28.11	130.78
多米尼加共和国	10.14	20.65	46.80	1.82	3.82	14.91	31.45	154.12
芬兰	10.43	20.69	45.49	1.74	3.61	13.27	27.52	130.87
法国	10.11	20.38	45.28	1.73	3.57	13.34	27.97	132.30
德意志民主共和国	10.12	20.33	44.87	1.73	3.56	13.17	27.42	129.92
德意志联邦共和国	10.16	20.37	44.50	1.73	3.53	13.21	27.61	132.23
大不列颠及北爱尔兰联合王国	10.11	20.21	44.93	1.70	3.51	13.01	27.51	129.13
希腊	10.22	20.71	46.56	1.78	3.64	14.59	28.45	134.60
危地马拉	10.98	21.82	48.40	1.89	3.80	14.16	30.11	139.33
匈牙利	10.26	20.62	46.02	1.77	3.62	13.49	28.44	132.58
印度	10.60	21.42	45.73	1.76	3.73	13.77	28.81	131.98
印度尼西亚	10.59	21.49	47.80	1.84	3.92	14.73	30.79	148.83
以色列	10.61	20.96	46.30	1.79	3.56	13.32	27.81	132.35
爱尔兰	10.71	21.00	47.80	1.77	3.72	13.66	28.93	137.55
意大利	10.01	19.72	45.26	1.73	3.60	13.23	27.52	131.08
日本	10.34	20.81	45.86	1.79	3.64	13.41	27.72	128.63
肯尼亚	10.46	20.66	44.92	1.73	3.55	13.10	27.38	129.75
韩国	10.34	20.89	46.90	1.79	3.77	13.96	29.23	136.25
朝鲜人民民主共和国	10.91	21.94	47.30	1.85	3.77	14.13	29.67	130.87
卢森堡	10.35	20.77	47.40	1.82	3.67	13.64	29.08	141.27
马来西亚	10.40	20.92	46.30	1.82	3.80	14.64	31.01	154.10
毛里求斯	11.19	22.45	47.70	1.88	3.83	15.06	31.77	152.23
墨西哥	10.42	21.30	46.10	1.80	3.65	13.46	27.95	129.20
荷兰	10.52	20.95	45.10	1.74	3.62	13.36	27.61	129.02
新西兰	10.51	20.88	46.10	1.74	3.54	13.21	27.70	128.98
挪威	10.55	21.16	46.71	1.76	3.62	13.34	27.69	131.48
巴布亚新几内亚	10.96	21.78	47.90	1.90	4.01	14.72	31.36	148.22
菲律宾	10.78	21.64	46.24	1.81	3.83	14.74	30.64	145.27
波兰	10.16	20.24	45.36	1.76	3.60	13.29	27.89	131.58
葡萄牙	10.53	21.17	46.70	1.79	3.62	13.13	27.38	128.65
罗马尼亚	10.41	20.98	45.87	1.76	3.64	13.25	27.67	132.50
新加坡	10.38	21.28	47.40	1.88	3.89	15.11	31.32	157.77
西班牙	10.42	20.77	45.98	1.76	3.55	13.31	27.73	131.57
瑞士	10.25	20.61	45.63	1.77	3.61	13.29	27.94	130.63

续表

类别 国家和地区	100 米	200 米	400 米	800 米	1500 米	5000 米	10000 米	马拉松
瑞典	10.37	20.46	45.78	1.78	3.55	13.22	27.91	131.20
中国台北	10.59	21.29	46.80	1.79	3.77	14.07	30.07	139.27
泰国	10.39	21.09	47.91	1.83	3.84	15.23	32.56	149.90
土耳其	10.71	21.43	47.60	1.79	3.67	13.56	28.58	131.50
美国	9.93	19.75	43.86	1.73	3.53	13.20	27.43	128.22
苏联	10.07	20.00	44.60	1.75	3.59	13.20	27.53	130.55
西萨摩亚	10.82	21.86	49.00	2.02	4.24	16.28	34.71	161.83

观察表 6-2 的数据,可发现数据的数量级差别较大,因此本例选择从相关系数矩阵出发进行因子分析。

操作:

因子分析的操作中大部分与主成分分析相近。选择菜单栏中的"分析(Analyze)→降维(Data Reduction)→因子(Factor)"命令,弹出"因子分析(Factor Analysis)"对话框。选择因子分析变量在"因子分析(Factor Analysis)"对话框左侧的候选变量列表框中的全部变量,均添加至"变量(Variables)"列表框中。

单击"描述(Descriptives)"按钮的操作与主成分分析相同。

单击"抽取"按钮,在"方法"下拉菜单中选择"最大似然";"输出"选项选择"碎石图";"抽取"选项中选择因子的固定数量为2,如图 6-1 所示。

单击"旋转"按钮,在"方法"选项中选择"最大方差法",在"输出"选项中输出"旋转解"和"载荷图",如图 6-2 所示。

单击"得分"按钮,选择"保存为变量",默认的方法是"回归",并选择"显示因子得分系数矩阵",如图 6-3 确定后运行程序。

图 6-1　因子分析 spss 操作下抽取　　图 6-2　因子分析 spss 操作旋转　图 6-3　因子分析 spss 操作下因子得分

结果分析：

由 6.3"相关矩阵"的结果可以看出 8 个变量有较高的相关性,可以做因子分析。

表 6-3　相关矩阵^a

		100 米	200 米	400 米	800 米	1500 米	5000 米	10000 米	马拉松
相关	100 米	1.000	.923	.841	.756	.700	.619	.633	.520
	200 米	.923	1.000	.851	.807	.775	.695	.697	.596
	400 米	.841	.851	1.000	.870	.835	.779	.787	.705
	800 米	.756	.807	.870	1.000	.918	.864	.869	.806
	1500 米	.700	.775	.835	.918	1.000	.928	.935	.866
	5000 米	.619	.695	.779	.864	.928	1.000	.975	.932
	10000 米	.633	.697	.787	.869	.935	.975	1.000	.943
	马拉松	.520	.596	.705	.806	.866	.932	.943	1.000
Sig.（单侧）	100 米		.000	.000	.000	.000	.000	.000	.000
	200 米	.000		.000	.000	.000	.000	.000	.000
	400 米	.000	.000		.000	.000	.000	.000	.000
	800 米	.000	.000	.000		.000	.000	.000	.000
	1500 米	.000	.000	.000	.000		.000	.000	.000
	5000 米	.000	.000	.000	.000	.000		.000	.000
	10000 米	.000	.000	.000	.000	.000	.000		.000
	马拉松	.000	.000	.000	.000	.000	.000	.000	

注:a 行列式=6.54E-007。

由表 6-4　KMO 和 Bartlett 的检验可知,KMO＝0.909>0.6,说明数据适合做因子分析;
Bartlett 球形检验的显著性 P 值 0.000<0.05,亦说明数据适合做因子分析。

表 6-4　KMO 和 Bartlett 的检验

取样足够度的 Kaiser-Meyer-Olkin 度量		.909
Bartlett 的球形度检验	近似卡方	719.113
	df	28
	Sig.	.000

由表 6-5"公因子方差"可以看出每个公共因子提取的程度。如公共因子提取了"100米"变量的 87.7%信息,提取了"10000"变量的 96.7%的信息。各变量的公共因子方差均超 84%。

表 6-5　公因子方差

	初始
100 米	.877
200 米	.888
400 米	.845
800 米	.884
1500 米	.927
5000 米	.955
10000 米	.967
马拉松	.905

注:提取方法:最大似然。

总方差解释:由表 6-6 的结果可以看到,第一个因子的特征根值为 6.622,解释了原有 8 个变量总方差的 82.777%,第二个因子的特征根值为 0.878,前两个因子解释了原有 8 个变量总方差的 93.7477%,在进行旋转以后,前两个因子累计的方程贡献率为 91.712%,因此,选择两个因子即可。

表 6-6　解释的总方差

因子	初始特征值			旋转平方和载入		
	合计	方差的%	累积%	合计	方差的%	累积%
1	6.622	82.777	82.777	4.093	51.164	51.164
2	.878	10.970	93.747	3.244	40.548	91.712
3	.159	1.992	95.739			
4	.124	1.551	97.289			
5	.080	.999	98.288			
6	.068	.850	99.137			
7	.046	.580	99.717			
8	.023	.283	100.000			

注:提取方法:最大似然。

表 6-7 给出了拟合度检验,$P = 0.230 > 0.05$,在显著性水平为 0.05 的情况下接受原假设,原假设 $H_0 : m = 2$,也就是说,用 2 个因子模型拟合原数据是合适的。

表 6-7　拟合度检验

卡方	df	Sig.
16.359	13	.230

表 6-8 给出了旋转因子矩阵,由该表可以得出竞赛成绩是由两个公因子表示的结果:
$X_1 = 0.288F_1 + 0.914F_2$,$X_2 = 0.379F_1 + 0.883F_2$,$X_3 = 0.541F_1 + 0.746F_2$,$X_4 = 0.689F_1 + 0.624F_2$,

$X_5=0.797F_1+0.532F_2$，$X_6=0.899F_1+0.397F_2$，$X_7=0.906F_1+0.402F_2$，$X_8=0.914F_1+0.281F_2$。

由旋转的因子矩阵可以看出，5000 米、1 万米、马拉松在第一个因子上的载荷比较大，而 100 米、200 米在第二个因子的载荷比较大。这说明第一个公共因子反映的是人的耐力，可以解释为耐力因子，第二个公共因子反映的是人跑步的速度，可以称为速度因子。400 米、800 米和 1500 米在两个恶因子上的载荷相当，说明这三种长度的跑步既需要耐力，也需要速度。这个结果和我们的常识也是一致的。这两个公共因子可以解释总方差的 91.712%。

表 6-8　旋转因子矩阵[a]

	因子	
	1	2
100 米	.288	.914
200 米	.379	.883
400 米	.541	.746
800 米	.689	.624
1500 米	.797	.532
5000 米	.899	.397
10000 米	.906	.402
马拉松	.914	.281

注：提取方法：最大似然。

旋转法：具有 Kaiser 标准化的正交旋转法。

a 旋转在 3 次迭代后收敛。

表 6-9 给出了因子得分矩阵，由此可以给出各因子的得分。

表 6-9　因子得分系数矩阵

	因子	
	1	2
100 米	−.252	.531
200 米	−.224	.507
400 米	−.055	.169
800 米	−.004	.104
1500 米	.064	.068
5000 米	.361	−.156
10000 米	.680	−.288
马拉松	.188	−.143

注：提取方法：最大似然。

旋转法：具有 Kaiser 标准化的正交旋转法。

因子得分方法：回归。

$$F_1=-0.252X'_1-0.224X'_2-0.055X'_3-0.004X'_4+0.064X'_5+0.361X'_6+0.680X'_7+0.188X'_8$$

$$F_2 = 0.531X'_1 + 0.507X'_2 + 0.169X'_3 + 0.104X'_4 + 0.068X'_5 - 0.156X'_6 - 0.288X'_7 - 0.143X'_8$$

其中 X'_i 是 X_i 标准化以后的数据。

最后计算因子得分,以各因子的方差贡献率占两个因子总方差贡献率的比为权重进行加权汇总,就得到了各国男子竞赛综合得分 F。即计算公式为:$F = (51.164F_1 + 40.548F_2)/91.712$。

这种综合评价法目前应用较多,但对该计算方法目前学术界也有不小的争议。

由综合因子得分可知,美国排在第 1 位,说明美国参加该届奥运会男子跑步项目的运动员的耐力和速度综合排名是第 1 位,而中国运动员的综合排名是第 39 位。

单看耐力方面,葡萄牙运动员排第 1 位,我国排在第 36 位;单看速度方面,美国排第 1 位,我国排在第 37 位。由此可知,我国虽是体育大国,但在男子赛跑这个项目上,无论是速度还是耐力方面,都不处于国际领先地位。

进一步分析可知,综合因子排名位于前列的以欧洲国家和地区为主,速度因子和耐力因子排名来讲靠前的也是以欧洲为主,综合因子排名靠后的以亚洲为主。由此可以看出,地域和人种在男子跑步项目上是有明显差异的。亚洲男子在跑步方面的先天条件相对欧洲还是差一些。

表 6-10　由 1984 年洛杉矶奥运会成绩根据因子得分进行的排序

国家/地区	FAC1_1	第一因子排序	FAC2_1	第二因子排序	综合因子得分	综合因子排序
美国	-0.2138	31	-1.7258	1	-0.8823	1
大不列颠及北爱尔兰联合王国	-0.5864	18	-1.0159	6	-0.7763	2
意大利	-0.1794	33	-1.4997	2	-0.7631	3
苏联	-0.3207	27	-1.2247	4	-0.7204	4
德意志民主共和国	-0.5601	19	-0.8713	12	-0.6977	5
德意志联邦共和国	-0.4645	23	-0.9094	8	-0.6612	6
澳大利亚	-0.4913	22	-0.8138	13	-0.6339	7
肯尼亚	-0.9747	4	-0.0742	27	-0.5766	8
法国	-0.2499	30	-0.9527	7	-0.5606	9
波兰	-0.2971	29	-0.8819	11	-0.5556	10
比利时	-0.7952	10	-0.2415	24	-0.5504	11
芬兰	-0.8093	9	-0.0597	28	-0.4779	12
瑞典	-0.5935	17	-0.3158	21	-0.4707	13
加拿大	-0.1340	34	-0.8925	9	-0.4693	14
瑞士	-0.4975	21	-0.3962	19	-0.4527	15
新西兰	-0.9822	3	0.2628	35	-0.4318	16
西班牙	-0.7630	12	-0.0007	30	-0.4260	17

续表

国家/地区	FAC1_1	第一因子排序	FAC2_1	第二因子排序	综合因子得分	综合因子排序
荷兰	−0.9086	6	0.2365	34	−0.4023	18
日本	−0.6987	14	0.0124	31	−0.3843	19
罗马尼亚	−0.8184	7	0.1829	33	−0.3757	20
(前)捷克斯洛伐克	−0.3674	26	−0.3645	20	−0.3661	21
葡萄牙	−1.2536	1	0.7796	48	−0.3547	22
巴西	0.0807	37	−0.8869	10	−0.3471	23
奥地利	−0.7426	13	0.1740	32	−0.3373	24
匈牙利	−0.2010	32	−0.4724	18	−0.3210	25
丹麦	−0.5376	20	−0.0224	29	−0.3098	26
以色列	−0.9248	5	0.4997	41	−0.2950	27
挪威	−0.9941	2	0.6197	46	−0.2806	28
墨西哥	−0.8113	8	0.5118	43	−0.2263	29
哥伦比亚	−0.6651	16	0.3748	39	−0.2053	30
希腊	0.3237	41	−0.6210	16	−0.0940	31
智利	0.1148	38	−0.2999	22	−0.0685	32
卢森堡	0.1326	39	−0.2202	25	−0.0233	33
印度	−0.4132	24	0.5641	44	0.0189	34
土耳其	−0.7836	11	1.0631	49	0.0329	35
韩国	0.2581	40	−0.2127	26	0.0499	36
阿根廷	0.3372	42	−0.2640	23	0.0714	37
爱尔兰	−0.3202	28	0.5685	45	0.0727	38
中国	−0.0688	36	0.2934	37	0.0914	39
百慕大	1.4693	49	−1.1656	5	0.3043	40
中国台北	0.3705	43	0.2656	36	0.3241	41
哥斯达黎加	−0.6860	15	1.9023	54	0.4583	42
朝鲜人民民主共和国	−0.4022	25	1.5987	51	0.4824	43
马来西亚	1.5768	50	−0.7985	14	0.5266	44
多米尼加共和国	2.1339	52	−1.4596	3	0.5451	45
缅甸	0.4940	44	0.6297	47	0.5540	46
危地马拉	−0.0913	35	1.6096	52	0.6607	47
菲律宾	0.7952	45	0.5077	42	0.6681	48
印度尼西亚	1.0840	48	0.2956	38	0.7354	49
新加坡	1.8604	51	−0.4777	17	0.8267	50
泰国	2.2428	54	−0.7560	15	0.9170	51
巴布亚新几内亚	0.9444	47	1.1525	50	1.0364	52
毛里求斯	0.8708	46	1.6979	53	1.2365	53
西萨摩亚	3.3014	55	0.3809	40	2.0102	54
库克群岛	2.2106	53	3.7134	55	2.8750	55

例 6.2 表 6-11 给出了某经济学专业 40 名学生的 6 门课程成绩数据。请从数据出发，建立因子分析模型，分析 6 门课程之间是否具有内在联系。

表 6-11 某班学生的考试成绩

编号	货币银行学	微观经济学	高等数学	英语	经济史	ERP实验	编号	货币银行学	微观经济学	高等数学	英语	经济史	ERP实验
1	97	93	99	84	80	84	21	69	66	83	78	73	86
2	60	62	75	85	88	89	22	96	86	97	88	82	80
3	69	71	86	68	66	62	23	91	85	88	80	87	78
4	73	82	86	74	87	86	24	87	86	94	71	73	80
5	78	78	81	68	71	75	25	67	60	67	80	80	79
6	72	75	67	84	90	88	26	60	41	52	68	72	80
7	84	67	86	75	84	88	27	68	72	75	75	71	81
8	80	88	88	68	76	75	28	94	89	96	81	91	75
9	85	82	88	76	82	80	29	79	73	88	68	68	83
10	81	79	86	71	76	85	30	70	71	68	60	68	86
11	95	80	98	68	74	79	31	68	63	74	68	67	61
12	76	70	75	69	74	76	32	67	60	70	72	69	82
13	60	70	71	74	77	60	33	85	83	85	81	82	88
14	71	83	90	85	87	88	34	87	87	90	84	89	89
15	76	74	88	90	83	90	35	77	80	88	89	89	90
16	92	84	90	71	69	80	36	79	74	88	89	80	83
17	78	80	92	84	86	88	37	91	87	90	88	90	91
18	87	80	99	82	81	83	38	79	80	87	83	80	81
19	54	65	60	84	85	82	39	60	60	78	80	75	80
20	80	79	89	90	90	90	40	63	68	78	76	75	82

本例操作采用主成分法，对相关矩阵进行分析，其他操作与例 6.1 相同。

结果分析：

由 6.12 "相关矩阵" 的结果可以看出 6 个变量有较高的相关性，可以做因子分析。

表 6-12 相关矩阵[a]

		货币银行学	微观经济学	高等数学	英语	经济史	ERP 实验
相关	货币银行学	1.000	.800	.820	.151	.236	.178
	微观经济学	.800	1.000	.818	.270	.390	.178
	高等数学	.820	.818	1.000	.289	.257	.174
	英语	.151	.270	.289	1.000	.794	.519
	经济史	.236	.390	.257	.794	1.000	.541
	ERP 实验	.178	.178	.174	.519	.541	1.000

		货币银行学	微观经济学	高等数学	英语	经济史	ERP 实验
Sig.（单侧）	货币银行学		.000	.000	.176	.071	.136
	微观经济学	.000		.000	.046	.006	.136
	高等数学	.000	.000		.035	.055	.142
	英语	.176	.046	.035		.000	.000
	经济史	.071	.006	.055	.000		.000
	ERP 实验	.136	.136	.142	.000	.000	

注：a. 行列式＝.016。

由表6-13KMO 和 Bartlett 的检验可知，KMO＝0.676＞0.6，说明数据适合做因子分析；Bartlett 球形检验的显著性 P 值 0.000＜0.05，亦说明数据适合做因子分析。

表 6-13　KMO 和 Bartlett 的检验

取样足够度的 Kaiser-Meyer-Olkin 度量		.676
Bartlett 的球形度检验	近似卡方	149.998
	df	15
	Sig.	.000

由表6-14"公因子方差"可以看出每个公共因子提取的程度。如公共因子提取了"货币银行学"变量的 87.6%信息，提取了"ERP 实验"变量 60.2%的信息。除 ERP 实验以外，其余变量的公共因子方差均超过80%。

表 6-14　公因子方差

	初始	提取
货币银行学	1.000	.876
微观经济学	1.000	.875
高等数学	1.000	.881
英语	1.000	.816
经济史	1.000	.832
ERP 实验	1.000	.602

注：提取方法：主成分分析。

总方差解释：由表6-15 的结果可以看到，第一个因子的初始特征根值为3.179，旋转后的方程贡献率为43.768%，解释了原有 6 个变量总方差的43.769%，第二个因子的特征根值为1.703，前两个因子解释了原有 6 个变量总方差的37.608%，在进行旋转以后，前两个因子累计的方程贡献率为81.376%，因此，选择两个因子即可。

表 6-15　解释的总方差

成分	初始特征值			提取平方和载入			旋转平方和载入		
	合计	方差的%	累积%	合计	方差的%	累积%	合计	方差的%	累积%
1	3.179	52.987	52.987	3.179	52.987	52.987	2.626	43.768	43.768
2	1.703	28.389	81.376	1.703	28.389	81.376	2.256	37.608	81.376
3	.561	9.347	90.724						
4	.271	4.521	95.245						
5	.177	2.947	98.192						
6	.108	1.808	100.000						

注:提取方法:主成分分析。

表 6-16 给出了旋转因子矩阵,由该表可以得出 6 门课程成绩由两个公因子表示的结果:

表 6-16　旋转成分矩阵[a]

	成分	
	1	2
货币银行学	.933	.072
微观经济学	.914	.197
高等数学	.928	.141
英语	.126	.895
经济史	.193	.892
ERP 实验	.066	.773

注:提取方法:主成分。

旋转法:具有 Kaiser 标准化的正交旋转法。

a 旋转在 3 次迭代后收敛。

货币银行学 $= 0.933F_1 + 0.072F_2$,微观经济学 $= 0.914F_1 + 0.197F_2$,高等数学 $= 0.928F_1 + 0.141F_2$,英语 $= 0.126F_1 + 0.895F_2$,经济史 $= 0.193F_1 + 0.892F_2$,ERP 实验 $= 0.066F_1 + 0.773F_2$。

由旋转的因子矩阵可以看出,货币银行学、微观经济学、高等数学在第一个因子上的载荷比较大,在第二个因子的载荷比较小;而英语、经济史、ERP 实验在第一个因子上的载荷比较小,在第二个因子的载荷比较大。这说明第一个公共因子反映的是学生的逻辑能力和数理能力及计算能力,可以解释为数理因子,第二个公共因子反映的是人文科诵读、记忆,可以称为文科因子。这个结果和我们的常识也是一致的。这两个公共因子可以解释总方差的 81.376%。

表 6-17　成分得分系数矩阵

	成分	
	1	2
货币银行学	.379	-.088
微观经济学	.355	-.025
高等数学	.368	-.054
英语	-.065	.417
经济史	-.037	.407
ERP 实验	-.074	.366

注:提取方法:主成分。

旋转法:具有 Kaiser 标准化的正交旋转法。构成得分。

表 6-17 给出了成分得分系数矩阵,由此可以给出各因子的得分。

$$F_1 = 0.379X'_1 + 0.355X'_2 + 0.368X'_3 - 0.065X'_4 - 0.037X'_5 - 0.074X'_6$$

$$F_2 = -0.088X'_1 - 0.025X'_2 - 0.054X'_3 + 0.417X'_4 + 0.407X'_5 + 0.366X'_6$$

其中 X'_i 是 X_i 标准化以后的数据。最后计算因子得分,以各因子的方差贡献率占两个因子总方差贡献率的比重为权重进行加权汇总,就得到了各学生的综合得分 F。

计算公式为:$F = (43.768F_1 + 37.608F_2)/81.376$;此处略去利用因子得分进行的排名,读者可以自己补充。

例 6.3　随着我国股票市场的不断发展,股票投资已经成为我国投资者的主要投资途径。稳健型投资者更希望规避风险,在保值的基础上寻求增值。因此,根据公司的报表及相关数据来综合评估适合的股票是十分必要的,但是,对一般投资者而言,能够读懂纷繁复杂的财务报表已属不易,再根据报表信息进行综合评价将更加困难。附录 4 给出了沪市 603 家上市公司 2001 年年报的部分数据。具体包括:x_1. 主营业务收入(元);x_2. 主营业务利润(元);x_3. 利润总额(元);x_4. 净利润(元);x_5. 每股收益(元);x_6. 每股净资产(元);x_7. 净资产收益率(%);x_8. 总资产收益率(%);x_9. 资产总计(元);x_{10}. 股本(股)。请使用因子分析方法对股票进行综合评价,并给股民相关的投资建议。

解:用 SPSS 软件来进行因子分析。附录 4 的 10 个主要财务指标 $x_1, \ldots, x_{10}$ 中,一些指标之间存在着较强的相关性,由于各指标数值的大小相差较大,而且单位也不尽相同,因此为使因子分析能够均等地对待每一个指标,需对各指标作标准化处理,采用相关系数矩阵进行运算。提取方法采取主成分法、抽取 3 个因子、因子旋转用最大方差。

结果分析:

由表 6-18"相关矩阵"的结果可以看出 8 个变量有较高的相关性,可以做因子分析。

表 6-18 相关矩阵ᵃ

		x_1	x_2	x_3	x_4	x_5	x_6	x_7	x_8	x_9	x_{10}
相关	x_1	1.000	.722	.426	.406	.170	.148	.094	.063	.748	.622
	x_2	.722	1.000	.743	.696	.323	.227	.175	.203	.768	.619
	x_3	.426	.743	1.000	.982	.538	.282	.360	.454	.573	.485
	x_4	.406	.696	.982	1.000	.558	.272	.400	.499	.567	.500
	x_5	.170	.323	.538	.558	1.000	.583	.774	.847	.123	.001
	x_6	.148	.227	.282	.272	.583	1.000	.213	.286	.137	-.067
	x_7	.094	.175	.360	.400	.774	.213	1.000	.830	.065	.032
	x_8	.063	.203	.454	.499	.847	.286	.830	1.000	.056	.050
	x_9	.748	.768	.573	.567	.123	.137	.065	.056	1.000	.861
	x_{10}	.622	.619	.485	.500	.001	-.067	.032	.050	.861	1.000
Sig.（单侧）	x_1		.000	.000	.000	.000	.000	.010	.060	.000	.000
	x_2	.000		.000	.000	.000	.000	.000	.000	.000	.000
	x_3	.000	.000		.000	.000	.000	.000	.000	.000	.000
	x_4	.000	.000	.000		.000	.000	.000	.000	.000	.000
	x_5	.000	.000	.000	.000		.000	.000	.000	.001	.491
	x_6	.000	.000	.000	.000	.000		.000	.000	.000	.051
	x_7	.010	.000	.000	.000	.000	.000		.000	.055	.219
	x_8	.060	.000	.000	.000	.000	.000	.000		.086	.109
	x_9	.000	.000	.000	.000	.001	.000	.055	.086		.000
	x_{10}	.000	.000	.000	.000	.491	.051	.219	.109	.000	

注：a 行列式 =7.93E−006。

由表 6-19KMO 和 Bartlett 的检验可知，KMO = 0.755>0.6，说明数据适合做因子分析；Bartlett 球形检验的显著性 P 值 0.000<0.05，亦说明数据适合做因子分析。

表 6-19 KMO 和 Bartlett 的检验

取样足够度的 Kaiser-Meyer-Olkin 度量		.755
Bartlett 的球形度检验	近似卡方	7021.417
	df	45
	Sig.	.000

由表 6-20"公因子方差"可以看出每个公共因子提取的程度。如公共因子提取了"x_1"变量的 67.2%信息，提取了"x_{10}"变量的 80.8%的信息。除 x_1 外，其他各变量的公共因子方差均超过 78%。

表 6-20 公因子方差

	初始	提取
x1	1.000	.672
x2	1.000	.826
x3	1.000	.786
x4	1.000	.796
x5	1.000	.933
x6	1.000	.951
x7	1.000	.832
x8	1.000	.898
x9	1.000	.877
x10	1.000	.808

注:提取方法:主成分分析。

总方差解释:由表 6-21 的结果可以看到,第一个因子的特征根值为 4.871,旋转后解释了原有 10 个变量总方差的 40.456%;第二个因子的特征根值为 2.575,旋转后解释了原有 10 个变量总方差的 30.703%;第三个因子的特征根值为 0.934,旋转后解释了原有 10 个变量总方差的 12.634%;在进行旋转以后,前三个因子累计的方程贡献率为 83.793%,因此,选择三个因子即可。

表 6-21 解释的总方差

成分	初始特征值			提取平方和载入			旋转平方和载入		
	合计	方差的%	累积%	合计	方差的%	累积%	合计	方差的%	累积%
1	4.871	48.708	48.708	4.871	48.708	48.708	4.046	40.456	40.456
2	2.575	25.747	74.455	2.575	25.747	74.455	3.070	30.703	71.159
3	.934	9.338	83.793	.934	9.338	83.793	1.263	12.634	83.793
4	.713	7.134	90.927						
5	.390	3.898	94.824						
6	.181	1.813	96.638						
7	.160	1.600	98.238						
8	.089	.890	99.128						
9	.075	.746	99.873						
10	.013	.127	100.000						

注:提取方法:主成分分析。

表 6-22 给出了旋转因子矩阵,由该表可以得出股票由三个公因子表示的结果:

表 6-22　旋转成分矩阵[a]

	成分		
	1	2	3
x1	.809	-.030	.127
x2	.874	.170	.182
x3	.707	.508	.169
x4	.688	.551	.137
x5	.114	.848	.448
x6	.081	.195	.952
x7	.022	.912	.001
x8	.044	.943	.086
x9	.936	-.013	.027
x10	.869	-.013	-.228

注:提取方法:主成分。

旋转法:具有 Kaiser 标准化的正交旋转法。

a 旋转在 4 次迭代后收敛

$X_1 = 0.809F_1 - 0.030F_2 + 0.127F_3$, $X_2 = 0.874F_1 + 0.170F_2 + 0.182F_3$, $X_3 = 0.707F_1 + 0.508F_2 + 0.169F_3$, $X_4 = 0.688F_1 + 0.551F_2 + 0.137F_3$, $X_5 = 0.114F_1 + 0.848F_2 + 0.448F_3$, $X_6 = 0.081F_1 + 0.195F_2 + 0.952F_3$, $X_7 = 0.022F_1 + 0.912F_2 + 0.001F_3$, $X_8 = 0.044F_1 + 0.943F_2 + 0.086F_3$, $X_9 = 0.936F_1 - 0.013F_2 + 0.027F_3$, $X_{10} = 0.869F_1 - 0.013F_2 - 0.228F_3$。

由旋转成分矩阵可以看出:主营业务收入、主营业务利润、利润总额、净利润、资产总计和股本在第一个公因子 F_1 上都具有大的正载荷;而每股收益、每股净资产、净资产收益率和总资产收益率在 F_1 上的载荷都很小,这个因子可以解释为股票的规模因子。在第二个公因子 F_2 上每股收益、净资产收益率和总资产收益率都有很大的正载荷,利润总额和净利润有中等的正载荷,而其余指标只有小的载荷,该因子可解释为股票的收益率因子。在第三个公因子 F_3 上,每股净资产有很大的正载荷,每股收益有中等的正载荷,而其余指标的载荷较小,这个因子可解释为股票的每股价值因子。

表 6-23 给出了因子得分矩阵,由此可以给出各因子的得分。

表 6-23　成分得分系数矩阵

	成分		
	1	2	3
x1	.217	-.108	.097
x2	.216	-.043	.098
x3	.145	.116	.007

续表

	成分		
	1	2	3
x4	.138	.143	-.034
x5	-.054	.235	.217
x6	-.033	-.164	.874
x7	-.065	.381	-.230
x8	-.065	.371	-.156
x9	.254	-.086	-.009
x10	.246	-.016	-.255

注:提取方法:主成分。

旋转法:具有 Kaiser 标准化的正交旋转法。

构成得分。

$$F_1 = 0.217X'_1 + 0.216X'_2 + 0.145X'_3 + 0.138X'_4 - 0.054X'_5$$
$$-0.033X'_6 - 0.065X'_7 - 0.065X'_8 + 0.254X'_9 + 0.246X'_{10}$$

$$F_2 = -0.108X'_1 - 0.043X'_2 + 0.116X'_3 + 0.143X'_4 + 0.235X'_5$$
$$-0.164X'_6 + 0.381X'_7 + 0.371X'_8 - 0.086X'_9 - 0.016X'_{10}$$

$$F_3 = 0.097X'_1 + 0.098X'_2 + 0.007X'_3 - 0.034X'_4 + 0.217X'_5$$
$$+0.874X'_6 - 0.230X'_7 - 0.156X'_8 - 0.009X'_9 - 0.255X'_{10}$$

其中 X'_i 是 X_i 标准化以后的数据。

最后计算因子得分,以各因子的方差贡献率占两个因子总方差贡献率的比重为权重进行加权汇总,就得到了各股票的综合得分 F。计算公式为:$F = (40.456F_1 + 30.703F_2 + 12.634F_2)/83.793$。

将 603 家上市公司财务报表中的 10 个指标数值 $x_1, \ldots, x_{10}$ 经标准化后代入上述因子得分公式可得每个股票的三个因子得分数值。分别按因子得分的数值大小给出前 10 位(见表 6-24)和后 10 位的股票(见表 6-25)。(各股票的顺序反映了股票的规模由大到小的排序、收益率由高到低的排序、每股价值由高到低的排序及股票的综合排名情况。)

表 6-24 股票按各因子排名前 10 位的股票

排名	股票名称	第一因子	股票名称	第二因子	股票名称	第三因子	股票名称	综合因子
1	上海石化	8.57	中软股份	2.72	贵州茅台	5.76	兖州煤炭	3.89
2	东方航空	7.44	广州控股	2.59	用友软件	5.16	广州控股	3.03
3	兖州煤炭	6.92	广汇股份	2.54	亿阳信通	4.06	上海石化	2.82
4	马钢股份	6.17	兆维科技	2.52	华泰股份	3.42	青岛海尔	2.77
5	宁沪高速	5.34	长江通讯	2.38	太太药业	3.24	宁沪高速	2.55
6	广州控股	4.10	天地科技	2.36	赣粤高速	3.18	东方航空	2.54

续表

排名	股票名称	第一因子	股票名称	第二因子	股票名称	第三因子	股票名称	综合因子
7	青岛海尔	4.02	申能股份	2.15	青岛海尔	3.16	上港集团	2.47
8	四川长虹	3.99	上港集箱	2.11	美克股份	2.75	申能股份	2.29
9	仪征化工	3.87	中远航运	1.96	宇通客车	2.62	上海汽车	2.22
10	上海汽车	3.83	创业环保	1.75	东方通讯	2.58	东电 B 股	2.20

表 6-25　股票按各因子排名后 10 位的股票

排名	股票名称	第一因子	股票名称	第二因子	股票名称	第三因子	股票名称	综合因子
594	康美药业	-0.70	东方电机	-3.23	PT 宝信	-1.76	东方电机	-1.36
595	潜江制药	-0.71	ST 嘉陵	-3.59	ST 成量	-1.87	ST 海药	-1.38
596	浏阳花炮	-0.71	ST 海药	-3.73	东方航空	-1.89	ST 嘉陵	-1.43
597	浪潮软件	-0.71	鼎天科技	-4.26	ST 自仪	-1.91	鼎天科技	-1.57
598	兆维科技	-0.73	大元股份	-4.58	创业环保	-2.09	大元股份	-1.58
599	PT 农商社	-0.75	新城 B 股	-4.71	山东基建	-2.17	新城 B	-1.78
600	三佳模具	-0.78	银鸽投资	-4.90	ST 中纺机	-2.18	济南百货	-1.79
601	雄震集团	-0.82	济南百货	-5.00	宁沪高速	-2.19	银鸽投资	-1.84
602	中软股份	-1.02	ST 东锅	-6.01	上海石化	-2.20	ST 东锅	-2.04
603	天地科技	-1.02	国嘉实业	-7.78	马钢股份	-2.81	国嘉实业	-2.45

从实际的因子得分情况来看,三个因子之间的样本相关系数是很低的,所含的信息几乎互不重复。对每一个股票来说,某一个因子得分的高低总体上并不影响其他因子得分的高低。由表 6-24 和表 6-25 可知,三个因子得分的取值范围分别是:$-1.02 \leq F_1 \leq 8.57$,$-7.78 \leq F_2 \leq 2.72$,$-2.81 \leq F_3 \leq 5.76$。从因子的含义可知,F_1 值越大,表明该股票的规模越大;反之,则越小。F_2 值越大,表明该股票的收益率越高;反之,则越低。F_3 值越大,表明该股票的每股价值越高;反之,则越低。

从表 6-24 和表 6-25 还可以看出,F_2 值最高为 2.72,最低为 -7.78 值,后 10 名的股票因子得分都不超过 -3.23。也就是没有收益率特别高的股票,但却有一些收益率特别低的股票,也就是严重亏损的股票。还有些股票规模排名前 10,但是每股的股价却排在后 10 位,如"上海石化""东方航空""马钢股份"和"宁沪高速"均属于此类;有些股票规模因子排名在后 10 位,但收益率却排在前 10 位,如"中软股份""天地科技"和"兆维科技"。因此如果想稳妥起见,不能只看股票的规模,股票规模与收益不一定正相关;综合因子得分排名后 10 位的股票几乎和第二因子排名后 10 位的吻合。而排名前 10 位的股票则没有这种关系。

6.3　因子分析方法习题

1. 在企业效益评价中,经常会涉及很多指标。表 5-24 给出了我国部分省份某年独立经济核算共业企业的经济效益评价指标(数据见第 5 章),共涉及 9 个指标。为了抓住经济效益评价中的主要问题,请从数据出发,分别用主成分法和最大似然法对数据进行因子分析。

2. 某市为了全面分析机械类企业的经济效益,表 5-26 给出了 14 家企业 8 个不同的利润指标,统计数据如表 5-26 所示,试进行因子分析。

3. 例题 5.2 附表 1 给出了 2017 年我国 113 个环保重点城市空气质量情况的数据。具体包含:"二氧化硫年平均浓度($\mu g/m^3$)、二氧化氮年平均浓度($\mu g/m^3$)、可吸入颗粒物(PM10)年平均浓度($\mu g/m^3$)、一氧化碳日均值第 95 百分位浓度(mg/m^3)、臭氧(O_3)日最大 8 小时第 90 百分位浓度($\mu g/m^3$)、细颗粒物(PM2.5)年平均浓度($\mu g/m^3$)、空气质量达到及好于二级的天数(天)"7 个参数指标,试对我国上述城市的空气质量进行因子分析。数据来自《中国统计年鉴 2018》。

4. 表 6-26 是 2015 年我国部分省份经济发展的相关数据。具体包括:x_1:年末户籍人口(万人)、x_2:公共财政收入(万元)、x_3:工业总产值(当年价格)(万元)、x_4:教育支出(万元)、x_5:住宅(万元)、x_6:普通高等学校(万人)、x_7:每百人公共图书馆藏书(册、件)、x_8:职工平均工资(元)、x_9:城市维护建设资金支出(万元)、x_{10}:每万人拥有公共汽车(辆)、x_{11}:人均城市道路面积(平方米)、x_{12}:绿地面积(公顷),请进行因子分析。数据来自《中国城市统计年鉴 2016》。)

表 6-26　2015 年我国部分省市经济发展数据

地区	x_1	x_2	x_3	x_4	x_5	x_6	x_7	x_8	x_9	x_{10}	x_{11}	x_{12}
北京	1345.2	47238597	174496269	8556654	19626850	593448	441.79	113077.0443	15536209	17.31	7.46	81305
天津	1026.9	26671100	282421305	5074400	12505300	512854	165.25	84186.43449	26419600	11.31	13.65	28406
河北	7650.83	22378881	460464486	9438248	30917797	1314764	31.27	51548.03092	2271104	12.95	13.45	64416
山西	3498.02	10644935	125458417	5136002	10983146	823428	49.47	52663.53984	1842979	7.56	12.37	31812
内蒙古	2154.12	14753842	176412074	4111695	7245717	426422	62.19	55751.72496	1012174	9.64	22.85	49001
辽宁	4229.67	20507311	325944309	5103523	26033152	1035706	96.46	53252.20078	1487449	10.61	12.47	81844
吉林	2448.49	8247791	216499153	3372446	5932998	611905	45.12	53077.70451	889109	9.03	13.49	35283
黑龙江	3641.33	8994023	115136357	4194160	6771119	923549	50.31	50899.8969	761399	9.52	10.57	63629
上海	1442.97	55194964	313226240	7673169	18133187	511623	524.49	100966.4164	1281899	12.02	7.96	127332
江苏	7717.59	73448000	1473088600	15023400	60802054	1871309	88.72	67219.33313	9841115	8.91	17.21	228917
浙江	4873.33	44568612	664318763	11185708	44507263	1027164	125.75	69295.72506	4999158	12.45	14.61	96385
安徽	6949.11	23102615	398095355	7524385	28579176	1183386	27.55	57148.14257	6592593	6.61	13.75	88252
福建	3720.58	22587180	412514918	6746066	28649524	759132	98.85	59208.10566	2883599	12.07	12.18	51728
江西	4914.48	19864743	309962899	6785442	11131784	974419	44.32	51553.66377	2005457	6.05	11.47	43661
山东	9821.71	53550330	1440531120	15120999	43989775	2169479	78.81	57600.37146	5002369	9.57	18.02	160740
河南	11103.25	28129141	727199488	10882251	34911520	1810227	23.56	44008.38912	1740424	11.08	10.96	71308

地区	x_1	x_2	x_3	x_4	x_5	x_6	x_7	x_8	x_9	x_{10}	x_{11}	x_{12}
湖北	5307.79	27084000	421688138	6730362	29061402	1417890	52.04	48161.91419	2516663	10.5	7.49	57812
湖南	6946.85	25578928	374486685	7648512	16644226	1161098	34.56	53074.08317	2776670	12.2	13.13	48102
广东	8993.71	74034333	1249126499	18468706	57954425	1813813	103.96	65957.13195	8936882	16.14	13.24	391608
广西	5518.24	11923296	224021480	6786462	13953224	873463	49.21	55015.37734	4517413	5.23	9.73	70520
海南	318.77	2164550	6008649	674456	6070823	196918	84.58	58261.77153	39530	11.01	9.49	7377
重庆	3371.84	21548276	214000119	5362416	23904910	767114	38.67	62091.11477	4059817	4.11	7.58	55934
四川	8397.47	23529276	378890720	9719101	29106869	1366493	48.11	58528.00611	4996857	14.24	8.29	69932
贵州	3156.06	9161110	80078635	4858985	11023019	491841	38.74	62446.19327	119154	7.58	7.28	11935
云南	2883.97	9859507	74162892	4098301	12256203	533935	36.99	47567.08835	1180935	11.24	12.69	23088
西藏	53.03	890277	971152	563519	367879	21358	—	114619.2953	—	23.26	44.57	1665
陕西	3922.13	14801317	198649025	5513904	17466221	1155434	42.23	55838.7082	5887764	8.14	10.58	34962
甘肃	2454.44	5224753	68998309	3688923	5061537	543450	36.12	54340.48712	441539	6.44	8.14	19840
青海	371.4	116S208	17153052	696213	2219606	70710	46.53	58781.73326	493537	20.86	7.08	3988
宁夏	664.11	2672041	37758114	1163127	3966814	115620	102.24	61923.01079	58337	10.99	19.11	20416
新疆	296.8	4436589	31247574	923492	2835665	185712	145.69	70711.67876	113877	17.96	14.89	32361

第7章 时间序列分析的数学实验

7.1 时间序列的平稳性及检验

时间序列是按时间顺序排列的、随时间变化且相互关联的数据序列。对时间序列进行观察、研究,寻找它发展变化的规律,预测它将来的走势,就是时间序列分析。这样的数据在工程、经济等各个领域都广泛存在,是一类非常重要的数据。分析时间序列的方法构成数据分析的一个重要领域,即时间序列分析。

与经典回归分析不同的是,如果有两个时间序列数据表现出一致的变化趋势,即使它们之间没有任何关系,但是利用经典回归分析的方法进行回归拟合,也可能会有很高的决定系数,也就是说涉及时间序列数据的回归很可能会存在虚假回归或伪回归,这样的数据如果仍然直接进行回归分析,一般不会得到有意义的结果。时间序列分析模型就是在这种情况下,通过解释时间序列自身的变化规律为主发展起来的计量经济学方法论。

这里建立的时间系列模型分为两类:第一类是不以不同变量间的因果关系为基础,而是寻找时间序列自身的变化规律。同样地,在预测一个时间序列未来的变化时,不再使用一组有因果关系的其他变量,而只是用该序列的过去行为来预测未来。该类方法的基本内容,包括平稳时间序列及其三种重要的形式:AR 序列、MA 序列和 ARMA 序列。在非平稳的时间序列方面介绍与平稳时间序列相关的 ARIMA 序列。实际计算及应用表明,许多常见的时间序列都可以用 ARIMA 序列刻画,从数学模型的角度,它们都可以近似地归到 ARIMA 模型中。第二类是探讨有长期均衡关系的非平稳序列之间的规律,即协整。

下面先通过一个例子来了解时间序列分析。

例 7.1 一口井从井口到水面的距离称为埋深。某水文站对某口井的地下水埋深进行了 7 年记录,见表 7-1。

表 7-1　每年按月份平均的测量数据

单位:米

年\月	1	2	3	4	5	6	7	8	9	10	11	12
1	14.34	14.21	14.32	14.84	15.11	15.43	15.54	15.51	15.91	14.51	14.26	13.91
2	13.61	13.41	13.70	14.60	15.08	14.84	14.31	12.90	12.73	12.73	12.38	12.00
3	11.60	11.39	11.44	11.96	12.68	13.39	13.66	13.80	14.22	13.96	13.24	12.66
4	12.36	12.21	12.21	12.84	13.38	13.83	13.75	14.61	14.42	14.51	14.50	14.03
5	13.66	13.28	13.55	13.67	14.33	14.75	15.38	15.74	15.32	15.36	15.01	14.86
6	14.44	14.26	14.26	15.14	15.88	16.33	16.60	17.22	17.02	17.01	16.88	16.11
7	15.63	15.29	15.36	16.16	16.96	17.26	17.84	17.13	16.15	15.82	15.43	15.09

　　分析表 7-1 发现,数据有随季节而变化的一个趋势,每年的 6、7、8 月埋深较深,而 12、1、2 月埋深较浅。从各年的数据看,地下水还有逐年下降的一个趋势;当然,上述数据还受一些随机因素的影响,对该组数据进行深入研究有利于更好地掌握该水井的水埋规律。

　　在统计研究中,常用按时间顺序排列的一组随机变量

$$X_1, X_2, \ldots, X_t, \ldots \tag{7-1}$$

来表示一个随机事件的时间序列,简记为 $\{X_t : t \in T\}$,或 $\{X_t\}$。用 $x_1, x_2, \ldots, x_n$ 或 $\{x_t : t = 1, 2, \ldots, n\}$ 表示该随机序列的 n 个有序观察值,称为序列长度为 n 的观察值序列,有时也称为式(7-1)的一个实现。

一、几个特征统计量

　　设 $\{X_t : t \in T\}$ 是任意一个时间序列,$F_t(x)$ 为 X_t 的分布函数,

1. 均值

$$\mu_t = E(X_t) = \int_{-\infty}^{+\infty} x \, dF_t(x)$$

称为序列 $\{X_t\}$ 在 t 时刻的均值函数。当 t 取遍所有的观察时刻时,就得到一个均值函数序列 $\{\mu_t : t \in T\}$。它反映的是时间序列 $\{X_t : t \in T\}$ 每时每刻的平均水平。

2. 方差

　　当 $\int_{-\infty}^{+\infty} x^2 \, dF_t(x) < \infty$ 时,

$$\sigma_t^2 = D(X_t) = E(X_t - \mu_t)^2 = \int_{-\infty}^{+\infty} (x - \mu_t)^2 \, dF_t(x)$$

称为序列 $\{X_t\}$ 在 t 时刻的方差函数。当 t 取遍所有的观察时刻时,就得到一个方差函数序列 $\{\sigma_t^2 : t \in T\}$。它反映的是时间序列 $\{X_t : t \in T\}$ 整体取值的离散程度。

3. 自协方差函数

任取 $t, s \in T$,

$$r(t,s) = E(X_t - \mu_t)(X_s - \mu_s)$$

称为序列 $\{X_t : t \in T\}$ 的自协方差函数。

4. 自相关系数(ACF)

$$\rho(t,s) = \frac{r(t,s)}{\sqrt{DX_t}\sqrt{DX_s}}$$

称为序列 $\{X_t : t \in T\}$ 的自相关系数,简记为 ACF。

在实际问题的研究过程中,往往只能得到样本观察值,因此经常用样本自相关系数来代替自相关系数。

$$\frac{\sum\limits_{t=1}^{n-k}(X_t - \bar{X})(X_{t+k} - \bar{X})}{\sum\limits_{t=1}^{n}(X_t - \bar{X})^2}, k = 1,2,3,\ldots \qquad (7-2)$$

称为样本自相关系数,经常也记为 ρ_k。

5. 偏自相关系数

$$\rho_k^* = \rho_{x_t, x_{t-k} \mid x_{t-k}, \ldots, x_{t-k+1}} = \frac{E[(X_t - \hat{E}X_t)(X_{t-k} - \hat{E}X_{t-k})]}{E[(X_{t-k} - \hat{E}X_{t-k})^2]}$$

称为偏自相关系数,简记为 PACF。其中

$$\hat{E}X_t = E[X_t \mid X_{t-1}, \ldots, X_{t-k+1}], \hat{E}X_{t-k} = E[X_{t-k} \mid X_{t-1}, \ldots, X_{t-k+1}]。$$

二、时间序列数据的平稳性

时间序列分析首先遇到的问题就是平稳性问题。假定某个时间序列 $\{X_t : t \in T\}$ 的每个数值都是从概率分布中随机得到的,如果满足以下条件:

(1)均值 $E(X_t) = \mu$,是与时间 t 无关的常数;

(2)方差 $D(X_t) = \sigma^2$,是与时间 t 无关的常数;

(3)协方差 $Cov(X_t, X_{t+k}) = r_k$,是只与时间间隔 k 有关,而与时间 t 无关的常数;

则称该随机时间序列是平稳的,也称为平稳序列,而该随机过程是一个平稳的随机过程,这种平稳也称为宽平稳时间序列。

例 7.2 若随机时间序列 $\{X_t\}$ 是一个具有零均值等方差的独立分布序列

$$X_t = \varepsilon_t$$

其中 $\varepsilon_t \sim N(0,\sigma^2)$，该序列称为一个白噪声。一般白噪声序列简记为：$X_t \sim WN(0,\sigma^2)$。由白噪声的定义可知,白噪声序列是一个平稳序列。

例 7.3 若随机时间序列 $\{X_t\}$ 的通项为

$$X_t = X_{t-1} + \varepsilon_t \tag{7-3}$$

其中 ε_t 是一个白噪声,则该时间序列称为一个随机游走。

观察该序列,假设序列的初值为 X_0,易见:

$$X_1 = X_0 + \varepsilon_1, X_2 = X_1 + \varepsilon_2 = X_0 + \varepsilon_1 + \varepsilon_2, \dots, X_t = X_0 + \varepsilon_1 + \dots + \varepsilon_t,$$

由于 X_0 是常数, ε_t 是白噪声,因此 $D(X_t) = t\sigma^2$,即 X_t 的方差与时间 t 有关,不是常数,因此式(7-3)是一个非平稳的时间序列。

由平稳时间序列的定义可知,平稳时间序列的均值和方差都是与时间 t 无关的常数;自协方差和自相关系数只与时间的平移间隔有关,而与序列的起始时间与终止时间无关。即

$$r(t,s) = r(k,k+s-t), \forall t,s,k \in T, k+s-t \in T_\circ$$

由此,对于平稳时间序列 $\{X_t : t \in T\}$,任取 $t+k \in T$,称

$$r_k = r(t,t+k)$$

为时间序列 $\{X_t\}$ 延迟 k 自协方差函数。

由延迟 k 自协方差函数的定义可知,平稳时间序列的方差可以表示为：$D(X_t) = r(t,t) = r(0), \forall t \in T_\circ$

称 $\rho_k = \dfrac{r(t,t+k)}{\sqrt{DX_t}\sqrt{DX_{t+k}}} = \dfrac{r_k}{r_0}$ 为延迟自相关系数,其中分子 r_k 是时间序列滞后 k 期的自协方差,分母 r_0 是方差。由定义可知,自相关系数一般是关于滞后期的递减函数。

三、时间序列的平稳性检验

通常检验序列的平稳性有两种方法,一种是根据时序图和自相关图显示的特征进行判断的图检验方法;另一种是构造统计量进行检验的单位根检验法。

1. 图检验法

(1)时序图检验(也称时间路径图)

给出一个随机时间序列,首先可以通过该序列的时间路径图来判断它是否是平稳的。平稳时间序列的均值和方差都为常数,因此平稳的时间序列在图形上一般是围绕其均值不断波动的过程,而且波动的范围是有界的。如图 7-1 所示,非平稳的时间序列模型往往在不同的时间段具有不同的均值,有时会有明显的趋势性和周期性,如图 7-2 所示。利用画时序图的方法判断随机时间序列的平稳性非常直观,但是比较粗糙,有时会出现误判的情况。

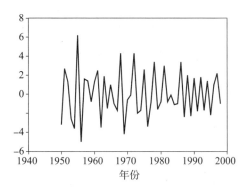

图 7-1 平稳时间序列的时序

图 7-2 非平稳时间序列的时序

（2）自相关图检验

自相关图是一个平面二维坐标悬垂线图，一个坐标轴表示延迟时期数，另外一个左边表示自相系数，通常以悬垂线表示自相关系数的大小。一般平稳序列具有短期的相关性，自相关系数随着延迟期数 k 的增加，会很快衰减到零；非平稳的序列自相关系数衰减到零的速度会非常慢。

由式（7-2）可以看出，随着 k 的增加，样本自相关系数递减且趋于零。但是从递减的速度上看，平稳时间序列要比非平稳时间序列递减的速度快很多。图 7-3 为平稳时间序列的样本自相关图，图 7-4 为非平稳时间序列的样本自相关图。

Autocorrelation	Partial Correlation		AC	PAC	Q-Stat	Prob
		1	−0.175	−0.175	1.6270	0.202
		2	−0.004	−0.035	1.6277	0.443
		3	0.180	0.179	3.4253	0.331
		4	0.023	0.092	3.4553	0.485
		5	−0.164	−0.153	5.0094	0.415
		6	0.099	0.008	5.5846	0.471
		7	−0.026	−0.021	5.6264	0.584
		8	−0.003	0.048	5.6270	0.689
		9	−0.022	−0.022	5.6585	0.774
		10	0.058	0.028	5.8768	0.826
		11	0.037	0.070	5.9688	0.875
		12	−0.104	−0.099	6.7119	0.876
		13	0.102	0.065	7.4367	0.878
		14	0.004	0.004	7.4381	0.917
		15	−0.027	0.023	7.4920	0.943
		16	−0.043	−0.065	7.6338	0.959
		17	0.046	−0.015	7.8006	0.971
		18	−0.083	−0.040	8.3621	0.973
		19	−0.129	−0.161	9.7532	0.959
		20	0.182	0.168	12.617	0.893
		21	−0.061	−0.011	12.950	0.910
		22	−0.050	0.007	13.182	0.928
		23	0.098	0.022	14.115	0.924
		24	−0.051	−0.097	14.378	0.938

图 7-3 平稳时间序列的自相关

Autocorrelation	Partial Correlation		AC	PAC	Q–Stat	Prob
		1	0.914	0.914	32.646	0.000
		2	0.843	0.050	61.268	0.000
		3	0.767	−0.065	85.668	0.000
		4	0.695	−0.021	106.34	0.000
		5	0.609	−0.129	122.70	0.000
		6	0.544	0.065	136.18	0.000
		7	0.476	−0.034	146.88	0.000
		8	0.395	−0.139	154.52	0.000
		9	0.321	−0.019	159.74	0.000
		10	0.242	−0.094	162.82	0.000
		11	0.147	−0.166	164.00	0.000
		12	0.058	−0.038	164.19	0.000
		13	−0.033	−0.116	164.25	0.000
		14	−0.108	0.010	164.98	0.000
		15	−0.168	0.053	166.83	0.000
		16	−0.215	−0.015	169.99	0.000
		17	−0.260	−0.021	174.85	0.000
		18	−0.306	−0.083	181.98	0.000
		19	−0.346	−0.040	191.62	0.000
		20	−0.382	−0.010	204.08	0.000

图 7-4 非平稳序列的自相关示意

2. 单位根检验法

对于时间序列的平稳性,除了通过图形直观判断外,运用统计量进行检验是更为准确和重要的。单位根检验(unit root test)是统计检验中普遍应用的一种检验方法。

(1)DF 检验

由例 7.3 可知,随机游走序列 $X_t = X_{t-1} + \varepsilon_t$ 是非平稳序列,其中 ε_t 是一个白噪声。定义延迟算子 L:

$$LX_t = X_{t-1}, L^2 X_t = X_{t-2}, \dots, L^p X_t = X_{t-p};$$

随机游走序列 $X_t = X_{t-1} + \varepsilon_t$ 可以写成:$(1-L)X_t = \varepsilon_t$。令 $1-L=0$,则得到 $L=1$,因此称随机变量 X_t 有一个单位根,即单位根是指延迟算子多项式的根。

随机游走序列是

$$X_t = \phi X_{t-1} + \varepsilon_t \tag{7-4}$$

当 $\phi = 1$ 时的特殊情况。式(7-4)的特征方程为 $1 - \phi x = 0$。求解根为 $x = \dfrac{1}{\phi}$,即 $|\phi| \geqslant 1$ 时,序列(7.4)是非平稳序列,$|\phi| < 1$ 时该序列平稳。

一般地,检验一个时间序列 $\{X_t\}$ 的平稳性,可以通过检验带有截距项的一阶自回归模型

$$X_t = \alpha + \phi X_{t-1} + \varepsilon_t \tag{7-5}$$

中的参数是否小于 1 来进行。

由于现实生活中绝大多数序列都是非平稳序列,可以证明单位根检验的中序列非平稳 $\Leftrightarrow |\phi| \geq 1$,相应地:序列平稳 $\Leftrightarrow |\phi| < 1$。因此单位根检验的原假设通常设为 $H_0 : |\phi| \geq 1$。

在实际问题的讨论时,也经常将(7-5)的变形 $X_t - X_{t-1} = \alpha - (1-\phi)X_{t-1} + \varepsilon_t$,差分等价形式:$\Delta X_t = \alpha + \delta X_{t-1} + \varepsilon_t$。此时检验的原假设变为:$H_0$:序列非平稳 $\Leftrightarrow H_0 : \delta = 0$。可以通过构造 t 统计量,运用最小二乘估计进行检验。但是在零假设下,即使是大样本下的统计量也是有偏的,通常 t 检验无法使用。迪克(Dicky)和福革力(Fuller)对该问题进行了深入研究,构造了 τ 统计量,该统计量也称为 DF 检验统计量,并利用蒙特卡洛模拟方法计算出了 DF 统计量的临界值,如表 7-2 所示,使 DF 检成为最常用的单位根检验。

表 7-2   DF 分布临界值

显著性水平	样本容量					τ 的临界值
	25	50	100	500	∞	$n = \infty$
0.01	−3.75	−3.58	−3.51	−3.44	−3.43	−2.33
0.05	3.00	−2.93	−2.89	−2.87	−2.86	−1.65
0.10	2.63	−2.60	−2.58	−2.57	−2.57	−1.28

(2)ADF 检验

DF 检验只适合于一阶自回归过程的平稳性检验,但实际问题经常会考虑更高阶的自回归过程。为了使 DF 检验能适合更高阶的自回归过程的平稳性检验,迪克和福革力对 DF 检验进行了扩充,得到了增广 DF 检验,简记为 ADF 检验。ADF 检验将 DF 检验从 AR(1)拓展到一般的 AR(p)形式。

ADF 检验是通过三个模型完成的:

模型 1. $\Delta X_t = \delta X_{t-1} + \sum_{i=1}^{m} \beta_i \Delta X_{t-i} + \varepsilon_t$;

模型 2. $\Delta X_t = \alpha + \delta X_{t-1} + \sum_{i=1}^{m} \beta_i \Delta X_{t-i} + \varepsilon_t$;

模型 3. $\Delta X_t = \alpha + \beta t + \delta X_{t-1} + \sum_{i=1}^{m} \beta_i \Delta X_{t-i} + \varepsilon_t$。

模型 3 中的 t 是时间变量,代表了时间序列随时间变化的趋势。原假设为 $H_0 : \delta = 0$,即存在一个单位根。由观察可以看出:模型 1 增加常数项就是模型 2,模型 2 增加趋势项就得到了模型 3。

实际的检验先从模型 3 开始,如果模型 3 为平稳序列,则检验停止;否则接着检验模型 2,如果模型 2 是平稳序列,检验停止,否则再检验模型 1 是否平稳。检验的原理与 DF 检验相同,各种模型检验也有相应的临界值表。

三个模型的检验中,只要有一个模型的检验结果拒绝了零假设,就可以认为时间序列是平稳的。当三个模型的检验结果都不能拒绝零假设时,则认为时间序列是非平稳的。

四、单整和协整

1. 单整

如果一个时间序列经过一次差分变成平稳的序列,则称原序列是 1 阶单整的,记为 $I(1)$。一般地,一个时间序列经过 d 次差分后变成平稳序列,就称原序列是 d 阶单整的,记为 $I(d)$。$I(0)$ 代表一个平稳的时间序列。

现实经济生活中,只有少数经济指标的时间序列是平稳的,如利率;而大多数指标的时间序列是非平稳的,如存量指标经常是 2 阶单整的,以不变价格表示的流量指标,如消费额、收入等经常是 1 阶单整的。多数非平稳的时间序列一般可以通过一次或多次差分变成平稳的,但也有一些时间序列无论经过多少次差分都不能变成平稳的,这种序列称为非单整的。

2. 趋势平稳

一些非平稳的时间序列往往会表现出共同的变化趋势,而这些序列之间本身可能并没有直接的关联关系,这时对这些数据进行回归,虽然会有较高的 R^2,但其结果并没有任何实际意义,这就是虚假回归。

为了避免这种虚假回归的产生,通常的做法是引入作为趋势变量的时间,这样包含时间趋势变量的回归,可以消除这种趋势的影响。

考虑如下自回归过程:

$$X_t = \alpha + \beta t + \delta X_{t-1} + \varepsilon_t, \tag{7-6}$$

如果 $\beta = 0$、$\delta = 1$,序列写成 $X_t = \alpha + \delta X_{t-1} + \varepsilon_t$,根据 α 的符号,表现出明显的上升或下降趋势,X_t 这种趋势被称为随机性趋势;如果 $\beta = 1$、$\delta = 0$,序列写成 $X_t = \alpha + \beta t + \varepsilon_t$,根据 β 的符号,X_t 表现出明显的上升或下降趋势,这种趋势被称为确定性趋势;如果 $\beta \neq 1$、$\delta = 1$,则 X_t 包含确定性与随机性两种趋势。

判断一个非平稳的时间序列是确定性趋势还是随机性趋势,可以根据 ADF 检验中的第三个模型进行判断。随机性趋势可以通过差分的方式去除 $\Delta X_t = \alpha + \varepsilon_t$,经过差分以后变成平稳时间序列,则该时间序列称为差分平稳过程。确定性趋势无法通过差分方式去除趋势项,只能通过去除 βt,变换成 $X_t - \beta t = \alpha + \varepsilon_t$,$\varepsilon_t$ 是平稳的,因此 X_t 称为趋势平稳过程。

趋势平稳过程代表了一个时间序列长期稳定的变化过程,因而进行长期预测时更可靠。

3. 协整

许多经济变量都是非平稳的,即它们是一阶或高阶的单整时间序列。非平稳的时间序列,它们的线性组合也可能是平稳的。如果所考虑的时间序列 $X_{1t}, X_{2t}, \ldots, X_{kt}$ 都是 d 阶单整的,且存在系数 $\alpha = (a_1, a_2, \ldots, a_k)$,使得线性组合 $Z_t = a_1 X_{1t} + a_2 X_{2t} + \ldots + a_k X_{kt}$ 是 $d-b$ 阶单整的,

其中 b 大于零,则称序列 $X_{1t}, X_{2t}, \ldots, X_{kt}$ 是 (d, b) 阶协整,简称是协整的,α 称为协整向量。如果两个变量都是单整的,当它们的单整阶数相同的时候,则可以考虑协整,从而用传统的回归方法对变量之间的关系进行探讨。关于协整内容,本书不做进一步讨论。

7.2 平稳时间序列分析模型介绍

讨论了平稳时间序列的检验以后,接下来的问题就是如何建立一个平稳时间序列的模型,以及如何利用所建立的模型进行预测。与经典回归分析不同的是,这里所建立的时间序列模型不是以不同变量间的因果关系为基础,而是寻找时间序列自身的变化规律。在预测一个时间序列未来的变化时,也是用该序列的过去行为来预测未来。

时间序列模型是指仅用它的过去值以及随机扰动项所建立起来的模型,一般形式为

$$X_t = F(X_{t-1}, X_{t-2}, \ldots, \varepsilon_t)$$

目前最常用的拟合平稳序列的模型是 $ARMA$ 模型,$ARMA$ 模型的全称是自回归移动平均模型,它又可以细分为 AR 模型、MA 模型和 $ARMA$ 模型三大类。

一、AR 模型

1. 定义

AR 模型又称为自回归模型,一般的 p 阶自回归过程 $AR(p)$ 为

$$X_t = \phi_0 + \phi_1 X_{t-1} + \phi_2 X_{t-2} + \ldots + \phi_p X_{t-p} + \varepsilon_t \tag{7-7}$$

式(7-7)中 X_t 为时间序列第 t 时刻的观察值,为因变量或称为被解释变量;X_{t-1}, $X_{t-2}, \ldots, X_{t-p}$ 为时序 X_t 的滞后序列,这里作为自变量或解释变量;ε_t 是随机误差项;ϕ_0, ϕ_1, $\phi_2, \ldots, \phi_p$ 为待估的自回归参数。

$AR(p)$ 模型需要满足三个条件:

(1) $\phi_p \neq 0$,即模型的最高阶数为 p;

(2) $\{\varepsilon_t\}$ 为白噪声序列;

(3) $E(X_s \varepsilon_t) = 0$,$\forall s < t$,即当期的随机干扰与过去的序列值无关。

满足上述三个条件的式(7-7)称为 $AR(p)$ 模型,在定义(7.7)中若 $\phi_0 = 0$,称为中心化 $AR(p)$ 模型。

如果 $AR(p)$ 模型(7.7)满足平稳性条件,在等式两边取期望,得

$$E(X_t) = \phi_0 + \phi_1 E(X_{t-1}) + \phi_2 E(X_{t-2}) + \ldots + \phi_p E(X_{t-p}) + E(\varepsilon_t) \tag{7-8}$$

根据平稳序列的均值为常数的性质,有 $E(X_t) = \mu$($\forall t \in T$),且因为 $\{\varepsilon_t\}$ 是白噪声序列,有 $E(\varepsilon_t) = 0$,所以式(7-8)等价于 $(1 - \phi_1 - \ldots - \phi_p)\mu = \phi_0$。非中心化的 $AR(p)$ 序列 $\{X_t\}$ 可以

通过变换:$\mu = \dfrac{\phi_0}{1-\phi_1-...-\phi_p}$,$Y_t = X_t - \mu$,转化成中心化的 $AR(p)$ 序列 $\{Y_t\}$。中心化变换就是非中心化的序列整个平移了一个常数位移,这个位移对序列值之间的相关关系没有任何影响,但对于问题讨论会比较方便,因此以后讨论多以中心化的模型为主进行分析。

2.AR 模型平稳性判断

要拟合一个平稳序列的发展,用来拟合的模型也应该是平稳的。AR 模型是常用的平稳序列的拟合模型之一,但并非所有的 AR 模型都是平稳的。通常判断 AR 模型平稳性的方法有特征根判断法和平稳域判断法。

(1)特征根判别

考虑中心化的 $AR(p)$ 序列

$$X_t = \phi_1 X_{t-1} + \phi_2 X_{t-2} + ... + \phi_p X_{t-p} + \varepsilon_t \tag{7-9}$$

由延迟算子 L 的定义:$LX_t = X_{t-1}, L^2 X_t = X_{t-2}, ..., L^p X_t = X_{t-p}$,可知式(7-9)可以变换成

$$(1-\phi_1 L - \phi_2 L^2 - ... \phi_p L^p) X_t = \varepsilon_t,$$

记 $\Phi(L) = 1 - \phi_1 L - \phi_2 L^2 - ... \phi_p L^p$,称多项式方程

$$\Phi(x) = 1 - \phi_1 x - \phi_2 x^2 - ... \phi_p x^p = 0$$

为 $AR(p)$ 序列的特征方程。

可以证明,如果该特征方程的所有根在单位圆外(根的模大于 1),则 $AR(p)$ 模型是平稳的。通常情况下,没有必要直接计算特征方程的特征根,而将该结论转化成通过 $AR(p)$ 模型的系数来判断其稳定性。

用 $AR(p)$ 模型的系数判断平稳性的两个结论:

• $AR(p)$ 模型稳定的必要条件是:$\phi_1 + \phi_2 + ... + \phi_p < 1$;

• 由于 $\phi_i (i = 1, 2, ..., p)$ 可正可负,$AR(p)$ 稳定的充要条件是:$|\phi_1| + |\phi_2| + ... + |\phi_p| < 1$。

(2)平稳域判别

对于低阶 AR 的模型,经常用平稳域的方法判别模型的平稳性。

①一阶自回归模型 $AR(1)$:

$$X_t = \phi X_{t-1} + \varepsilon_t \tag{7-10}$$

式(7-10)两边平方得 $X_t^2 = \phi^2 X_{t-1}^2 + 2\phi X_{t-1} \varepsilon_t + \varepsilon_t^2$,再两边同时取期望得

$$E(X_t^2) = \phi^2 E(X_{t-1}^2) + 2\phi E(X_{t-1} \varepsilon_t) + E(\varepsilon_t^2)$$

由于 $E(X_t^2) = D(X_t)$,ε_t 仅 X_t 与有关,与 X_{t-1} 无关,因此 $E(X_{t-1} \varepsilon_t) = 0$。如果该模型稳定,则有 $E(X_t^2) = E(X_{t-1}^2)$,从而有 $\sigma_X^2 = \phi^2 \sigma_X^2 + \sigma_\varepsilon^2$,化简得:$\sigma_X^2 = \dfrac{\sigma_\varepsilon^2}{1-\phi^2}$,在平稳的条件下,方差应

为一个非负常数,因此有 $|\phi|<1$。即 $AR(1)$ 的平稳域为 $|\phi|<1$。

平稳域也可以从特征根的角度去考虑: $AR(1)$ 的特征方程为: $\Phi(x)=1-\phi x=0$ 求解根为

$x=\dfrac{1}{\phi}$, $AR(1)$ 稳定,即 $|\phi|<1$,意味着特征根大于 1。

②二阶自回归模型 $AR(2)$:

$$X_t=\phi_1 X_{t-1}+\phi_2 X_{t-2}+\varepsilon_t \tag{7-11}$$

方程两边同时乘以 X_t,再取期望得

$$E(X_t^2)=\phi_1 E(X_t X_{t-1})+\phi_2 E(X_t X_{t-2})+E(X_t \varepsilon_t); \tag{7-12}$$

另一方面,再在式(7-11)两侧同时乘以 ε_t 再取期望得

$$E(X_t \varepsilon_t)=\phi_1 E(X_{t-1}\varepsilon_t)+\phi_2 E(X_{t-2}\varepsilon_t)+E(\varepsilon_t^2) \tag{7-13}$$

ε_t 仅 X_t 与有关,与 X_{t-1}, X_{t-2} 无关,有 $E(X_t \varepsilon_t)=E(\varepsilon_t^2)$,将式(7-13)代入式(7-12)得

$$r_0=\phi_1 r_1+\phi_2 r_2+\sigma_\varepsilon^2;$$

类似地,式(7-11)两边分别同时乘以 X_{t-1}、X_{t-2},再取期望得可以得到:

$$r_1=\phi_1 r_0+\phi_2 r_1 \text{、} r_2=\phi_1 r_1+\phi_2 r_0$$

求解方程组可以得到:

$$r_0=\frac{(1-\phi_2)\sigma_\varepsilon^2}{(1+\phi_2)(1-\phi_1-\phi_2)(1+\phi_1-\phi_2)},$$

由平稳性的定义可知,该方差应该是一个不变的正数,于是有:

$$\phi_1+\phi_2<1, \phi_2-\phi_1<1, |\phi_2|<1$$

这就是 $AR(2)$ 的平稳域。

同样,考察 $AR(2)$ 模型(7-11)的特征根满足的条件,(7-11)对应的特征方程 $1-\phi_1 x-$

$\phi_2 x^2=0$ 的两个根 x_1、x_2 满足: $x_1+x_2=-\dfrac{\phi_1}{\phi_2}$、$x_1 x_2=-\dfrac{1}{\phi_2}$,解出 $\phi_2=-\dfrac{1}{x_1 x_2}$、$\phi_1=\dfrac{x_1+x_2}{x_1 x_2}$。由 $AR(1)$

的平稳性, $|\phi_2|=-\dfrac{1}{|x_1||x_2|}<1$,故至少有一个根的模大于 1,不妨设 $|x_1|>1$,有: $\phi_1+\phi_2=\dfrac{x_1+x_2}{x_1 x_2}$

$-\dfrac{1}{x_1 x_2}=1-(1-\dfrac{1}{x_1})(1-\dfrac{1}{x_2})<1$, $(1-\dfrac{1}{x_1})(1-\dfrac{1}{x_2})>0$,可以求出 $|x_2|>1$。由 $\phi_2-\phi_1<1$ 可以推出

同样的结果。 $AR(2)$ 模型的稳定域用特征根表示就是特征方程的所有根都在单位

圆外。

3. 平稳 AR 模型的统计性质

(1)均值: $\mu=\dfrac{\phi_0}{1-\phi_1-\ldots-\phi_p}$;

(2)方差有界;

(3)自相关系数具有拖尾性,且呈指数递减;

在平稳自回归模型 $AR(p)$ 序列 $X_t = \phi_1 X_{t-1} + \phi_2 X_{t-2} + \ldots + \phi_p X_{t-p} + \varepsilon_t$ 两边同时乘以 X_{t-k}($\forall k \geqslant 1$),再求期望,得

$$E(X_t X_{t-k}) = \phi_1 E(X_{t-1} X_{t-k}) + \phi_2 E(X_{t-2} X_{t-k}) + \ldots + \phi_p E(X_{t-p} X_{t-k}) + E(\varepsilon_t X_{t-k})$$

由于 $E(\varepsilon_t X_{t-k}) = 0\ \forall k \geqslant 1$,化简整理得到 k 阶滞后自协方差的递推公式:

$$r_k = \phi_1 r_{k-1} + \phi_2 r_{k-2} + \ldots + \phi_p r_{k-p}$$

在该递推公式同时除以方差 r_0,就得到了自回归系数的递推公式:

$$\rho_k = \phi_1 \rho_{k-1} + \phi_2 \rho_{k-2} + \ldots + \phi_p \rho_{k-p} \tag{7-14}$$

特别地考察一阶自回归模型 $X_t = \phi X_{t-1} + \varepsilon_t$ 的 k 阶滞后自自相关系数为 $\rho_k = \phi_1 \rho_{k-1}$,化简整理:$\rho_k = \phi_1 \rho_{k-1} = \phi_1^2 \rho_{k-2} = \ldots = \phi_1^k \rho_0$,因此 $\rho_k = \phi_1^k \Rightarrow \rho_k^{\frac{1}{k}} = \phi_1$,由 $AR(1)$ 的稳定性可知 $|\phi_1| < 1$,因此 ρ_k 呈指数形式衰减,且 $\rho_k \to 0 (k \to \infty)$ 一直衰减到零,这一性质称为拖尾。

一般地,由分析可知,无论 k 有多大,ρ_k 的取值都与 1 到 p 阶滞后的自相关系数有关,始终有非零取值,不会在 k 大于某个常数后就恒等于零(或在 0 附近随机波动)。因为对于一个平稳的 $AR(p)$ 模型 $X_t = \phi_1 X_{t-1} + \phi_2 X_{t-2} + \ldots + \phi_p X_{t-p} + \varepsilon_t$,虽然表达式中的 X_t 仅受随机误差项 ε_t 和最近 p 期序列值 $X_{t-1}, X_{t-2}, \ldots, X_{t-p}$ 的影响,但是由于 X_{t-1} 的值又依赖于 X_{t-1-p},因此实际上 X_{t-1-p} 对 X_t 也有影响,依次类推,X_t 之前的每一个序列 $X_{t-1}, X_{t-2}, \ldots, X_{t-p}, \ldots$ 都会对 X_t 构成影响。同时这种影响会随着时间推移以指数速度衰减,只有近期的序列值对现实值的影响较为明显,间隔越远的过去值对现实值的影响越小。自回归模型的这种特性体现在自相关系数上就是自相关系数的拖尾性。

(4)偏自相关系数具有截尾性

自相关系数给出了 X_t 和 X_{t-k} 之间的总体相关性,其中包含了所有的"间接"相关。例如,在 $AR(1)$ 中,X_t 与 X_{t-2} 之间的相关性可能主要是它们各自都与 X_{t-1} 之间有相关性带来的。由偏自相关系数的定义可知,偏自相关系数就是剔除了中间 $k-1$ 个随机变量 $X_{t-1}, \ldots, X_{t-k+1}$ 的干扰之后,X_{t-k} 对 X_t 相关程度的影响。在 $AR(1)$ 中,从 X_t 中去掉 X_{t-1} 的影响,就只剩下随机干扰项 ε_t,显然它与 X_{t-2} 无关,因此 X_t 与 X_{t-2} 的偏相关系数 $\rho_2^* = Corr(\varepsilon_t, X_{t-2}) = 0$。

同样地,在 $AR(p)$ 过程中,对所有的 $k > p$,X_t 与 X_{t-k} 之间的偏自相关系数为零。可见 $AR(p)$ 的一个主要特征是:$k > p$ 时,即 $\rho_k^* = Corr(\varepsilon_t, X_{t-k}) = 0$,该性质称为 p 阶截尾。

4. $AR(p)$ 的识别原则

若 X_t 的偏自相关系数在 p 阶以后是截尾,即 $k > p$ 时,即 $\rho_k^* = 0$,而它的自相关系数 ρ_k 是拖尾的,则此序列是自回归 $AR(p)$ 序列。

二、MA 模型

1. MA 模型的定义

一般 q 阶移动平均过程 $MA(q)$ 是

$$X_t = \mu + \varepsilon_t - \theta_1 \varepsilon_{t-1} - \theta_2 \varepsilon_{t-2} - \ldots - \theta_q \varepsilon_{t-q} \qquad (7-15)$$

式中 t 为时间序列的平均数，$\varepsilon_t, \varepsilon_{t-1}, \varepsilon_{t-2}, \ldots, \varepsilon_{t-q}$ 为模型在第 t 期，第 $t-1$ 期，$\ldots$，第 $t-q$ 期的误差项；$\theta_1, \theta_2, \ldots, \theta_q$ 为待估的移动平均参数。

$MA(q)$ 模型需要满足两个条件：

（1）$\theta_q \neq 0$，即模型的最高阶数为 q；

（2）$E(\varepsilon_t) = 0, D(\varepsilon_t) = \sigma_\varepsilon^2, E(\varepsilon_s \varepsilon_t) = 0 (s \neq t)$，即随机干扰序列 $\{\varepsilon_t\}$ 是零均值的白噪声序列。

满足上述两条的式（7-15）称为 $MA(q)$ 模型。在式（7-15）中若 $\mu = 0$，称

$$X_t = \varepsilon_1 - \theta_1 \varepsilon_{t-1} - \theta_2 \varepsilon_{t-2} - \ldots - \theta_q \varepsilon_{t-q}$$

为中心化 $MA(q)$ 模型。

非中心化的 $MA(q)$ 序列 $\{X_t\}$ 可以通过变换：$Y_t = X_t - \mu$ 就转化成了中心化的 $MA(q)$ 序列 $\{Y_t\}$。中心化变换就是非中心化的序列整个平移了一个常数位移，这个位移对序列值之间的相关关系没有任何影响，但对于问题讨论会比较方便，因此在以后讨论中，多以中心化的模型为主进行分析。

2. MA 模型的可逆性

考察一个 $MA(1)$ 过程 $X_t = \varepsilon_t - \theta_1 \varepsilon_{t-1}$，将 ε_t 写成关于无穷序列 X_t, X_{t-1} 的线性组合形式：$\varepsilon_t = X_t - \theta_1 X_{t-1} + \theta_1^2 X_{t-2} - \theta_1^3 X_{t-3} + \ldots$，变形为

$$X_t = \varepsilon_t - \theta_1 X_{t-1} + \theta_1^2 X_{t-2} - \theta_1^3 X_{t-3} + \ldots,$$

这样 $MA(1)$ 就表示成了一个 $AR(\infty)$ 过程，它的偏自相关系数非截尾，但是趋近于零，当 $|\theta_1| < 1$ 时，该 $AR(\infty)$ 模型是收敛的，把 $|\theta_1| < 1$ 称为 $MA(1)$ 的可逆性条件。

一般地，若一个 $MA(q)$ 模型能够表示成收敛的 AR 模型，则称该 MA 模型是可逆的。可以证明，一个 $MA(q)$ 模型可逆的条件为

$$|\theta_1| + |\theta_2| + \ldots + |\theta_q| < 1$$

该可逆性条件与一个 $AR(q)$ 模型平稳的条件是一致的。

由此可见 $MA(2)$ 模型可逆的充要条件是：$|\theta_2| < 1, \theta_1 \pm \theta_2 < 1$。

3. MA 模型的统计性质

（1）当 $q < \infty$ 时，$MA(q)$ 模型具有常数均值 $E(X_t) = \mu$；

（2）常数方差：$D(X_t) = (1+\theta_1^2+\theta_2^2+\ldots+\theta_q^2)\sigma_\varepsilon^2$；

（3）自协方差系数只与滞后阶数相关，且 q 阶截尾；

考察 $MA(1)$ 过程的 $X_t = \varepsilon_t - \theta_1\varepsilon_{t-1}$ 的自协方差系数：$r_0 = (1+\theta_1^2)\sigma_\varepsilon^2$，$r_1 = \theta_1\sigma_\varepsilon^2$，$r_2 = r_3 = \ldots = 0$。

一般地，q 阶移动平均过程 $MA(q)$：$X_t = \mu + \varepsilon_t - \theta_1\varepsilon_{t-1} - \theta_2\varepsilon_{t-2} - \ldots - \theta_q\varepsilon_{t-q}$ 的自协方差为：ε_t 为白噪声，于是：

$$E(X_t) = E(\varepsilon_t) - \theta_1 E(\varepsilon_{t-1}) - \theta_2 E(\varepsilon_{t-2}) - \ldots - \theta_q E(\varepsilon_{t-q}) = 0,$$

$$r_0 = E(X_t) = (1+\theta_1^2+\theta_2^2+\ldots+\theta_q^2)\sigma_\varepsilon^2,$$

$$r_1 = \mathrm{cov}(X_t, X_{t-1}) = (-\theta_1+\theta_1\theta_2+\theta_2\theta_3\ldots+\theta_{q-1}\theta_q)\sigma_\varepsilon^2, \ldots,$$

$$r_k = \mathrm{cov}(X_t, X_{t-1}) = (-\theta_k+\theta_1\theta_{k+1}+\theta_2\theta_{k+2}\ldots+\theta_{q-k}\theta_q)\sigma_\varepsilon^2, \ldots,$$

$$r_{q-1} = \mathrm{cov}(X_t, X_{t-q+1}) = (-\theta_{q-1}+\theta_1\theta_q)\sigma_\varepsilon^2,$$

$$r_q = \mathrm{cov}(X_t, X_{t-q}) = -\theta_q\sigma_\varepsilon^2, \ldots\ldots,$$

$$r_m = 0 (m>q)。$$

即：$r_k = \begin{cases} (1+\theta_1^2+\theta_2^2\ldots+\theta_q^2)\sigma_\varepsilon^2 & k=0 \\ (-\theta_k+\theta_1\theta_{k+1}+\theta_2\theta_{k+2}\ldots++\theta_{q-k}\theta_q)\sigma_\varepsilon^2 & 1 \leqslant k \leqslant q \\ 0 & k>q \end{cases}$。

（4）自相关系数 q 阶截尾；

考察 $MA(1)$ 过程自相关系数分别为：$\rho_1 = \dfrac{-\theta_1}{1+\theta_1^2}$，$\rho_2 = \rho_3 = \ldots 0$。也就是当 $k>1$ 时，$\rho_k = 0$，X_t 与 X_{t-k} 不相关，$MA(1)$ 自相关系数是截尾的。

由 $MA(q)$ 自协方差的计算公式可知，相应的自相关系数为

$$\rho_k = \begin{cases} 1 & k=0 \\ \dfrac{-\theta_k+\theta_1\theta_{k+1}+\theta_2\theta_{k+2}\ldots+\theta_{q-k}\theta_q}{1+\theta_1^2+\theta_2^2+\ldots+\theta_q^2} & 1 \leqslant k \leqslant q \\ 0 & k>q \end{cases}$$

由此可见 $MA(q)$ 是截尾的。

（5）$MA(q)$ 的偏自相关系数拖尾。

4. $MA(q)$ 模型的平稳性判断

对于中心化的 q 阶移动平均过程 $MA(q)$ 来说：

$$X_t = \varepsilon_t - \theta_1\varepsilon_{t-1} - \theta_2\varepsilon_{t-2} - \ldots - \theta_q\varepsilon_{t-q}$$

由自协方差的推导公式可知，$k>q$ 时，$r_k = 0$。也就是说，当滞后期大于 q 时，X_t 的自协方差系数为 0。因此有限阶移动平均模型总是平稳的。

5. $MA(q)$ 的识别原则

若时间序列 X_t 的自相关系数在 q 阶以后是截尾,即 $k>q$ 时,有 $\rho_k=0$,而它的偏自相关系数 ρ_k^* 是拖尾的,则此序列是 q 阶滑动平均 $MA(q)$ 序列。

三、ARMA 模型

1. ARMA 模型的定义

一般的 p 阶自回归过程 $AR(p):X_t=\phi_0+\phi_1X_{t-1}+\phi_2X_{t-2}+...+\phi_pX_{t-p}+\mu_t$,如果随机扰动项 μ_t 不是白噪声,通常认为是一个 q 阶移动平均过程 $MA(q)$:

$\mu_t=\varepsilon_t-\theta_1\varepsilon_{t-1}-\theta_2\varepsilon_{t-2}-...-\theta_q\varepsilon_{t-q}$,代入得

$$X_t=\phi_0+\phi_1X_{t-1}+\phi_2X_{t-2}+...+\phi_pX_{t-p}+\varepsilon_t-\theta_1\varepsilon_{t-1}-\theta_2\varepsilon_{t-2}-...-\theta_q\varepsilon_{t-q} \tag{7-16}$$

式(7-16)为自回归移动平均过程 $ARMA(p,q)$。

$ARMA(p,q)$ 需要满足三个条件:

(1)$\phi_p\neq0,\theta_q\neq0$;

(2)$E(\varepsilon_t)=0,D(\varepsilon_t)=\sigma_\varepsilon^2,E(\varepsilon_s\varepsilon_t)=0(s\neq t)$;

(3)$E(X_s\varepsilon_t)=0,\forall s<t$。

当 $\phi_0=0$,称模型 $X_t=\phi_1X_{t-1}+\phi_2X_{t-2}+...+\phi_pX_{t-p}+\varepsilon_t-\theta_1\varepsilon_{t-1}-\theta_2\varepsilon_{t-2}-...-\theta_q\varepsilon_{t-q}$ 为中心化 $ARMA(p,q)$ 模型。显然 $ARMA$ 模型为 AR 模型和 MA 模型的混合模型。当 $q=0$ 时,退化为纯自回归模型;当 $p=0$ 时,退化为移动平均模型。因此 AR 模型和 MA 模型都是 $ARMA$ 模型的特例,它们统称为 $ARMA$ 模型。

2. ARMA(p,q) 模型的统计性质

$ARMA(p,q)$ 模型的统计性质也正是 $AR(p)$ 模型和 $MA(q)$ 模型统计性质的有机组合。

(1)均值:$\mu=\dfrac{\phi_0}{1-\phi_1-...-\phi_p}$;

(2)方差有界;

(3)自相关系数当 $p=0$ 时具有截尾性质,当 $q=0$ 时具有拖尾性质;当 p,q 均不为 0 时,具有拖尾性质;

(4)偏自相关系数具有拖尾性质。

3. ARMA(p,q) 模型的平稳性与可逆性条件

$ARMA(p,q)$ 模型可逆的条件与 $MA(q)$ 模型可逆的条件相同,$|\theta_1|+|\theta_2|+...+|\theta_q|<1$。

由式(7-16)可知,一个随机时间序列可以通过一个自回归移动平均过程生成,即该序列可以由其自身的过去或滞后值以及随机扰动项来解释。如果该序列是平稳的,即它的行为并不会随着时间的推移而变化,就可以通过序列过去的行为来预测未来。这正是随机时间序列分析模型的优势所在。

四、模式识别

对于给定的时间序列,计算出样本自相关系数和偏自相关系数,需要根据它们表现出来的性质,选择恰当的 ARMA 模型来拟合观察值序列。该过程实际上需要根据样本自相关系数和偏自相关系数的性质估计自相关阶数 p 和移动平均阶数 q。因此模式识别过程也称为模型定阶过程。

ARMA 模型定阶的基本原则如表 7-3 所示。

表 7-3　ARMA 模型定阶的基本原则

自相关系数 ρ_k	偏自相关系数 ρ_k^*	模型定阶
拖尾	p 阶截尾	$AR(p)$
q 阶截尾	拖尾	$MA(q)$
拖尾	拖尾	$ARMA(p,q)$

在实际识别时,定阶原则在操作上有一定的困难。由于样本的随机性,样本的相关系数一般不会呈现出理论截尾的完美情况,本应截尾的样本自相关系数或偏自相关系数仍然会出现小幅振荡;同时,由于平稳时间序列通常都有短期的相关性,随着延迟阶数 k 趋于 ∞,自相关系数和偏自相关系数都会衰减至零值附近作小值波动。至于什么样的小值波动认为是相关系数截尾,什么情况认为是拖尾,在实际中并没有绝对的标准,在很大程度上依赖于分析者的主观经验。

对于实际图形,当样本自相关系数或偏自相关系数在延迟若干阶之后衰减,用样本偏自相关系数 r_k^* 去估计总体偏自相关系数 ρ_k^* 时,由于样本的随机性,r_k^* 很可能不为 0,只要 $r_k^* < \dfrac{2}{\sqrt{n}}$,就认为有 95% 以上的把握判断原时间序列在 $k>q$ 之后是截尾的。

五、ARMA 模型的参数估计

选择好拟合模型之后,就可以对模型进行参数估计了。对于一个非中心化的 ARMA(p, q)模型 $X_t = \phi_0 + \phi_1 X_{t-1} + \phi_2 X_{t-2} + \dots + \phi_p X_{t-p} + \varepsilon_t - \theta_1 \varepsilon_{t-1} - \theta_2 \varepsilon_{t-2} - \dots - \theta_q \varepsilon_{t-q}$,首先利用延迟算代入:$L^i X_t = X_{t-i}, i=1,2,\dots,p; L_t^\varepsilon = \varepsilon_{t-j}, j=1,2,\dots,q.$ 得到:

$$X_t = \mu + \frac{1-\theta_1 L - \theta_2 L^2 - \dots - \theta_q L^q}{1-\phi_1 L - \phi_2 L^2 - \dots - \phi_p L^p} \varepsilon_t$$

其中 $\mu = \dfrac{\phi_0}{1-\phi_1 L - \phi_2 L^2 - ... - \phi_p L^p}$，$\varepsilon_t \sim WN(0, \sigma_\varepsilon^2)$。该模型有 $p+q+2$ 个未知参数：ϕ_1，$\phi_2, ..., \phi_p, \theta_1, \theta_2, ... \theta_q, \mu, \sigma_9^2$。

一般用矩估计的方法，利用样本均值估计总体均值，先估计出 $\mu = \bar{X} = \dfrac{1}{n}\sum\limits_{i=1}^{n} X_i$，然后对原序列进行中心化，令 $Y_t = X_t - \mu$，原来的 $p+q+2$ 个未知参数减少 1 个，变为 $p+q+1$ 个。中心化的 $AR(p)$、$MA(q)$ 和 $ARMA(p,q)$ 模型的估计方法有很多，大体有矩估计、极大似然估计和最小二乘估计三种。

1. 矩估计

运用 $p+q$ 个样本自相关系数估计总体自相关系数：

$$\begin{cases} \rho_1(\phi_1, \phi_2, ..., \phi_p, \theta_1, \theta_2, ..., \theta_q) = \hat{\rho}_1 \\ \qquad\qquad\vdots \\ \rho_{p+q}(\phi_1, \phi_2, ..., \phi_p, \theta_1, \theta_2, ..., \theta_q) = \hat{\rho}_{p+q} \end{cases}$$

从中解出的参数值 $\hat{\phi}_1, \hat{\phi}_2, ..., \hat{\phi}_p, \hat{\theta}_1, \hat{\theta}_2, ..., \hat{\theta}_q$ 就是 $\phi_1, \phi_2, ..., \phi_p, \theta_1, \theta_2, ..., \theta_q$ 的矩估计。

再用序列样本方差估计序列总体方差：$\sigma_X^2 = \dfrac{1}{n}\sum\limits_{i=1}^{n}(X_i - \bar{X})^2$，在 $ARMA(p,q)$ 模型两边同时求方差，整理得到：

$$\sigma_\varepsilon^2 = \frac{1+\phi_1^2+\phi_2^2+...+\phi_p^2}{1+\theta_1^2+\theta_2^2+...+\theta_q^2}\hat{\sigma}_X^2,$$

把 σ_X^2 和 $\hat{\phi}_1, \hat{\phi}_2, ..., \hat{\phi}_p, \hat{\theta}_1, \hat{\theta}_2, ..., \hat{\theta}_q$ 的值代入，即可求出

$$\sigma_\varepsilon^2 = \frac{1+\hat{\phi}_1^2+\hat{\phi}_2^2+...+\hat{\phi}_p^2}{1+\hat{\theta}_1^2+\hat{\theta}_2^2+...+\hat{\theta}_q^2}。$$

矩估计的计算量较小，估计的思想简单直观，不需要假设总体分布。但是矩估计只用到了 $p+q$ 个自相关系数，序列的其他信息都被忽略了，因此这种方法进行的估计比较粗糙，估计的精度一般不高，因此在实际运算中不常用，经常仅仅用于确定极大似然估计和最小二乘估计的初始值。

2. 极大似然估计

在极大似然准则下，认为样本来自使该样本出现概率最大的总体。因此未知参数的极大似然估计就是使得似然函数（联合概率密度）达到最大的参数值。使用极大似然估计必须已知总体的分布函数，而在时间序列分析中，序列总体的分布通常是未知的。为方便分析和

计算,通常假设序列服从多元正态分布。实际上由 $p+q+1$ 个超越方程构成的,通常需要经过复杂的迭代算法才能求出未知参数的极大似然估计值。

不过目前计算机技术比较发达,有很多成熟的统计软件都可以辅助分析,使得求 *ARMA* 模型的极大似然估计值变得很容易。

极大似然估计充分应用了每一个观察值所提供的信息,因而它的估计精度高,同时具有估计的一致性、渐进正态性和渐进有效性等许多优良的统计性质,是一种很好的参数估计方法。

3. 最小二乘估计

在 $ARMA(p,q)$ 模型中,记 $\tilde{\beta}=(\phi_1,\phi_2,\ldots,\phi_p,\theta_1,\theta_2,\ldots,\theta_q)'$,

$$F_t(\tilde{\beta})=\phi_1 X_{t-1}+\phi_2 X_{t-2}+\ldots+\phi_p X_{t-p}-\theta_1\varepsilon_{t-1}-\theta_2\varepsilon_{t-2}-\ldots-\theta_q\varepsilon_{t-q},$$

残差项为

$$\varepsilon_t=X_t-F_t(\tilde{\beta}) ;$$

残差平方和为

$$Q(\tilde{\beta}) = \sum_{i=1}^{n} \varepsilon_t^2$$
$$= \sum_{i=1}^{n} (X_t - \phi_1 X_{t-1} - \phi_2 X_{t-2} -\ldots - \phi_p X_{t-p} + \theta_1\varepsilon_{t-1} + \theta_2\varepsilon_{t-2} +\ldots + \theta_q\varepsilon_{t-q})^2$$

使得残差平方和达到最小的那组参数值就是 $\tilde{\beta}$ 的最小二乘估计值。

由于随机扰动项 $\varepsilon_{t-1},\varepsilon_{t-2},\ldots$ 是不可观测的,因此 $Q(\tilde{\beta})$ 不是 $\tilde{\beta}$ 的显性函数,未知参数的估计值通常也需要计算机迭代的方式完成。

由于最小二乘估计充分地利用了样本序列的观察值信息,因此它的精度很高,也是在实际应用中被广泛使用的一种方法。

六、模型检验

确定了模型的参数以后,还需要对模型的参数进行检验。模型检验包括模型的显著性经验和参数的显著性检验两部分。

1. 模型的显著性检验

模型的显著性检验主要是检验模型的有效性。一个模型是否显著有效主要是看它提取的信息是否充分。一个好的拟合模型应该能够提取观察值序列中几乎所有的样本相关信息,也就是拟合残差项中将不再蕴含任何相关信息,残差序列应该为白噪声序列,这样的模型称为显著有效的模型。反之,如果残差序列为非白噪声序列,就意味着残差序列中还残留着相关信息未被提取,说明拟合模型的有效程度不高,需要选择其他模型重新进行拟合。

因此模型的显著性检验即为残差序列的白噪声检验。原假设和备择假设分别为

$H_0：\rho_1 = \rho_2 = ... = \rho_m = 0；H_1：$ 至少存在一个 $：\rho_k \neq 0；\forall m \geq 1, k \leq m$。

构造统计量为：$LB = n(n+2) \sum\limits_{k=1}^{m} \dfrac{\hat{\rho}_k^2}{n-k} \sim \chi^2(m)，\forall m > 0$，

如果拒绝原假设，就说明残差序列中还残留着相关信息，拟合不够显著。如果不能拒绝原假设，就认为拟合模型显著有效。

2. 参数的显著性检验

参数的显著性检验就是要检查每一个未知参数是否显著非零。这个检验的目的是使模型最精简。如果某个参数不显著，就表示该参数所对应的那个自变量对因变量的影响不明显，该自变量就可以从拟合模型中剔除。最终的模型将由一系列参数显著非零的自变量表示。

参数检验的原假设和备择假设分别为

$$H_0：\beta_j = 0；H_1：\beta_j \neq 0。\quad \forall 1 \leq j < m。$$

一般软件都会提供参数显著性的检验结果，如果统计量 P 值小于检验水平 α，拒绝原假设，则认为该参数显著，否则认为该参数不显著。不显著的参数应该从变量中剔除，重新去建立并拟合模型。

七、模型优化

由同一个序列可以构造两个拟合模型，两个模型都显著有效，到底选择哪个作为推断的模型更好一些？为此引进 AIC 和 SBC 信息准则。

1. AIC 准则

AIC 准则是由日本统计学家赤池弘次（Akaike）于 1973 年提出，AIC 的全称是赤池信息量（Akaike information criterion）。该准则的指导思想是从衡量拟合程度的似然函数值和模型的未知参数个数两个方面去考察拟合模型的优劣。通常似然函数的值越大，说明拟合的效果越好。模型中的未知参数个数越多，说明模型中包含的自变量越多，自变量越多，模型变化越灵活，模型的拟合精度越高。另一方面，模型的未知参数越多，未知的风险就会越大，同时参数估计的难度也就越大，估计的精度也就越低，因此也不能单纯地以拟合精度来衡量模型的优劣，而必须对拟合精度和未知参数个数做综合的最优配置。AIC 准则是一种考评综合最优配置的指标，是拟合程度的似然函数值和参数未知个数的加权函数。

$$AIC = -2\ln(模型中极大似然函数值) + 2(模型中未知参数个数)$$

使 AIC 函数达到最小值的模型被认为是最优模型。

可以证明对于中心化 $ARMA(p,q)$ 模型的 AIC 函数为

$$AIC = n\ln\hat{\sigma}_\varepsilon^2 + 2(p+q+1)$$

非中心化 $ARMA(p,q)$ 模型的 AIC 函数为

$$AIC = n\ln\hat{\sigma}_\varepsilon^2 + 2(p+q+2)$$

2. SBC 准则

AIC 准则是最优选择的有效规则，但它也有不足之处：如果时间序列很长，相关信息就越分散，需要多自变量复杂拟合模型才能使拟合精度比较高。在 AIC 准则中拟合误差等于 $n\ln\hat{\sigma}_\varepsilon^2$，即拟合误差随样本容量放大。但是模型参数个数的惩罚因子 $(p+g+2)$ 却与无关，权重始终为常数 2。因此在样本容量趋于无穷大时，由 AIC 准则选择的拟合模型不收敛于真实模型，通常比真实模型所含的未知参数个数要多。

为了弥补 AIC 准则的不足，赤池弘次于 1976 年提出 BIC 准则，其全称是贝叶斯信息量（Bayesian Information Criterion）。而施瓦兹（Schwartz）在 1978 年根据贝叶斯理论也得出同样的判别准则，称为 BIC 准则或称为 SBC。SBC 准则定义为：

$$SBC = -2\ln(\text{模型中极大似然函数值}) + \ln n(\text{模型中未知参数个数})$$

它对 AIC 的改进就是将未知参数个数的惩罚权重由常数 2 变成了样本容量的对数。

可以证明对于中心化 $ARMA(p,q)$ 模型的 SBC 函数为

$$SBC = n\ln\hat{\sigma}_\varepsilon^2 + (\ln n)(p+q+1)$$

非中心化 $ARMA(p,q)$ 模型的 SBC 函数为

$$SBC = n\ln\hat{\sigma}_\varepsilon^2 + (\ln n)(p+q+2)$$

在所有通过检验的模型中使得 AIC 或 SBC 函数达到最小的模型为相对最优模型。

八、序列预测

对于一个序列进行了平稳性分析、白噪声判断、模型选择、参数估计以及模型检验，这些工作的最终目的经常是利用拟合的模型对随机序列的未来发展进行预测。

预测就是利用序列已观测到的样本值对序列在未来某个时刻的取值进行估计。目前对平稳序列最常用的预测方法是线性最小方差预测，即预测值为观测值序列的线性函数，最小方差是指预测方差达到最小。

如果该序列是平稳的，即它的行为并不会随着时间的推移而变化，就可以通过该序列过去的行为来预测未来。这也正是随机时间序列分析模型的优势所在。

九、ARIMA 模型

由于随机时间序列总是由某个随机过程或随机模型生成，因此一个平稳的时间序列总可以找到生成它的平稳的随机过程或模型。一个非平稳的随机时间序列可以通过差分的方

法将它变成平稳的,对差分后平稳的时间序列也可以找出对应的平稳随机过程或模型。

将一个非平稳的时间序列通过 d 次差分,把它变成平稳的,然后用一个平稳的 $ARMA(p,q)$ 模型作为它的生成模型,就称该原始时间序列为一个自回归单整移动平均时间序列,记为 $ARIMA(p,d,q)$。例如,一个 $ARIMA(2,1,2)$ 就是指原时间序列进行了一次差分,然后以 $ARMA(2,2)$ 作为它的生成模型;$ARIMA(0,0,2)$ 就是 $MA(2)$ 平稳过程。一个平稳序列的 $ARMA(p,q)$ 模型可以表达成 $ARIMA(p,0,q)$ 模型。

7.3 时间序列模型建模及软件实现

目前用来实现时间序列计算的软件比较多,Eviews、SAS、Stata、R、Matlab 等软件均可以完成时间序列分析,本书选用 Eviews 软件实现。

例 7.4 选择合适的 $ARMA$ 模型拟合美国科罗拉多州某个加油站连续 57 天的 overshort 序列,数据见表 7-4,并估计第 58 天和第 59 天的数据。

表 7-4 美国科罗拉多州某个加油站连续 57 天的 overshort 序列

day	overshort	day	overshort	day	overshort	day	overshort	day	overshort	day	overshort
1	78	11	89	21	−47	31	39	41	−56	51	−17
2	−58	12	−48	22	−83	32	−30	42	−58	52	23
3	53	13	−14	23	2	33	6	43	1	53	−2
4	−63	14	32	24	−1	34	−73	44	14	54	48
5	13	15	56	25	124	35	18	45	−4	55	−131
6	−6	16	−86	26	−106	36	2	46	77	56	65
7	−16	17	−66	27	113	37	−24	47	−127	57	−17
8	−14	18	50	28	−76	38	23	48	97		
9	3	19	26	29	−47	39	−38	49	10		
10	−74	20	59	30	−32	40	91	50	−28		

1. 进行时间序列平稳性检验

(1)时序图检验

①工作文件的创建:打开 Eviews 软件,在主菜单中选择"File/New/Workfile",在弹出的对话框中,在"Workfile structure type"中选择"Dated-regular frequency"(时间序列数据),在"Date specification"下的"Frequency"中选择"Integer date",在"Start date"中输入"1",在"End date"中输入"57",然后单击"OK",完成工作文件的创建。

②样本数据的录入:选择菜单中的"Quick/Empty group(Edit Series)"命令,在弹出的"Group"对话框中,直接将数据录入,并分别命名为"day"和"overshort"。

③时序图：选择菜单中的"Quick/graph···"，在弹出的"Series List"中输入"date overshort"，然后单击"确定"，在"Graph Options"中的"Specifi"中选择"XYLine"，点击"确定"，得到时序图，如图7-5所示：

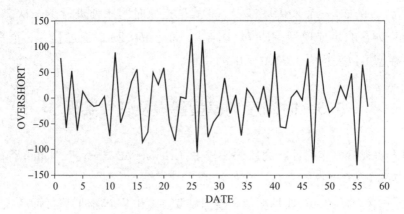

图7-5　美国科罗拉多州某个加油站连续57天的 overshort 序列时序图

从图7-5中可以看出，该序列始终在0附近随机波动，波动的范围有界，初步认定序列是平稳的，下面再做自相关图，进一步确认序列的平稳性。

（2）单位根检验

选择数据窗口的"View/Unit root rest"，在弹出的对话框中，在"Test type"中选择"Augmented Dickey-Fuller"（ADF 检验），在"Test for unit root in"中选择"Level"，然后单击"OK"，得到表7-5。

表7-5　单位根检验

Null Hypothesis：OVER SHORT has a unit root
Exogenous：Constant
Lag Length：2（Automatic-based on SIC，maxlag=10）

		t-Statistic	Prob. *
Augmented Dickey-Fuller test statistic		−7.377273	0.0000
Test critical values：	1% level	−3.557472	
	5% level	−2.916566	
	10% level	−2.596116	

从检验结果的 T-值−7.38<−3.56（1%）和 P 值都可以看出，该序列不存在单位根，是一个平稳的时间序列。

2. 模型识别

选择菜单中的"Quick/Series Statistics/Correlogram···"，在"Series Name"中输入"overshort"，点击"OK"，在"Correlogram Specification"中的"Correlogram of"中选择"Level"，在

"Lags to include"中输入"24",点击"OK",得到图 7-6。

Autocorrelation	Partial Correlation		AC	PAC	Q–Stat	Prob
		1	−0.504	−0.504	15.237	0.000
		2	0.122	−0.177	16.147	0.000
		3	−0.211	−0.315	18.913	0.000
		4	0.080	−0.263	19.315	0.001
		5	0.019	−0.153	19.338	0.002
		6	0.117	0.043	20.239	0.003
		7	−0.216	−0.191	23.384	0.001
		8	0.252	0.121	27.732	0.001
		9	−0.193	0.050	30.346	0.000
		10	0.056	−0.070	30.570	0.001
		11	−0.104	−0.153	31.355	0.001
		12	0.012	−0.249	31.366	0.002
		13	0.218	0.096	35.000	0.001
		14	−0.059	0.103	35.273	0.001
		15	−0.143	−0.053	36.912	0.001
		16	0.070	0.035	37.311	0.002
		17	−0.050	0.045	37.525	0.003
		18	0.012	−0.165	37.536	0.004
		19	0.031	−0.166	37.623	0.007
		20	−0.077	−0.166	38.156	0.008
		21	0.142	−0.091	40.033	0.007
		22	−0.053	−0.013	40.304	0.010
		23	−0.105	−0.103	41.387	0.011
		24	0.055	−0.020	41.691	0.014

图 7-6 美国科罗拉多州某个加油站连续 57 天的 overshort 序列自相关图和偏自相关图

从图 7-6 可以看出,序列的自相关系数一直都比较小,除滞后 1 阶的自相关系数落在 2 倍标准差范围以外,其他始终控制在 2 倍的标准差范围以内,可以认为该序列自始至终都在 0 轴附近波动,因而认定序列是平稳的。进一步观察延迟 6 期、12 期、18 期 Q 统计量的 P 值,都小于 0.05,可以断定该序列是非白噪声序列。

从图 7-6 还可以看出,序列的自相关图显示除了 1 阶的自相关系数在 2 倍标准差范围之外,其他阶数的自相关系数都在 2 倍标准差范围内波动,既可以将其看成是拖尾也可以将其看成是 1 阶截尾;偏自相关系图显示 4 阶以后的偏自相关系数都在 2 倍标准差范围内波动,既可将其看成是拖尾也可将其看成是 4 阶截尾,从而将模型初步认定为:$AR(4)$ 或 $MA(1)$。

3. 模型建立及检验

(1)$AR(4)$模型建模

①$AR(4)$模型的参数估计:

在 Eviews 主菜单中选择"Quick/Estimate Equation…",在弹出的对话框中,在"Equation specification"中输入"overshort c ar(1) ar(2) ar(3) ar(4)"在"Method"中选择"LS-Least Squares(NLS and ARMA)";在"Sample"中输入"1 57",然后按"确定",即出现回归结果(见表 7-6):

表 7-6 AR(4)模型的拟合参数

Variable	Coefficient	Std. Error	t-Statistic	Prob.
C	-4.657654	2.215636	-2.102174	0.0405
AR(1)	-0.760427	0.158397	-4.800759	0.0000
AR(2)	-0.481633	0.166400	-2.894432	0.0056
AR(3)	-0.524675	0.145941	-3.595107	0.0007
AR(4)	-0.276792	0.123229	-2.246164	0.0291
SIGMASQ	1975.178	465.0353	4.247373	0.0001
R-squared	0.421845	Mean dependentvar		-4.035088
Adjusted R-squared	0.365164	S. D. dependentvar		58.96911
S. E. of regression	46.98459	Akaike info criterion		10.65545
Sum squared resid	112585.2	Schwarz criterion		10.87050
Log likelihood	-297.6802	Hannan-Quinn criter.		10.73902
F-statistic	7.442340	Durbin-Watson stat		2.038669
Prob(F-statistic)	0.000026			
Invertde AR Roots	.24+.74i	.24-.74i	-.62-.28i	-.62+.28i

由 $AR(p)$ 模型的计算公式:$X_t = \mu + \dfrac{1}{1-AR(1)^*L - AR(2)^*L^2 - \ldots AR(P)^*L^p}\varepsilon_t$,代入表 7-6 的系数,并化简整理得到 $AR(4)$ 模型:

$$X_t = -14.171 - 0.760X_{t-1} - 0.482X_{t-2} - 0.525X_{t-3} - 0.276X_{t-4} + \varepsilon_t。$$

②$AR(4)$模型的显著性检验:

在 Eviews 主菜单中选择"Quick/Generate Series…",在弹出的对话框中,在"Enter equation"中输入"resid",在"Sample"中输入"1 57",然后按"OK"。选择菜单中的"Quick/Series Statistics/Correlogram…",在"Series Name"中输入"resid"(表示作 e 序列的自相关图),点击"OK",在"Correlogram Specification"中的"Correlogram of"中选择"Level",在"Lags to include"中输入"24",点击"OK",得到图 7-7。

Autocorrelation	Partial Correlation		AC	PAC	Q–Stat	Prob
		1	−0.037	−0.037	0.0826	0.774
		2	−0.053	−0.054	0.2526	0.881
		3	−0.057	−0.062	0.4561	0.928
		4	−0.088	−0.097	0.9504	0.917
		5	0.002	−0.013	0.9507	0.966
		6	0.089	0.076	1.4763	0.961
		7	−0.105	−0.111	2.2144	0.947
		8	0.102	0.096	2.9225	0.939
		9	−0.162	−0.165	4.7525	0.855
		10	−0.068	−0.067	5.0870	0.885
		11	−0.123	−0.166	6.1843	0.861
		12	0.069	0.045	6.5418	0.886
		13	0.301	0.292	13.477	0.412
		14	−0.053	−0.097	13.693	0.473
		15	−0.203	−0.173	16.988	0.320
		16	−0.061	−0.106	17.296	0.367
		17	−0.188	−0.162	20.279	0.260
		18	−0.063	−0.191	20.625	0.299
		19	0.001	−0.124	20.625	0.358
		20	−0.035	−0.077	20.736	0.413
		21	0.144	0.068	22.668	0.362
		22	−0.014	0.019	22.686	0.420
		23	−0.089	−0.045	23.470	0.434
		24	0.067	0.063	23.933	0.465

图 7-7　AR(4)模型的残差自相关和偏自相关图

从图 7-7 可以看出,$AR(4)$模型的 AC 和 PAC 都没有显著异于 0,统计量的 P 值都远远大于 0.05,因此可以认为残差序列为白噪声序列,模型信息提取比较充分。参数显著,因此整个模型比较精简,模型较优。

(2)$MA(1)$模型建模

①$MA(1)$模型的参数估计:

在 Eviews 主菜单中选择“Quick/Estimate Equation…”,在弹出的对话框中,在“Equation specification”中输入“overshort c ma(1)”,在“Method”中选择 LS–Least Squares(NLS and AR-MA);在“Sample”中输入“1　57”,然后按“确定”,结果如表 7-7 所示。

表 7-7　MA(1)模型的拟合参数

Variable	Coefficient	Std. Error	t-Statistic	Prob.
C	−4.794497	1.067767	−4.490210	0.0000
MA(1)	−0.847665	0.082679	−10.25244	0.0000
SIGMASQ	2019.754	458.9687	4.400635	0.0001
R-squared	0.408798	Mean dependent var		−4.035088
Adjustde R-squared	0.386901	S. D. dependent var		58.96911
S. E. of regression	46.17318	Akaike info criterion		10.57611
Sum squared resid	115126.0	Schwarz criterion		10.68364
Log Likelihood	−298.4192	Hannan-Quinn criter.		10.61790
F-statistic	18.66964	Durbin-Wats on stat		1.917089
Prob(F-statistic)	0.000001			
Invertde MA Roots	.85			

由 $MA(q)$ 模型的计算公式:

$$X_t = \mu + (1 - MA(1)^*L - MA(2)^*L^2 - \ldots MA(q)^*L^q)\varepsilon_t,$$

代入表 7-7 的系数,并化简整理得到 $MA(1)$ 的模型为

$$X_t = -4.794 + \varepsilon_t - 0.848\varepsilon_{t-1}。$$

② $MA(1)$ 模型的显著性检验

在 Eviews 主菜单中选择"Quick/Generate Series…",在弹出的对话框中,在"Enter equation"中输入"e1=resid",表示将 resid 存入 e1 中,在"Sample"中输入"1　57",然后按"OK"。选择菜单中的"Quick/Series Statistics/Correlogram…",在"Series Name"中输入"e1"(表示作 e1 序列的自相关图),点击"OK",在"Correlogram Specification"中的"Correlogram of"中选择"Level",在"Lags to include"中输入"24",点击"OK",得到图 7-8。

Autocorrelation	Partial Correlation		AC	PAC	Q–Stat	Prob
		1	0.024	0.024	0.0351	0.851
		2	0.056	0.055	0.2236	0.894
		3	−0.146	−0.149	1.5505	0.671
		4	0.055	0.062	1.7449	0.783
		5	0.104	0.120	2.4405	0.785
		6	0.116	0.084	3.3346	0.766
		7	−0.105	−0.113	4.0696	0.772
		8	0.102	0.132	4.7789	0.781
		9	−0.198	−0.189	7.5140	0.584
		10	−0.121	−0.191	8.5685	0.573
		11	−0.142	−0.096	10.042	0.527
		12	0.028	0.009	10.100	0.607
		13	0.181	0.186	12.591	0.480
		14	−0.086	−0.116	13.169	0.513
		15	−0.233	−0.162	17.529	0.288
		16	−0.123	−0.060	18.767	0.281
		17	−0.161	−0.187	20.957	0.228
		18	−0.091	−0.252	21.667	0.247
		19	−0.030	−0.067	21.747	0.297
		20	−0.027	0.004	21.814	0.351
		21	0.111	0.084	22.972	0.345
		22	−0.042	0.064	23.143	0.394
		23	−0.088	−0.002	23.917	0.408
		24	0.089	0.106	24.716	0.421

图 7-8　MA(1)模型的残差自相关和偏自相关

从图 7-8 可以看出,$MA(1)$ 模型的 AC 和 PAC 都没有显著异于 0,统计量的 P 值都远远大于 0.05,因此可以认为残差序列为白噪声序列,模型信息提取比较充分。参数显著,因此

整个模型比较精简,模型较优。

4. 模型优化

从上述建模过程可知,$AR(4)$、$MA(1)$ 模型均显著,两个模型均可以作为数据的拟合模型,再比较两个模型的 AIC 及 SBC 结果,如表 7-8 所示。

表 7-8 $AR(4)$、$MA(1)$ 模型的 AIC 及 SBC 对比

模型	AIC	SBC
$AR(4)$	10.65545	10.87050
$MA(1)$	10.57611	10.68364

由表 7-8 可知,无论是使用 AIC 准则还是使用 SBC 准则,$MA(1)$ 模型都要优于 $AR(4)$ 模型,所以此次实验中 $MA(1)$ 模型是相对最优模型。

5. 模型预测

在 Workfile 窗口点击"proc/structure/Resize Current Page",在弹出的窗口将"End data"由"57"改为"58",点击"OK"。将现有的时间结构由"1-57"改为"1-58"。

在估计的 MA 方程 Equation 框中,点击"proc/Forecast",打开对话框,在"Forecast sample"中输入"1 58",在 Method 中选择"Static forecast",其他均为默认,点击"OK",即得到预测值。

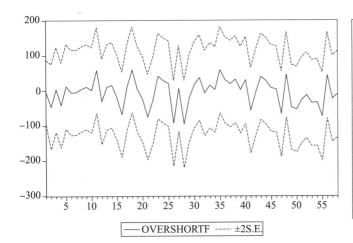

Forecast: OVERSHORTH
Actual: OVERSHORT
Forecast sample: 1 58
Included observations: 58
Root Mean Squared Error   45.60171
Mean Absolute Error   36.59272
Mean Abs. Percent Error   296.0280
Theil Inequality Coefficient   0.471792
　　Bias Proportion   0.000481
　　Variance Proportion   0.206378
　　Covariance Proportion   0.793140
Theil U2 Coefficient   0.896227
Symmetric MAPE   115.2869

图 7-9　Forecast 过程预测效果

根据预测结果,在文件 overshort 中显示了预测值,第 58 天的 overshort 约为−9.4515。从图 7-9 可以看出,第 58 天美国加油站的 overshort 值呈下降趋势,且其预测区间在 2 倍标准差之间;协方差误 0.79314(covariance proportion)大于方差误 0.206378(variance proportion),模型预测的误差比较小,模型满足检验的要求,因此预测效果较好。

上述例子中仅预测了未来一天的数值,可以选择"Static forecast(静态预测)",如果想预测未来多天的值,则预测方法需要选择"Dynamic forecast(动态预测)",动态预测只是适应于样本外预测。

例 7.5 表7-9给出了1950—2008年我国邮路及农村投递线路每年新增里程的数据,请检验该序列的平稳性,并选择合适的 ARIMA(p,d,q)来拟合该序列。

表 7-9 我国 1950—2008 年邮路及农村投递线路每年新增里程数   单位:万千米

年份	新增里程	年份	新增里程	年份	新增里程	年份	新增里程	年份	新增里程	年份	新增里程
1950	15.71	1960	−12.10	1970	26.39	1980	−7.52	1990	6.76	2000	11.08
1951	24.43	1961	−89.71	1971	31.09	1981	−7.69	1991	−0.83	2001	15.75
1952	18.23	1962	−52.26	1972	19.78	1982	1.61	1992	4.67	2002	−0.31
1953	22.50	1963	20.01	1973	2.56	1983	4.46	1993	11.68	2003	20.99
1954	12.53	1964	19.92	1974	12.95	1984	10.97	1994	0.82	2004	6.50
1955	9.94	1965	42.81	1975	15.54	1985	15.15	1995	8.54	2005	10.45
1956	7.19	1966	18.78	1976	3.97	1986	6.00	1996	24.51	2006	−3.51
1957	41.13	1967	−0.75	1977	2.42	1987	−0.90	1997	28.91	2007	23.42
1958	79.03	1968	−1.08	1978	0.31	1988	−3.22	1998	44.94	2008	17.99
1959	119.32	1969	5.09	1979	−5.10	1989	−8.54	1999	11.16		

1. 时间序列平稳性检验

(1)时序图检验:工作文件的创建、样本的录入等与例7.4类似,只是在"Date specification"下的"Frequency"中选择"Annual"(年度数),确定起始时间为1950、终止时间为2008。得到时序图如图7-10所示。

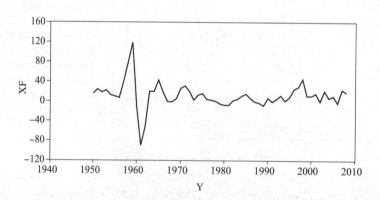

图 7-10 邮路及农村投递线路每年新增里程数时序

从图7-10中可以看出,该序列在常数值附近随机波动,初步认定序列是平稳的。为了进一步确认,对该序列做单位根检验。

（2）单位根检验

选择数据窗口的"View/Unit root rest"，在弹出的对话框中，在"Test type"中选择"Augmented Dickey-Fuller"（ADF 检验），在"Test for unit root in"中选择"Level"，然后单击"OK"，得到表 7-10。

表 7-10　单位根检验

Null Hypothesis: XF has a unit root
Exogenous: Constant
Lag Length: 1 (Automatic - based on SIC, maxlag=10)

		t-Statistic	Prob.*
Augmented Dickey-Fuller test statistic		-6.967369	0.0000
Test critical values:	1% level	-3.550396	
	5% level	-2.913549	
	10% level	-2.594521	

*MacKinnon (1996) one-sided p-values.

Augmented Dickey-Fuller Test Equation
Dependent Variable: D(XF)
Method: Least Squares
Date: 03/19/19　Time: 20:58
Sample (adjusted): 1952 2008
Included observations: 57 after adjustments

Variable	Coefficient	Std. Error	t-Statistic	Prob.
XF(-1)	-0.815993	0.117116	-6.967369	0.0000
D(XF(-1))	0.544583	0.114077	4.773838	0.0000
C	8.843246	2.936482	3.011511	0.0039

R-squared	0.483047	Mean dependent var	-0.112982
Adjusted R-squared	0.463901	S.D. dependent var	27.21020
S.E. of regression	19.92298	Akaike info criterion	8.872821
Sum squared resid	21433.96	Schwarz criterion	8.980350
Log likelihood	-249.8754	Hannan-Quinn criter.	8.914610
F-statistic	25.22912	Durbin-Watson stat	2.104218
Prob(F-statistic)	0.000000		

从检验结果的 T-值 $-6.97 < -3.55$（1%）和 P 值小于 0.05 都可以看出，该序列不存在单位根，而是一个平稳的时间序列。

2. 模型识别

选择菜单中的"Quick/Series Statistics/Correlogram…"，在"Series Name"中输入"xf"（表示作 xf 序列的自相关图），点击"OK"，在"Correlogram Specification"中的"Correlogram of"中选择"level"，在"Lags to include"中输入"24"，点击"OK"，得到图 7-11：

Date: 03/19/19   Time: 20:57
Sample: 1950 2008
Included observations: 59

Autocorrelation	Partial Correlation		AC	PAC	Q–Stat	Prob
		1	0.473	0.473	13.864	0.000
		2	−0.199	−0.544	16.361	0.000
		3	−0.456	−0.098	29.723	0.000
		4	−0.256	0.009	34.005	0.000
		5	0.034	−0.057	34.083	0.000
		6	0.233	0.120	37.754	0.000
		7	0.175	−0.064	39.864	0.000
		8	−0.003	0.007	39.865	0.000
		9	−0.162	−0.068	41.751	0.000
		10	−0.161	−0.020	43.657	0.000
		11	−0.011	0.056	43.667	0.000
		12	0.112	−0.035	44.620	0.000
		13	0.088	−0.023	45.225	0.000
		14	0.007	0.028	45.229	0.000
		15	−0.000	0.085	45.229	0.000
		16	−0.007	−0.043	45.233	0.000
		17	−0.011	0.025	45.243	0.000
		18	0.002	0.022	45.243	0.000
		19	0.015	−0.010	45.265	0.001
		20	−0.006	−0.014	45.268	0.001
		21	−0.048	−0.055	45.489	0.001
		22	−0.083	−0.056	46.153	0.002
		23	−0.087	−0.083	46.915	0.002
		24	−0.070	−0.076	47.425	0.003

图 7-11　1950—2008 年我国新增邮路序列自相关图和偏自相关

观察图 7-11 可知,延迟 6 期、12 期、18 期和 24 期的统计量 P 值都小于 0.05,可以断定该序列属于非白噪声序列,可以对这个平稳非白噪声序列进行进一步分析建模及预测。同时,序列的自相关系数和偏自相关系数都可以看成是截尾的或者是拖尾的,可以设模型为:$AR(p)$、$MA(q)$ 及 $ARMA(p,q)$,看哪种模型拟合可以通过检验。

3. 模型建立

(1)$AR(2)$模型

在 Eviews 主菜单中选择"Quick/Estimate Equation…",在弹出的对话框中,在"Equation specification"中输入"xf c ar(1)ar(2)",在"Method"中选择"LS-Least Squares"(NLS and AR-MA);在"Sample"中输入"1950 2008",如图 7-11 所示,然后单击"确定"。结果如表 7-11 所示。

表 7-11 AR(2)模型的拟合参数

Dependent Variable: XF
Method: ARMA Maximum Likelihood (OPG - BHHH)
Date: 03/19/19   Time: 21:00
Sample: 1950 2008
Included observations: 59
Convergence achieved after 51 iterations
Coefficient covariance computed using outer product of gradients

Variable	Coefficient	Std. Error	t-Statistic	Prob.
C	11.02273	4.496799	2.451238	0.0174
AR(1)	0.718525	0.071453	10.05589	0.0000
AR(2)	-0.529409	0.090471	-5.851685	0.0000
SIGMASQ	365.1743	40.43664	9.030777	0.0000

R-squared	0.453842	Mean dependent var	11.26220
Adjusted R-squared	0.424052	S.D. dependent var	26.07973
S.E. of regression	19.79223	Akaike info criterion	8.889220
Sum squared resid	21545.28	Schwarz criterion	9.030070
Log likelihood	-258.2320	Hannan-Quinn criter.	8.944203
F-statistic	15.23450	Durbin-Watson stat	2.077095
Prob(F-statistic)	0.000000		

Inverted AR Roots	.36+.63i	.36-.63i

从表 7-11 中可以看出,$AR(2)$模型为

$$X_t = 8.938 + 0.719X_{t-1} - 0.529X_{t-1} + \varepsilon_t$$

(2)$AR(2)$模型的显著性检验

在 Eviews 主菜单中选择"Quick/Series Statistics/Correlogram…",在"Series Name"中输入"resid"(作序列的自相关图),点击"OK",在"Correlogram Specification"中的"Correlogram of"中选择"Level",在"Lags to include"中输入"24",点击"OK"。

Date: 03/19/19   Time: 21:43
Sample: 1950 2008
Included observations: 59

Autocorrelation	Partial Correlation		AC	PAC	Q-Stat	Prob
		1	-0.041	-0.041	0.1044	0.747
		2	0.033	0.031	0.1729	0.917
		3	-0.097	-0.094	0.7744	0.856
		4	0.042	0.034	0.8882	0.926
		5	-0.113	-0.106	1.7447	0.883
		6	0.094	0.077	2.3416	0.886
		7	-0.016	0.001	2.3592	0.937
		8	0.030	0.005	2.4222	0.965
		9	-0.048	-0.025	2.5902	0.978
		10	-0.075	-0.099	2.9996	0.981
		11	-0.009	0.011	3.0052	0.991
		12	0.058	0.047	3.2655	0.993
		13	0.037	0.034	3.3748	0.996
		14	-0.053	-0.061	3.6037	0.997
		15	0.073	0.067	4.0343	0.998
		16	0.010	0.033	4.0427	0.999
		17	-0.011	-0.014	4.0522	0.999
		18	-0.014	0.000	4.0706	1.000
		19	0.004	-0.022	4.0723	1.000
		20	-0.033	-0.020	4.1723	1.000
		21	-0.047	-0.057	4.3835	1.000
		22	-0.072	-0.068	4.8853	1.000
		23	-0.022	-0.030	4.9342	1.000
		24	-0.080	-0.100	5.5935	1.000

图 7-12 Ar(2)模型的残差自相关和偏自相关

从图 7-12 可以看出, $AR(2)$ 模型的 AC 和 PAC 都没有显著异于 0, 统计量的 P 值都远远大于 0.05, 因此可以认为残差序列为白噪声序列, 模型信息提取比较充分。此外, 从表 7-12 中可以看出, 滞后一阶和二阶参数的 P 值都很小, 参数显著, 因此模型比较精简、模型较优。

(3) $MA(q)$ 模型

① $MA(1)$ 模型

输入"xf c ma(1)"在 Method 中选择 LS-Least Squares(NLS and ARMA);在 Sample 中输入"1950 2008", 如图 7-, 然后按"确定", 即出现回归结果, 如表 7-12 所示。

表 7-12   MA(1)模型的拟合参数

Dependent Variable: XF
Method: ARMA Maximum Likelihood (OPG - BHHH)
Date: 03/19/19   Time: 21:13
Sample: 1950 2008
Included observations: 59
Convergence achieved after 28 iterations
Coefficient covariance computed using outer product of gradients

Variable	Coefficient	Std. Error	t-Statistic	Prob.
C	11.14806	4.439087	2.511340	0.0149
MA(1)	0.597407	0.052996	11.27278	0.0000
SIGMASQ	446.8896	46.81339	9.546192	0.0000

R-squared	0.331628	Mean dependent var	11.26220
Adjusted R-squared	0.307758	S.D. dependent var	26.07973
S.E. of regression	21.69862	Akaike info criterion	9.049366
Sum squared resid	26366.49	Schwarz criterion	9.155003
Log likelihood	-263.9563	Hannan-Quinn criter.	9.090602
F-statistic	13.89284	Durbin-Watson stat	1.763363
Prob(F-statistic)	0.000013		

Inverted MA Roots	-.60

从表 7-12 可以看出, $MA(1)$ 模型为

$$X_t = 11.148 + \varepsilon_t + 0.598\varepsilon_{t-1}$$

做 $MA(1)$ 的残差自相关图, 如图 7-13 所示。

从图 7-13 可以看出, $MA(1)$ 模型的 AC 和 PAC 第 3 期有显著异于 0, 第三期统计量的 P 值也小于 0.05, 因此可以认为残差序列为非白噪声序列, 模型信息提取不够充分。因此用 $MA(1)$ 模型来拟合不恰当。

Date: 03/19/19 Time: 21:45
Sample: 1950 2008
Included observations: 59

Autocorrelation	Partial Correlation		AC	PAC	Q-Stat	Prob
		1	0.117	0.117	0.8492	0.357
		2	-0.084	-0.099	1.2956	0.523
		3	-0.428	-0.415	13.071	0.004
		4	-0.082	0.000	13.511	0.009
		5	-0.026	-0.091	13.558	0.019
		6	0.230	0.071	17.137	0.009
		7	0.085	0.023	17.636	0.014
		8	0.018	-0.022	17.658	0.024
		9	-0.139	-0.023	19.054	0.025
		10	-0.113	-0.072	19.995	0.029
		11	-0.007	0.024	19.999	0.045
		12	0.095	0.014	20.697	0.055
		13	0.067	-0.022	21.045	0.072
		14	-0.031	-0.045	21.122	0.099
		15	0.021	0.094	21.159	0.132
		16	-0.017	0.013	21.185	0.172
		17	-0.001	-0.016	21.185	0.218
		18	-0.005	0.034	21.187	0.270
		19	0.022	0.002	21.232	0.324
		20	-0.005	0.002	21.234	0.383
		21	-0.021	-0.027	21.278	0.442
		22	-0.065	-0.061	21.683	0.479
		23	-0.036	-0.043	21.814	0.531
		24	-0.070	-0.117	22.323	0.560

图 7-13　MA(1)模型的残差自相关和偏自相关

②MA(3)模型

进一步用 MA(2)拟合,模型参数不显著,再用 MA(3)拟合,MA(3)的系数不显著,调整后输入"xf c ma(1)ma(3)",在 Method 中选择 LS-Least Squares(NLS and ARMA);在 Sample 中输入"1950 2008",然后按"确定",即出现回归结果,如表 7-13 所示。

表 7-13　MA(3)模型的拟合参数

Dependent Variable: XF
Method: ARMA Maximum Likelihood (OPG - BHHH)
Date: 03/19/19 Time: 21:49
Sample: 1950 2008
Included observations: 59
Convergence achieved after 43 iterations
Coefficient covariance computed using outer product of gradients

Variable	Coefficient	Std. Error	t-Statistic	Prob.
C	11.14422	4.260822	2.615510	0.0115
MA(1)	0.690339	0.066589	10.36715	0.0000
MA(3)	-0.294967	0.127726	-2.309372	0.0247
SIGMASQ	383.3431	45.99238	8.334927	0.0000

R-squared	0.426669	Mean dependent var		11.26220
Adjusted R-squared	0.395396	S.D. dependent var		26.07973
S.E. of regression	20.27863	Akaike info criterion		8.936922
Sum squared resid	22617.24	Schwarz criterion		9.077772
Log likelihood	-259.6392	Hannan-Quinn criter.		8.991904
F-statistic	13.64352	Durbin-Watson stat		1.918043
Prob(F-statistic)	0.000001			

Inverted MA Roots	.50	-.59+.49i	-.59-.49i

从表 7-13 中可以看出, $MA(3)$ 模型为

$$X_t = 11.144 + \varepsilon_t + 0.690\varepsilon_{t-1} - 0.295\varepsilon_{t-3}$$

③$MA(3)$ 模型的显著性检验

Date: 03/19/19   Time: 22:01
Sample: 1950 2008
Included observations: 59

Autocorrelation	Partial Correlation		AC	PAC	Q–Stat	Prob
		1	0.041	0.041	0.1027	0.749
		2	−0.037	−0.039	0.1899	0.909
		3	−0.185	−0.183	2.4012	0.493
		4	−0.188	−0.182	4.7112	0.318
		5	0.038	0.035	4.8084	0.440
		6	0.150	0.111	6.3350	0.387
		7	0.043	−0.025	6.4626	0.487
		8	0.043	0.030	6.5927	0.581
		9	−0.119	−0.068	7.6109	0.574
		10	−0.093	−0.045	8.2455	0.605
		11	0.008	0.013	8.2506	0.691
		12	0.050	0.017	8.4420	0.750
		13	0.084	0.030	8.9962	0.773
		14	−0.047	−0.076	9.1719	0.820
		15	0.041	0.091	9.3079	0.861
		16	−0.004	0.038	9.3090	0.900
		17	−0.025	−0.024	9.3607	0.928
		18	0.018	0.005	9.3888	0.950
		19	−0.009	−0.004	9.3967	0.966
		20	−0.008	−0.001	9.4019	0.978
		21	−0.032	−0.055	9.4980	0.985
		22	−0.080	−0.070	10.119	0.985
		23	−0.020	−0.034	10.159	0.990
		24	−0.086	−0.119	10.917	0.990

图 7-14 $MA(3)$ 模型的残差自相关和偏自相关

从图 7-14 可以看出, $MA(3)$ 模型的 AC 和 PAC 都没有显著异于 0, 统计量的 P 值都远远大于 0.05, 因此可以认为残差序列为白噪声序列, 模型信息提取比较充分。此外, 从表 7-14 还可以看出, 滞后一阶和二阶参数的 P 值都很小, 参数显著, 因此模型比较精简, 模型较优。

经过尝试 $ARMA(1,1)$ 模型、$AR(3)$ 模型、$MA(4)$ 模型均有不显著的参数, 因此用 $AR(2)$ 及 $MA(3)$ 模型进行拟合。此时的 P 值均可以通过检验。模型 $AR(2)$ 与 $MA(3)$ 均可以作为该问题的模型。

4. 模型优化

再通过 AIC 及 SBC 准则进行比较:

表 7-14 $AR(2)$ 及 $MA(3)$ 的 AIC 及 SBC 检验结果对比

模型	AIC	SBC
$AR(2)$	8.889	9.030
$MA(3)$	8.937	9.078

由表 7-14 可知, 无论是使用 AIC 准则还是使用 SBC 准则, $AR(2)$ 模型都要优于 $MA(3)$ 模型, 所以此次实验中 $AR(2)$ 模型是相对最优模型。

5. 模型预测

在 Workfile 窗口点击"proc/structure/Resize Current Page",在弹出的窗口将"End data"由"1985"改为"2009",点击"OK"。将现有的时间结构从"1950—2008"改为"1950—2009"。

在估计的方程 Equation 框中,点击"proc/Forecast",打开对话框,在"Forecast sample"中输入"1950 2009",在 Method 中选择"static forecast",其他均为默认,点击"OK",即得到 1950—2009 年邮路新增里程的预测值。在 XF 文件中显示了预测值,1950—2008 年的预测值为原来的值。2009 年的预测值为 9.466。

在估计的方程 Equation 框中,在 Method 中选择"Static forecast",其他均为默认,点击"OK",即得到图 7-15 的预测区间。

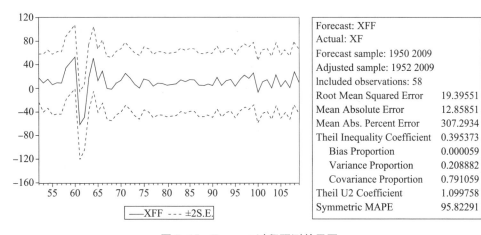

图 7-15　Forecast 过程预测效果图

从图 7-15 可以看出,1950 年值呈上升趋势,且其预测区间在 2 倍标准差之间;协方差误 0.791(covariance proportion)大于方差误 0.209(variance proportion),模型预测的误差比较小,模型满足检验的要求,因此预测效果较好。

例 7.6　选择合适的模型拟合 1982—2018 年我国支出法 GDP 序列,数据如表 7-15 所示。

表 7-15　1982—2017 年中国 GDP 序列

单位:亿元

年份	GDP	年份	GDP	年份	GDP	年份	GDP	年份	GDP
1982	5426.3	1990	19067.0	1998	85486.3	2006	221206.5	2014	647181.7
1983	6078.7	1991	22124.2	1999	90823.8	2007	271699.3	2015	699109.4
1984	7345.9	1992	27334.2	2000	100576.8	2008	319935.8	2016	745632.4
1985	9180.5	1993	35900.1	2001	111250.2	2009	349883.3	2017	815260.0
1986	10473.7	1994	48822.7	2002	122292.1	2010	410708.3		
1987	12294.2	1995	61539.0	2003	138314.7	2011	486037.8		

续表

年份	GDP	年份	GDP	年份	GDP	年份	GDP	年份	GDP
1988	15332.2	1996	72102.5	2004	162742.1	2012	540988.9		
1989	17359.6	1997	80024.8	2005	189190.4	2013	596962.9		

1. 平稳性检验

（1）时序图检验：工作文件的创建、样本的录入等与例7.4类似，确定起始时间为1982，终止时间为2017。得到时序图如图7-16所示：

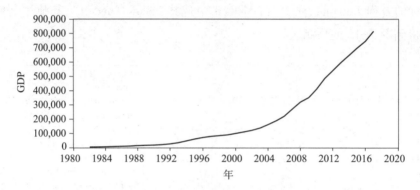

图7-16　1978—2018年中国支出法GDP时序

从图7-16中可以看出，该序列有明显上升趋势，因而不是平稳序列，进行单位根检验确认平稳性。

（2）单位根检验

选择数据窗口的"View/Unit root rest"，在弹出的对话框中，在"Test type"中选择"Augmented Dickey-Fuller(ADF检验)"，在"Test for unit root in"中的Level和1st difference都通不过检验，证明有单位根存在。再选择"2st difference"，然后单击"OK"，得到表7-16。

表7-16　1978—2017年中国支出法GDP单位根检验

Null Hypothesis: D(GDP,2) has a unit root
Exogenous: None
Lag Length: 1 (Automatic - based on SIC, maxlag=8)

		t-Statistic	Prob.*
Augmented Dickey-Fuller test statistic		-6.299491	0.0000
Test critical values:	1% level	-2.641672	
	5% level	-1.952066	
	10% level	-1.610400	

*MacKinnon (1996) one-sided p-values.

从检验结果的 T-值-6.30<-2.64(1%)和 P 值小于 0.05 都可以看出,该序列二阶差分后不再存在单位根,变成了一个平稳的时间序列。

2. 模型识别及 $ARIMA(p,2,q)$ 的模型建立

(1)建立 $ARIMA(0,2,1)$ 模型

二阶差分序列的拟合,通过尝试发现只有 $MA(1)$ 可以通过检验,这是原序列的 $ARIMA(0,2,1)$ 模型。

表7-17　ARIMA(0,2,1)模型的拟合参数

Dependent Variable: D2GDP
Method: ARMA Maximum Likelihood (OPG - BHHH)
Date: 03/16/19　Time: 21:45
Sample: 1984 2017
Included observations: 34
Convergence achieved after 40 iterations
Coefficient covariance computed using outer product of gradients

Variable	Coefficient	Std. Error	t-Statistic	Prob.
MA(1)	-0.282778	0.110094	-2.568516	0.0151
SIGMASQ	86322049	15336979	5.628361	0.0000

R-squared	-0.001842	Mean dependent var		2028.682
Adjusted R-squared	-0.033150	S.D. dependent var		9422.013
S.E. of regression	9576.909	Akaike info criterion		21.23157
Sum squared resid	2.93E+09	Schwarz criterion		21.32136
Log likelihood	-358.9367	Hannan-Quinn criter.		21.26219
Durbin-Watson stat	1.765525			

Inverted MA Roots	.28

从表7-17 中可以看出,$MA(1)$模型为:$\nabla^2 X_t = \varepsilon_t - 282778\varepsilon_{t-1}$,整理后得:

$$X_t = 2X_{t-1} - X_{t-2} + \varepsilon_t - 0.2827778\varepsilon_{t-1}$$

(2)$ARIMA(0,2,1)$模型显著性检验

实际是做 GDP 二阶差分以后的残差的自相关图,相关系数和偏自相关系数都没有显著异于 0,统计量的 P 值都远远大于 0.05,均可以认为残差序列为白噪声序列,模型信息提取比较充分。

Autocorrelation	Partial Correlation		AC	PAC	Q-Stat	Prob
		1	-0.024	-0.024	0.0207	0.886
		2	-0.332	-0.333	4.2454	0.120
		3	0.166	0.166	5.3317	0.149
		4	0.110	0.002	5.8280	0.212
		5	-0.270	-0.189	8.9018	0.113
		6	0.065	0.101	9.0873	0.169
		7	0.219	0.071	11.254	0.128
		8	-0.255	-0.195	14.307	0.074
		9	-0.157	-0.063	15.508	0.078
		10	0.101	-0.121	16.032	0.099
		11	0.026	0.027	16.069	0.139
		12	-0.034	0.075	16.134	0.185
		13	0.034	-0.062	16.201	0.238
		14	-0.002	-0.023	16.201	0.301
		15	-0.026	0.039	16.244	0.366
		16	0.039	0.008	16.347	0.429
		17	0.064	0.056	16.638	0.479
		18	-0.018	-0.043	16.662	0.546
		19	-0.043	-0.047	16.814	0.602
		20	-0.077	-0.080	17.337	0.631
		21	-0.091	-0.124	18.122	0.641
		22	-0.031	-0.084	18.219	0.693
		23	0.027	-0.026	18.302	0.741
		24	0.009	-0.006	18.312	0.788

图 7-17　$ARMA(0,2,1)$ 模型的残差自相关

如果序列是不稳定的序列,进行预测时效果并不理想。本例是二阶平稳序列,可以用于预测。预测出 2018 年的支出法 GDP 的二阶差分值为 -609.7262,算出 2018 年的支出法 GDP 的值为 878789.9。

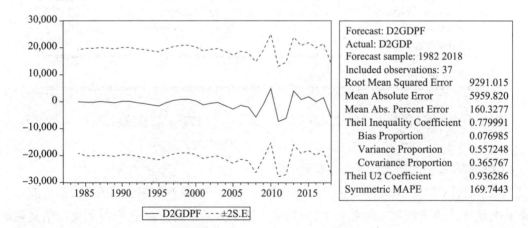

图 7-18　Forecast 过程预测效果

从图 7-18 中可以看出,从二阶差分值呈下降趋势,其预测区间在 2 倍标准差之间;协方差误 0.365767(covariance proportion)小于方差误 0.557248(variance proportion),模型预测的误差比较大,模型的预测效果并不理想。

7.4 时间序列模型习题

1. 表 7-18 给出了某生产车间 201 天生产记录的数据,请检验该序列的平稳性,并选择合适的 $ARIMA(p,d,q)$ 来拟合该序列。

表 7-18 某生产车间 201 天生产记录的数据(行数据)

81.9	89.4	79	81.4	84.8	85.9	88	80.3	82.6
83.5	80.2	85.2	87.2	83.5	84.3	82.9	84.7	82.9
81.5	83.4	87.7	81.8	79.6	85.8	77.9	89.7	85.4
86.3	80.7	83.8	90.5	84.5	82.4	86.7	83	81.8
89.3	79.3	82.7	88	79.6	87.8	83.6	79.5	83.3
88.4	86.6	84.6	79.7	86	84.2	83	84.8	83.6
81.8	85.9	88.2	83.5	87.2	83.7	87.3	83	90.5
80.7	83.1	86.5	90	77.5	84.7	84.6	87.2	80.5
86.1	82.6	85.4	84.7	82.8	81.9	83.6	86.8	84
84.2	82.8	83	82	84.7	84.4	88.9	82.4	83
85	82.2	81.6	86.2	85.4	82.1	81.4	85	85.8
84.2	83.5	86.5	85	80.4	85.7	86.7	86.7	82.3
86.4	82.5	82	79.5	86.7	80.5	91.7	81.6	83.9
85.6	84.8	78.4	89.9	85	86.2	83	85.4	84.4
84.5	86.2	85.6	83.2	85.7	83.5	80.1	82.2	88.6
82	85	85.2	85.3	84.3	82.3	89.7	84.8	83.1
80.6	87.4	86.8	83.5	86.2	84.1	82.3	84.8	86.6
83.5	78.1	88.8	81.9	83.3	80	87.2	83.3	86.6
79.5	84.1	82.2	90.8	86.5	79.7	81	87.2	81.6
84.4	84.4	82.2	88.9	80.9	85.1	87.1	84	76.5
82.7	85.1	83.3	90.4	81	80.3	79.8	89	83.7
80.9	87.3	81.1	85.6	86.6	80	86.6	83.3	83.1
82.3	86.7	80.2						

2. 表 7-19 给出了 1978—2014 年我国安徽省人均消费的数据,请检验该序列的平稳性,并选择合适的 $ARIMA(p,d,q)$ 来拟合该序列,同时用得到的模型来预测安徽省 2015 年、2016 年、2017 年和 2018 年的人均消费,并通过上网查找相关数据,对照模型预测值与安徽省 2015—2018 年实际人均消费额,体会模型预测的精确程度。

表 7-19　我国 1978—2014 年安徽省人均消费的数据

单位:元

年份	人均消费	年份	人均消费	年份	人均消费	年份	人均消费	年份	人均消费
1978	165	1986	416	1994	1251	2002	2988	2010	8237
1979	189	1987	482	1995	1669	2003	3312	2011	9692
1980	221	1988	586	1996	1945	2004	3707	2012	10541
1981	260	1989	653	1997	2275	2005	3870	2013	11734
1982	283	1990	670	1998	2370	2006	4409	2014	12944
1983	305	1991	683	1999	2523	2007	5276		
1984	312	1992	762	2000	2588	2008	6006		
1985	365	1993	973	2001	2739	2009	6829		

3. 表 7-20 给出了 1978—2016 年我国居民价格消费指数数据(1978 年 = 100),请检验该序列的平稳性,并选择合适的 $ARIMA(p,d,q)$ 来拟合该序列,同时用得到的模型来预测我国居民价格消费指数 2017 年的人均消费,对照模型预测值与 2017 年实际价格消费指数(637.5),体会模型预测的精确程度。

表 7-20　1978—2017 年我国居民价格消费指数数据(1978 年 = 100)

年份	指数	年份	指数	年份	指数	年份	指数	年份	指数
1978	100	1986	139.6	1994	339	2002	433.5	2010	536.1
1979	101.9	1987	149.8	1995	396.9	2003	438.7	2011	565
1980	109.5	1988	177.9	1996	429.9	2004	455.8	2012	579.7
1981	112.2	1989	209.9	1997	441.9	2005	464	2013	594.8
1982	114.4	1990	216.4	1998	438.4	2006	471	2014	606.7
1983	116.7	1991	223.8	1999	432.2	2007	493.6	2015	615.2
1984	119.9	1992	238.1	2000	434	2008	522.7	2016	627.5
1985	131.1	1993	273.1	2001	437	2009	519		

第8章　灰色系统理论

　　灰色系统理论是20世纪80年代,由中国华中理工大学的邓聚龙教授首先提出并创立的一门新兴学科,它是一门基于数学理论的系统工程学科,主要解决一些包含未知因素的特殊领域的问题。灰色系统理论是一种用于研究少数据、贫信息不确定性问题的新方法。灰色系统理论以“部分信息已知,部分信息未知”的“小样本”“贫信息”不确定性系统为研究对象,主要通过对“部分”已知信息的生成、开发,提取有价值的信息,实现对系统运行行为、演化规律的正确描述和有效监控。现实世界上普遍存在的“小数据”“贫信息”不确定性系统,为灰色系统理论提供了丰富的研究资源和广阔的发展空间。

　　概率统计、模糊数学、灰色系统理论和粗糙集理论是4种最常用的不确定系统研究方法,研究对象具有某种不确定性是它们共同的特点。概率统计研究的是“随机不确定”现象,考察具有多种可能发生的结果之“随机不确定”现象中每一种结果发生的可能性大小,要求大样本,并服从某种典型分布;模糊数学着重研究“认识不确定”问题,其研究对象具有“内涵明确,外延不明确”的特点,如“年轻人”内涵明确,但要你划定一个确定的范围,在这个范围内是年轻人,范围外不是年轻人,则很难办到;灰色系统理论着重研究概率统计,模糊数学难以解决的“小样本,贫信息”不确定性问题,着重研究“外延明确,内涵不明确”的对象;粗糙集理论采用精确的数学方法研究不确定性系统,主要思想是利用已知的知识库,近似刻画和处理不精确或不确定的知识。

8.1　灰色系统理论概述

　　通常讲的社会、经济、农业、工业、生态、生物等许多系统,是按照研究对象所属的领域和范围命名的,而灰色系统是按颜色命名的,在控制论中,用“黑”“白”“灰”颜色的深浅形容对信息的了解程度,“黑色”表示信息未知、“白色”表示信息完全明确,“灰色”表示部分信息明确、部分信息不明确。

　　信息完全明确的系统称为白色系统;信息未知的系统称为黑色系统;部分信息明确,部分不明确的系统称为灰色系统。

　　黑色、灰色、白色都是一种相对的概念。世界上没有绝对的白色系统,因为任何系统总有未确知的部分,也没有绝对的黑色系统,因为既然一无所知,也就无所谓该系统的存在了。

灰色系统理论的研究对象是"部分信息已知、部分信息未知"的"小数据""贫信息"不确定性系统,运用灰色系统方法和模型技术,通过对"部分"已知信息的生成,能够开发、挖掘蕴含在系统观测数据中的重要信息,实现对现实世界的正确描述和认识。

灰色系统理论的成立基于一些基本假设,被称为公理,其中包括:

公理 8.1(差异信息原理) "差异"是信息,凡信息必有差异。

通常我们说"事物甲不同于事物乙",就是含有事物甲相对于事物乙的特殊性有关的信息。事物的差异性,是认识事物的基本信息。

公理 8.2(解的非唯一性原理) 信息不完全,不确定的解是非唯一的。

"解的非唯一性原理"在决策上的体现就是灰靶思想。例如求职就业,一个认定"非某单位不去"的求职者,如果没有绝对的优势,其愿望很有可能会落空。相同条件下,对于愿意退而求其次、多目标、多选择的求职者,得到职位的可能性会更大。

公理 8.3(最少信息原理) 灰色系统理论的特点是充分开发利用已占有的"最少信息"。

灰色系统理论研究的立足点是"有限信息空间","最少信息"是灰色系统理论的基本准则。

公理 8.4(认知根据原理) 信息是认知的根据。

认知必须以信息为基础,没有信息,就不可能有认知。

公理 8.5(新信息优先原理) 新信息对认知的作用大于旧信息。

"新信息优先原理"是灰色系统理论的信息观,赋予新信息较大的权重,可以提高灰色建模、灰色预测、灰色分析、灰色评估等功效。

公理 8.6(灰性不灭原理) "信息完全"是相对的,"信息不完全"是绝对的。

信息不完全、不确定具有普遍性,信息完全是相对的、暂时的。原有的不确定性消失,新的不确定性很快会出现。

灰色系统理论经过 30 多年的发展,现在已经基本建立起学科的结构体系。其主要内容包括灰色代数系统、灰色方程、灰色矩阵等灰色系统的基础理论;序列算子和灰色信息挖掘方法;用于系统诊断、分析的系列灰色关联分析模型;用于解决系统要素和对象分类问题的多种灰色聚类评估模型、系列灰色模型(GM)和灰色系统预测方法和技术;主要用于方案评价和选择的灰靶决策和多目标加权灰靶决策模型等。

灰色系统主要是用灰色数学来处理不确定量,使之量化。灰色系统能充分利用已知信息寻求系统的运动规律,它视不确定量为灰色量。它能利用时间序列来确定微分方程的参数。通过累加生成和累减生成逐步使灰色量白化,从而建立相应于微分方程解的模型并做出预报。这样,对某些大系统和长期预测问题,就可以发挥作用。

灰色预测模型只要求较短的观测数据资料即可,这和时间序列分析、多元分析等概率统计模型要求较长资料很不一样。因此,对于某些只有少量观测数据的项目来说,灰色预测是一种有用的工具。

8.2　灰色关联分析模型

一般系统,如社会系统、经济系统、教育系统、生态系统等都包含许多不同的因素,多种因素共同作用的结果决定了系统的发展态势。人们经常希望了解众多的因素中哪些是主要因素,哪些是次要因素,这些因素对系统的发展都起到了什么样的作用等。这些都需要用到系统分析。

数理统计中的回归分析、方差分析、主成分分析以及计量经济学中的时间序列分析等都可以用来进行系统分析。但是这些方法都要求有大量的数据、数据服从一定的分布,计算量较大,并可能出现量化结果与实际定性分析不一致的情况,如果某种统计检验无法通过,就会导致建模失败。如果研究的问题数据有限,而且数据的灰度较大、数据序列的典型规律不明显,以上方法就很难进行分析。

灰色关联分析弥补了上述研究方法的缺陷,它对样本量的多少和样本有无明显的规律都同样适用。灰色关联分析是灰色系统理论中一个十分活跃的分支,是依据各因素数列曲线形状的接近程度做发展态势的分析。灰色系统理论提出了对各子系统进行灰色关联度分析的概念,意图通过一定的方法,去寻求系统中各子系统(或因素)之间的数值关系。简言之,灰色关联度分析的意义是指在系统发展过程中,如果两个因素变化的态势是一致的,即同步变化程度较高,则可以认为两者关联较大;反之,则两者关联度较小。因此,灰色关联度分析对于一个系统发展变化态势提供了量化的度量,非常适合动态的历程分析。

一、灰色关联的定义及灰色关联公理

设 X_i 为系统因素,其在序号 k 上的观测数据为 $x_i(k)1,2,\dots,n$,则称

$$X_i = (x_i(1), x_i(2), \dots, x_i(n)) \tag{8-1}$$

为因素 X_i 的行为序列;若 k 为时间序号,$x_i(k)$ 为因素 X_i 在 k 时刻的观测数据,则称式(8-1)为因素 X_i 的行为时间序列;若 k 为指标序号,$x_i(k)$ 为因素 X_i 关于第 k 个指标的观测数据,则称式(8-1)为因素 X_i 的行为指标序列;若 k 为观测对象序号,$x_i(k)$ 为因素 X_i 关于第 k 个对象的观测数据,则称式(8-1)为因素 X_i 的行为横向序列。

无论是时间序列数据、指标序列数据还是横向序列数据,都可以用来做关联分析。

设 $X_i = (x_i(1), x_i(2), \dots, x_i(n))$ 为因素 X_i 的行为序列,称 $\left(\dfrac{x_i(1)}{x_i(1)}, \dfrac{x_i(2)}{x_i(1)}, \dots, \dfrac{x_i(n)}{x_i(1)}\right)$ 为初值象。

设 $X_0 = (x_0(1), x_0(2), \dots, x_0(n))$ 为系统特征序列,且 $X_1 = (x_1(1), x_1(2), \dots, x_1(n))$、$\dots$、$X_i = (x_i(1), x_i(2), \dots, x_i(n))$、$\dots$、$X_m = (x_m(1), x_m(2), \dots, x_m(n))$ 为相关因素序

列,给定实数 $r(x_0(k),x_i(k))$,若实数 $r(X_0,X_i)=\dfrac{1}{n}\sum\limits_{k=1}^{n}r(x_0(k),x_i(k))$ 满足:

1. 规范性:$0<r(X_0,X_i)\leqslant 1$,当 $X_0=X_i$ 时,有 $r(X_0,X_i)=1$;

2. 整体性:令 $X=\{X_s\mid s=0,1,\dots,m;m\geqslant 2\}$,对于 $X_i,X_j\in X$,当 $i\neq j$ 时,有 $r(X_i,X_j)\neq r(X_j,X_i)$;

3. 对称性:若 $X_i,X_j\in X$,有 $r(X_i,X_j)=r(X_j,X_i)\Leftrightarrow X=\{X_i,X_j\}$;

4. 接近性:$|x_0(k)-x_i(k)|$ 越小,$r(x_0(k),x_i(k))$ 越大。

则称 $r(X_0,X_i)=\dfrac{1}{n}\sum\limits_{k=1}^{n}r(x_0(k),x_i(k))$ 为 $X_i,X_0\in X$ 的灰色关联度,其中 $r(x_0(k),x_i(k))$ 为 X_i 和 X_0 在 k 点的关联系数,并称上述四条为灰色关联四公理。

在灰色关联四公理中,规范性 $0<r(X_0,X_i)\leqslant 1$ 表明系统中任何两个行为序列都不可能严格无关联;整体性则体现了环境对灰色关联比较的影响,环境不同,灰色关联度也随之变化,因此对称性不一定满足。对称性表明,当灰色关联因子集中只有两个序列时,满足对称性。

设 $X=\{x_0,x_1,\dots,x_m\}$ 为灰关联因子集,$x_0(k),x_i(k)$ 分别为 x_0 与 x_i 的第 k 个点的数,即

$$x_0=(x_0(1),x_0(2),\dots,x_0(n)),$$
$$x_1=(x_1(1),x_1(2),\dots,x_1(n)),\dots,$$
$$x_i=(x_i(1),x_i(2),\dots,x_i(n)),\dots,$$
$$x_m=(x_m(1),x_m(2),\dots,x_m(n))。$$

若

$$r(x_0(k),x_i(k))=\frac{\Delta_{\min}+\rho\Delta_{\max}}{\Delta_{0i}(k)+\rho\Delta_{\max}},$$

$$r(x_0,x_i)=\sum_{k=1}^{n}\omega_k r(x_0(k),x_i(k)),$$

其中 $\Delta_{0i}(k)=|x_0(k)-x_i(k)|$ 为绝对差,$\Delta_{\min}=\min\limits_{i}\min\limits_{k}\Delta_{0i}(k)$ 为两极最小差,$\Delta_{\max}=\max\limits_{i}\max\limits_{k}\Delta_{0i}(k)$ 为两极最大差,ρ 为分辨系数,且 $\rho\in(0,1)$,(ρ 值在实际计算中一般取 0.5)。ω_k 为 k 点权重,满足 $0\leqslant\omega_k\leqslant 1$,$\sum\limits_{k=1}^{n}\omega_k=1$。则称 $r(x_0(k),x_i(k))$ 为 x_0 与 x_i 的灰关联系数,称 $r(x_0,x_i)$ 为 x_0 对 x_i 的(邓氏)灰关联度。

一般地,若 $r(x_0,x_i)>r(x_0,x_j)$,则说明 x_i 与 x_0 的相关程度比 x_j 与 x_0 的相关程度要高,或者理解为 x_i 对 x_0 的影响程度比 x_j 对 x_0 的影响程度要大。

二、灰色关联分析的计算步骤

1. 确定分析数列:确定反映系统行为特征的参考数列和影响系统行为的比较数列。

(1)参考数列:也称母序列或比较数列,用 $Y=Y(k)$ 或 $y=y(k)$ 或 $X=X_0(k)$,$x=x_0(k)$,

$(k=1,2,\ldots,n)$ 表示;若是解决综合评价问题时则参考序列可能需要自己生成,通常选定每个指标或时间段中所有比较序列中的最佳值组成的新序列为参考序列。

(2)比较数列:也称子序列或关联数列,用

$$X_i = X_i(k) \text{ 或 } x_i(k) (k=1,2,\ldots,n,i=1,2,\ldots,m) \text{ 表示。}$$

2. 变量的无量纲化

由于系统中各因素列中的数据常常会量纲不同或数量级不同,不便于比较或在比较时难以得到正确的结论。因此在进行灰色关联度分析时,一般都要进行数据的无量纲化处理。主要有两种方法:

(1)初值化处理:$x_i(k) = \dfrac{x_i(k)}{x_i(1)}, k=1,2,\ldots,n, i=1,2,\ldots,m$;

(2)均值化处理:$x_i(k) = \dfrac{x_i(k)}{\bar{x}_i}, k=1,2,\ldots,n, i=1,2,\ldots,m$;

其中 k 对应时间段,i 对应比较数列中的一行,也就是一个特征。

3. 计算关联系数

$$\rho_i(k) = \frac{\min\limits_i \min\limits_k |y(k) - x_i(k)| + \varphi \max\limits_i \max\limits_k |y(k) - x_i(k)|}{|y(k) - x_i(k)| + \varphi \max\limits_i \max\limits_k |y(k) - x_i(k)|},$$

其中 $\varphi \in (0, \infty)$ 称为分辨系数。φ 越小分辨力越大,一般 $\varphi \in (0,1)$,通常取 $\varphi = 0.5$。

4. 计算关联度

关联系数是比较数列与参考数列在各个时刻(即曲线中各点)的关联程度值,所以它的数不止一个,而信息过于分散不便于进行整体性比较。因此经常会将各个时刻(即曲线中的各点)的关联系数求其平均值,作为比较数列与参考数列间关联程度的数量表示,关联度 r_i 公式为

$$r_i = \frac{1}{n} \sum_{k=1}^{n} \rho_i(k) \quad k=1,2,\ldots,n。$$

5. 关联度排序

将关联度按大小排序,如果 $r_1 < r_2$,则参考数列 y 与比较数列 x_2 更相似。在算出 $X_i(k)$ 序列与 $Y(k)$ 序列的关联系数后,计算各类关联系数的平均值,平均值 r_i 就称为 $Y(k)$ 与 $X_i(k)$ 的关联度。

三、灰色绝对关联度与灰色相对关联度

设 $X_0 = (x_0(1), x_0(2), \ldots, x_0(n))$、$X_i = (x_i(1), x_i(2), \ldots, x_i(n))$,而

$X_0^0 = (x_0^0(1), x_0^0(2), \ldots, x_0^0(n))$ 和 $X_i^0 = (x_i^0(1), x_i^0(2), \ldots, x_i^0(n))$ 分别为 X_0 与 X_i 的始点化像,

即 $x_0^0(k) = x_0(k) - x_0(1)$, $x_i^0(k) = x_i(k) - x_i(1)$, $|s_0| = \left| \sum_{k=2}^{n-1} x_0^0(k) + \frac{1}{2} x_0^0(n) \right|, \ldots,$

$|s_i| = \left| \sum_{k=2}^{n-1} x_i^0(k) + \frac{1}{2} x_i^0(n) \right|$ 及 $|s_i - s_0| = \left| \sum_{k=2}^{n-1} (x_i^0(k) - x_0^0(k)) + \frac{1}{2} (x_i^0(n) - x_0^0(n)) \right|$, 称

$$\varepsilon_{0i} = \frac{1 + |s_0| + |s_i|}{1 + |s_0| + |s_i| + |s_i - s_0|}$$

为 X_0 与 X_i 的灰色绝对关联度,简称绝对关联度。绝对关联度满足灰色关联公理中的规范性、对称性与接近性,但不满足整体性。

定理 8.1 灰色绝对关联度 ε_{0i} 具有如下性质:

(1) $0 < \varepsilon_{0i} \leqslant 1$;

(2) ε_{0i} 只与 X_0 与 X_i 的几何形状有关,而与其空间相对位置无关(平移不改变绝对关联度的值);

(3) 任何两个序列都不是绝对无关的,即 ε_{0i} 恒不为零;

(4) X_0 与 X_i 几何形状相似程度越大,ε_{0i} 越大;

(5) X_0 或 X_i 中任一观测数据变化,ε_{0i} 将随之变化;

(6) X_0 与 X_i 长度变化,ε_{0i} 也变化;

(7) $\varepsilon_{00} = \varepsilon_{ii} = 1$;

(8) $\varepsilon_{0i} = \varepsilon_{i0}$。

设序列 X_0 与 X_i 长度相同,且初值皆不等于零,X'_0 与 X'_i 分别为 X_0 与 X_i 的初值像

$X'_i = (x'_i(1), x'_i(2), x'_i(3), \ldots, x'_i(n)) = \left(\dfrac{x_i(1)}{x_i(1)}, \dfrac{x_i(2)}{x_i(1)}, \dfrac{x_i(3)}{x_i(1)}, \ldots, \dfrac{x_i(n)}{x_i(1)} \right)$, 则称 X'_0 与 X'_i 的

灰色绝对关联度为 X_0 与 X_i 的灰色相对关联度,简称为相对关联度,记为 r_{0i}。相对关联度体现序列 X_0 与 X_i 相对与始点的变化速率之间的关系,X_0 与 X_i 的变化速率越接近,r_{0i} 越大,反之越小。

定理 8.2 设序列 X_0 与 X_i 长度相同,且初值皆不等于零,若 $X_0 = CX_i$,其中 $c > 0$ 为常数,则 $r_{0i} = 1$。

定理 8.3 灰色相对关联度 r_{0i} 具有如下性质:

(1) $0 < r_{0i} \leqslant 1$;

(2) r_{0i} 只与序列 X_0 与 X_i 相对于始点的变化率有关,而与各观测值的大小无关,或者说,数乘不改变相对关联度的值;

(3) 任何两个序列的变化率都不是毫无联系的,即 r_{0i} 恒不为零;

(4) X_0 与 X_i 相当于始点的变化速度越接近,r_{0i} 越大;

(5) X_0 或 X_i 中任一观测数据变化,r_{0i} 将随之变化;

(6) X_0 与 X_i 长度变化，r_{0i} 也变化；

(7) $r_{00} = r_{ii}$；

(8) $r_{0i} = r_{i0}$。

设序列设序列 X_0 与 X_i 长度相同，且初值皆不等于零，ε_{i0} 和 r_{0i} 分别为 X_0 与 X_i 的灰色绝对关联度和相对关联度，$\theta \in [0,1]$，称

$$\rho_{0i} = \theta \varepsilon_{i0} + (1-\theta) r_{0i}$$

为 X_0 与 X_i 的灰色综合关联度，简称综合关联度。

综合关联度既体现了折线 X_0 与 X_i 的相似程度，又反映了 X_0 与 X_i 相对于始点的变化速率的接近程度，是一个较为全面的考量表征序列之间联系是否紧密的数量指标。一般取 $\theta = 0.5$，如果对绝对量之间的关系比较关心，θ 可以取得稍微大一些，如果对变化率看得比较重，θ 可以取得稍微小一些。

8.3　灰色 GM(1,1) 模型

灰色理论认为一切随机变量都是在一定范围内、一定时间段上变化的灰色量及灰色过程。数据处理不去寻找其统计规律和概率分布，而是对原始数据作一定处理后，使其成为有规律的时间序列数据，在此基础上建立数学模型。GM 系列模型是灰色预测理论的基本模型，尤其是 GM(1,1) 模型，应用十分广泛。GM(1,1) 模型根据估计模型参数时选取的矩阵的方法不同，可以分为均值 GM(1,1) 模型、原始差分 GM(1,1) 模型、均值差分 GM(1,1) 模型等多种类型。均值 GM(1,1) 模型是邓聚龙教授首次提出的灰色预测模型，也是目前影响最大、应用最为广泛的形式，这里介绍基于累加生成数列的均值 GM(1,1) 模型，简称 EGM。

一、GM(1,1) 模型建模原理

1. 对原始数据作一次累加

设原始灰色数据为 $x^{(0)}(1), x^{(0)}(2), \ldots, x^{(0)}(n)$，记为 $x^{(0)} = (x^{(0)}(1), x^{(0)}(2), \ldots, x^{(0)}(n))$，对其作一次累加，得到 $x^{(1)} = (x^{(1)}(1), x^{(1)}(2), \ldots, x^{(1)}(n))$，$k = 1, 2, \ldots, n$，其中

$$x^{(1)}(k) = \sum_{i=1}^{k} x^{(0)}(i)。$$

累加数列克服了原始数列的波动性和随机性，转化为规律性较强的递增数列，为建立微分方程形式的预测模型作好准备。

2. 建立 GM(1,1) 模型

令 $z^{(1)}$ 为 $x^{(1)}$ 的紧邻均值生成序列 $z^{(1)} = \{z^{(1)}(1), z^{(1)}(2), \ldots, z^{(1)}(n)\}$，其中，$z^{(1)}(k) =$

$0.5x^{(1)}(k)+0.5x^{(1)}(k-1)$，$k=1,2,\ldots,n$。则

$$x^{(0)}(k)+az^{(1)}(k)=b \tag{8-2}$$

为 GM(1,1) 的灰微分方程模型。式中 a 称为发展系数，b 为灰色作用量。设 $\hat{\alpha}$ 为待估参数向量，即 $\hat{\alpha}=(a,b)^T$，则灰微分方程(8-2)的最小二乘估计参数列满足

$$\hat{\alpha}=(B^TB)^{-1}B^TY$$

其中 $B=\begin{pmatrix} -z^{(1)}(2) & 1 \\ -z^{(1)}(3) & 1 \\ \vdots & \vdots \\ -2^{(1)}(n) & 1 \end{pmatrix}$，$Y=\begin{pmatrix} x^{(0)}(2) \\ x^{(0)}(3) \\ \vdots \\ x^{(0)}(n) \end{pmatrix}$。

$$\frac{dx^{(1)}}{dt}+ax^{(1)}=b \tag{8-3}$$

为灰色微分方程。

$$x^{(0)}(k)+az^{(1)}=b \tag{8-4}$$

叫白化微分方程,也叫影子方程,其中 a,b 为常数。

微分方程的解(称为时间响应函数)为

$$\hat{x}^{(1)}(k+1)=(x^{(0)}(1)-\frac{b}{a})e^{-ak}+\frac{b}{a} \quad k=0,1,2,\ldots,n-1。$$

这是数列的预测公式,由于这是一次对累加生成数列的预测值,所以它可通过累减过程求得原始数列的还原预测值: $\hat{x}^{(0)}(k)=x^{(1)}(k)-x^{(1)}(k-1)$。

由发展系数 a 的范围判断建立的微分方程模型适合预测的数列长度,结论如下:

$-a\leqslant0.3$ 时,GM 可做中长期预测;$0.3<-a\leqslant0.5$ 时,GM 可做短期预测;

$0.5<-a\leqslant0.8$ 时,GM 做短期预谨慎测;$0.8<-a\leqslant1$ 应采用残差修正 GM 模型;

$-a>1$ 不宜采用 GM 模型。

这里矩阵 B 给出不同的算法,就得到不同种类的 GM(1,1)模型。此处给出的矩阵 B 的形式,得到的 GM(1,1)模型称为均值 GM(1,1)模型。

二、灰色预测步骤

步骤1 级比检验、建模可行性分析

对于给定序列 $x^{(0)}$,能否建立精度较高的 GM(1,1)预测模型,一般可用 $x^{(0)}$ 的级比 $\sigma^{(0)}(k)$ 的大小与所属区间,即其覆盖来判断。

事前检验准则:设 $x^{(0)}=(x^{(0)}(1),x^{(0)}(2),\ldots,x^{(0)}(n))$,$x^{(0)}(k),x^{(0)}(k-1)\in x^{(0)}$,且级比 $\sigma^{(0)}(k)=\dfrac{x^{(0)}(k-1)}{x^{(0)}(k)}$,则当 $\sigma^{(0)}(k)\in(e^{-\frac{2}{n+1}},e^{\frac{2}{n+1}})$ 时,序列 $x^{(0)}$ 可作 GM(1,1)建模。

称级比 $\sigma^{(0)}(k)$ 的覆盖$(e^{-\frac{2}{n+1}},e^{\frac{2}{n+1}})$ 称为序列 $x^{(0)}$ 的可容覆盖,当 $n=4,5,6,\ldots,12$ 时,$x^{(0)}$

的可容覆盖分别如表 8-1 所示。

表 8-1 可容覆盖区间范围

数据长度	可容覆盖区间	数据长度	可容覆盖区间	数据长度	可容覆盖区间
4	$(0.6703,1.4918)$	7	$(0.7788,1.2840)$	10	$(0.8338,1.1994)$
5	$(0.7165,1.3956)$	8	$(0.8007,1.2488)$	11	$(0.8465,1.1814)$
6	$(0.7515,1.3307)$	9	$(0.8187,1.2214)$	12	$(0.8574,1.1663)$

当绝大部分级比都落在可容覆盖 $(e^{-\frac{2}{n+1}},e^{\frac{2}{n+1}})$ 区间时,则可以建立 GM(1,1,)模型进行灰色预测,否则需要对数据进行适当的预处理。

步骤 2　数据变换处理

数据变换处理的原则是经过处理后的序列级比落在可容覆盖中,从而对于级比不合格的序列,可保证经过选择数据变换处理后能够进行 GM(1,1)建模。通常的数据变换有:平移变换、对数变换、方根变换、数据平滑等。数据的平滑设计为三点平滑,具体公式为

$$x^{(0)}(1)=\frac{3x^{(0)}(1)+x^{(0)}(2)}{4},\cdots,x^{(0)}(k)=\frac{x^{(0)}(k-1)+2x^{(0)}(k)+x^{(0)}(k+1)}{4},\cdots,$$

$$x^{(0)}(k)=\frac{x^{(0)}(n-1)+3x^{(0)}(n)}{4}。$$

步骤 3　GM(1,1)建模

步骤 4　模型检验

检验 GM(1,1)模型的精度,通常采用残差检验。设原始序列 $x^{(0)}$ k 点(或时刻)的实际值为 $x^{(0)}(k)$,由 $x^{(0)}$ 所得灰色模型的计算值为 $\hat{x}^{(0)}(k)$,则称 $q(k)=x^{(0)}(k)-\hat{x}^{(0)}(k)$ 为 k 点(或时刻)的残差。定义相对误差 $\varepsilon(k)$:

$$\varepsilon(k)=\frac{q(k)}{x^{(0)}(k)}\times100\%=\frac{x^{(0)}(k)-\hat{x}^{(0)}(k)}{x^{(0)}(k)}\times100\%$$

对于 $\varepsilon(k)$,一般要求 $\varepsilon(k)<20\%$,最好 $\varepsilon(k)<10\%$。

步骤 5　预测

利用通过检验的 GM(1,1)模型进行预测与预报。

$$\hat{x}^{(0)}(k)=x^{(1)}(k)-x^{(1)}(k-1),\hat{x}^{(1)}(k+1)=\left(x^{(0)}(1)-\frac{b}{a}\right)e^{-ak}+\frac{b}{a}\quad k=0,1,\cdots,n-1。$$

当原始数据序列 $x^{(0)}$ 建立的 GM(1,1)模型检验不通过时,可以用 GM(1,1)残差模型来修正。如果原始序列建立的 GM(1,1)模型不够精确,也可以用 GM(1,1)残差模型来提高精度。

若用原始序列 $x^{(0)}$ 建立的 GM(1,1)模型

$$\hat{x}^{(1)}(i+1)=\left(x^{(0)}(1)-\frac{b}{a}\right)e^{-ai}+\frac{b}{a}$$

可获得生成序列 $x^{(1)}$ 的预测值,定义残差序列 $e^{(0)}(j)=x^{(1)}(j)-\hat{x}^{(1)}(j)$。若取 $j=i,i+$

$1,\dots,n$,则对应的残差序列为

$$e^{(0)}(k)=\{e^{(0)}(1),e^{(0)}(2),\dots,e^{(0)}(n)\}$$

计算其生成序列 $e^{(1)}(k)$,并据此建立相应的 GM(1,1) 模型:

$$\hat{e}^{(1)}(i+1)=\left(e^{(0)}(1)-\frac{b_e}{a_e}\right)$$

得修正模型

$$\hat{x}^{(1)}(k+1)=\left(x^{(0)}(1)-\frac{b}{a}\right)e^{-ak}+\frac{b}{a}+\delta(k-i)\left(e^{(0)}(1)-\frac{b_e}{a_e}\right)e^{-a_e i}\text{。}$$

其中 $\delta(k-i)=\begin{cases}1 & k\geq i\\0 & k\leq i\end{cases}$ 为修正参数。

应用此模型时要注意两点:

1. 一般不会使用全部残差数据来建立模型,而只是使用了部分残差。

2. 修正模型所代表的是差分微分方程,其修正作用与 $\delta(k-i)$ 中 i 的取值有关。

三、GM(1,1)模型的适用范围

命题8.1 当 $(n-1)\sum_{k=2}^{n}(z^1(k))^2\to\sum_{k=2}^{n}(z^1(k))^2$ 时,GM(1,1) 模型无意义。因为此时 $\hat{a}\to\infty$,$\hat{b}\to\infty$。

命题8.2 当 GM(1,1) 发展系数 $|a|\geq 2$ 时,GM(1,1) 模型无意义。即当 $|a|<2$ 时,GM(1,1) 模型才有意义。但随着 a 的取值不同,预测效果也不同。要得到较高的精度,要求 $a\in\left(-\frac{2}{n+1},\frac{2}{n+1}\right)$,也可以推出级比 $\sigma^{(0)}(k)=(e^{-\frac{2}{n+1}},e^{\frac{2}{n+1}})$。

8.4 灰度理论案例分析

例8.1 某家庭收入主要由薪资和投资两部分组成,试对该家庭的收入因素进行分析。

表8-2 某家庭1998—2000年收入

单位:十万元

收入＼年度	1998	1999	2000
总收入(X_0)	20	30	24
薪资收入(X_1)	8	10	9
投资收入(X_2)	5	6	7

步骤1:由表格8.2的数据了解数列的变化情况,由数据可知每年的薪资收入均高于投资收入。

步骤 2: 数据的初值化处理,由 $x_i(k) = \dfrac{x_i(k)}{x_i(l)}$,$k=1,2,\ldots,n$,$i=1,2,\ldots,m$,以 1998 年收入为基准,将表 8-2 进行标准化(无量纲化)处理后得表 8-3。

表 8-3　某家庭 1998—2000 年收入标准化后的数列

收入　　　　　　　年度	1998	1999	2000
总收入(X_0)	1	1.5	1.2
薪资收入(X_1)	1	1.25	1.125
投资收入(X_2)	1	1.2	1.4

步骤 3: 计算关联系数

根据表 8-3 先求出差 $\Delta_{0i}(k)|x_0(k)-x_i(k)|$。

表 8-4　对应差数列

差式　　　　　　　　　　年度　　　差值	1998	1999	2000	$\min\limits_{k}$	$\max\limits_{k}$
$|x_0(k)-x_1(k)|$	0	0.25	0.075	0	0.25
$|x_0(k)-x_2(k)|$	0	0.3	0.2	0	0.3

各比较数列对参考数列各点对应差值中之最小值:$\min\limits_{i}\min\limits_{k}|X_0(k)-X_i(k)|=0$,

各比较数列对参考数列各点对应差值中之最大值:$\max\limits_{i}\max\limits_{k}|X_0(k)-X_i(k)|=0.3$。

计算关联系数 $\rho_i(k)$:

设分辨系数 $\varphi=0.5$,求比较数列 X_1 对参考数列 X_0 之关联系数 $\rho_1(k)$。

$$\rho_1(1)=\frac{\Delta\min+\varphi\Delta\max}{\Delta_{01}(1)+\varphi\Delta\max}=\frac{0+0.5\times0.3}{0+0.5\times0.3}=1$$

$$\rho_1(2)=\frac{\Delta\min+\varphi\Delta\max}{\Delta_{01}(2)+\varphi\Delta\max}=\frac{0+0.5\times0.3}{0.25+0.5\times0.3}=0.375$$

$$\rho_1(3)=\frac{\Delta\min+\varphi\Delta\max}{\Delta_{01}(3)+\varphi\Delta\max}=\frac{0+0.5\times0.3}{0.075+0.5\times0.3}=0.667$$

求比较数列 X_2 对参考数列 X_0 之关联系数 $\rho_2(k)$:

$$\rho_2(1)=\frac{\Delta\min+\varphi\Delta\max}{\Delta_{02}(1)+\varphi\Delta\max}=\frac{0+0.5\times0.3}{0+0.5\times0.3}=1$$

$$\rho_2(2)=\frac{\Delta\min+\varphi\Delta\max}{\Delta_{02}(2)+\varphi\Delta\max}=\frac{0+0.5\times0.3}{0.3+0.5\times0.3}=0.333$$

$$\rho_2(3)=\frac{\Delta\min+\varphi\Delta\max}{\Delta_{02}(3)+\varphi\Delta\max}=\frac{0+0.5\times0.3}{0.2+0.5\times0.3}=0.429$$

步骤 4：求关联度 $r_i = \dfrac{1}{n} \sum\limits_{k=1}^{n} \rho_i(k)$

（1）比较数列 X_1 对参考数列 X_0 之关联度

$$r_1 = \frac{1}{3} \sum_{k=1}^{3} \rho_1(k) = \frac{1 + 0.375 + 0.667}{3} = 0.68$$

（2）比较数列 X_2 对参考数列 X_0 之关联度

$$r_2 = \frac{1}{3} \sum_{k=1}^{3} \rho_2(k) = \frac{1 + 0.333 + 0.429}{3} = 0.587$$

步骤 5：排序比较得出结论

比较数列 X_1 对参考数列 X_0 之关联度 $r_1 = 0.68$，比较数列 X_2 对参考数列 X_0 之关联度 $r_2 = 0.587$，$r_1 > r_2$，故该家庭总收入主要与薪资收入的关联度较高。

例 8.2　表 8-5 为我国 2013—2018 年国内生产总值的统计数据，探讨我国 2013—2018 年哪一种产业对 GDP 总量影响最大（数据来源于国家统计局网站）。

表 8-5　我国 2013—2018 年分产业国内生产总值　　　　　　　　　　　　　单位：万亿元

年份	国内生产总值	第一产业	第二产业	第三产业
2013	59.29632	5.30281	26.19561	27.79791
2014	64.12806	5.56263	27.75718	30.80825
2015	68.59929	5.77746	28.20403	34.61780
2016	74.00608	6.01392	29.65477	38.33739
2017	82.07543	6.20995	33.27427	42.59121
2018	90.03090	6.47340	36.60010	46.95750

步骤 1：确立参考序列

分别将三种产业与国内生产总值进行比较，计算其关联程度，参考序列为国内生产总值。

步骤 2：无量纲化处理

本例采用均值化法，将各个序列每年的统计值与整条序列的均值作比值，得到表 8-6。

表 8-6　我国 2013—2018 年分产业国内生产总值无量纲处理后数据

年份	国内生产总值	第一产业	第二产业	第三产业
2013	0.8120	0.9003	0.8651	0.7543
2014	0.8782	0.9444	0.9167	0.8360
2015	0.9394	0.9809	0.9314	0.9394
2016	1.0135	1.0210	0.9793	1.0403
2017	1.1240	1.0543	1.0989	1.1557
2018	1.2329	1.0990	1.2087	1.2742

步骤 3:计算每个数据序列中各项参数与参考序列对应参数的关联系数

$$\rho_i(k) = \frac{\min\limits_{i}\min\limits_{k}|y(k)-x_i(k)| + \varphi\max\limits_{i}\max\limits_{k}|y(k)-x_i(k)|}{|y(k)-x_i(k)| + \varphi\max\limits_{i}\max\limits_{k}|y(k)-x_i(k)|}$$

其中 $\rho_i(k)$ 表示第 i 个子序列的第 k 个参数与母序列第 k 个参数的关联系数。取 $\varphi = 0.5$ 进行计算。

步骤 4:计算关联度

公式为:$r_i = \frac{1}{n}\sum\limits_{k=1}^{n}\zeta_i(k)\ k = 1,2,\dots,n$,得到三个关联度结果分别为 0.5459、0.7020、0.6938。

步骤 5:关联度排序

关联度按大小排序为 $r_2 > r_3 > r_1$,说明我国在 2013—2018 年的几年里国内生产总值受第二产业的影响最大,受第三产业的影响次之,受第一产业的影响最小。

进行计算的 Matlab 源程序:

```
x = [2013,59.29632,5.30281,26.19561,27.79791;
2014,64.12806,5.56263,27.75718,30.80825;
2015,68.59929,5.77746,28.20403,34.61780;
2016,74.00608,6.01392,29.65477,38.33739;
2017,82.07543,6.20995,33.27427,42.59121;
2018,90.03090,6.47340,36.60010,46.95750];   %读入数据
x = x(:,2:end)';
column_num = size(x,2);
index_num = size(x,1);
x_mean = mean(x,2);   %求数据的均值
for i = 1:index_num   %数据的无量纲化处理
    x(i,:) = x(i,:)/x_mean(i,1);
end
x'
ck = x(1,:)   %提取参考队列和比较队列
cp = x(2:end,:)
cp_index_num = size(cp,1);
%比较队列与参考队列相减
for j = 1:cp_index_num
    t(j,:) = cp(j,:)-ck;
```

```
end
mmax = max(max(abs(t)))%求最大差
mmin = min(min(abs(t)))%求最小差
rho = 0.5;
ksi = ((mmin+rho * mmax)./(abs(t)+rho * mmax));   %求关联系数
ksi_column_num = size(ksi,2);   %求关联度
ksi'
r = sum(ksi,2)/ksi_column_num        %关联度排序,得到结果
[rs,rind] = sort(r,'descend')
```

程序输出结果:

ans =

0.8120	0.9003	0.8651	0.7543
0.8782	0.9444	0.9167	0.8360
0.9394	0.9809	0.9314	0.9394
1.0135	1.0210	0.9793	1.0403
1.1240	1.0543	1.0989	1.1557
1.2329	1.0990	1.2087	1.2742

%这是无量纲化处理的结果。

ck =

0.8120	0.8782	0.9394	1.0135	1.1240	1.2329

%此输出为参考队列

cp =

0.9003	0.9444	0.9809	1.0210	1.0543	1.0990
0.8651	0.9167	0.9314	0.9793	1.0989	1.2087
0.7543	0.8360	0.9394	1.0403	1.1557	1.2742

%输出为比较队列

mmax =

0.1339

%这是输出的最大值

mmin =

4.2483e-05

%这是输出的最小值

ans =

0.4315	0.5582	0.5374
0.5030	0.6355	0.6138
0.6179	0.8936	1.0000
0.8990	0.6626	0.7142
0.4904	0.7276	0.6785
0.3335	0.7347	0.6187

%此输出为关联矩阵

r =

　0.5459

　0.7020

　0.6938

%关联度

rs =

　0.7020

　0.6938

0.5459

%排序后的关联度

rind =

　2

　3

　1

%关联度的排序

例 8.3 表 8-7 给出了某城市 2009—2013 年 5 个方面投资参考因素以及 6 个比较因素的收入比较(其中 x_1 :固定资产投资、x_2 :工业投资、x_3 :农业投资、x_4 :科技投资、x_5 :交通投资;y_1 :国民收入、y_2 :工业收入、y_3 :农业收入、y_4 :商业收入、y_5 :交通收入、y_6 :建筑业收入),请计算各个比较因素对参考因素的关联度(取 $\varphi = 0.5$),并进行分析。

表 8-7　投资收入数据　　　　　　　　　　　　　　　　单位:万元

	2009	2010	2011	2012	2013
x_1	308.58	310	295	346	367
x_2	195.4	189.9	187.2	205	222.7
x_3	24.6	21	12.2	15.1	14.57
x_4	20	25.6	23.3	29.2	30

	2009	2010	2011	2012	2013
x_5	18.98	19	22.3	23.5	27.655
y_1	170	174	197	216.4	235.8
y_2	57.55	70.74	76.8	80.7	89.85
y_3	88.56	70	85.38	99.83	103.4
y_4	11.19	13.28	16.82	18.9	22.8
y_5	4.03	4.26	4.34	5.06	5.78
y_6	13.7	15.6	13.77	11.98	13.95

解：本题的解题思路与 8.1 及 8.2 类似，仅给出解题的程序实现。

Matlab 源程序：

```
data = [308.5800  310.0000  295.0000  346.0000  367.0000
     195.4000  189.9000  187.2000  205.0000  222.7000
     24.6000  21.0000  12.2000  15.1000  14.5700
     20.0000  25.6000  23.3000  29.2000  30.0000
     18.9800  19.0000  22.3000  23.5000  27.6550
     170.0000  174.0000  197.0000  216.4000  235.8000
     57.5500  70.7400  76.8000  80.7000  89.8500
     88.5600  70.0000  85.3800  99.8300  103.4000
     11.1900  13.2800  16.8200  18.9000  22.8000
     4.0300  4.2600  4.3400  5.0600  5.7800
     13.7000  15.6000  13.7700  11.9800  13.9500];   %将原始数据存放在一个矩
阵中
n = size(data,1);            %记录矩阵的行数,即所有因素的个数
m = size(data,2);            %记录矩阵的列数,即观察时刻的个数
for i = 1:n
    data(i,:) = data(i,:)/data(i,1);  %数据标准化
end
m1 = 6;m2 = 5;               %标记参考因子和比较因子的个数
ck = data(m2+1:n,:);         %参考因子的数据
bj = data(1:m2,:);           %比较因子的数据
for i = 1:m1
for j = 1:m2
```

```
        t(j,:)=bj(j,:)-ck(i,:);
end
mn=min(min(abs(t')));        %求参考因子 i 的最小差
mx=max(max(abs(t')));        %求参考因子 i 的最大差
rho=0.5;                     %设置分辨系数
ksi=(mn+rho*mx)./(abs(t)+rho*mx);    %求参考因素 i 对所有因素的关联系数
rt=sum(ksi')/m;              %求参考因素 i 对所有因素的关联度
r(i,:)=rt;
end
r
```

软件运行结果：

r =

0.8016	0.7611	0.5570	0.8102	0.9355
0.6887	0.6658	0.5287	0.8854	0.8004
0.8910	0.8581	0.5786	0.5773	0.6749
0.6776	0.6634	0.5675	0.7800	0.7307
0.8113	0.7742	0.5648	0.8038	0.9205
0.7432	0.7663	0.5616	0.6065	0.6319

输出结果就是各个比较因素对参考因素的关联度。考察关联矩阵发现：

(1)数 $r_{15}=0.9355$ 值最大，说明交通投资的数额对国民收入的影响最大；$r_{55}=0.9205$ 仅次于 r_{15}，说明交通收入主要取决于交通投资；

(2)第 4 列中 $r_{24}=0.8854$ 最大，表明科技对工业的影响最大，$r_{34}=0.5773$ 最小，表明科技对农业的影响最小，说明该地区的农业发展中科技投入还不够。

(3)第 3 行前两个数值较大，后面三个数值较小，说明农业对固定资产投资以及工业投资的依赖较强，目前对农业、科技及交通投资的影响较小，这也是目前我国农业发展的一个现状。

(4)矩阵第 4 行数据偏小，说明各种投资对商业的影响比对其他行业的影响要小。

例 8.4 随着市场经济的发展，某区私有企业发展较快，2014—2017 年平均每年增长 51.6%，2017 全区私有企业产值 35388 万元，占总产值的 60%。据分析，私有企业产值主要与固定资产、流动资产、劳动力和企业留利四个因素有关。该区私有企业产值及相关因素行为数据如表 8-8 所示，试对其进行综合关联分析。

表 8-8　某区私有企业利润情况　　　　　　　　　　　　　　　　　　　单位:万元

变量 \ 年份	2014	2015	2016	2017
X_0(产值)	10155	12588	23408	35388
X_1(固定资产)	3799	3605	5460	6982
X_2(流动资产)	1752	2160	2213	4753
X_3(劳动力:人)	24186	45590	57685	85540
X_4(企业留利)	1164	1788	3134	4478

1. 求绝对关联度。

首先始点零化像。令

$X_i^0 = (x_i(1)-x_i(1), x_i(2)-x_i(1), x_i(3)-x_i(1), x_i(4)-x_i(1)) = (x_i^0(1), x_i^0(2), x_i^0(3), x_i^0(n)) i=1,2,3,4,5$,得

$X_1^0 = (0, 2433, 13235, 25233)$, $X_2^0 = (0, -194, 1661, 3183)$, $X_3^0 = (0, 408, 461, 3001)$, $X_4^0 = (0, 21404, 33499, 61354)$, $X_5^0 = (0, 624, 1970, 3314)$。

由 $|s_i| = \left| \sum_{k=2}^{3} x_i^0(k) + \frac{1}{2} x_i^0(4) \right|$　$i=1,2,3,4,5$. 计算得到:

$|s_1| = 28302$, $|s_2| = 3059$, $|s_3| = 2369$, $|s_4| = 85580$, $|s_5| = 4251$.

由 $|s_i - s_0| = \left| \sum_{k=2}^{3} (x_i^0(k) - x_0^0(k)) + \frac{1}{2} (x_i^0(4) - x_0^0(4)) \right|$, $i=1,2,3,4,5$。得

$|s_1-s_1| = 0$, $|s_2-s_1| = 25244$, $|s_3-s_1| = 25933$, $|s_4-s_1| = 57255.5$, $|s_5-s_1| = 24051.5$.

由 $\varepsilon_{0i} = \dfrac{1+|s_0|+|s_i|}{1+|s_0|+|s_i|+|s_i-s_0|}$, $i=1,2,3,4,5$。得

$$\varepsilon_{01} = 1, \varepsilon_{02} = 0.5540, \varepsilon_{03} = 0.5419, \varepsilon_{04} = 0.6654, \varepsilon_{05} = 0.5751$$

由 $\varepsilon_{04} > \varepsilon_{05} > \varepsilon_{02} > \varepsilon_{03}$ 得知,相对 X_0 来说,X_3 为最优因素,X_4 次之,X_1 又次之,X_2 最差。从绝对关联的角度看,劳动力对私有企业的产值影响最大,企业留利对产值的影响仅次于劳动力,流动资产对产值的影响最小。

求绝对关联度的 Matlab 源程序代码:

```
x=[10155,12588,23408,35388;3799,3605,5460,6982;
1752,2160,2213,4753;24186,45590,57685,85540;
1164,1788,3134,4478];          %读入数据
index_num=size(x,1)            %标记有几行
for i=1:index_num              %无量纲化
    x(i,:)=x(i,:)-x(i,1);
```

```
end
index_col = size(x,2);              %标记有几列
for i = 1:index_num               %求 s
    s(i) = 0;
    for j = 1:index_col-1
    s(i) = s(i)+x(i,j);
        end
    s(i) = s(i)+0.5 * x(i,index_col);
    s(i) = abs(s(i));              %求绝对值
end
s                                  %输出 s
for i = 1:index_num
    e(i) = 0;
e(i) = (1+abs(s(1))+abs(s(i)))/(1+abs(s(1))+abs(s(i))+abs(s(i)-s(1)));
end
e
```

2. 求相对关联度

先求出 X_i 的初值像,由

$$X'_i = (x'_i(1), x'_i(2), x'_i(3), x'_i(4)) = \left(\frac{x_i(1)}{x_i(1)}, \frac{x_i(2)}{x_i(1)}, \frac{x_i(3)}{x_i(1)} \frac{x_i(4)}{x_i(1)}\right) i = 1,2,3,4,5. \ 得$$

$X'_1 = (1, 1.2396, 2.3051, 3.4848)$, $X'_2 = (1, 0.9489, 1.4372, 1.8379)$, $X'_3 = (1, 1.2329,$
$1.2631, 2.7129)$, $X'_4 = (1, 1.8850, 2.3851, 3.5368)$, $X'_5 = (1, 1.5361, 2.6924, 3.8471)$, 诸 X'_i
的始点零化像为

$$X'^0_i = (x'_i(1)-x'_i(1), x'_i(2)-x'_i(1), x'_i(3)-x'_i(1), x'_i(4)-x'_i(1)) = (x'^0_i(1), x'^0_i(2),$$
$x'^0_i(3), x'^0_i(4)) i = 1,2,3,4,5$ 从而有

$X'^0_1 = (0, 0.2396, 1.3051, 2.4848)$, $X'^0_2 = (0, -0.0511, 0.4372, 0.8379)$, $X'^0_3 = (0, 0.2329,$
$0.2631, 1.7129)$, $X'^0_4 = (0, 0.8850, 1.3851, 2.5368)$, $X'^0_5 = (0, 0.5361, 1.6924, 2.8471)$

由 $|s'_i| = \left| \sum_{k=2}^{3} x'^0_i(k) + \frac{1}{2} x'^0_i(4) \right|$ $i = 1,2,3,4,5.$ 得

$|s'_1| = 2.7871$, $|s'_2| = 0.8051$, $|s'_3| = 1.3525$, $|s'_4| = 3.5384$, $|s'_5| = 3.6521.$

由 $|s'_i - s'_1| = \left| \sum_{k=2}^{3} (x'^0_i(k) - x'^0_1(k)) + \frac{1}{2} (x'^0_i(4) - x'^0_1(4)) \right|, i = 1,2,3,4,5.$ 得

$|s'_1 - s'_1| = 0$, $|s'_2 - s'_1| = 1.982$, $|s'_3 - s'_1| = 1.4346$, $|s'_4 - s'_1| = 0.7513$, $|s'_5 - s'_1|$

$$=0.865.$$

由 $r_{0i}=\dfrac{1+|s'_0|+|s'_i|}{1+|s'_0|+|s'_i|+|s'_i-s'_0|}$，$i=1,2,3,4,5.$ 计算得

$$r_{01}=1,r_{02}=0.6985,r_{03}=0.7818,r_{04}=0.9070,r_{05}=0.8958$$

由 $r_{04}>r_{05}>r_{03}>r_{02}$ 得知：相对于 X_0 来说，X_3 为最优因素，X_4 次之，X_2 又次之，X_1 最差。也就是说，从相对关联角度（也就是从相对变化的角度）看，劳动力对私有企业的产值影响最大，企业留利对产值的影响仅次于劳动力，固定资产对产值的影响最小。

求相对关联度的 Matlab 源程序：

```
x=[10155,12588,23408,35388;3799,3605,5460,6982;
1752,2160,2213,4753;24186,45590,57685,85540;
1164,1788,3134,4478];          %读入数据
index_num=size(x,1)            %标记有几行
for i=1:index_num              %无量纲化
    x(i,:)=x(i,:)/x(i,1);
end
for i=1:index_num              %无量纲化
    x(i,:)=x(i,:)-x(i,1);
end
index_col=size(x,2);           %标记有几列
for i=1:index_num              %求s
    s(i)=0;
  for j=1:index_col-1
    s(i)=s(i)+x(i,j);
      end
    s(i)=s(i)+0.5*x(i,index_col);
    s(i)=abs(s(i));            %求绝对值
end
s                              %输出s
for i=1:index_num
  r(i)=0;
r(i)=(1+abs(s(1))+abs(s(i)))/(1+abs(s(1))+abs(s(i))+abs(s(i)-s(1)));
end
r
```

3. 求综合关联度

取 $\theta = 0.5$，由综合关联度 $\rho_{0i} = \theta\varepsilon_{0i} + (1-\theta)r_{0i}$ 得到：

$$\rho_{01} = 1, \rho_{02} = 0.6263, \rho_{03} = 0.6618, \rho_{04} = 0.7862, \rho_{05} = 0.7355$$

求综合关联度的 Matlab 源程序：

```
xita = 0.5
p = xita. * e+(1-xita) * r
```

4. 结果分析

由 $\rho_{04} > \rho_{05} > \rho_{03} > \rho_{02}$ 得知，相对于 X_0 来说，X_3 为最优因素，X_4 次之，X_2 又次之，X_1 最差。也就是说，劳动力对私有企业的产值影响最大，企业留利对产值的影响仅次于劳动力，固定资产对产值的影响最小。这一结果与该区的实际情况吻合。这个区的私有企业主要是劳动密集型产业，产值的增长在很大程度上是靠增加劳动力来实现的。

本题完整 Matlab 源程序及程序输出：

```
x = [10155,12588,23408,35388;3799,3605,5460,6982;
1752,2160,2213,4753;24186,45590,57685,85540;
1164,1788,3134,4478];        %读入数据
index_num = size(x,1);        %标记有几行
for i = 1:index_num           %无量纲化
y(i,:) = (x(i,:)-x(i,1))/x(i,1);   %求相对关联度
x(i,:) = x(i,:)-x(i,1);            %求绝对关联度
end
index_col = size(x,2);        %标记有几列
for i = 1:index_num           %求 s
    s(i) = 0;c(i) = 0;
  for j = 1:index_col-1
    s(i) = s(i)+x(i,j);
    c(i) = c(i)+y(i,j);
    end
    s(i) = s(i)+0.5 * x(i,index_col);
s(i) = abs(s(i));             %求绝对值
    c(i) = c(i)+0.5 * y(i,index_col);
    c(i) = abs(c(i));          %求绝对值
end
```

```
    s,c                         %输出 s
    for i = 1:index_num
        e(i) = 0;r(i) = 0;
    e(i) = (1+abs(s(1))+abs(s(i)))/(1+abs(s(1))+abs(s(i))+abs(s(i)-s(1)));   %
求 ε
    r(i) = (1+abs(c(1))+abs(c(i)))/(1+abs(c(1))+abs(c(i))+abs(c(i)-c(1)));
%r
    end
    e,r
    xita = 0.5;
    p = xita.*e+(1-xita)*r    %求综合关联度
```

Matlab 运行结果:

s =

1.0e+04 *

| 2.8302 | 0.3059 | 0.2369 | 8.5580 | 0.4251 |

c =

| 2.7871 | 0.8051 | 1.3525 | 3.5384 | 3.6521 |

e =

| 1.0000 | 0.5540 | 0.5419 | 0.6654 | 0.5751 |

r =

| 1.0000 | 0.6985 | 0.7818 | 0.9070 | 0.8958 |

p =

| 1.0000 | 0.6263 | 0.6618 | 0.7862 | 0.7355 |

例 8.5 设原始序列

$X^{(0)} = \{x^{(0)}(1), x^{(0)}(2), x^{(0)}(3), x^{(0)}(4), x^{(0)}(5)\} = (2.874, 3.278, 3.337, 3.390, 3.679)$,建立 GM(1,1)模型,并进行检验。

解: 首先计算级比检验,考察数据是否可以建立 GM(1,1)模型。由级比计算公式

$\sigma^{(0)}(k) = \dfrac{x^{(0)}(k-1)}{x^{(0)}(k)}$,计算得到表 8-9。

表 8-9　可容比计算结果

$\sigma^{(0)}(2)$	$\sigma^{(0)}(3)$	$\sigma^{(0)}(4)$	$\sigma^{(0)}(5)$
0.8768	0.9823	0.9844	0.9214

计算结果均有 $\sigma^{(0)}(i) \in (0.7165, 1.3956)$　$i = 2, 3, 4, 5$。因此该数据适合建立 GM(1,1) 模型。

(1) 对 $X^{(0)}$ 作一次累加,得 D 为 $X^{(0)}$ 的一次累加生成算子,记为 $1-AGO$,

$X^{(1)} = \{x^{(1)}(1), x^{(1)}(2), x^{(1)}(3), x^{(1)}(4), x^{(1)}(5)\} = (2.874, 6.152, 9.489, 12.879, 16.558)$,

Matlab 源程序:

```
x0 = [2.874   3.278   3.337   3.390   3.679];
x1 = zeros(size(x0));
x1(1) = x0(1);
for i = 2:5
    for j = 1:i
        x1(i) = x1(i)+x0(j);
    end
end
x1
```

输出结果:

```
x1 =
    2.8740    6.1520    9.4890   12.8790   16.5580
```

(2) 对 $X^{(1)}$ 作紧邻均值生成,令 $Z^{(1)}(k) = 0.5x^{(1)}(k) + 0.5x^{(1)}(k-1)$,

Matlab 源程序:

```
z1 = zeros(size(x1));
z1(1) = x1(1);
for i = 2:5
    z1(i) = 0.5 * x1(i)+0.5 * x1(i-1);
end
```

输出结果:

```
z1 =
    2.8740    4.5130    7.8205   11.1840   14.7185
```

即 $Z^{(1)} = \{z^{(1)}(1), z^{(1)}(2), z^{(1)}(3), z^{(1)}(4), z^{(1)}(5)\} = (2.874, 4.513, 7.820, 11.84, 14.718)$。

于是，$B = \begin{pmatrix} -z^{(1)}(2) & 1 \\ -z^{(1)}(3) & 1 \\ -z^{(1)}(4) & 1 \\ -z^{(1)}(5) & 1 \end{pmatrix} = \begin{pmatrix} -4.513 & 1 \\ -7.820 & 1 \\ -11.84 & 1 \\ -14.718 & 1 \end{pmatrix}$，$Y = \begin{pmatrix} x^{(0)}(2) \\ x^{(0)}(3) \\ x^{(0)}(4) \\ x^{(0)}(5) \end{pmatrix} = \begin{pmatrix} 3.278 \\ 3.337 \\ 3.390 \\ 3.679 \end{pmatrix}$。计算：

$B^T B$

$= \begin{pmatrix} -4.513 & -7.820 & -11.84 & -14.718 \\ 1 & 1 & 1 & 1 \end{pmatrix} \begin{pmatrix} -4.513 & 1 \\ -7.820 & 1 \\ -11.84 & 1 \\ -14.718 & 1 \end{pmatrix} = \begin{pmatrix} 423.221 & -38.235 \\ -38.235 & 4 \end{pmatrix}$

$(B^T B)^{-1} = \begin{pmatrix} 423.221 & -38.235 \\ -38.235 & 4 \end{pmatrix}^{-1} = \begin{pmatrix} 0.017318 & 0.165542 \\ 0.1665542 & 1.832371 \end{pmatrix}$

$\hat{a} = (B^T B)^{-1} B^T Y$

$= \begin{pmatrix} 0.017318 & 0.165542 \\ 0.1665542 & 1.832371 \end{pmatrix} \begin{pmatrix} -4.513 & -7.820 & -11.84 & -14.718 \\ 1 & 1 & 1 & 1 \end{pmatrix} \begin{pmatrix} 3.278 \\ 3.337 \\ 3.390 \\ 3.679 \end{pmatrix} = \begin{pmatrix} -0.037 \\ 3.065318 \end{pmatrix}$

Matlab 源程序：

B = [-z1(2:end)', ones(4,1)];

Y = x0(2:end)';

a = B\Y

输出结果：

a =

   -0.0372

    3.0654

（3）确定模型：

$$\frac{dx^{(1)}}{dt} - 0.0372 x^{(1)} = 3.0654,$$

及时间响应式 $\hat{x}^{(1)}(k+1) = \left(x^{(0)}(1) - \frac{b}{a} \right) e^{-ak} + \frac{b}{a} = 85.3728 e^{0.037156k} - 82.4986$。

由于 $-a = 0.03726 \leqslant 0.3$，因此模型可以作中长期预测。

（4）求 $X^{(1)}$ 的模拟值：

Matlab 源程序：

f = inline('85.3728 * exp(0.037156 * x) - 82.4986');

x = 0:4;

Gx1 = f(x)

输出结果：

Gx1 =

2. 8742   6. 1060   9. 4601   12. 9412   16. 5541

结果为

$\hat{X}^{(1)} = \{\hat{x}^{(1)}(1), \hat{x}^{(1)}(2), \hat{x}^{(1)}(3), \hat{x}^{(1)}(4), \hat{x}^{(1)}(5)\} = (2.8742, 6.1060, 9.4601, 12.9412,$

$16.5541)$

(5) 还原出 $X^{(0)}$ 的模拟值，由 $\hat{x}^{(0)}(k+1) = \hat{x}^{(1)}(k+1) - \hat{x}^{(1)}(k)$，得

$\hat{X}^{(0)} = \{\hat{x}^{(0)}(1), \hat{x}^{(0)}(2), \hat{x}^{(0)}(3), \hat{x}^{(0)}(4), \hat{x}^{(0)}(5)\}$。

Matlab 源程序：

```
Gx0 = zeros(1,5);
Gx0(1) = Gx1(1);
for i = 2:5
    Gx0(i) = Gx1(i) - Gx1(i-1);
end
Gx0
```

输出结果：

Gx0 =

2. 8742   3. 2318   3. 3541   3. 4811   3. 6129

也就是 $\hat{X}^{(0)} = (2.8740, 3.2318, 3.3541, 3.4811, 3.6128)$。

(6) 误差检验，结果见表 8-10。

表 8-10   计算结果

序号	实际数据	模拟数据	残差	相对误差
	$x^{(0)}(k)$	$\hat{x}^{(0)}(k)$	$\varepsilon(k) = x^{(0)}(k) - \hat{x}^{(0)}(k)$	$\Delta_k = \left| \dfrac{\varepsilon(k)}{x^{(0)}(k)} \right|$
2	3.278	3.2318	0.0462	1.41%
3	3.337	3.3541	-0.0171	0.51%
4	3.390	3.4811	-0.0911	2.69%
5	3.679	3.6128	0.0662	1.80%

残差平方和

$$S = \varepsilon^T \varepsilon = (\varepsilon(2) \quad \varepsilon(3) \quad \varepsilon(4) \quad \varepsilon(5)) \begin{pmatrix} \varepsilon(2) \\ \varepsilon(3) \\ \varepsilon(4) \\ \varepsilon(5) \end{pmatrix}$$

$$= (0.0462 \quad -0.0171 \quad -0.0911 \quad -0.0662) \begin{pmatrix} 0.0462 \\ -0.0171 \\ -0.0911 \\ -0.0662 \end{pmatrix} = 0.0151085$$

平均相对误差

$$\Delta = \frac{1}{4} \sum_{k=1}^{5} \Delta_k = \frac{1}{4}(1.41\% + 0.51\% + 2.69\% + 1.80) = 1.0625\%。$$

由表 8-17 可知相对误差<5%，数据的拟合效果可以。

Matlab 源程序：

e=x0-Gx0；　%残差

e=e(2:end)；

e1=abs(e./x0(2:end))　　　　　　　　%相对误差

Ae1=sum(e1)/4　　　　%平均相对误差

s=e*e′　　　　%残差平方和

输出结果：

e1=

　　0.0141　　　0.0051　　　0.0269　　　0.0180

Ae1=

　　0.0160

s=

　　0.0151

由计算出的相对误差可见，该模型的预测效果好。

计算 X 与 $\hat{X}$ 的灰色关联度：

$$|S| = \left| \sum_{k=2}^{4} (x(k) - x(1)) + \frac{1}{2}(x(5) - x(1)) \right|$$

$$= |(3.278-2.874)+(3.337-2.874)+(3.390-2.874)+\frac{1}{2}(3.679-2.874)|$$

$$= |0.404+0.463+0.516+0.4025| = 1.7855$$

$$|\hat{S}| = \left| \sum_{k=2}^{4} (\hat{X}(k) - \hat{X}(1)) + \frac{1}{2}(\hat{X}(5) - \hat{X}(1)) \right|$$

$$= \left| (3.2318-2.874)+(3.3541-2.874)+(3.4811-2.874)+\frac{1}{2}(3.6128-2.874) \right|$$

$$= |0.3578+0.4801+0.6071+0.3694| = 1.8144$$

$$|\hat{S} - S| = \left| \sum_{k=2}^{4} [(x(k) - x(1)) - (\hat{X}(k) - \hat{X}(1))] + \frac{1}{2}[(x(5) - x(1)) - (\hat{X}(5) - \hat{X}(1))] \right|$$

$$= \left| (0.3578-0.404)+(0.4801-0.463)+(0.6071-0.516)+\frac{1}{2}(0.3694-0.4025) \right|$$

$$= |-0.0462+0.0171+0.091-0.01655| = 0.04535$$

$$\varepsilon = \frac{1+|S|+|\hat{S}|}{1+|S|+|\hat{S}|+|\hat{S}-S|} = \frac{1+1.7855+1.8144}{1+1.7855+1.8144+0.04535} = \frac{4.5999}{4.64525} = 0.9902 > 0.90,$$

精度为一级，可以用

$$\hat{X}^{(1)}(k+1) = 85.3728e^{0.037156k} - 82.4986, \hat{X}^{(0)}(k+1) = \hat{X}^{(1)}(k+1) - \hat{X}^{(1)}(k) \text{预测。}$$

Matlab 源程序：

```
s=0;
for i=2:4
    s=s+abs(x0(i)-x0(1));
end
s=s+abs(0.5*(x0(5)-x0(1)));
Gs=0;
for i=2:4
    Gs=Gs+abs(Gx0(i)-Gx0(1));
end
Gs=Gs+abs(0.5*(Gx0(5)-Gx0(1)));
CHA=abs(Gs-s);
ee=(1+abs(s)+abs(Gs))/(1+abs(s)+abs(Gs)+CHA)
```

输出结果：

```
ee=
    0.9939
```

整个题目的完整 Matlab 源程序：

```
clc;clear;
x0=[2.874  3.278  3.337  3.390  3.679];
x1=zeros(size(x0));
x1(1)=x0(1);
for i=2:5
    for j=1:i
        x1(i)=x1(i)+x0(j);
    end
```

```
end
%对 x^(1) 作紧邻均值生成 z1
z1 = zeros(size(x1));
z1(1) = x1(1);
for i = 2:5
    z1(i) = 0.5 * x1(i) + 0.5 * x1(i-1);
end
%求参数 a
B = [-z1(2:end)', ones(4,1)];
Y = x0(2:end)';
a = B\Y;    %用 a = inv(B' * B) * B' * Y 亦可
%系数求出,模型确定
%求出时间响应式为 Gx1(k+1) = 85.3728 * exp(0.03715 * k) - 82.4986
f = inline('85.3728 * exp(0.037156 * x) - 82.4986');
x = 0:4;
Gx1 = f(x);
%还原出 x0 的模拟值
Gx0 = zeros(1,5);
Gx0(1) = Gx1(1);
for i = 2:5
    Gx0(i) = Gx1(i) - Gx1(i-1);
end


%误差检验
e = x0 - Gx0;    %残差
e = e(2:end);
e1 = abs(e./x0(2:end))                    %相对误差
Ae1 = sum(e1)/4           %平均相对误差
s = e * e'              %残差平方和
%计算 X0 与 Gx0 的灰色关联度 ee
s = 0;
for i = 2:4
    s = s + abs(x0(i) - x0(1));
end
```

```
s = s+abs(0.5 * (x0(5)-x0(1)));
Gs = 0;
for i = 2:4
    Gs = Gs+abs(Gx0(i)-Gx0(1));
end
Gs = Gs+abs(0.5 * (Gx0(5)-Gx0(1)));
CHA = abs(Gs-s);
ee = (1+abs(s)+abs(Gs))/(1+abs(s)+abs(Gs)+CHA)
```

例 8.6 某地区年平均降雨量数据如表 8-11 所示,规定降水量≤320mm 为旱灾。预测下一次旱灾发生的时间。

表 8-11 某地区年平均降水量数据 单位:mm

年份	1	2	3	4	5	6	7	8	9
降雨量	390.6	412	320	559.2	380.8	542.4	553	310	561
年份	10	11	12	13	14	15	16	17	
降雨量	390.6	300	540	406.2	313.8	576	587.6	318.5	

解:首先找出干旱年份,进行可容比计算,结果如表 8-12 所示。

表 8-12 可容比计算结果

$\sigma^{(0)}(2)$	$\sigma^{(0)}(3)$	$\sigma^{(0)}(4)$	$\sigma^{(0)}(5)$
1.0323	1.0333	0.9560	0.9852

计算结果均有 $\sigma^{(0)}(i) \in (0.7165, 1.3956)$ $i=2,3,4,5$。因此该数据适合建立 GM(1, 1)模型。本题用 Matlab 程序直接求解,计算步骤请参见例 8.5。

Matlab 源程序

a = [390.6,412,320,559.2,380.8,542.4,553,310,561,300,632,540,406.2,313.8, 576,587.6,318.5]′;

%原始数据

x0 = find(a≤320);%查找已知年份中的灾害年份

x0 = x0′%已知年份中的灾害年份

n = length(x0);

lamda = x0(1:n-1)./x0(2:n);

range = minmax(lamda);

x1 = cumsum(x0);   %已知年份中的灾害年份累加

for i = 2:n   %数据累加

```
z(i) = 0.5 * (x1(i)+x1(i-1));
end
B = [-z(2:n)',ones(n-1,1)];
Y = x0(2:n)';
u = B\Y            %求拟合系数
x = dsolve('Dx+a*x=b','x(0)=x0');
x = subs(x,{'a','b','x0'},{u(1),u(2),x1(1)});
digits(6),y = vpa(x)        %输出拟合方程
yuce1 = subs(y,'t',[0:n-1]);
for i = 2:n
yuce2(i-1) = yuce1(i)-yuce1(i-1);
end
yuce = [x0(1),yuce2]        %由模型计算得干旱年份
epsilon = x0-yuce            %计算残差
delta = abs(epsilon./x0)        %相对误差
yuce1 = subs(x,'t',[0:n]);
digits(6),y = vpa(yuce1);
for i = 2:n+1
yuce2(i-1) = y(i)-y(i-1);
end
yuce = [x0(1),yuce2]            %预测结果
```

程序运行结果:

x0 =

    3   8   10   14   17

u =

  -0.2536

   6.2585

y =

$27.6774 * \exp(0.25361 * t) - 24.6774$

yuce =

[3,7.98963,10.296,13.2681,17.0983]

epsilon =

[0,0.0103663,-0.295999,0.731857,-0.0982543]

delta =

$[0,0.00129578,0.0295999,0.0522755,0.00577967]$

yuce =

$[3,7.98963,10.296,13.2681,17.0983,22.034]$

结果解读及汇总:

(1)已知年份中的灾害年份:x0 = $[3,8,10,14,17]$

(2)GM(1,1)模型系数:a = -0.2536,b = 6.258;由系数 -a = 0.2536 < 0.3 可知,该模型可以做中长期预测。

模型:y = -24.6774 + 27.6774 * exp(0.253610 * t)

(3)模型检验:

模型预测值:yuce = $[3,7.98963,10.296,13.2681,17.0983]$;

模型残差:epsilon = $[0,0.0103663,-0.295999,0.731857,-0.0982543]$

模型相对误差:delta = $[0,0.00129578,0.0295999,0.0522755,0.00577967]$

模型级比偏差:rho = 0.5161   -0.0324   0.0783   -0.0627

模型预测值:yuce = $[3,7.98963,10.296,13.2681,17.0983,22.034]$

由相对误差可以看出该模型是较好的模型。

由预测值结果可知,第六个灾害年发生在 22.0340 年,22.034 - 17.0983 = 4.9357,即下一次旱灾发生在 5 年以后。

8.5 灰度理论习题

1. 某核心企业需要在 6 个待定的零部件供应商中选择一个合作伙伴,各待选供应商有关数据见表 8-13。

表 8-13   各待选供应商有关数据

评价指标	待选供应商					
	1	2	3	4	5	6
1 产品质量	0.83	0.90	0.99	0.92	0.87	0.95
2 产品价格/元	326	295	340	287	310	303
3 地理位置/千米	21	38	25	19	27	10
4 售后服务/小时	3.2	2.4	2.2	2.0	0.9	107
5 技术水平	0.20	0.25	0.12	0.33	0.20	0.09
6 经济效益	0.15	0.20	0.14	0.09	0.15	0.17
7 供应能力/件	250	180	300	200	150	175
8 市场影响度	0.23	0.15	0.27	0.30	0.18	0.26
9 市场交货情况	0.87	0.95	0.99	0.89	0.82	0.94

2. 某中型企业 2015—2018 年四年产值资料如表 8-14 所示,试建立 GM(1,1) 模型的白化方程及时间响应式,并对 GM(1,1) 模型进行检验,预测该企业 2019—2024 年的产值。

表 8-14　某企业产值数据　　　　　　　　　　　　　　　　单位:万元

年份	2015	2016	2017	2018
产值	27260	29547	32411	35388

3. 已知某企业 2014—2018 年的工业总产值资料为:

表 8-15　某企业工业总产值数据　　　　　　　　　　　　单位:百万元

年份	2014	2015	2016	2017	2018
总产值	1.67	1.51	1.03	2.14	1.99

建立 GM(1,1) 模型的方程,预测 2019—2024 年的工业总产值。

第9章　模糊数学模型

自然界和人类活动中的各种现象大致分为两类:确定性现象和非确定性现象。非确定性现象又可分为两类:随机现象和模糊现象。

随机现象本身有着明确的含义,只是由于条件不充分,使得在条件与事件之间不能出现决定性的因果关系,从而在事件的出现与否上表现出不确定的性质。模糊数学本身没有明确的外延,模糊性的根源在于客观事物的差异之间存在着中间过渡,并需要客观对各种层次对象隶属程度进行限定,这种隶属程度具有客观规律性。例如,要你某时到某地去迎接一个"大胡子高个子长头发戴宽边黑色眼镜的中年男人",尽管这里只提供了一个精确信息——男人,而其他信息——大胡子、高个子、长头发、宽边黑色眼镜、中年等都是模糊概念,你只要将这些模糊概念经过头脑的综合分析判断,就可以接到这个人。模糊数学在实际中的应用几乎涉及国民经济的各个领域及部门,农业、林业、气象、环境、地质勘探、医学、经济管理等方面都有模糊数学的广泛而又成功的应用。

1965 年,美国自动控制学家查德(L. A. Zadch)首先提出了用"模糊集合"描述模糊事物的数学模型。他的理论和方法从 20 世纪 70 年代开始受到重视并得到迅速发展,越来越广泛地应用于解决生产实际问题。模糊数学的理论和方法解决了许多经典数学和统计数学难以解决的问题,这里通过几个例子介绍模糊综合评判、模糊模式识别、模糊控制等最常用方法的应用。而相应的理论和算法这里不做详细介绍,请读者参阅有关的书籍。

9.1　模糊数学的基本概念

一、模糊集的定义和隶属函数

经典集合具有两个基本属性:元素彼此相异,即无重复性;范围边界分明,即一个元素 x 要么属于集合 A(记作 $x \in A$),要么不属于集合 A(记作 $x \notin A$),二者必居其一。

1. 模糊集的定义

设 X 为论域,称由如下实值函数

$$\mu_A : X \rightarrow [0,1],$$
$$x \rightarrow \mu_A(x)$$

所确定的集合 A 为 X 上的模糊集合,称 μ_A 为模糊集合 A 的隶属函数,$\mu_A(x)$ 称为元素 x 对模糊集 A 的隶属度,记为 $A = \{(x, \mu_A(x)) | x \in X\}$。其中使得 $\mu_A(x) = 0.5$ 的点 x_0 称为模糊集 A 的过渡点。$\mu_A(x)$ 表示 x 隶属集合 A 的程度,$\mu_A(x)$ 越接近 1,表示 x 属于 A 的程度越大。有时也称模糊集合为给定论域上的模糊子集合。

当 $\mu_A(x) = 1$ 时,X 肯定属于 A;当 $\mu_A(x) = 0$ 时,X 肯定不属于 A。

由模糊集的定义可知:两个模糊集合相等的充要条件是它们的隶属函数在论域上恒相等,即 $A = B \Leftrightarrow \forall x \in X, A(x) = B(x)$。

2. 模糊集合的表示法

(1)当论域 X 为有限集时,记 $X = \{x_1, x_2, \dots, x_n\}$,则 X 上的模糊集 A 有下列三种常见的表示形式:

①Zadeh 表示法:$A = \sum_{i=1}^{n} \dfrac{\mu_A(x_i)}{x_i} = \dfrac{\mu_A(x_1)}{x_1} + \dfrac{\mu_A(x_2)}{x_2} + \dots \dfrac{\mu_A(x_n)}{x_n}$,其中:+ 是概括集合诸元的记号,$\dfrac{\mu_A(x_i)}{x_i}(i = 1, 2, \dots, n)$ 表示 x_i 对于模糊集 A 的隶属度是 $\mu_A(x_i)$。

②偶序表示法:$A = \{(x_1, \mu_A(x_1)), (x_2, \mu_A(x_2)), \dots, (x_n, \mu_A(x_n))\}$。

③向量表示法:$A = (\mu_A(x_1), \mu_A(x_2), \dots, \mu_A(x_n))$。

(2)当论域 X 为无限集时,X 上的模糊集 A 写成 $A = \displaystyle\int_{x \in X} \dfrac{\mu_A(x)}{x}$。其中,$\int$ 是概括集合诸元的记号,$\dfrac{\mu_A(x)}{x}$ 表示 x 对于模糊集 A 的隶属度是 $\mu_A(x)$。这里的"$\int$"不表示积分,也不表示求和,而是表示各个元素与隶属度对应关系的一个总结。

例 9.1 设论域 $X = \{x_1(50), x_2(55), x_3(60), x_4(65), x_5(70), x_6(75)\}$ 表示人的体重,单位:千克。设 X 上的模糊集 A 的隶属函数为 $\mu_A(x) = \dfrac{x - 50}{75 - 50}$,写出 X 上的模糊集 A 的三种表示法。

解:Zadeh 表示法:$A = \dfrac{0}{x_1} + \dfrac{0.2}{x_2} + \dfrac{0.4}{x_3} + \dfrac{0.6}{x_4} + \dfrac{0.8}{x_5} + \dfrac{1}{x_6}$;

偶序表示法:$A = \{(x_1, 0), (x_2, 0.2), (x_3, 0.4), (x_4, 0.6), (x_5, 0.8), (x_6, 1)\}$;

向量表示法:$A = (0, 0.2, 0.4, 0.6, 0.8, 1)$。

例 9.2 设论域 $X = [0, 1]$,模糊集 A 表示"年老",B 表示"年轻",Zadeh 给出 A、B 的隶属度函数分别为

$$A(x)=\begin{cases}0 & 0\leqslant x\leqslant50\\ \left[1+(\dfrac{x-50}{5})^{-2}\right]^{-1} & 50<x\leqslant100\end{cases},B(x)=\begin{cases}1 & 0\leqslant x\leqslant25\\ \left[1+(\dfrac{x-25}{5})^{2}\right]^{-1} & 25<x\leqslant100\end{cases}$$

$A(55)=0.5$,即 55 岁属于年老程度为 0.5,$A(100)\approx0.99$,即 100 岁属于年老程度为 0.99;同理,$B(30)=0.5$,即 55 岁属于年轻程度为 0.5;$A(65)=0.9$,即 65 岁属于老年人的程度为 0.9;$B(65)\approx0.015$,即 65 岁属于年轻程度为 0.015,认为是较老的。

用模糊集的表示法可以将模糊集 A 和 B 分别表示为

$$A=\int_{50}^{100}\frac{\left[1+(\dfrac{x-50}{5})^{-2}\right]^{-1}}{x},B=\int_{0}^{50}\frac{1}{x}+\int_{25}^{100}\frac{\left[1+(\dfrac{x-25}{5})^{2}\right]^{-1}}{x}。$$

二、模糊集的运算

1. 模糊集常用的算子

(1)Zadeh 算子$(\vee,\wedge)$:$a\vee b=\max\{a,b\}$,$a\wedge b=\min\{a,b\}$;

(2)环和、有界和算子;$(\hat{+},\oplus)$:$a\hat{+}b=a+b-ab$,$a\oplus b=1\wedge(a+b)$

(3)Einstain$\overset{+}{\varepsilon}$,$\overset{-}{\varepsilon}$,$a\overset{+}{\varepsilon}b=\dfrac{a+b}{1+ab}$,$a\overset{+}{\varepsilon}b\dfrac{ab}{1+(1-a)(1-b)}$

2. 模糊集常用的几种运算

设 A,B,C 均为论域 X 上的模糊集,定义:模糊集的相等、包含、交、并、补分别为

(1)$A=B\Leftrightarrow\mu_A(x)=\mu_B(x)$;

(2)$A\subset B\Leftrightarrow\mu_A(x)\leqslant\mu_B(x)$;

(3)$C=A\cap B\Leftrightarrow\mu_C(x)=\min(\mu_A(x),\mu_B(x))=\mu_A(x)\wedge\mu_B(x)$;

(4)$C=A\cup B\Leftrightarrow\mu_C(x)=\max(\mu_A(x),\mu_B(x))=\mu_A(x)\wedge\mu_B(x)$;

(5)$\bar{A}\Leftrightarrow\mu_{\bar{A}}(x)=1-\mu_A(x)$。

例 9.3 一个房地产商想对销售给客户的商品房进行分类。版设卧室多少是判定房子舒适度的一个标准。设 $X=\{1,2,3,4,5,6\}$ 是房子卧室数集,模糊集"三口之家的舒适房型"可以描述为 $A=\{(1,0.3),(2,0.8),(3,1),(4,0.7),(5,0.3)\}$。模糊集"三口之家的大面积房型"可以描述为 $B=\{(2,0.4),(3,0.6),(4,0.8),(5,1),(6,1)\}$。求 $A\cap B,A\cap B,\bar{B}$。

解:$A\cup B=\{(1,0.3),(2,0.8),(3,1),(4,0.8),(5,1),(6,1)\}$,即大或者舒适的房子;

$A\cap B=\{(2,0.4),(3,0.6),(4,0.7),(5,0.3)\}$,即又大又舒适的房子;

$\bar{B}=\{(1,1),(2,0.6),(3,0.4),(4,0.2)\}$,即不大的房子。

3. 模糊集合的 λ-水平截集

设 A 为论域 X 上的模糊集,对任意 $\lambda \in [0,1]$,$A_\lambda = \{x \mid \mu_A(x) \geq \lambda\}$ 称为模糊子集 A 的 λ 水平截集。

模糊集本身没有确定边界,但其水平截集有确定边界,并且不再是模糊集合,而是一个确定的集合。

例 9.4 某医生今天给 5 个发烧病人看病,设为 $\{x_1, x_2, x_3, x_4, x_5\}$,其体温分别为:38.9℃、37.2℃、37.8℃、39.2℃、38.1℃。所谓"发烧"实际上是一个模糊的概念,它存在程度的不同,用隶属函数来描述比较恰当。根据医师的经验,对"发烧"来说:

$$\mu(x) = \begin{cases} 0 & x < 37.5 \\ 0.4 & 37.5 \leq x < 38 \\ 0.7 & 38 \leq x < 38.5 \\ 0.9 & 38.5 \leq x < 30 \\ 1 & x \geq 39 \end{cases},$$

用 λ-水平截集表示病人的发烧情况。

解: 用模糊集合来处理这个问题就是:设 $A = \dfrac{0.9}{x_1} + \dfrac{0}{x_2} + \dfrac{0.4}{x_3} + \dfrac{1}{x_4} + \dfrac{0.7}{x_5}$,用 $A_{0.9}$ 来表示隶属函数 $\mu_A(x) \geq 0.9$ 的病人,则 $A_{0.9} = \{x_1, x_4\}$,同理,$A_{0.8} = \{x_1, x_4\}$,$A_{0.7} = \{x_1, x_4, x_5\}$,$A_{0.6} = \{x_1, x_4, x_5\}$,$A_{0.4} = \{x_1, x_3, x_4, x_5\}$。

4. 隶属度函数的确定方法

隶属函数是对模糊概念的定量描述。正确地确定隶属度函数,是运用模糊集合解决实际问题的基础,也是能否用好模糊集合的关键。如何确定一个模糊集的隶属函数是至今还尚未完全解决的问题。隶属函数的确定过程,本质上应该是客观的,但每个人对于同一个模糊概念的认识理解有所差异,因此,隶属函数的确定又带有主观性。目前隶属度函数的确定方法大致有以下几种:

(1)模糊统计法

模糊统计试验的四个要素:一是论域 X,二是 X 中的一个固定元素 x_0,三是 X 中的一个随机运动集合 A^*,四是 X 中的一个以 A^* 作为弹性边界的模糊子集 A,制约着 A^* 的运动,A^* 可以覆盖 x_0,也可以不覆盖 x_0,致使 x_0 对 A 的隶属关系是不确定的。

假设做 n 次模糊统计实验,x_0 对 A 的隶属频率 $\dfrac{x_0 \in A^* \text{的次数}}{n}$,随着 n 的增大,频率呈现稳定,此稳定值即 u_0 对 A 的隶属度:$\mu_A(x_0) = \lim\limits_{n \to \infty} \dfrac{x_0 \in A^* \text{的次数}}{n}$。

（2）指派方法

这是一种主观的方法，但也是用得最普遍的一种方法。它是根据问题的性质套用现成的某些形式的模糊分布，然后根据测量数据确定分布中所含的参数。

（3）专家经验法

根据主观认识或个人经验，给出隶属度的具体数值。当论域元素是离散的时候用得比较多。如德尔菲法，是通过专家评分来确定分布中的参数。

（4）机器学习法

通过神经网络的学习训练得到隶属度函数。

三、模糊关系与模糊矩阵

1. 模糊关系

模糊关系是普通关系的推广，它描述元素之间关联程度的多少。

设有两个集合 A, B，A 和 B 的直积 $A \times B$ 定义为

$$A \times B = \{(x, y) \mid x \in A, y \in B\}$$

它是由序偶 (x, y) 的全体所构成的二维论域上的集合。一般来说 $A \times B \neq B \times A$。

设 $A \times B$ 是集合 A 和 B 的直积，以 $A \times B$ 为论域的模糊集合 R 称为 A 和 B 的模糊关系。也就是说，对 $A \times B$ 中的任一元素 (x, y)，都指定了它对 R 的隶属度 $\mu_R(x, y)$，R 的隶属度函数 μ_R 可看作是如下的映射：

$$\mu_R : A \times B \to [0, 1]$$
$$(x, y) \to \mu_R(x, y)$$

隶属度函数 $\mu_R(x, y)$ 表示 x, y 具有关系 R 的程度。

例 9.5 设身高的论域为 $U = \{140, 150, 160, 170, 180\}$，单位：厘米；体重的论域为 $V = \{40, 50, 60, 70, 80\}$，单位：千克；表 9-1 给出了身高和体重之间的模糊关系。

表 9-1　身高和体重之间的模糊关系

高	身高 模糊关系 体重	40	50	60	70	80
	140	1	0.8	0.2	0.1	0
	150	0.8	1	0.8	0.2	0.1
	160	0.2	0.8	1	0.8	0.2
	170	0.1	0.2	0.8	1	0.8
	180	0	0.1	0.2	0.8	1

用模糊矩阵表示该模糊关系为

$$R = \begin{pmatrix} 1 & 0.8 & 0.2 & 0.1 & 0 \\ 0.8 & 1 & 0.8 & 0.2 & 0.1 \\ 0.2 & 0.8 & 1 & 0.8 & 0.2 \\ 0.1 & 0.2 & 0.8 & 1 & 0.8 \\ 0 & 0.1 & 0.2 & 0.8 & 1 \end{pmatrix}。$$

一般 $X \times Y$ 上的模糊关系 R 记为

$$\begin{array}{cccc} x_1 & x_2 & \cdots & x_m \end{array}$$
$$\begin{array}{c} y_1 \\ y_2 \\ \vdots \\ y_n \end{array} \begin{bmatrix} \mu_R(x_1, y_1) & \mu_R(x_2, y_1) & \cdots & \mu_R(x_m, y_1) \\ \mu_R(x_1, y_2) & \mu_R(x_2, y_2) & \cdots & \mu_R(x_m, y_2) \\ \vdots & \vdots & \cdots & \vdots \\ \mu_R(x_1, y_n) & \mu_R(x_2, y_n) & \cdots & \mu_R(x_m, y_n) \end{bmatrix}。$$

模糊关系的合成设 R_1 是 X 和 Y 的模糊关系, R_2 是 Y 和 Z 的模糊关系, 那么 R_1 和 R_2 的合成是 X 到 Z 的一个模糊关系, 记作 $R_1 \cdot R_2$, 其隶属度函数为

$$\mu_{R_1 \cdot R_2} = (x, z) = \bigvee_{y \in Y} [\mu_{R_1}(x, y) \wedge \mu_{R_2}(y, z)], \forall (x, z) \in X \times Z。$$

2. 模糊矩阵

设矩阵 $R = (r_{ij} = \mu_R(x_i, y_j) \in [0, 1])_{m \times n}, i = 1, 2, \ldots, m; j = 1, 2, \ldots, n$, 则 R 称为模糊矩阵。特别地, 如果 $r_{ij} \in \{0, 1\}, i = 1, 2, \ldots, m; j = 1, 2, \ldots, n.$ 则 R 称为布尔矩阵。当模糊矩阵 $R = (r_{ij})_{n \times n}$ 的对角线上的元素 r_{ij} 都为 1 时, 称 R 为模糊自反矩阵。同普通矩阵一样, 有模糊单位阵, 记为 E; 模糊零矩阵, 记为 0; 元素皆为 1 的矩阵用 J 表示。

设 $\mu_{n \times m}$ 表示 n 行 m 列的模糊矩阵的全体, $\lambda_{m \times s}$ 表示 m 行 s 列的模糊矩阵的全体, 对于任意 $R, S \in \mu_{n \times m}, Q \in \lambda_{m \times s}, R = (r_{ij})_{n \times m}, S = (s_{ij})_{n \times m}, Q = (q_{ij})_{m \times s}$ 定义:

(1) $R \cup S = (r_{ij} \vee s_{ij})$, 称为 R 与 S 的并矩阵;

(2) $R \cap S = (r_{ij} \wedge s_{ij})$, 称为 R 与 S 的交矩阵;

(3) $R^C = (1 - r_{ij})$ 称为 R 的余矩阵;

(4) $r_{ij} \leq s_{ij} i = 1, 2, \ldots, n; j = 1, 2, \ldots, m$, 称为 R 包含于 S, 记作 $R \subseteq S$ 或记作 $R \leq S$ (也可以称为 $R \leq S$);

(5) $R \circ Q = (c_{ij})_{n \times s}$, 其中 $c_{ij} = \bigvee\limits_{k=1}^{m} (r_{ik} \wedge q_{kj})$。

例 9.6 设 $R = \begin{pmatrix} 0.7 & 0.5 \\ 0.9 & 0.2 \end{pmatrix}, S = \begin{pmatrix} 0.4 & 0.3 \\ 0.6 & 0.8 \end{pmatrix}$, 求 $R \cap S, R \cup S, R^C, R \circ S$。

解: $R \cup S = \begin{pmatrix} 0.7 \vee 0.4 & 0.5 \vee 0.3 \\ 0.9 \vee 0.6 & 0.2 \vee 0.8 \end{pmatrix} = \begin{pmatrix} 0.7 & 0.5 \\ 0.9 & 0.8 \end{pmatrix}$,

$$R \cap S = \begin{pmatrix} 0.7 \wedge 0.4 & 0.5 \wedge 0.3 \\ 0.9 \wedge 0.6 & 0.2 \wedge 0.8 \end{pmatrix} = \begin{pmatrix} 0.4 & 0.3 \\ 0.6 & 0.2 \end{pmatrix},$$

$$R^C = \begin{pmatrix} 1 & 1 \\ 1 & 1 \end{pmatrix} - \begin{pmatrix} 0.7 & 0.5 \\ 0.9 & 0.2 \end{pmatrix} = \begin{pmatrix} 0.3 & 0.5 \\ 0.1 & 0.8 \end{pmatrix},$$

$$R \circ S = \begin{pmatrix} (0.7 \wedge 0.4) \vee (0.5 \wedge 0.6) & (0.7 \wedge 0.3) \vee (0.5 \wedge 0.8) \\ (0.9 \wedge 0.4) \vee (0.2 \wedge 0.6) & (0.9 \wedge 0.3) \vee (0.2 \wedge 0.8) \end{pmatrix} = \begin{pmatrix} 0.5 & 0.5 \\ 0.4 & 0.3 \end{pmatrix}。$$

3. 模糊等价关系与模糊分类

若模糊关系 $R \in F(X \times X)$ 满足:

(1)自反性: $\mu_R(x,x) = 1$;

(2)对称性: $\mu_R(x,y) = \mu_R(y,x)$;

(3)传递性: $R \circ R \subseteq R$;(即 $\bigvee\limits_{k=1}^{n} (r_{ik} \wedge r_{kj}) \leqslant r_{ij}; i,j = 1,2,\ldots,n$)。

则称 R 是 X 上的一个模糊等价关系。其中隶属度 $R(x,y)$ 表示 (x,y) 的相关程度。

设论域 $X = \{x_1, x_2, \ldots, x_m\}$,模糊矩阵 $R = (r_{ij})_{n \times n}$,$E$ 为单位矩阵,若 R 满足:

(1)自反性: $E \subseteq R$(即 $r_{ii} = 1; i = 1,2,\ldots,n$);

(2)对称性: $R' = R$(即 $r_{ij} = r_{ji}; i,j = 1,2,\ldots,n$);

(3)传递性: $R \circ R \subseteq R$(即 $\bigvee\limits_{k=1}^{n} (r_{ik} \wedge r_{kj}) \leqslant r_{ij}, i,j = 1,2,\ldots,n$)。

则称 R 为模糊等价矩阵。

当论域 $X = \{x_1, x_2, \ldots, x_m\}$ 为有限论域时,X 上的模糊等价关系可表示为 $n \times n$ 阶模糊等价矩阵。

设 $R = (r_{ij})_{n \times n}$ 为模糊矩阵,对任意的 $\lambda \in [0,1]$,

(1)如果 $r_{ij}(\lambda) = \begin{cases} 1, & r_{ij} \geqslant \lambda \\ 0, & r_{ij} < \lambda \end{cases}$ $(i = 1,2,\ldots,m; j = 1,2,\ldots,n)$,

则称 $R_\lambda = (r_{ij}(\lambda))_{m \times n}$ 为 R 的 λ 截矩阵,它所对应的关系叫作 R 的截关系。

(2)如果 $r_{ij}(\lambda) = \begin{cases} 1, & r_{ij} > \lambda \\ 0, & r_{ij} \leqslant \lambda \end{cases}$ $(i = 1,2,\ldots,m; j = 1,2,\ldots,n)$,

则称 $R_\lambda = (r_{ij}(\lambda))_{m \times n}$ 为 R 的 λ 强截矩阵,它所对应的关系叫作 R 的强截关系。

普通的等价关系决定一个分类,彼此等价的元素属于同一类。将模糊等价关系中的每个 R_λ 作为一个普通的等价关系,同样可以对论域进行分类。当 λ 从 1 降到 0 时,R_λ 会不断发生变化,这种分类也会随之发生变化,形成一个动态分类。

9.2 模糊聚类分析

一、相似矩阵与传递闭包

设论域 $X = \{x_1, x_2, \ldots, x_m\}$,模糊矩阵 $R = (r_{ij})_{n \times n}$,$E$ 为单位矩阵,若 R 满足:

(1)自反性:$E \subseteq R$(即 $r_{ii} = 1; i = 1, 2, \ldots, n$);

(2)对称性:$R' = R$(即 $r_{ij} = r_{ij}; i, j = 1, 2, \ldots, n$)。

则称 R 为模糊相似矩阵。

设 R 是 $n \times n$ 阶模糊矩阵,如果满足

$$R \circ R = R^2 \subseteq R\left(\text{即} \bigvee_{k=1}^{n}(r_{ik} \wedge r_{kj}) \leqslant r_{ij}; i, j = 1, 2, \ldots, n\right)$$

则称 R 为模糊传递矩阵。

包含 R 的最小的模糊传递矩阵称为 R 的传递闭包,记为 $t(R)$。

二、模糊聚类分析的步骤

对事物按照一定的要求进行分类就是聚类。利用模糊数学方法对事物进行分类就称为模糊聚类。模糊聚类的步骤一般是:

步骤一 设 $X = \{x_1, x_2, \ldots, x_n\}$ 是需要分类的对象全体,每个对象由 m 个指标表示其性状:

$x_i = \{x_{i1}, x_{i2}, \ldots, x_{im}\}$($i = 1, 2, \ldots, n$),则得到原始数据矩阵为 $X = (x_{ij})_{n \times m}$。

步骤二 数据标准化

在实际问题中,不同的数据一般有不同的量纲,为了使有不同量纲的量能进行比较,需要将数据规格化,常用的方法有:

(1)标准差标准化:$x'_{ij} = \dfrac{x_{ij} - \bar{x}_j}{S_j}$($1 \leqslant i \leqslant n, 1 \leqslant j \leqslant m$)

式中:$\bar{x}_j = \dfrac{1}{n}\displaystyle\sum_{i=1}^{n} x_{ij}$,$S_j = \sqrt{\dfrac{1}{n-1}\displaystyle\sum_{i=1}^{n}(x_{ij} - \bar{x}_j)^2}$

(2)极差正规化:$x'_{ij} = \dfrac{x_{ij} - \min\{x_{ij}\}}{\max\{x_{ij}\} - \min\{x_{ij}\}}$

(3)极差标准化:$x'_{ij} = \dfrac{x_{ij} - \bar{x}_j}{\max\{x_{ij}\} - \min\{x_{ij}\}}$

(4)最大值规格化:$x'_{ij} = \dfrac{x_{ij}}{\max(x_{1j}, x_{2j}, \ldots, x_{nj})}$

步骤三　建立 X 的相似关系,并写成相似矩阵。这就需要建立 x_i 与 x_j 相似程度 $r_{ij} = R(x_i, x_j)$,方法一般有相似系数法、距离法和贴近度法等。

1. 相似系数法

(1) 夹角余弦法: $r_{ij} = \dfrac{\sum\limits_{k=1}^{m} x_{ik} \cdot x_{jk}}{\sqrt{\sum\limits_{k=1}^{m} x_{ik}^2} \cdot \sqrt{\sum\limits_{k=1}^{m} x_{jk}^2}}$

(2) 相关系数法 $r_{ij} = \dfrac{\sum\limits_{k=1}^{m} |x_{ik} - \bar{x}_i| |x_{jk} - \bar{x}_j|}{\sqrt{\sum\limits_{k=1}^{m} (x_{ik} - \bar{x}_i)^2} \cdot \sqrt{\sum\limits_{k=1}^{m} x_{jk} - \bar{x}_j)^2}}$

2. 距离法

一般地,取 $r_{ij} = 1 - c(d(x_i, x_j))^a$,其中 c, a 为适当选取的参数,它使得 $0 \leqslant r_{ij} \leqslant 1$ 采用的距离有:

(1) 汉明(Hamming)距离: $d(x_i, x_j) = \sum\limits_{k=1}^{m} |x_{ik} - x_{jk}|$;

(2) 欧氏距离: $d(x_i, x_j) = \sqrt{\sum\limits_{k=1}^{m} (x_{ik} - x_{jk})^2}$;

(3) 切比雪夫距离: $d(x_i, x_j) = \max\limits_{1 \leqslant k \leqslant n} |x_{ik} - x_{jk}|$。

3. 贴近度法

(1) 最大最小法: $r_{ij} = \dfrac{\sum\limits_{k=1}^{m} (x_{ik} \wedge x_{jk})}{\sum\limits_{k=1}^{m} (x_{ik} \vee x_{jk})}$;

(2) 算术平均最小法: $r_{ij} = \dfrac{\sum\limits_{k=1}^{m} (x_{ik} \wedge x_{jk})}{\frac{1}{2}\sum\limits_{k=1}^{m} (x_{ik} + x_{jk})}$;

(3) 几何平均最小法: $r_{ij} = \dfrac{\sum\limits_{k=1}^{m} (x_{ik} \wedge x_{jk})}{\sum\limits_{k=1}^{m} \sqrt{x_{ik} \cdot x_{jk}}}$。

步骤四 对 R 进行改造,使 R 成为模糊等价关系。

用上述几种方法建立起来的关系 R 一般只满足自反性和对称性,不一定满足传递性,还不是模糊等价关系,需要对 R 进行变换,经常用平方方法合成传递闭包的方式来构造模糊等价关系。计算有限论域上自反模糊关系 R 的传递闭包的方法:从 R 出发,反复自乘,依次计算出 R^2,R^4,当第一次出现 $R^k \circ R^k = R^k$ 时,得 $t(R) = R^k$。

步骤五 聚类。

当模糊关系 R 是等价关系时,可以进行模糊分类。在适当的阈值上进行截取,以便得到合适的分类。

9.3 模糊综合评判法

模糊综合评判法是利用模糊集理论进行评价的一种方法。20 世纪 80 年代初,汪培庄提出了综合评判模型,此模型凭借简单实用的特点迅速被应用于国民经济和工农业生产等研究中,广大工作者运用此模型取得了一个又一个成果。模糊综合评判法是一种以模糊推理为主的定性与定量相结合、精确与非精确相统一的分析评价方法。由于这种方法在处理各种难以用精确数学方法分析的复杂系统问题方面所表现出的独特优越性,近年来它已在许多学科领域中得到了十分广泛的应用。

一、模糊综合评判模型的建立步骤

1. 确定评价对象的因素集

设 $U = \{u_1, u_2, \ldots, u_m\}$ 为刻画被评价对象的 m 种评价因素(评价指标)。其中 m 是评价因素的个数,由具体的指标体系决定。

为便于权重分配和评议,可以按评价因素的属性将其分成若干类,把每一类都视为单一评价因素,并称之为第一级评价因素。第一级评价因素可以设置下属的第二级评价因素,第二级评价因素又可以设置下属的第三级评价因素,依此类推。即

$$U = U_1 \cup U_2 \cup \ldots \cup U_s$$

其中 $U_i = \{u_{i1}, u_{i2}, \ldots, u_{im}\}$, $U_i \cap U_j = \Phi$,任意 $i \neq j, i, j = 1, 2, \ldots, s$。称 $\{U_i\}$ 是 U 的一个划分(或剖分),U_i 称为类(或块)。

2. 确定评价对象的评语集

设 $V = \{v_1, v_2, \ldots, v_n\}$,是评价者对被评价对象可能做出的各种总的评价结果组成的评语等级的集合。其中:v_j 代表第 j 个评价结果,$j = 1, 2, \ldots, n$。n 为总的评价结果数。一般划分为 3~5 个等级。

3. 确定评价因素的权重向量

设 $A = \{a_1, a_2, \ldots, a_m\}$ 为权重（权数）分配模糊矢量，其中 a_i 表示第 i 个因素的权重，要求 $\sum a_i = 1, a_i \geq 0$。A 反映了各因素的重要程度。在进行模糊综合评价时，权重对最终的评价结果会产生很大的影响，不同的权重有时会得到完全不同的结论。现在通常是凭经验给出权重，但带有主观性。

确定权重的方法有：

（1）专家估计法（专家估测法）、德尔菲（Delphi）法（专家调查法）、特征值法。

（2）加权平均法：当专家人数不足 30 人时，可用此法。首先多位专家各自独立地给出各因素的权重，然后取各因素权重的平均值作为其权重。

（3）频率分布确定权数法：当专家人数不低于 30 人时，采用此法。找出最值，确定分组计算频率，取最大频率所在分组的组中值为其权重。

（4）模糊协调决策法：贴近度与择近原则，近似方法。

（5）模糊关系方程法：矩阵作业法。

（6）层次分析法（AHP）：美国运筹学家撒汀（T. L. Saaty）于 20 世纪 70 年代提出的一种把定性分析与定量分析相结合的对复杂问题作出决策的有效方法。（根据问题分析，分为三个层次：目标层 G、准则层 C 和方案层 P。然后采用两两比较的方法确定决策方案的重要性，即得到决策方案相对于目标层 G 的重要性的权重，从而获得比较满意的决策。明确问题，建立层次结构。构造判断矩阵。层次单排序及其一致性检验。层次总排序及其组合一致性检验。）

4. 进行单因素模糊评价，确立模糊关系矩阵 R

单独从一个因素出发进行评价，以确定评价对象对评价集合 V 的隶属程度，称为单因素模糊评价。在构造了等级模糊子集后，就要逐个对被评价对象从每个因素 u_i 上进行量化，也就是确定从单因素来看被评价对象对各等级模糊子集的隶属度，进而得到模糊关系矩阵：

$$R = \begin{pmatrix} r_{11} & r_{12} & \cdots & r_{1n} \\ r_{21} & r_{22} & \cdots & r_{2n} \\ \vdots & \vdots & \ddots & \vdots \\ r_{m1} & r_{m1} & \cdots & r_{mn} \end{pmatrix}$$

令 $r_i = (r_{i1}, r_{i2}, \ldots, r_{in})$，作归一化处理：$\sum r_{ij} = 1$ 消除量纲的影响。其中 r_{ij} 表示某个被评价对象从因素 u_i 来看对等级模糊子集 v_j 的隶属度。一个被评价对象在某个因素 u_i 方面的表现是通过模糊矢量 r_i 来刻画的，r_i 称为单因素评价矩阵，可以看作是因素集 U 和评价集 V 之间的一种模糊关系，即影响因素与评价对象之间的"合理关系"。

在确定隶属关系时,通常是由专家或与评价问题相关的专业人员依据评判等级对评价对象进行打分,然后统计打分结果,再根据绝对值减数法求得

$$r_{ij} = \begin{cases} 1, (i = j) \\ 1 - c \sum_{k=1} |x_{ik} - x_{jk}|, (i = j) \end{cases}$$

其中:c 适当选取,保证 $0 \leqslant r_{ij} \leqslant 1$。

5. 多指标综合评价

利用合适的模糊合成算子将模糊权矢量 A 与模糊关系矩阵 R 合成得到各被评价对象的模糊综合评价结果矢量 B。

模糊综合评价的模型:

$$B = A \circ R = (a_1, a_2, \ldots, a_m) \begin{pmatrix} r_{11} & r_{12} & \cdots & r_{1n} \\ r_{21} & r_{22} & \cdots & r_{2n} \\ \vdots & \vdots & \ddots & \vdots \\ r_{m1} & r_{m1} & \cdots & r_{mn} \end{pmatrix} = (b_1, b_2, \cdots, b_n,)$$

其中:b_j 表示被评级对象从整体上看对评价等级模糊子集元素 v_j 的隶属程度。

常用的模糊合成算子:

(1)主因素决定型 $M(\wedge, \vee)$

$$b_j = \bigvee_{i=1}^{m} (a_i \wedge r_{ij}) = \max_{1 \leqslant i \leqslant m} \{\min(a_i, r_{ij})\}, j = 1, 2, \ldots, n$$

其评判结果只取决于在总评价中起主要作用的因素,其余因素均不影响评判结果,此模型比较适用于单项评判最优就能作为综合评判最优的情况。

(2)主因素突出型 $M(\cdot, \vee)$

$$b_j = \bigvee_{i=1}^{m} (a_i, r_{ij}) = \max_{1 \leqslant i \leqslant m} \{a_i, r_{ij}\}, j = 1, 2, \ldots, n$$

它与模型 $M(\wedge, \vee)$ 相近,但比模型 $M(\wedge, \vee)$ 精细些,不仅突出了主要因素,也兼顾了其他因素。此模型适用于模型 $M(\wedge, \vee)$ 不可区别,需要"加细"的情况。

(3)取小上界和型 $M(\wedge, +)$

$$b_j = \min\left\{1, \sum_{i=1}^{m} \min(a_i, r_{ij})\right\}, j = 1, 2, \ldots, n$$

在使用此模型时,需要注意的是:各个 a_i 不能取得偏大,否则可能出现 b_j 均等于 1 的情形;各个 a_i 也不能取得太小,否则可能出现 b_j 均等于各个 a_i 之和的情形,这将使单因素评判的有关信息丢失。

(4)加权平均型 $M(\cdot, +)$

$$b_j = \min\left(1, \sum_{i=1}^{m} a_i r_{ij}\right), j = 1, 2, \ldots, n$$

该模型依权重的大小对所有因素均衡兼顾,比较适用于要求总和最大的情形。

(5) 均衡平均型 $M(\wedge, +)$

$$b_j = \sum_{i=1}^{m} \left(a_i \wedge \frac{r_{ij}}{r_0} \right) (j = 1, 2, \ldots, n)$$

其中 $r_0 = \sum_{i=1}^{m} r_{kj}$,该模型适用于 R 中元素 r_{ij} 偏大或偏小的情形。

6. 对模糊综合评价结果进行分析

模糊综合评价的结果是被评价对象对各等级模糊子集的隶属度,它一般是一个模糊矢量,而不是一个点值,因而能提供的信息比其他方法更丰富。对多个评价对象比较并排序,就需要进一步处理,即计算每个评价对象的综合分值,按大小排序,按序择优。将综合评价结果 B 转换为综合分值,于是可依其大小进行排序,从而挑选出最优者。

处理模糊综合评价矢量 $B = (b_1, b_2, \ldots, b_n)$ 常用的两种方法:

(1) 最大隶属度原则:

设 $A_1, A_2, \ldots, A_n \in F(X)$ 是 n 个标准类型, $x_0 \in X$,若

$$A_i(x) = \max\{A_k(x_0) \mid 1 \leqslant k \leqslant n\}$$

则认为 x_0 相对隶属于 A_i 所代表的类型。

(2) 加权平均原则:将等级看作一种相对位置,使其连续化。为了能定量处理,不妨用 $1, 2, \ldots, m$ 来表示各等级,并称其为各等级的秩。

然后用 B 中对应分量将各等级的秩加权求和,从而得到被评价对象的相对位置,其表达方式为

$$A = \frac{\sum_{j=1}^{n} b_j^k \cdot j}{\sum_{j=1}^{n} b_j^k},$$

其中, k 为待定系数($k = 1$ 或 2),目的是控制较大的 b_j 所引起的作用。当 $k \to \infty$ 时,加权平均原则就是为最大隶属原则。

模糊评价通过精确的数字手段处理模糊的评价对象,对蕴藏信息呈现模糊性的资料作出比较科学、合理、贴近实际的量化评价;评价结果是一个矢量,而不是一个点值,包含的信息比较丰富,既可以比较准确地刻画被评价对象,又可以进一步加工,得到参考信息。

另一方面,模糊综合评价计算复杂,对指标权重矢量的确定主观性较强;当指标集 U 较大,即指标集个数凡较大时,在权矢量和为1的条件约束下,相对隶属度权系数往往偏小,权矢量与模糊矩阵 R 不匹配,结果会出现超模糊现象,分辨率很差,无法区分谁的隶属度更高,甚至会造成评判失败,此时可用分层模糊评估法加以改进。

二、综合评判模型的构建原则

1. 科学性和有效性原则

选择评价指标应尽量与企业认定的国际标准和评价条件一致,指标应能客观揭示企业的本质特征。

2. 实用性和可操作性原则

(1)选择指标全面完整,评价指标体系能全面、完整地反映被评价企业的状况,这样得出的评价结果才能从本质上反映系统的特征。

(2)保证指标具有独特性,防止不同指标之间出现相关性和相近性。

(3)指标体系所需资料应易于调查和收集,尽可能从现有资料中获取,或简单加工资料获得。

3. 可比性和灵活性原则

评价指标体系所选指标的分类、计量方法、口径应该相互统一,相互可比,包括不同时期同一公司的纵向对比和同一时期不同公司的横向对比。在具有可比性的原则下,尽可能照顾不同科研开发环境、不同生产经营规模和方式的企业的特点,灵活设计评价指标,以使该评价指标体系具有最大的可行性。

4. 动态与静态相结合的原则

评价指标既要反映现实的结果,也要反映活动的过程,其结果是检验高新技术企业技术创新能力的主要标准。

5. 定性指标和定量指标相结合

在理想状态下建立的定量指标的模型因为忽略了很多次要因素的建立,在实际应用过程中难免会有一些误差,一般不能直接将模型得到的结论进行应用,因此需要辅助定性指标进行分析,另一方面,仅有定性指标,往往不能精确地给出问题的解决方案,定性定量指标相结合在实际问题解决过程中往往能发挥更好的作用。

例 9.7　通货膨胀的识别问题

通货膨胀状态一般分为五个类型:通货稳定、轻度通货膨胀、中度通货膨胀、重度通货膨胀、恶性通货膨胀。以上五个类型依次用 R^+(非负实数域,下同)上的模糊集 $A_1,A_2,A_3,A_4,$ A_5 依次表示,其隶属函数分别为

$$A_1(x) = \begin{cases} 1 & 0 \leqslant x < 5 \\ exp\left(-\left(\dfrac{x-5}{3}\right)^2\right) & x \geqslant 5 \end{cases},$$

$$A_2(x) = exp\left(-\left(\dfrac{x-10}{5}\right)^2\right), A_3(x) = exp\left(-\left(\dfrac{x-20}{7}\right)^2\right), A_4(x) = exp\left(-\left(\dfrac{x-30}{9}\right)^2\right), A_5(x) =$$

$$\begin{cases} exp\left(-\left(\dfrac{x-15}{15}\right)^2\right) & \\ & 0 \leqslant x < 50 \\ 1 & x \geqslant 50 \end{cases}$$
，其中对 $x \geqslant 0$，表示物价上涨 $x\%$。问 $x = 8, 40$ 时，分别相对隶属于哪种类型。

解：$A_1(8) = 0.3679, A_2(8) = 0.8521, A_3(8) = 0.0529, A_4(8) = 0.0032, A_5(8) = 0.0000,$
$A_1(40) = 0.0000, A_2(40) = 0.0000, A_3(40) = 0.0003, A_4(40) = 0.1299, A_5(40) = 0.6412$。

由最大隶属原则可知，$x = 8$ 时，应相对隶属于 A_2，即物价上涨 8% 时，为轻度通货膨胀；当 $x = 40$ 时，应相对隶属于 A_5，即物价上涨 40% 时，为恶性通货膨胀。

9.4　模糊规划

一、线性规划问题的标准形式

1. 普通线性规划的一般形式

目标函数 $\max Z = c_1 x_1 + c_2 x_2 + \ldots c_n x_n$

约束条件 $\begin{cases} a_{11} x_1 + a_{12} x_2 + \ldots a_{1n} x_n \leqslant b_1 \\ a_{21} x_1 + a_{22} x_2 + \ldots a_{2n} x_n \leqslant b_2 \\ \cdots\cdots \\ a_{m1} x_1 + a_{m2} x_2 + \ldots a_{mn} x_n \leqslant b_m \\ x_j \geqslant 0 (j = 1, 2, \ldots, n) \end{cases}$

2. 矩阵表达形式

$$\max Z = CX$$
$$\begin{cases} AX \leqslant b \\ x \geqslant 0 \end{cases}$$

其中 $A = \begin{pmatrix} a_{11} \ldots a_{1n} \\ \ldots \\ a_{m1} \ldots a_{mn} \end{pmatrix}$、$C = (c_1, c_2, \ldots, c_n)$、$x = (x_1, x_2, \ldots, x_n)^T$、$b = (b_1, b_2, \ldots, b_m)^T$

二、模糊线性规划

线性规划的约束条件带有模糊性就是模糊线性规划,其模型为

$$\max Z = c_1 x_1 + c_2 x_2 + \ldots c_n x_n$$

$$
\begin{cases}
a_{11} x_1 + a_{12} x_2 + \ldots a_{1n} x_n \overset{\sim}{\leqslant} b_1 \\
a_{21} x_1 + a_{22} x_2 + \ldots a_{2n} x_n \overset{\sim}{\leqslant} b_1 \\
\qquad\qquad \ldots \\
a_{m1} x_1 + a_{m2} x_2 + \ldots a_{mn} x_n \overset{\sim}{\leqslant} b_m \\
x_j (j = 1, 2 \ldots, n)
\end{cases}
$$

其中"$\overset{\sim}{\leqslant}$"表示弹性约束,可读作"近似小于等于"。"近似小于等于"是一个模糊的概念,可以用一个模糊集来表示:$\sum\limits_{j=1}^{n} a_{ij} x_j$ 表示第 i 个约束的左边表达式,模糊集 D_i 表示"$\sum\limits_{j=1}^{n} a_{ij} x_j \overset{\sim}{\leqslant} b_i$",当 $\sum\limits_{j=1}^{n} a_{ij} x_j \leqslant b_i$ 时,完全接受约束,有 $D_i(x) = 1$;适当选择一个伸缩系数 d_i,约定当 $\sum\limits_{j=1}^{n} a_{ij} x_j \leqslant b_i + d_i$ 时,不认为 $\sum\limits_{j=1}^{n} a_{ij} x_j \overset{\sim}{\leqslant} b_i$,这时 $D_i(x) = 0$;当 $\sum\limits_{j=1}^{n} a_{ij} x_j \in [b_i, b_i + d_i]$ 时,$D_i(x)$ 应从 1 下降到 0,表示约束程度降低。

为了简单可行,$D_i(x)$ 规定如下:

设 $X = \{x \mid x \in R^n, x \geqslant 0\}$,对每一个约束 $a_{ij} x_j \overset{\sim}{\leqslant} b_i$,相应地有 X 中一个模糊渠 D_i 与之相对应,它的隶属函数为

$$
D_i(x) = f_I\left(\sum_{j=1}^{n} a_{ij} x_j\right) =
\begin{cases}
1 & \sum\limits_{j=1}^{n} a_{ij} x_j \leqslant b_i \\[2mm]
1 - \dfrac{1}{d_i}\left(\sum\limits_{j=1}^{n} a_{ij} x_j - b_i\right) & b_i < \sum\limits_{j=1}^{n} a_{ij} x_j \leqslant b_i + d_i \\[2mm]
0 & \sum\limits_{j=1}^{n} a_{ij} x_j > b_i + d_i
\end{cases}
$$

其中 d_i 是适当选择的常数,叫作伸缩指标,$d_i \geqslant 0$ $i = 1, 2, \ldots, m$,这样就将弹性约束转化成模糊约束,再令 $D = D_1 \cap D_2 \cap \ldots \cap D_m$ 就将全部约束条件转化成一个模糊约束。当 $d_i = 0$($i = 1, 2 \ldots, m$)时,D 退化为普通约束集 D,模糊约束条件中的"$\overset{\sim}{\leqslant}$"退化为"$\leqslant$"。

模糊线性规划的模型简记为

$$\max Z = Cx$$

$$
\begin{cases}
AX \overset{\sim}{\leqslant} b \\
x \geqslant 0
\end{cases}
\tag{9-1}
$$

约束的弹性必然导致目标的弹性,为将目标函数模糊化,先求解普通线性规划问题:

$$\max Z = Cx$$

$$满足 \begin{cases} AX \leq b \\ x \geq 0 \end{cases} \tag{9-2}$$

以及 $\max Z = Cx$

$$满足 \begin{cases} AX \leq b+d \\ x \geq 0 \end{cases} \tag{9-3}$$

其中 $d = (d_1, d_2, \ldots, d_m)'$ 称为(9.1)的伸缩指标向量。

设 Z_0 是式(9-2)的最优值,Z_1 是式(9-3)的最优值,Z_0 所满足的约束条件为 $AX \leq b$,对应的模糊约束 $D(x) = 1$。若适当降低模糊约束的隶属度 $D(x)$,则可以相应提高目标函数值 Z,Z_1 所满足的约束条件已放到最宽 $AX \leq b+d$,对应的模糊约束 $D(x)$ 也接近于 0。于是目标函数的弹性可表示为 $Z_0 \leq Z = Cx \leq Z_1$,为此构造模糊目标集 $G(x) \in F(x)$。其隶属函数为

$$G(x) = g\left(\sum_{j=i}^{n} c_j x_j\right) = \begin{cases} 0 & \sum\limits_{j=1}^{n} c_j x_j \leq z_0 \\ \dfrac{1}{d_0}\left(\sum\limits_{j=1}^{n} c_j x_j - z_0\right) & z_0 < \sum\limits_{j=1}^{n} c_j x_j \leq z_1 \\ 1 & \sum\limits_{j=1}^{n} c_j x_j > z_1 \end{cases}$$

其中 $d_0 = Z_1 - Z_0$。由模糊目标的上述隶属函数可知,当 $D(x)$ 时,$G(x) = 0$,要提高目标函数值使之大于 Z_0,就必须降低 $D(x)$。为了兼顾目标与约束,可采用模糊决策为 $D_F = D \cap G$,最佳决策为 x^*,x^* 满足

$$D_F(x^*) = \max_{x \in X} \quad D_F(x^*) = \max_{x \in X} \quad (D(x) \bigwedge G(x))$$

若令 $\lambda = D(x) \bigwedge G(x)$,则有

$$\max_{x \in X}(D(x) \bigwedge G(x)) = \max\{\lambda \mid D(x) \geq \lambda, G(x) \geq 0, \lambda \in [0,1]\}$$
$$= \max_{x \in X}\{\lambda \mid D_1(x) \geq \lambda, \ldots, D_n(x) \geq \lambda, G(x) \geq \lambda, \lambda \in [0,1]\}$$

于是求最佳决策 x^* 的问题,就转化为求普通线性规划问题:

$$\max Z = \lambda$$

$$\begin{cases} 1 - \left(\sum\limits_{j=1}^{n} a_{ij} x_j - b_i\right)/d_i \geq \lambda & (i = 1, 2, \ldots, m) \\ \left(\sum\limits_{j=1}^{n} c_j x_j - Z_0\right)/d_0 \geq \lambda \\ \lambda \geq 0, x_j \geq 0 & (j = 1, 2, \ldots, n) \end{cases}$$

$$\max Z = \lambda$$

即

$$
\begin{cases}
\displaystyle\sum_{j=1}^{n} a_{ij}x_j + d_i\lambda \leqslant b_i + d_i & (i = 1,2,\ldots,m) \\
\displaystyle\sum_{j=1}^{n} \frac{n}{2} c_j x_j - d_0\lambda \geqslant Z_0 \\
\lambda \geqslant 0 \quad x_j \geqslant 0 \quad (j = 1,2,\ldots,n)
\end{cases}
\tag{9-4}
$$

求解上述普通规划问题，可得最佳决策 $x^* = (x_1^*, x_2^*, \ldots, x_n^*)'$，目标函数值为 $z^* = \displaystyle\sum_{j=1}^{n} c_j x_j^*$。

9.5　模糊数学实验案例

例 9.8　本章例题 9.6 的上机实现。

采用 Matlab 软件编程实现模糊矩阵的运算。

```
R = [0.7,0.5;0.9,0.2];
S = [0.4,0.3;0.6,0.8];
[m,n] = size(R);
for i = 1:m
    for j = 1:n
        c(i,j) = min(R(i,j),S(i,j));            %求 R∩S
        d(i,j) = max(R(i,j),S(i,j));            %求 R∪S
        e(i,j) = 1-R(i,j);                      %求 R^c
        g(i,j) = max(min([R(i,:);S(:,j)']));    %求 R∘S
    end
end
c,d,e,g
```

程序运行结果：

```
c =
      0.4000    0.3000
      0.6000    0.2000
d =
      0.7000    0.5000
      0.9000    0.8000
e =
```

$$
g = \begin{array}{cc} 0.3000 & 0.5000 \\ 0.1000 & 0.8000 \\ \\ 0.5000 & 0.5000 \\ 0.4000 & 0.3000 \end{array}
$$

例 9.9 设论域 $X = \{x_1, x_2, x_3, x_4, x_5\}$，模糊关系 $R = \begin{pmatrix} 1 & 0.4 & 0.8 & 0.5 & 0.5 \\ 0.4 & 1 & 0.4 & 0.4 & 0.4 \\ 0.8 & 0.4 & 1 & 0.5 & 0.5 \\ 0.5 & 0.4 & 0.5 & 1 & 0.6 \\ 0.5 & 0.4 & 0.5 & 0.6 & 1 \end{pmatrix}$，由模

糊关系确定元素的分类。

解: 易证 R 是个等价关系。令 λ 由 1 降到 0，写出 R_λ，按 R_λ 分类，i 与 j 归为一类的充要条件是 $r_{ij} = 1$。

$$
R_1 = \begin{pmatrix} 1 & 0 & 0 & 0 & 0 \\ 0 & 1 & 0 & 0 & 0 \\ 0 & 0 & 1 & 0 & 0 \\ 0 & 0 & 0 & 1 & 0 \\ 0 & 0 & 0 & 0 & 1 \end{pmatrix}
$$
，此时每个元素分成一类，即 $\{x_1\}, \{x_2\}, \{x_3\}, \{x_4\}, \{x_5\}$；

$$
R_{0.8} = \begin{pmatrix} 1 & 0 & 1 & 0 & 0 \\ 0 & 1 & 0 & 0 & 0 \\ 1 & 0 & 1 & 0 & 0 \\ 0 & 0 & 0 & 1 & 0 \\ 0 & 0 & 0 & 0 & 1 \end{pmatrix}
$$
，此时分成 4 类，即 $\{x_1, x_3\}, \{x_2\}, \{x_4\}, \{x_5\}$；

$$
R_{0.6} = \begin{pmatrix} 1 & 0 & 1 & 0 & 0 \\ 0 & 1 & 0 & 0 & 0 \\ 1 & 0 & 1 & 0 & 0 \\ 0 & 0 & 0 & 1 & 1 \\ 0 & 0 & 0 & 1 & 1 \end{pmatrix}
$$
，此时分成 3 类，即 $\{x_1, x_3\}, \{x_2\}, \{x_4, x_5\}$；

$$
R_{0.5} = \begin{pmatrix} 1 & 0 & 1 & 1 & 1 \\ 0 & 1 & 0 & 0 & 0 \\ 1 & 0 & 1 & 1 & 1 \\ 1 & 0 & 1 & 1 & 1 \\ 1 & 0 & 1 & 1 & 1 \end{pmatrix}
$$
，此时分成 2 类，即 $\{x_1, x_3, x_4, x_5\}, \{x_2\}$；

$$R_{0.4} = \begin{pmatrix} 1 & 1 & 1 & 1 & 1 \\ 1 & 1 & 1 & 1 & 1 \\ 1 & 1 & 1 & 1 & 1 \\ 1 & 1 & 1 & 1 & 1 \\ 1 & 1 & 1 & 1 & 1 \end{pmatrix}$$，所有的元素都是同一类，即 $\{x_1, x_2, x_3, x_4, x_5\}$。

用 Matlab 程序求模糊关系矩阵的 0.8-截集矩阵 $R_{0.8}$ 的方法：

A = [1,0.4,0.8,0.5,0.5;0.4,1,0.4,0.4,0.4;0.8,0.4,1,0.5,0.5;0.5,0.4,0.5,1, 0.6;0.5,0.4,0.5,0.6,1];

[m,n] = size(A);p = 0.8;

for i = 1:m

    for j = 1:n

        if A(i,j) > = p

            A(i,j) = 1;

        else A(i,j) = 0;

        end

    end

end

A

程序运行结果：

A =

1	0	1	0	0
0	1	0	0	0
1	0	1	0	0
0	0	0	1	0
0	0	0	0	1

例 9.10 环境区域的污染情况由污染物在 4 个要素中的含量超标程度来衡量。设这 5 个环境区域的污染数据为 $x_1 = (80,10,6,2), x_2 = (50,1,6,4), x_3 = (90,6,4,6), x_4 = (40,5,7, 3), x_5 = (10,1,2,4)$，试用模糊传递闭包法对 X 进行分类。

解：步骤一： 几个元素的指标用矩阵表示为：$X^* = \begin{pmatrix} 80 & 10 & 6 & 2 \\ 50 & 1 & 6 & 4 \\ 90 & 6 & 4 & 6 \\ 40 & 5 & 7 & 3 \\ 10 & 1 & 2 & 4 \end{pmatrix}$，

步骤二: 采用最大值规格化法将数据标准化为 $x = \begin{pmatrix} 0.89 & 1 & 0.86 & 0.33 \\ 0.56 & 0.1 & 0.86 & 0.67 \\ 1 & 0.6 & 0.57 & 1 \\ 0.44 & 0.5 & 1 & 0.5 \\ 0.11 & 0.10 & 0.29 & 0.67 \end{pmatrix}$;

步骤三: 用贴近度的最大最小法构造模糊相似矩阵:

$$R = \begin{pmatrix} 1 & 0.54 & 0.62 & 0.63 & 0.24 \\ 0.54 & 1 & 0.55 & 0.70 & 0.53 \\ 0.62 & 0.55 & 1 & 0.56 & 0.37 \\ 0.63 & 0.70 & 0.56 & 1 & 0.38 \\ 0.24 & 0.53 & 0.37 & 0.38 & 1 \end{pmatrix};$$

步骤四: 用平方法合成传递闭包 $t(R) = R^4 = \begin{pmatrix} 1 & 0.63 & 0.62 & 0.63 & 0.53 \\ 0.63 & 1 & 0.62 & 0.70 & 0.53 \\ 0.62 & 0.62 & 1 & 0.62 & 0.53 \\ 0.63 & 0.70 & 0.62 & 1 & 0.53 \\ 0.53 & 0.53 & 0.53 & 0.53 & 1 \end{pmatrix}$

步骤五: 将 $t(R)$ 中的元素从大到小编排如下:$1 > 0.70 > 0.63 > 0.62 > 0.53$。

取 $\lambda = 1, t(R)_1 = \begin{pmatrix} 1 & 0 & 0 & 0 & 0 \\ 0 & 1 & 0 & 0 & 0 \\ 0 & 0 & 1 & 0 & 0 \\ 0 & 0 & 0 & 1 & 0 \\ 0 & 0 & 0 & 0 & 1 \end{pmatrix}$, X 被分成 5 类:$\{x_1\}, \{x_2\}, \{x_3\}, \{x_4\}, \{x_5\}$;

取 $\lambda = 0.7, t(R)_{0.7} = \begin{pmatrix} 1 & 0 & 0 & 0 & 0 \\ 0 & 1 & 0 & 1 & 0 \\ 0 & 0 & 1 & 0 & 0 \\ 0 & 1 & 0 & 1 & 0 \\ 0 & 0 & 0 & 0 & 1 \end{pmatrix}$, X 被分成 4 类:$\{x_1\}, \{x_3\}, \{x_2, x_4\}, \{x_5\}$;

取 $\lambda = 0.63, t(R)_{0.63} = \begin{pmatrix} 1 & 1 & 0 & 1 & 0 \\ 0 & 1 & 0 & 1 & 0 \\ 0 & 0 & 1 & 0 & 0 \\ 1 & 1 & 0 & 1 & 0 \\ 0 & 0 & 0 & 0 & 1 \end{pmatrix}$, X 被分成 3 类:$\{x_1, x_2, x_4\}, \{x_3\}, \{x_5\}$;

取 $\lambda = 0.62, t(R)_{0.62} = \begin{pmatrix} 1 & 1 & 1 & 1 & 0 \\ 1 & 1 & 1 & 1 & 0 \\ 1 & 1 & 1 & 1 & 0 \\ 1 & 1 & 1 & 1 & 0 \\ 0 & 0 & 0 & 0 & 1 \end{pmatrix}$, X 被分成 2 类: $\{x_1, x_2, x_3, x_4\}, \{x_5\}$;

取 $\lambda = 0.53, t(R)_{0.53} = \begin{pmatrix} 1 & 1 & 1 & 1 & 1 \\ 1 & 1 & 1 & 1 & 1 \\ 1 & 1 & 1 & 1 & 1 \\ 1 & 1 & 1 & 1 & 1 \\ 1 & 1 & 1 & 1 & 1 \end{pmatrix}$, X 被分成 1 类: $\{x_1, x_2, x_3, x_4, x_5\}$。

Matlab 程序实现:

```
a=[80,10,6,2;50,1,6,4;90,6,4,6;40,5,7,3;10,1,2,4];   %原始矩阵
%数据标准化
[n,m]=size(a);
for i=1:n
for j=1:m
x(i,j)=a(i,j)/max(a(:,j));
end
end
x
%用贴近度的最大最小法构造模糊相似矩阵
[n,m]=size(x);
for i=1:n
for j=1:n
R(i,j)=sum(min([x(i,:);x(j,:)]))/sum(max([x(i,:);x(j,:)]));
end
end
R

n=length(R);
B=zeros(n,n);
flag=0;
k=1/2;
```

```
while flag = = 0
    B = fco( R,R) ;    %做模糊合成运算
    k = 2 * k ;
if B = = R
flag = 1 ;
else
    R = B ;    %循环计算 R 传递闭包
end
end
R
```

该文件调用函数矩阵模糊合成算子函数:fco. m

```
function B = fco( Q,R)
%实现模糊合成算子的计算,要求 Q 的列数等于 R 的行数
[ n,m] = size( Q) ;
[ m,l] = size( R) ;
B = zeros( n,l) ;
for i = 1:n
for k = 1:l
    B( i,k) = max( min( [ Q( i,:) ;R( :,k)′] ) ) ;
end
end
```

结果输出:

x =

0.8889	1.0000	0.8571	0.3333
0.5556	0.1000	0.8571	0.6667
1.0000	0.6000	0.5714	1.0000
0.4444	0.5000	1.0000	0.5000
0.1111	0.1000	0.2857	0.6667

R =

| 1.0000 | 0.5409 | 0.6206 | 0.6300 | 0.2433 |
| 0.5409 | 1.0000 | 0.5478 | 0.6985 | 0.5339 |

0.6206	0.5478	1.0000	0.5600	0.3669
0.6300	0.6985	0.5600	1.0000	0.3818
0.2433	0.5339	0.3669	0.3818	1.0000

R =

1.0000	0.6300	0.6206	0.6300	0.5339
0.6300	1.0000	0.6206	0.6985	0.5339
0.6206	0.6206	1.0000	0.6206	0.5339
0.6300	0.6985	0.6206	1.0000	0.5339
0.5339	0.5339	0.5339	0.5339	1.0000

例 9.11 某地区设有 11 个雨量站,10 年来各雨量站测得的年降雨量表如 9-2 所示:现因经费问题,决定只保留 5 个雨量站,问撤销哪些雨量站而不会太多地减少降雨信息的记录。

表 9-2 降雨信息记录 单位:mm

年份 雨站	1	2	3	4	5	6	7	8	9	10
$x1$	276	251	192	246	291	466	258	453	158	324
$x2$	324	287	433	232	311	158	327	365	271	406
$x3$	159	349	290	243	502	224	432	357	410	235
$x4$	413	344	563	281	388	178	401	452	308	520
$x5$	292	310	479	267	330	164	361	384	283	442
$x6$	258	454	592	310	410	203	381	420	410	520
$x7$	311	285	221	273	352	502	301	482	201	358
$x8$	303	451	220	315	267	320	413	228	179	343
$x9$	175	402	320	285	603	240	402	360	430	251
$x10$	243	307	411	327	290	278	199	316	342	282
$x11$	320	470	232	352	292	350	421	252	185	371

解: 对 11 个雨量站进行模糊聚类,聚类为 5 类。同一类的只需保留一个即可。该问题直接利用 Matlab 软件编程实现:

a = [276 251 192 246 291 466 258 453 158 324

324 287 433 232 311 158 327 365 271 406

159 349 290 243 502 224 432 357 410 235

413 344 563 281 388 178 401 452 308 520

292 310 479 267 330 164 361 384 283 442

```
258 454 592 310 410 203 381 420 410 520
311 285 221 273 352 502 301 482 201 358
303 451 220 315 267 320 413 228 179 343
175 402 320 285 603 240 402 360 430 251
243 307 411 327 290 278 199 316 342 282
320 470 232 352 292 350 421 252 185 371];
[n,m]=size(a);
for i=1:n
for j=1:m
x(i,j)=a(i,j)/max(a(:,j));
end
end
x
%用贴近度的最大最小法构造模糊相似矩阵
[n,m]=size(x);
for i=1:n
for j=1:n
R(i,j)=sum(min([x(i,:);x(j,:)]))/sum(max([x(i,:);x(j,:)]));
end
end
R
n=length(R);
B=zeros(n,n);
flag=0;
k=1/2;
while flag==0
    B=fco(R,R);    %做模糊合成运算
    k=2*k;
if B==R
flag=1;
else
    R=B;    %循环计算 R 传递闭包
end
end
```

```
        R
        %计算 R_{0.8}
        [m,n]=size(R);p=0.8;
        for i=1:m
            for j=1:n
                if R(i,j)>=p
                    R(i,j)=1;
                else R(i,j)=0;
                end
            end
        end
        R
```

软件运行结果:

x =

0.6683	0.5340	0.3243	0.6989	0.4826	0.9283	0.5972	0.9398	0.3674	0.6231
0.7845	0.6106	0.7314	0.6591	0.5158	0.3147	0.7569	0.7573	0.6302	0.7808
0.3850	0.7426	0.4899	0.6903	0.8325	0.4462	1.0000	0.7407	0.9535	0.4519
1.0000	0.7319	0.9510	0.7983	0.6434	0.3546	0.9282	0.9378	0.7163	1.0000
0.7070	0.6596	0.8091	0.7585	0.5473	0.3267	0.8356	0.7967	0.6581	0.8500
0.6247	0.9660	1.0000	0.8807	0.6799	0.4044	0.8819	0.8714	0.9535	1.0000
0.7530	0.6064	0.3733	0.7756	0.5837	1.0000	0.6968	1.0000	0.4674	0.6885
0.7337	0.9596	0.3716	0.8949	0.4428	0.6375	0.9560	0.4730	0.4163	0.6596
0.4237	0.8553	0.5405	0.8097	1.0000	0.4781	0.9306	0.7469	1.0000	0.4827
0.5884	0.6532	0.6943	0.9290	0.4809	0.5538	0.4606	0.6556	0.7953	0.5423
0.7748	1.0000	0.3919	1.0000	0.4842	0.6972	0.9745	0.5228	0.4302	0.7135

R =

1.0000	0.7222	0.6373	0.6470	0.7044	0.6212	0.8876	0.7309	0.6191	0.7121	0.7222
0.7222	1.0000	0.7196	0.8114	0.9200	0.7577	0.7620	0.7111	0.6990	0.7766	0.7189
0.6373	0.7196	1.0000	0.7080	0.7327	0.7487	0.6608	0.6803	0.9082	0.7271	0.6730
0.6470	0.8114	0.7080	1.0000	0.8620	0.8655	0.7112	0.6796	0.7104	0.7018	0.6873
0.7044	0.9200	0.7327	0.8620	1.0000	0.8228	0.7531	0.7205	0.7260	0.7775	0.7191
0.6212	0.7577	0.7487	0.8655	0.8228	1.0000	0.6684	0.7034	0.7746	0.7276	0.7038
0.8876	0.7620	0.6608	0.7112	0.7531	0.6684	1.0000	0.7573	0.6569	0.7063	0.7625

0.7309	0.7111	0.6803	0.6796	0.7205	0.7034	0.7573	1.0000	0.6992	0.7195	0.9364
0.6191	0.6990	0.9082	0.7104	0.7260	0.7746	0.6569	0.6992	1.0000	0.7373	0.6877
0.7121	0.7766	0.7271	0.7018	0.7775	0.7276	0.7063	0.7195	0.7373	1.0000	0.7129
0.7222	0.7189	0.6730	0.6873	0.7191	0.7038	0.7625	0.9364	0.6877	0.7129	1.0000

$R =$

1.0000	0.7620	0.7620	0.7620	0.7620	0.7620	0.8876	0.7625	0.7620	0.7620	0.7625
0.7620	1.0000	0.7746	0.8620	0.9200	0.8620	0.7620	0.7620	0.7746	0.7775	0.7620
0.7620	0.7746	1.0000	0.7746	0.7746	0.7746	0.7620	0.7620	0.9082	0.7746	0.7620
0.7620	0.8620	0.7746	1.0000	0.8620	0.8655	0.7620	0.7620	0.7746	0.7775	0.7620
0.7620	0.9200	0.7746	0.8620	1.0000	0.8620	0.7620	0.7620	0.7746	0.7775	0.7620
0.7620	0.8620	0.7746	0.8655	0.8620	1.0000	0.7620	0.7620	0.7746	0.7775	0.7620
0.8876	0.7620	0.7620	0.7620	0.7620	0.7620	1.0000	0.7625	0.7620	0.7620	0.7625
0.7625	0.7620	0.7620	0.7620	0.7620	0.7620	0.7625	1.0000	0.7620	0.7620	0.9364
0.7620	0.7746	0.9082	0.7746	0.7746	0.7746	0.7620	0.7620	1.0000	0.7746	0.7620
0.7620	0.7775	0.7746	0.7775	0.7775	0.7775	0.7620	0.7620	0.7746	1.0000	0.7620
0.7625	0.7620	0.7620	0.7620	0.7620	0.7620	0.7625	0.9364	0.7620	0.7620	1.0000

$R =$

1	0	0	0	0	0	1	0	0	0	0
0	1	0	1	1	1	0	0	0	0	0
0	0	1	0	0	0	0	0	1	0	0
0	1	0	1	1	1	0	0	0	0	0
0	1	0	1	1	1	0	0	0	0	0
0	1	0	1	1	1	0	0	0	0	0
1	0	0	0	0	0	1	0	0	0	0
0	0	0	0	0	0	0	1	0	0	1
0	0	1	0	0	0	0	0	1	0	0
0	0	0	0	0	0	0	0	0	1	0
0	0	0	0	0	0	0	1	0	0	1

由最后的结果得到分成 5 类的结果：

$\{x_1, x_7\}$ $\{x_2, x_4, x_5, x_6\}$ $\{x_3, x_9\}$ $\{x_8, x_{11}\}$ $\{x_{10}\}$

可以从每类中选一个元素作为代表。到底选取哪 5 个雨量站还需要考虑其他因素最终确定。

例 9.12 考虑一个服装评判的问题,建立因素集 $U = \{u_1, u_2, u_3, u_4\}$,其中 u_1 表示花色, u_2 表示式样,u_3 表示耐穿程度,u_4 表示价格。建立评判集 $V = \{v_1, v_2, v_3, v_4\}$,其中 v_1 表示很

欢迎,v_2 表示较欢迎,v_3 表示不太欢迎,v_4 表示不欢迎。进行单因素评判的结果如下:

$$u_1 \rightarrow r_1 = (0.2, 0.5, 0.2, 0.1), u_2 \rightarrow r_2 = (0.7, 0.2, 0.1, 0)$$

$$u_3 \rightarrow r_3 = (0, 0.4, 0.5, 0.1), u_4 \rightarrow r_4 = (0.2, 0.3, 0.5, 0).$$

设有两类顾客,他们根据自己的喜好对各因素所分配的权重分别为

$$A_1 = (0.1, 0.2, 0.3, 0.4), \qquad A_2 = (0.4, 0.35, 0.15, 0.1)$$

分析这两类顾客对此服装的喜好程度。

解: 由单因素评判构造综合评判矩阵:

$$R = \begin{pmatrix} 0.2 & 0.5 & 0.2 & 0.1 \\ 0.7 & 0.2 & 0.1 & 0 \\ 0 & 0.4 & 0.5 & 0.1 \\ 0.2 & 0.3 & 0.5 & 0 \end{pmatrix}$$

用主因素决定型模型 $M(\wedge, \vee)$ 计算综合评判,Matlab 源程序为

```
A = [0.1 0.2 0.3 0.4];
R = [0.2 0.5 0.2 0.1;
     0.7 0.2 0.1 0;
     0 0.4 0.5 0.1;
0.2 0.3 0.5 0];
B = [ ];
[m, s1] = size(A);
[s2, n] = size(R);
for(i = 1:m)
for(j = 1:n)
          B(i, j) = 0;
for(k = 1:s1)
          x = 0;
if(A(i, k) < R(k, j))
          x = A(i, k);
else
          x = R(k, j);
end
if(B(i, j) < x)
          B(i, j) = x;
end
end
end
```

end

end

B

程序运行结果：

B =

     0.2000   0.3000   0.4000   0.1000

即 $B_1 = A_1 \circ R = (0.2, 0.3, 0.4, 0.1)$，根据最大隶属度原则可知，第一类顾客对此服装不太欢迎，将上述程序中的矩阵 A 换成 $A_2 = (0.4, 0.35, 0.15, 0.1)$，程序运行结果：

B =

     0.3500   0.4000   0.2000   0.1000

根据最大隶属度原则可知，第二类顾客对此服装则比较欢迎。

例 9.13 物流中心作为商品周转、分拣、保管、在库管理和流通加工的据点，其促进商品能够按照顾客的要求完成附加价值，克服在其运动过程中所发生的时间和空间障碍。在物流系统中，物流中心的选址是物流系统优化中一个非常重要的问题。

基于物流中心位置的重要性，目前已建立了一系列选址模型与算法。这些模型及算法相当复杂。其主要困难在于：

（1）即使简单的问题也需要大量的约束条件和变量。

（2）约束条件和变量多使问题的难度呈指数增长。

模糊综合评价方法是一种适合于物流中心选址的建模方法。它是一种定性与定量相结合的方法，有良好的理论基础。特别是多层次模糊综合评判方法，它通过研究各因素之间的关系，可以得到合理的物流中心位置。

1. 模型

（1）单级评判模型

（2）多层次综合评判模型

一般来说，在考虑的因素较多时会带来两个问题：其一，权重分配很难确定；其二，即使确定了权重分配，由于要满足归一性，每一因素分得的权重必然很小。无论采用哪种算法，经过模糊运算后许多信息都会被"淹没"，有时甚至得不出任何结果。所以，需采用分层的办法来解决这一问题。

运用现代物流学原理，在物流规划过程中，物流中心选址要考虑许多因素。根据因素特点划分层次模块，各因素又可由下一级因素构成，因素集分为三级，三级模糊评判的数学模型见表 9-3。

表 9-3 物流中心选址的三级模型

第一级指标	第二级指标		第三级指标
自然环境 u1(0.1)	气象条件 u11(0.25)		
	地质条件 u12(0.25)		
	水文条件 u13(0.25)		
	地形条件 u14(0.25)		
交通运输 u2(0.2)			
经营环境 u3(0.3)			
候选地 u4(0.2)	面积 u41(0.1)		
	形状 u42(0.1)		
	周边干线 u43(0.4)		
	地价 u44(0.4)		
公共设施 u5(0.2)	"三供" u51(0.4)		供水 u511(1/3)
			供电 u512(1/3)
			供气 u513(1/3)
	废物处理 u52(0.3)		排水 u521(0.5)
			固体废物处理 u522(0.5)
	通信 u53(0.2)		
	道路设施 u54(0.1)		

因素集 U 分为三层:第一层为 $U = \{u_1, u_2, u_3, u_4, u_5\}$;

第二层为 $u_1 = \{u_{11}, u_{12}, u_{13}, u_{14}\}$; $u_4 = \{u_{41}, u_{42}, u_{43}, u_{44}\}$; $u_5 = \{u_{51}, u_{52}, u_{53}, u_{54}\}$;

第三层为 $u_51 = \{u_{511}, u_{512}, u_{513}\}$; $u_52 = \{u_{521}, u_{522}\}$。

假设某区域有 8 个候选地址,决断集 $V = \{A, B, C, D, E, F, G, H\}$,代表 8 个不同的候选地址,数据进行处理后得到诸因素的模糊综合评判如表 9-4 所示。

表 9-4 某区域的模糊综合评判

因素	A	B	C	D	E	F	G	H
气象条件	0.91	0.85	0.87	0.98	0.79	0.60	0.60	0.95
地质条件	0.93	0.81	0.93	0.87	0.61	0.61	0.95	0.87
水文条件	0.88	0.82	0.94	0.88	0.64	0.61	0.95	0.91
地形条件	0.90	0.83	0.94	0.89	0.63	0.71	0.95	0.91
交通运输	0.95	0.90	0.90	0.94	0.60	0.91	0.95	0.94
经营环境	0.90	0.90	0.87	0.95	0.87	0.65	0.74	0.61
面积	0.60	0.95	0.60	0.95	0.95	0.95	0.95	0.95
形状	0.60	0.69	0.92	0.92	0.87	0.74	0.89	0.95

因素	A	B	C	D	E	F	G	H
周边干线	0.95	0.69	0.93	0.85	0.60	0.60	0.94	0.78
地价	0.75	0.60	0.80	0.93	0.84	0.84	0.60	0.80
供水	0.60	0.71	0.77	0.60	0.82	0.95	0.65	0.76
供电	0.60	0.71	0.70	0.60	0.80	0.95	0.65	0.76
供气	0.91	0.90	0.93	0.91	0.95	0.93	0.81	0.89
排水	0.92	0.90	0.93	0.91	0.95	0.93	0.81	0.89
固体废物处理	0.87	0.87	0.64	0.71	0.95	0.61	0.74	0.65
通信	0.81	0.94	0.89	0.60	0.65	0.95	0.95	0.89
道路设施	0.90	0.60	0.92	0.60	0.60	0.84	0.65	0.81

(1) 分层作综合评判

$U_{51}=\{u_{511},u_{512},u_{513}\}$，权重 $A_{51}=\{1/3,1/3,1/3\}$，由表9-4 对 u_{511},u_{512},u_{513} 的模糊评判构成的单因素评判矩阵：

$$R_{51}=\begin{pmatrix}0.60 & 0.71 & 0.77 & 0.60 & 0.82 & 0.95 & 0.65 & 0.76\\0.60 & 0.71 & 0.70 & 0.60 & 0.80 & 0.95 & 0.65 & 0.76\\0.91 & 0.90 & 0.93 & 0.91 & 0.95 & 0.93 & 0.81 & 0.89\end{pmatrix}$$

用模型 $M(\cdot,+)$ 计算得

$B_{51}=A_{51}\circ R_{51}=(0.703,0.773,0.8,0.703,0.875,0.943,0.703,0.803)$

类似地：$A_{52}=\{0.5,0.5\}$，$R_{52}=\begin{pmatrix}0.92 & 0.90 & 0.93 & 0.91 & 0.95 & 0.93 & 0.81 & 0.89\\0.87 & 0.87 & 0.64 & 0.71 & 0.95 & 0.61 & 0.74 & 0.65\end{pmatrix}$

$B_{52}=A_{52}\circ R_{52}=(0.895,0.885,0.785,0.81,0.95,0.77,0.775,0.77)$

$B_5=A_5\circ R_5=(0.4,0.3,0.2,0.1)\begin{pmatrix}0.703 & 0.773 & 0.8 & 0.703 & 0.857 & 0.943 & 0.703 & 0.803\\0.895 & 0.885 & 0.785 & 0.81 & 0.95 & 0.77 & 0.775 & 0.77\\0.81 & 0.94 & 0.89 & 0.6 & 0.65 & 0.95 & 0.95 & 0.89\\0.9 & 0.6 & 0.92 & 0.6 & 0.6 & 0.84 & 0.65 & 0.81\end{pmatrix}$

$=(0.802,0.823,0.826,0.704,0.818,0.882,0.769,0.811)$

$B_4=A_4\circ R_4=(0.1\quad 0.1\quad 0.4\quad 0.4)\begin{pmatrix}0.60 & 0.95 & 0.60 & 0.95 & 0.95 & 0.95 & 0.95 & 0.95\\0.60 & 0.69 & 0.92 & 0.92 & 0.87 & 0.74 & 0.89 & 0.95\\0.95 & 0.69 & 0.93 & 0.85 & 0.60 & 0.60 & 0.94 & 0.78\\0.75 & 0.60 & 0.80 & 0.93 & 0.84 & 0.84 & 0.60 & 0.80\end{pmatrix}$

$=(0.8,0.68,0.844,0.899,0.758,0.745,0.8,0.822)$

$$B_1 = A_1 \circ R_1 = (0.25 \quad 0.25 \quad 0.25 \quad 0.25) \begin{pmatrix} 0.91 & 0.85 & 0.87 & 0.98 & 0.79 & 0.60 & 0.60 & 0.95 \\ 0.93 & 0.81 & 0.93 & 0.87 & 0.61 & 0.61 & 0.95 & 0.87 \\ 0.88 & 0.82 & 0.94 & 0.88 & 0.64 & 0.61 & 0.95 & 0.91 \\ 0.90 & 0.83 & 0.94 & 0.89 & 0.63 & 0.71 & 0.95 & 0.91 \end{pmatrix}$$

$$= (0.905, 0.828, 0.92, 0.668, 0.633, 0.863, 0.91)$$

（2）高层次的综合评判

$U = \{u_1, u_2, u_3, u_4, u_5\}$，权重 $A = \{0.1, 0.2, 0.3, 0.2, 0.2\}$，则综合评判

$B = A \circ R = A \circ (B_1, B_2, B_3, B_4, B_5)' = (0.1 \quad 0.2 \quad 0.3 \quad 0.2 \quad 0.2)$

$$\circ \begin{pmatrix} 0.905 & 0.828 & 0.92 & 0.905 & 0.668 & 0.633 & 0.863 & 0.91 \\ 0.95 & 0.90 & 0.9 & 0.94 & 0.60 & 0.91 & 0.95 & 0.94 \\ 0.90 & 0.90 & 0.87 & 0.95 & 0.87 & 0.65 & 0.74 & 0.61 \\ 0.8 & 0.68 & 0.844 & 0.899 & 0.758 & 0.745 & 0.8 & 0.822 \\ 0.802 & 0.823 & 0.826 & 0.704 & 0.818 & 0.882 & 0.769 & 0.811 \end{pmatrix}$$

$$= (0.871, 0.833, 0.867, 0.884, 0.763, 0.766, 0.812, 0.789)。$$

由此可知，8 块候选地的综合评判结果的排序为：D, A, C, B, G, H, F, E，选出较高估计值的地点作为物流中心。

应用模糊综合评判方法进行物流中心选址，模糊评判模型采用层次式结构，把评判因素分为三层，也可进一步分为多层。这里介绍的计算模型由于对权重集进行归一化处理，采用加权求和型，将评价结果按照大小顺序排列，决策者从中选出估计值较高的地点作为物流中心即可，方法简便。

Matlab 源程序：

```
R=[0.91,0.85,0.87,0.98,0.79,0.6,0.6,0.95;0.93,0.81,0.93,0.87,0.61,0.61,
0.95,0.87;0.88,0.82,0.94,0.88,0.64,0.61,0.95,0.91;0.9,0.83,0.94,0.89,0.63,0.71,
0.95,0.91;0.95,0.9,0.9,0.94,0.6,0.91,0.95,0.94;0.9,0.9,0.87,0.95,0.87,0.65,
0.74,0.61;0.6,0.95,0.6,0.95,0.95,0.95,0.95,0.95;0.6,0.69,0.92,0.92,0.87,0.74,
0.89,0.95;0.95,0.69,0.93,0.85,0.6,0.6,0.94,0.78;0.75,0.6,0.8,0.93,0.84,0.84,
0.6,0.8;0.6,0.71,0.77,0.6,0.82,0.95,0.65,0.76;0.6,0.71,0.7,0.6,0.8,0.95,0.65,
0.76;0.91,0.9,0.93,0.91,0.95,0.93,0.81,0.89;0.92,0.9,0.93,0.91,0.95,0.93,0.81,
0.89;0.87,0.87,0.64,0.71,0.95,0.61,0.74,0.65;0.81,0.94,0.89,0.6,0.65,0.95,0.95,
0.89;0.9,0.6,0.92,0.6,0.6,0.84,0.65,0.81];
A1=[0.25,0.25,0.25,0.25];
R1=R(1:4,:);
B1=A1*R1
```

A4 = [0.1,0.1,0.4,0.4];

R4 = R(7:10,:);

B4 = A4 * R4

A51 = [0.333,0.333,0.333];

R51 = R(11:13,:);

B51 = A51 * R51

A52 = [0.5,0.5];

R52 = R(14:15,:);

B52 = A52 * R52

A5 = [0.4,0.3,0.2,0.1];

R5 = [B51;B52;R(16:17,:)];

B5 = A5 * R5

A = [0.1,0.2,0.3,0.2,0.2];

R = [B1;R(5:6,:);B4;B5];

B = A * R

运行结果:

B1 = 0.9050　　0.8275　　0.9200　　0.9050　　0.6675　　0.6325　　0.8625

0.9100

B4 = 0.8000　　0.6800　　0.8440　　0.8990　　0.7580　　0.7450　　0.8000

0.8220

B51 = 0.7026　　0.7726　　0.7992　　0.7026　　0.8558　　0.9424　　0.7026

0.8025

B52 = 0.8950　　0.8850　　0.7850　　0.8100　　0.9500　　0.7700　　0.7750

0.7700

B5 = 0.8016　　0.8225　　0.8252　　0.7041　　0.8173　　0.8820　　0.7686

0.8110

B = 0.8708　　0.8333　　0.8668　　0.8841　　0.7628　　0.7656　　0.8120

0.7886

例 9.14　某企业根据市场信息及自身生产能力,准备开发甲、乙两种系列产品。甲种系列产品大约最多能生产 400 套,乙种系列产品大约最多能生产 250 套。据测算,甲种产品每套成本 3 万元,每套获纯利润 7 万元;乙种系列产品每套成本 2 万元,每套获纯利润 3 万元,生产甲、乙两种系列产品的资金总投入大约不能超过 1500 万元。在上述条件下,如何安排两种系列产品的生产,才能使企业获利最大?

解:设甲种系列产品生产 x_1 套,乙种系列产品生产 x_2 套,则目标:

$$\max z = 7x_1 + 3x_2$$

$$约束条件: \begin{cases} 3x_1 + 2x_2 \tilde{\leqslant} 1500 \\ x_1 \tilde{\leqslant} 400 \\ x_2 \tilde{\leqslant} 250 \\ x_1 \geqslant 0, x_2 \geqslant 0 \end{cases}$$

设约束条件的伸缩系数分别取 $d_1 = 50(元), d_2 = 5(套), d_3 = 5(套)$,为将目标函数模糊化,解经典线性规划问题使

$$\max z = 7x_1 + 3x_2$$

$$\begin{cases} 3x_1 + 2x_2 \leqslant 1500 \\ x_1 \leqslant 400 \\ x_2 \leqslant 250 \\ x_1 \geqslant 0, x_2 \geqslant 0 \end{cases}$$

用 Lingo 软件求解源程序代码:

```
max = 7 * x1 + 3 * x2;
3 * x1 + 2 * x2 < 1500;
x1 < 400;
x2 < 250;
@gin(x1);@gin(x2);
```

运行结果:

Objective value: 3250.000

Variable	Value	Reduced Cost
X1	400.0000	−7.000000
X2	150.0000	−3.000000

即 $z_0 = 3250, x_1 = 400, x_2 = 150$

再解经典线性规划问题

$$\max z = 7x_1 + 3x_2$$

$$\begin{cases} 3x_1 + 2x_2 \leqslant 1500 + 50 \\ x_1 \leqslant 400 + 5 \\ x_2 \leqslant 250 + 5 \\ x_1 \geqslant 0, x_2 \geqslant 0 \end{cases}$$

Lingo 软件求解源程序代码：

$\max = 7*x1 + 3*x2;$

$3*x1 + 2*x2 < 1550;$

$x1 < 405;$

$x2 < 255;$

$@\gin(x1); @\gin(x2);$

软件运行结果：

Global optimal solution found.

　　Objective value：   3336.000

Variable	Value	Reduced Cost
X1	405.0000	−7.000000
X2	167.0000	−3.000000

解得 $z_1 = z_0 + d_0 = 3336, x_1 = 405, x_2 = 167$，于是 $d_0 = 3336 - 3250 = 86$。

将 z_0、d_0、d_1、d_2、d_3 代入式（9-4），将原问题经为经典线性规划问题：

$$\max Z = \lambda$$

$$\begin{cases} \sum_{j=1}^{n} a_{ij}x_j + d_i\lambda \leqslant b_i + d_i \quad (i = 1, 2\ldots, m) \\ \frac{n}{2}c_jx_j - d_0\lambda \geqslant Z_0 \\ \lambda \geqslant 0, x_j \geqslant 0 \quad (j = 1, 2\ldots, n) \end{cases}$$

$$\max\lambda$$

$$使\begin{cases} 3x_1 + 2x_2 + 50\lambda \leqslant 1500 + 50 \\ x_1 + 5\lambda \leqslant 400 + 5 \\ x_2 + 5\lambda \leqslant 250 + 5 \\ 7x_1 + 3x_2 - 86\lambda \geqslant 3250 \\ \lambda \geqslant 0, x_1 \geqslant 0, x_2 \geqslant 0 \end{cases}$$

Lingo 软件求解源程序代码：

$\max = \lamda;$

$3*x1 + 2*x2 + 50*\lamda < 1550;$

x1+5*lamda<405;

x2+5*lamda<255;

7*x1+3*x2-86*lamda>3250。

软件运行结果:

Global optimal solution found.

Objective value:	0.4800000	
Variable	Value	Reduced Cost
LAMDA	0.4800000	0.000000
X1	402.0000	0.6000000E-01
X2	160.0000	0.4000000E-01

即最优解为 $x_1^* = 402, x_2^* = 160, \lambda = 0.48$. 因此安排甲种系列产品 402 套、乙种系列产品 160 套时,能获得最大利润,最大利润为

$$z = 7x_1^* + 3x_2^* = 3294 \ \text{万元}$$

对比经典线性规划问题(4),利润提高 44 万元,这是因为甲种系列产品 402 套比 400 套多 2 套;乙种系列产品生产 160 套比 150 套多 10 套,这是在伸缩指标允许范围内,总费用 $3x_1^* + 2x_2^* = 1526$ 元虽然比 1500 超出 26 元,但这也是伸缩指标允许的。

例 9.15 当前各学校办学需要考虑在办学成本投入既定的情况下如何使效益最大化的问题。某校招收高中毕业三年制大专、初中毕业五年制大专和成人高等教育三类学生(以下分别简称为:三年制大专、五年制大专和成人高等教育)。已知各种资源情况如下:

1. 三年制大专学生每年需要交纳学杂费 5500 元;五年制大专每年需要交纳学杂费 2650 元、成人高等教育每年需要交纳学杂费 1100 元;

2. 资源情况:学生教室、食堂、宿舍等可以容纳 4000 名学生;

师资情况:目前有专职和兼职教师 600 人,学生单班容量为 50 人;授课方式有单班授课和合班授课两种。按照课程执行计划:学生平均每届应学 15 门课程,平均每年完成 5 门课。专业课单班授课,三种班型占上课的比例分别为 70%、60% 和 70%;专业基础课采取 2 个班合班上课,占整个上课的比例为 20%、25% 和 50%;选修课常采取 3 个班合班课,占整个上课的比例为 5%、5% 和 10%;

3. 水电暖资源消耗情况:三年制大专每人每年消耗 800 元;五年制大专每人每年消耗 500 元;成人高等教育每人每年消耗 300 元,水电暖消耗费不超过 350 万元;

4. 招生人数限制:三年制大专指标 3200 人,其他两类学生招生没有限制。

在上述条件下,如何安排各种类型学生的招生,才能使该校获利最大。[该案例选自参考文献]

解: 设三年制大专、五年制大专和成人高等教育的在校学生数分别为 x_1, x_2, x_3,该问题利用线性规划进行解决比较适合。

目标函数为:$\max z = 5500x_1 + 2650x_2 + 1100x_3$;

资源约束:$x_1 + x_2 \leqslant 4000$;

由题目条件对师资情况进行计算得到:

$$\frac{5x_1}{150 \times 5\% + 100 \times 20\% + 50 \times 70\%} + \frac{5x_2}{150 \times 5\% + 100 \times 25\% + 50 \times 60\%} + \frac{5x_3}{150 \times 10\% + 100 \times 50\% + 50 \times 70\%} \leqslant 600$$

即该约束条件为 $0.08x_1 + 0.08x_2 + 0.05x_3 \leqslant 600$;

资源约束:$800x_1 + 500x_2 + 300x_3 \leqslant 3500000$

招生人数约束:$x_1 \leqslant 3200$;

将上述条件写出 Lingo 程序:

```
max = 5500 * x1 + 2650 * x2 + 1100 * x3;
x1 + x2 < 4000;
0.08 * x1 + 0.08 * x2 + 0.05 * x3 < 600;
800 * x1 + 500 * x2 + 300 * x3 < 3500000;
x1 < 3200;
@gin(x1);@gin(x2);@gin(x3);
```

运行结果:

Objective value: 0.2170000E+08

Variable	Value	Reduced Cost
X1	3200.000	0.000000
X2	800.0000	0.000000
X3	1800.000	0.000000

结果解释:最大值为 21700000;最优解为:$x_1 = 3200, x_2 = 800, x_3 = 1800$。

即招收三年制学生 3200 人、五年制学生 800 人、成人高等教育学生 1800 人,总收入为 2170 万元;随着该校某些专业被评为省级示范专业,招生学生总数有望增加,加之师资和其他约束条件有改善的可能,资金支持也有望增加,用模糊线性规划进一步讨论该问题。

$$\max z = 5500x_1 + 2650x_2 + 1100x_3$$

$$\begin{cases} x_1 + x_2 \widetilde{\leqslant} 4000 \\ 0.08x_1 + x.08x_2 + 0.05x_3 \widetilde{\leqslant} 600 \\ 800x_1 + 500x_2 + 300x_3 \widetilde{\leqslant} 3500000 \\ x_1 \widetilde{\leqslant} 3200 \\ x_1 \geqslant 0, x_2 \geqslant 0, x_3 \geqslant 0 \end{cases}$$

经过调研约束条件的伸缩系数分别取为 $d_1 = 200, d_2 = 20, d_3 = 220000, d_4 = 150$。

求解下面的线性规划:

$$\max z = 5500x_1 + 2650x_2 + 1100x_3$$

$$\begin{cases} x_1 + x_2 \leqslant 4000 + 200 \\ 0.08x_1 + 0.08x_2 + 0.08x_3 \leqslant 600 + 20 \\ 800x_1 + 500x_2 + 300x_3 \leqslant 3500000 + 220000 \\ x_1 \leqslant 3200 + 150 \\ x_1 \geqslant 0, x_2 \geqslant 0, x_3 \geqslant 0 \end{cases}$$

Lingo 程序:

max = 5500 * x1 + 2650 * x2 + 1100 * x3;

x1 + x2 < 4200;

0.08 * x1 + 0.08 * x2 + 0.05 * x3 < 620;

800 * x1 + 500 * x2 + 300 * x3 < 3720000;

x1 < 3350;

@gin(x1); @gin(x2); @gin(x3);

运行结果:

Objective value: 0.2293250E+08

Variable	Value	Reduced Cost
X1	3350.000	0.000000
X2	850.0000	0.000000
X3	2050.000	0.000000

结果解释:最大值为 22932500;最优解为:$x_1 = 3350, x_2 = 850, x_3 = 2050$。

$d_0 = z - z_0 = 229325 - 21700000 = 1232500$,再解线性规划:

$$\max S = \lambda$$

$$\begin{cases} x_1 + x_2 + 200\lambda \leqslant 4000 + 200 \\ 0.08x_1 + 0.08x_2 + 0.05x_3 + 20\lambda \leqslant 600 + 20 \\ 800x_1 + 500x_2 + 300x_3 + 220000\lambda \leqslant 3500000 + 220000 \\ x_1 + 150\lambda \leqslant 3200 + 150 \\ 5500x_1 + 2650x_2 + 1100x_3 - 1232500\lambda \geqslant 21700000 \\ \lambda \leqslant 1 \\ x_1 \geqslant 0, x_2 \geqslant 0, x_3 \geqslant 0, \lambda \geqslant 0 \end{cases}$$

Lingo 程序:

max = lamda;

x1 + x2 + 200 * lamda < 4200;

$0.08*x1+0.08*x2+0.05*x3+20*lamda<620;$

$800*x1+500*x2+300*x3+220000*lamda<3720000;$

$x1+150*lamda=3350;$

$5500*x1+2650*x2+1100*x3-1232500*lamda>21700000;$

$lamda<1;$

$@gin(x1);@gin(x2);@gin(x3);$

运行结果：

Objective value：   0.5000000

Variable	Value	Reduced Cost
LAMDA	0.5000000	0.000000
X1	3275.000	0.000000
X2	825.0000	0.000000
X3	1925.000	0.000000

结果解释：最优解为：$\lambda=0.5, X_1=3275, X_2=825, X_3=1925$。

$z=5500×3275+2650×825+1100×1925=22316250,$

$z-z_0=22316250-21700000=616250。$

即可以增加三年制大专招生人类 75 人，五年制大专招生人数 25 人，成人高等教育招生人数 125 人；此时的获利增加 616250 元。因此在招生时，在前两项招生人数要求较为宽松的条件下，可以适当增加招生人数，提高利益。

9.6 模糊数学习题

1. 对教师教学质量的综合评判。

因素集 $U=\{u_1,u_2,u_3,u_4,u_5\}$，其中：$u_1$ 为教材熟练，u_2 为逻辑性强，u_3 为启发性强，u_4 为语言生动，u_5 为板书整齐。评价集 $V=\{V_1,V_2,V_3,V_4\}$，其中：V_1 为很好，V_2 为较好，V_3 为一般，V_4 为不好。通过调查统计得出对某教师讲课各因素的评语比例如表9-5所示。根据最大隶属原则对该教师的讲课情况进行评价。

表 9-5 某教师讲课各因素的评语比例

	V_1	V_2	V_3	V_4
u_1	0.45	0.25	0.2	0.1
u_2	0.5	0.4	0.1	0
u_3	0.3	0.4	0.2	0.1
u_4	0.4	0.4	0.1	0.1
u_5	0.3	0.5	0.1	0.1

2. 评判某地区是否适宜种植橡胶的问题。给定三个对橡胶生长影响较大的气候因素作为因素集，即 $U=\{u_1,u_2,u_3\}$。这里 u_1 为年平均气温，u_2 为年极端最低气温，u_3 为年平均风速。根据三个气候因素的作用，给定权重分配为 $A=(0.19,0.80,0.01)$。再给定评价集 $V=\{V_1,V_2,V_3,V_4\}$，这里 V_1 为很适宜，V_2 为较适宜，V_3 为适宜，V_4 为不适宜。根据历年的资料和经验得到某地区 19 年间各因素的隶属度，如表 9-6 所示。

表 9-6　某地区 19 年间各因素的隶属度

年份	年平均气温	年最低气温	年平均风速	年份	年平均气温	年最低气温	年平均风速
1	0.89	0.67	0.55	11	0.85	0.72	0.83
2	0.91	0.67	0.55	12	0.8	0.62	0.6
3	0.85	0.75	0.5	13	0.91	0.64	0.6
4	0.93	0.62	0.5	14	0.93	0.59	0.71
5	0.89	0.68	0.55	15	0.85	0.58	0.71
6	0.92	0.71	0.71	16	0.91	0.61	0.66
7	0.94	0.69	0.66	17	0.81	0.71	0.66
8	0.8	0.57	0.6	18	0.88	0.61	0.78
9	0.88	0.65	0.71	19	0.92	0.7	0.83
10	0.85	0.67	0.66				

对隶属度的大小给予分类，即规定

（1）当 $\mu \geqslant 0.9$ 时，为"很适宜"；

（2）当 $0.9>\mu \geqslant 0.8$ 时，为"较适宜"；

（3）当 $0.8>\mu \geqslant 0.7$ 时，为"适宜"；

（4）当 $\mu<0.7$ 时，为"不适宜"。

根据最大隶属原则，判定该地区是否适合种植橡胶。

3. 某烟草公司对某部门员工进行的年终评定，关于考核的具体操作过程，以对一名员工的考核为例。如表 9-7 所示，根据该部门工作人员的工作性质，将 18 个指标分成工作绩效（U_1）、工作态度（U_2）、工作能力（U_3）和学习成长（U_4）4 个子因素集。

表 9-7　某员工考核指标体系及考核

一级指标	二级指标	评价				
		优秀	良好	一般	较差	差
工作绩效	工作量	0.8	0.15	0.5	0	0
	工作效率	0.2	0.6	0.1	0.1	0
	工作质量	0.5	0.4	0.1	0	0
	计划性	0.1	0.3	0.5	0.05	0.05

续表

一级指标	二级指标	评价				
		优秀	良好	一般	较差	差
工作态度	责任感	0.3	0.5	0.15	0.05	0
	团队精神	0.2	0.2	0.4	0.1	0.1
	学习态度	0.4	0.4	0.1	0.1	0
	工作主动性	0.1	0.3	0.3	0.2	0.1
	360 度满意度	0.1	0.2	0.5	0.2	0.1
工作能力	创新能力	0.1	0.3	0.5	0.2	0
	自我管理能力	0.2	0.3	0.3	0.1	0.1
	沟通能力	0.2	0.3	0.35	0.15	0
	协调能力	0.1	0.3	0.4	0.1	0.1
	执行能力	0.1	0.4	0.3	0.1	0.1
学习成长	勤奋评价	0.3	0.4	0.2	0.1	0
	技能提高	0.1	0.4	0.3	0.1	0.1
	培训参与	0.2	0.3	0.4	0.1	0
	工作提供	0.4	0.3	0.2	0.1	0

设定指标权重为:一级指标权重 $A=(0.4,0.3,0.2,0.1)$;

二级指标权重分别为,$A_1=(0.2,0.3,0.3,0.2)$、$A_2=(0.3,0.2,0.1,0.2,0.2)$、$A_3=(0.1,0.2,0.3,0.2,0.2)$、$A_4=(0.3,0.2,0.2,0.3)$。

根据上述数据对该员工进行模糊综合评判。

$$\max f = x_1 - 4x_2 + 6x_3$$

4. 求解模糊线性规划 $\begin{cases} x_1 + x_2 + x_2 \leqslant [8,2] \\ x_1 - 6x_2 + x_3 \geqslant [6,1] \\ x_1 - 3x_2 - x_3 = [-4,0.5] \\ x_1 \geqslant 0, x_2 \geqslant 0, x_3 \geqslant 0 \end{cases}$

第 10 章　人工神经网络算法

20 世纪初，人们发现人脑的工作方式与现在的计算机是不同的。人脑是由极大量基本单元(称之为神经元)经过复杂的相互连接而成的一种高度复杂的、非线性的、并行处理的信息处理系统。人工神经网络(Artificial Neural Network, ANN)是一种应用类似于大脑神经突触联接的结构进行信息处理的数学模型。T. Koholen 给出了人工神经网络的定义："人工神经网络是由具有适应性的简单单元组成的广泛并行互连的网络，它的组织能够模拟生物神经系统对真实世界物体所作出的交互反应。"

人工神经网络是根据人的认识过程而开发出的一种算法。假如现在只有输入和相应的输出，而对于如何由输入得到输出的机理并不清楚，则可以把输入和输出之间的位置过程看成是一个"网络"，通过不断地给这个网络输入和相应的输出来"训练"这个网络，网络根据输入和输出不断调节自己各节点之间的权值来满足输入和输出。这样，当训练结束时，给定一个输入，网络就会根据已经调节好的权值计算出一个输出。这就是神经网络的简单原理。

人工神经网络在工程与学术界也常直接简称为神经网络。它是由许多简单的并行工作的处理单元组成的系统，其功能会因网络结构、连接强度以及各单元的处理方式的不同而不同。人工神经网络以其具有自学习、自组织、较好的容错性和优良的非线性逼近能力，受到众多领域学者的关注，在航线模拟、飞行器控制系统、飞机构件故障检测、汽车自动驾驶系统、保单行为分析、银行业的票和其他文档读取、信用卡申请书评估、人脸识别、新型传感器、声纳、雷达、特征提取与噪声抑制、信号/图像识别、动画特效、市场预测等方面都得到了广泛应用。

一般而言，人工神经网络与经典计算方法相比并非优越，只有当常规方法解决不了或效果不佳时人工神经网络方法才能显示出其优越性。尤其是对问题的机理不甚了解或不能用数学模型表示的系统，如故障诊断、特征提取和预测等问题，人工神经网络往往是最有力的工具。另外，人工神经网络对处理大量原始数据而不能用规则或公式描述的问题，表现出极大的灵活性和自适应性。

10.1　人工神经元模型

一、人工神经源模型

人工神经网络是一个并行和分布式的信息处理网格结构。它一般由大量的神经元(或称为节点)组成,每个神经元只有一个输出函数(激励函数),可以连接到很多其他的神经元,每个神经元的输入有多个连接通道,每个连接通道对应一个连接权系数,相当于人工神经网络的记忆。网络的输出则依网络的连接方式,权重值和激励函数的不同而不同。而网络自身通常都是对自然界某种算法或者函数的逼近,也可能是对一种逻辑策略的表达。

1. 人工神经元模型

神经网络是由大量简单处理单元组成,通过可变权值连接而成的并行分布式系统。它是一个多输入-单输出的非线性器件,基本输入输出情况如图 10-1 所示,它包含三个基本要素:

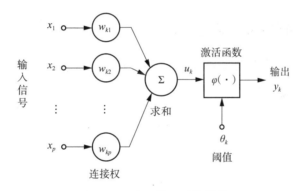

图 10-1　人工神经网络传递

(1)人工神经网络的处理单元间相互连接,所有的连接构成一个有向图。每一连接对应于一个实数,称为连接权值(或称为权重)。权值的集合可看作是长期记忆。用权矩阵 W 来表示网络中的连接模式,W 中的元素是 W_{ij}。连接权值的类型一般分为激发和抑制形式,正的权值表示激发连接,相反地,负的权值表示抑制连接。连接权值的连接方式是人工神经网络的特征描述。

(2)一个求和单元,用于求取各输入信号的加权和,也就是各输入信号的线性组合;

(3)一个非线性的激活函数,起非线性映射作用,并将神经元输出幅度限制在一定的范围内,一般会在$(0,1)$或$(-1,1)$之间。

此外,还有一个阈值 θ_k,或一个偏置值 $b_k = -\theta_k$。

以上作用的数学表达式为

$$u_k = \sum_{j=1}^{p} w_{kj}x_j, v_k = u_k - \theta_k, y_k = \varphi(v_k),$$

$x_1, x_2, \ldots, x_p$ 为输入信号;$w_{k1}, w_{k2}, \ldots, w_{kp}$ 表示神经元 k 的连接权值;u_k 为线性组合结果;θ_k 为阈值;$\varphi(\cdot)$ 为非线性函数,称为作用函数或激发函数;y_k 为神经元 k 的输出信号,它可以与其他神经元通过权连接。

设 S_k 为外部输入信号,y_k 为输出信号,在上述模型中第 k 个神经元的变换可描述为

$$y_k = \varphi\left(\sum_{j=1}^{p} w_{kj}x_j - \theta_k + S_k\right)$$

2. 神经网络状态

在时刻 t,每一个神经元都有一个实数值,称为神经元状态,也称神经元激励值,用 x_i 表示神经元 u_j 的状态,用 $X(t)$ 表示神经网络的状态空间。在各种不同的神经网络类型中,状态空间可以做各种不同的假设。状态空间的取值有很多种,可以是连续的,也可以是离散的;可以有界也可以无界;可以在有限域上取值,也可以在实数区间取值;其中最常用的是取二值的状态:取 $0, 1$ 值或 $-1, 1$ 值。

3. 激活函数(也称作用函数或转换函数)

这里介绍几种常用的非线性函数:阶跃函数、分段函数及 $Sigmoid$ 型函数及高斯函数。

(1)阈值函数

$$\varphi(v) = \begin{cases} 1 & v \geq 0 \\ 0 & v < 0 \end{cases}$$

即阶梯函数。这时相应的输出为

$$y_k = \begin{cases} 1 & v_k \geq 0 \\ 0 & v_k < 0 \end{cases}$$

其中 $v_k = \sum_{j=1}^{p} w_{kj}x_j - \theta_k$,常称此模型为神经元 $M - P$ 模型。

(2)分段线性函数

$$\varphi(v) = \begin{cases} 1 & v \geq 1 \\ \dfrac{1}{2}(1+v) & -1 < v < 1 \\ 0 & v \leq -1 \end{cases}$$

它类似于一个放大系数为 1 的非线性放大器,当工作于线性区时它是一个线性组合器,放大系数趋于无穷大时变成一个阈值单元。

（3）Sigmoid 函数

$$\varphi(v) = \frac{1}{1+e^{-av}}$$

称为非对称 Sigmoid 函数，参数 $a>0$ 可控制其斜率。

$$\varphi(v) = \frac{1-e^{-\beta v}}{1+e^{-\beta v}}$$

称为对称 Sigmoid 函数，参数 $\beta>0$，该函数具有平滑和渐近性，并保持单调性。

（4）高斯函数

$$\varphi(v) = e^{-\frac{v^2}{\sigma^2}}$$

4. 神经网络的输出

对于每一个神经元，都有一个输出，并通过连接权值将输出传送给其相连的处理单元，输出信号直接依赖于处理单元的状态或激励值。这种依赖性通过激励函数 $\varphi(v)$ 对于处理单元 u_j 的作用来表示。

二、人工神经网络的类型

由神经元的激活函数、拓扑结构、网络的学习算法及构成神经网络的方式不同，神经网络对信息处理的方法和能力也不同。几种典型的神经网络如下：

1. 前馈型分层网络（Multilayer Feed for wardNN or MFNN）

前馈型分层网络本质上是一种多输入、多输出的非线性映射，是目前应用较多的一种神经网络结构。

前馈型分层网络的节点分为两类，即输入单元和计算单元，每一个计算单元可以有任意多个输入，但只有一个输出（它可以耦合到任意多个其他节点作为其输入），输入和输出节点与外界相连，而其他中间层则成为隐含层。各神经元接受前一层的输入，并输出给下一层，没有反馈。图 10-2 给出了具有一个隐含层的图。

前馈型分层网络在信号处理、非线性油画及系统辨识、非线性控制等领域具有广泛的应用前景。最常用的前馈型分层神经网络有 BP 神经网络（Backpropagation Neural Network）和 RBF 径向基函数网络（Radial Basis Function Neural Network）。

2. 反馈型分层网络

所有节点都是计算单元，同时也可以接受输入，并向外界输出。该网络是在前馈型分层网络基础上，将网络的输出反馈到网络的输入，反馈可以将全部输出反馈，也可以将部分输出反馈。所有节点都是计算单元，同时也可接受输入，并向外界输出。最典型的反馈神经网

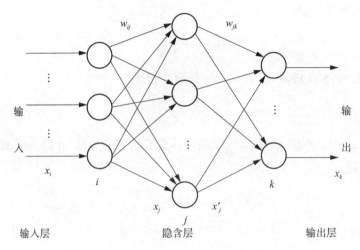

图 10-2 具有一个隐含层的前馈型网络

络就是 Hopfield 神经网络。

  Hopfield 神经网络主要用于模拟生物神经网络的记忆机理,是一种全连接型的神经网络。对于每一个神经元来说,自己的输出信号通过其他神经元又反馈到自己,是一种反馈型神经网络。Hopfield 神经网络有离散型和连续型两种。Hopfield 神经网络状态的演变过程是一个非线性动力学系统,可以用一组非线性差分方程或微分方程来描述。系统的稳定性可用所谓的"能量函数"(即李雅普诺夫获哈密顿函数)进行分析。在满足一定条件的情况下,某种"能量函数"的能量在网络运行过程中不断减小,最后趋于稳定的平衡状态。

  目前,人工神经网络常利用渐进稳定点来解决某些问题。例如,如果把系统的稳定点视为一个记忆的话,那么从初态朝这个稳定点的演变过程就是寻找该记忆的过程。初态可以认为是给定的有关该记忆的部分信息。这就是联想记忆的过程。如果把系统的稳定点视为一个能量函数的极小点,则把能量函数视为一个求解该优化问题的过程。由此可见,Hopfield 网络的演变过程是一种计算联想记忆或求解优化问题的过程。实际上它的解并不需要真的去计算,而只要构成这种反馈神经网络,适当地设计其连接权和输入就可以达到这个目的。

10.2　人工神经网络的学习方式

  人工神经网络的学习主要是指使用学习算法来调整神经元之间的连接权,使得网络输出更符合实际。学习算法分为有教师学习和无教师学习两种。

  有教师学习又称为监督学习。这种学习方式算法是将一组训练集送入网格,根据网格的实际输出与期望输出之间的差别来调整连接权。期望输出也称为教师信号,是评价学习的标准。

  有教师学习方式得到的结果不能保证是最优解;要求大训练样本,收敛速度比较慢;对样本表现次序变化比较敏感。

一、BP 算法

BP 算法是误差反向传播训练算法的简称,它系统地解决了多层网络中隐含单元连接权的学习问题,具有很强的非线性映射能力,一个 3 层 BP 神经网络算法能够实现对任意非线性函数进行逼近,也是当前应用最为广泛的一种网络。

基于 BP 算法的多层前馈型网络的结构如图 10-3 所示。

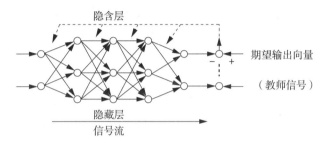

图 10-3 基于 BP 算法的多层前馈型网络的结构

这种网络不仅有输入层节点、输出层节点,而且有一层或多层隐含节点。BP 网络一般都是用三层的,四层及以上的都比较少用。对于多层前馈网络来说,隐含层节点数的确定是成败的关键。若数量太少,则网络所能获取的用于解决问题的信息太少;若数量太多,不仅会增加训练时间,更重要的是隐层节点过多还可能导致所谓“过渡吻合”问题,即测试误差增大导致泛化能力下降,因此合理选择隐层节点数非常重要。关于隐层数及其节点数的选择比较复杂,一般原则是:在能正确反映输入输出关系的基础上,应选用较少的隐层节点数,以使网络结构尽量简单。

对于输入信息,首先向前传播到隐含层的节点上,经过各单元的激活函数(又称作用函数、转换函数)运算后,把隐含节点的输出信息传播到输出节点,最后给出输出结果。网络的学习过程由正向和反向传播两部分组成。在正向传播过程中,每一层神经元的状态只影响下一层神经元网络。如果输出层不能得到期望输出,就是实际输出值与期望输出值之间有误差,那么转向反向传播过程,将误差信号沿原来的连接通路返回,通过修改各层神经元的权值,逐次地向输入层传播去进行计算,再经过正向传播过程,这两个过程的反复运用,使得误差信号最小。实际上,误差达到人们所希望的要求时,网络的学习过程就结束。

BP 算法是在教师指导下,适合于多层神经元网络的一种学习,它是建立在梯度下降法的基础上的。理论证明,含有一个隐含层的 BP 网络可以实现以任意精度近似任何连续非线性函数。

设含有共 L 层和 n 个节点的一个任意网络,每层单元只接受前一层的输入信息并输出给下一层各单元,各节点(有时称为单元)的特性为 Sigmoid 型(它是连续可微的,不同于感知器中的线性阈值函数,因为它是不连续的)。为简单起见,认为网络只有一个输出 y。设给定 N 个样本 $(x_k, y_k)(k = 1, 2, \ldots, N)$,任一节点 i 的输出为 O_i,对某一个输入为 x_k,网络的输出为 y_k,节点 i 的输出为 O_{ik},现在研究第 l 层的第 j 个单元,当输入第 k 个样本时,节点 j 的输入为:$net_{ij}^l = \sum_J w_{ij}^l o_{jk}^{l-1}$,输出为:$o_{jk}^l = f(net_{jk}^l)$,其中 o_{jk}^{l-1} 表示 $l - 1$ 层,输入第 k 个样本时,第 j 个单元节点的输出。采用的误差函数为:$E_k = \dfrac{1}{2} \sum_l (y_{lk} - \bar{y}_{lk})^2$,其中 $\bar{y}_{lk}$ 为单元 j 的实际输出。总误差为:$E = \dfrac{1}{2N} \sum_{k=1}^N E_k$。定义:$\delta_{jk}^l = \dfrac{\partial E_k}{\partial net_{jk}^l}$,于是:$\dfrac{\partial E_k}{\partial w_{ij}^l} = \dfrac{\partial E_k}{\partial net_{jk}^l} \dfrac{\partial net_{jk}^l}{\partial w_{ij}^l} = \dfrac{\partial E_k}{\partial net_{ij}^l} O_{jk}^{l-1} = \delta_{jk}^l O_{jk}^{l-1}$。

分两种情况来讨论:

若节点 j 为输出单元,则 $o_{jk}^l = \bar{y}_{jk}$,$\delta_{jk}^l = \dfrac{\partial E_k}{\partial net_{jk}^l} = \dfrac{\partial E_k}{\partial \bar{y}_{jk}} \dfrac{\partial \bar{y}_{jk}}{\partial net_{jk}^l} = -(y_k - \bar{y}_k) f'(net_{jk}^l)$

若节点 j 不是输出单元,则 $\delta_{jk}^l = \dfrac{\partial E_k}{\partial net_{jk}^l} = \dfrac{\partial E_k}{\partial \bar{y}_{jk}} \dfrac{\partial o_{jk}^l}{\partial net_{jk}^l} = \dfrac{\partial E_k}{\partial o_{jk}^l} f'(net_{jk}^l)$,式中 o_{jk}^l 是送到下一层 $(l+1)$ 层的输入,计算 $\dfrac{\partial E_k}{\partial o_{jk}^l}$ 要从 $(l+1)$ 层算回来。

在 $(l + 1)$ 层第 m 个单元时:$\dfrac{\partial E_k}{\partial o_{jk}^l} = \sum_m \dfrac{\partial E_k}{\partial net_{mk}^{l+1}} \dfrac{\partial net_{mk}^{l+1}}{\partial o_{jk}^l} = \sum_m \dfrac{\partial E_k}{\partial net_{mk}^{l+1}} w_{mk}^{l+1} = \sum_m \delta_{mk}^{l+1} w_{mj}^{l+1}$

代入化简得:$\delta_{jk}^l = \sum_m \partial_{mk}^{l+1} w_{mj}^{l+1} f'(net_{jk}^l)$

总结上述结果,有

$$\begin{cases} \delta_{jk}^l = \sum_m \delta_{mk}^{l+1} w_{mj}^{l+1} f'(net_{jk}^l) \\ \dfrac{\partial E_k}{\partial w_{ij}^l} = \delta_{jk}^l o_{jk}^{l-1} \end{cases}$$

二、Delta 学习规则

Delta 学习规则是一种简单的教师学习算法,该算法根据神经元的实际输出与期望输出差别来调整连接权,数学表达式为

$$w_{ij}(t+1) = w_{ij}(t) + \alpha(d_i - y_i) x_j(t)$$

其中 w_{ij} 表示神经元 j 到神经元 i 的连接权,d_i 是神经元 i 的期望输出;y_i 是神经元 i 的实际输出;x_j 是神经元 j 的状态,若神经元 j 处于激活状态,则 $x_j = 1$,若神经元 j 处于抑制状态,根据激活函数不同,$x_j = 0$ 或 $x_j = -1$;α 是表示学习速度的常数。假设 $x_i = 1$,若 d_i 比 y_i 大,则 w_{ij} 将增大;若 d_i 比 y_i 小,则 w_{ij} 将减小。

Delta 学习规则简单讲就是如果神经元实际输出比期望输出大,则减小所有输入为正的连接权重,增加所有输入为负的连接权重。反之,若神经元实际输出比期望输出小,则增大所有输入为正的连接的权重,减小所有输入为负的连接的权重。这个增大或减小的幅度就根据上面的式子进行计算。

三、无教师学习简介

无教师学习又称为无监督学习。这种学习方式抽取样本集合中蕴含的统计特征并以神经元之间的连接权的形式存于网络中。在无教师学习方式中,无教师信号提供给神经网络,神经网络仅仅根据其输入调整连接权系数和阈值,此时网络的学习评价标准隐含于内部。这种学习方式主要完成聚类操作。

无教师学习算法中的一种代表算法是 Hebb 算法。Hebb 算法的核心思想是,当两个神经元同时处于激发状态时,两者间的连接权会被加强,否则会被减弱。Hebb 算法的数学表达式为

$$w_{ij}(t+1) = w_{ij}(t) + ay_j(t)y_i(t)$$

其中 w_{ij} 表示神经元 j 到神经元 i 的连接权,y_i 和 y_j 是两个神经元的输出;α 是表示学习速度的常数。若 y_i 和 y_j 同时被激活,即 y_i 和 y_j 同时为正,那么 w_{ij} 将增大;若 y_i 被激活,y_j 处于抑制状态,即 y_i 为正,y_j 为负,那么 w_{ij} 将变小。

10.3 BP 神经网络的案例分析

应用 BP 神经网络的解题,多用 Matlab 软件实现,首先介绍该软件的基本命令。

一、newff 函数:建立前馈网络创建函数

1. newff 函数

语法:net = newff(A,B,{C},'trainFun');

参数:A:一个 n×2 的矩阵,第 i 行元素为输入信号 x_i 的最小值和最大值;

B:一个 k 维行向量,其元素为网络中各层节点数;

C:一个 k 维字符串行向量,每一分量为对应层神经元的激活函数;

trainFun:为学习规则采用的训练算法。

在 R2010b 以上的版本使用 feedforwardnet 函数。

语法:feedforwardnet(hiddenSizes,trainFcn);

参数:hiddensizes:指的是隐含层的神经元个数;trainFCn:训练的函数。

2. 常见的训练函数

常用的前馈型 BP 网络的转移函数有 logsig, tansig,有时也会用到线性函数 purelin。当网络的最后一层采用曲线函数时,输出被限制在一个很小的范围内,如果采用线性函数则输出可为任意值。

Logsig 传递函数为 S 型的对数函数。

调用格式为:A=logsig(N)

N:Q 个 S 维的输入列向量;A:函数返回值,位于区间(0,1)中。

调用格式为:info=logsig(code)

依据 code 值的不同返回不同的信息,包括:

deriv——返回微分函数的名称;name——返回函数全程;

output——返回输出值域;active——返回有效的输入区间。

learngd

该函数为梯度下降权值/阈值学习函数,通过神经元的输入和误差,以及权值和阈值的学习速率,来计算权值或阈值的变化率。

调用格式:

$[dW, ls] = learngd(W, P, Z, N, A, T, E, gW, gA, D, LP, LS)$

参数说明:

输入参数:

W:$S \times R$ 权值矩阵;P:$R \times Q$ 输入向量;Z:$S \times Q$ 输入向量;

N:$S \times Q$ 网络输入向量;A:$S \times Q$ 输出向量;T:$S \times Q1$ 期望向量;

E:$S \times Q$ 误差向量;gW:$S \times R$ 关于性能的梯度;gA:$S \times Q$ 关于性能的输出梯度;D:$S \times S$ 节点距离;LP:学习参数,是一个空矩阵;LS:学习状态,初始状态应为空;

返回参数:dW:$S \times R$ 权值变化量矩阵;ls:新的学习状态。

traingd:梯度下降 BP 训练函数(Gradientdescentbackpropagation)。

traingdx:梯度下降自适应学习率训练函数。

3. 一些常用的网络配置参数

net. trainparam. goal:神经网络训练的目标误差(缺省为 0)。

net. trainparam. show:显示中间结果的周期,也称为限时训练迭代过程(NaN 表示不显示,缺省为 25)。

net. trainparam. max_fail 最大失败次数(缺省为 5)。

net. trainparam. epochs:最大迭代次数(前缺省为 10,自 trainrp 后,缺省为 100)。

net. trainParam. lr:学习率(缺省为 0.01)。

net. trainparam. time 最大训练时间(缺省为 inf)。

例如，net. trainparam. epochs＝300 就是设置最大训练次数为 300。

二、网络训练学习函数及输出函数

1. 网络训练学习函数：train 函数

语法：$[\text{net},\text{tr},\text{Y1},\text{E}]=\text{train}(\text{net},\text{X},\text{Y})$

参数：X：网络实际输入；Y：网络应有输出；tr：训练跟踪信息；Y1：网络实际输出；

E：误差矩阵。

例如，net＝newff($[-1,2;,0,5]$,$[3,1]$,$\{\text{'tansig'},\text{'purelin'}\}$,$\text{'traingd'}$)；

它的输入是两个元素的向量，第一层有三个神经元，第二层有一个神经元。第一层的转移函数是 tan-sigmoid，输出层的转移函数是 linear。输入向量第一个元素的范围是$-1\sim2$,输入向量的第二个元素的范围是 $0\sim5$,训练函数是 traingd。

该命令建立了网络对象并且初始化了网络权重和偏置，在训练前馈网络之前，权重和偏置必须被初始化。初始化函数被 newff 调用。因此当网络创建时，它根据缺省的参数自动初始化。如果需要重新初始化权重和偏置或者进行自定义的初始化可以用 init 函数实现。设置初始化网络权重和偏置之后可以进行训练了。

2. 网络输出函数：sim 函数

语法：$\text{Y}=\text{sim}(\text{net},\text{X})$

参数：net：网络；X：输入给网络的 K×N 矩阵，其中 K 为网络输入个数，N 为数据样本数；

Y：输出矩阵 Q×N，其中 Q 为网络输出个数。这里是 simuff 用来模拟上面建立的带一个输入向量的网络。

三、BP 神经网络案例分析

例 10.1 某训练集由玩具兔和玩具熊组成。输入样本向量的第一个分量代表玩具的重量，第二个分量代表玩具耳朵的长度，教师信号为-1表示玩具兔，教师信号为 1 表示玩具熊。

$$\left\{X^1=\begin{pmatrix}1\\4\end{pmatrix},d^1=-1\right\}\left\{X^2=\begin{pmatrix}1\\5\end{pmatrix},d^2=-1\right\}\left\{X^3=\begin{pmatrix}2\\4\end{pmatrix},d^3=-1\right\}\left\{X^4=\begin{pmatrix}2\\5\end{pmatrix},d^4=-1\right\}$$

$$\left\{X^5=\begin{pmatrix}3\\1\end{pmatrix},d^5=1\right\}\left\{X^6=\begin{pmatrix}3\\2\end{pmatrix},d^6=1\right\}\left\{X^7=\begin{pmatrix}4\\1\end{pmatrix},d^7=1\right\}\left\{X^8=\begin{pmatrix}4\\2\end{pmatrix},d^8=1\right\}$$

根据上述资料，指定一种分类方法，正确地区分玩具兔和玩具熊；现在有玩具重量和耳朵长分别为：$\left\{X^9=\begin{pmatrix}1\\5\end{pmatrix}、X^{10}=\begin{pmatrix}2\\6\end{pmatrix}、X^{11}=\begin{pmatrix}4\\2\end{pmatrix}\right\}$,用得到的方法进行分类。

Matlab 源程序：

```
clear
p1=[1,4;1,5;2,4;2,5];
p2=[3,1;3,2;4,1;4,2];
p=[p1;p2]';
pr=minmax(p);    %找出每一行的最小和最大值
goal=[ones(1,4),zeros(1,4);zeros(1,4),ones(1,4)];   %教师指导
plot(p1(:,1),p1(:,2),'h',p2(:,1),p2(:,2),'o')
net=newff(pr,[3,2],{'logsig','logsig'});
net.trainParam.show=10;    %显示中间结果的周期
net.trainParam.lr=0.05;    %学习率
net.trainParam.goal=1e-10;    %神经网络训练的目标误差
net.trainParam.epochs=50000;    %最大迭代次数
net=train(net,p,goal);
x=[1,5;2,6;4,2]';
y0=sim(net,p)    %输出训练样本判别的结果
y=sim(net,x)    %待判样本的归类
```

运行结果：

y0 = 1.0000   1.0000   1.0000   1.0000   0.0001   0.0002   0.0002   0.0002

    0.0000   0.0000   0.0001   0.0001   1.0000   1.0000   1.0000   1.0000

y = 1.0000   1.0000   0.0002

    0.0000   0.0001   1.0000

由运行结果可知,待判的三个样本第一个和第二个属于第一类,是玩具兔,第三个属于第二类是玩具熊。

输出图像如 10.4 所示：

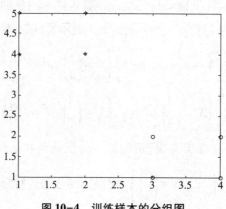

图 10-4　训练样本的分组图

例 10.2 现给出一药品商店一年当中 12 个月的药品销售量(单位:箱)如下:

2056,2395,2600,2298,1634,1600,1873,1478,1900,1500,2046,1556。

训练一个 BP 网络,用当前的所有数据预测下一个月的药品销售量。

解: 用前三个月的销售量预测下一个月的销售量,即用 1~3 个月的销售量预测第 4 个月的销售量,用 2~4 个月的销售量预测第 5 个月的销售量,……,用 9~11 月预测 12 月的销售量。这样训练 BP 神经网络后,就可以用 10~12 月的数据预测次年 1 月的销售量。

实现程序如下:

p = [2056,2395,2600;2395,2600,2298;2600,2298,1634;2298,1634,1600;1634,1600,1873;1600,1873,1478;1873,1478,1900;1478,1900,1500;1900,1500,2046;]

t = [2298,1634,1600,1873,1478,1900,1500,2046,1556];

pmax = max(p);pmax1 = max(pmax);

pmin = min(p);pmin1 = min(pmin);

for i = 1:9   %归一化处理

p1(i,:) = (p(i,:)-pmin)/(pmax1-pmin1);

end

t1 = (t-pmin1)/(pmax1-pmin1);

t1 = t1';

net = newff([0 1;0 1;0 1],[7 1],{'tansig','logsig'},'traingd');

for i = 1:9

net. trainParam. epochs = 15000;

net. trainParam. goal = 0. 01;

LP. lr = 0. 1;

net = train(net,p1(i,:)',t1(i));

end

x = [1500,2046,1556]';

y = sim(net,x);

y1 = y * (pmax1-pmin1)+pmin1

经预测,来年一月的销售量(y1)为 1.4888e+03,即 1489 箱。

(每次运行后的结果会有不同,这是由每次初始的随机数不同造成的,可以在程序的开头指定随机数,如添加语句 setdemorandstream(3),则每次预测的结果是完全相同的)。

图 16-5 给出了程序迭代的情况:

第一部分显示的是神经网络的结构图,可知有 2 个隐层,输入层和输出层;

第二部分显示的是训练算法,这里为学习率自适应的梯度下降 BP 算法;误差指标为 MSE;

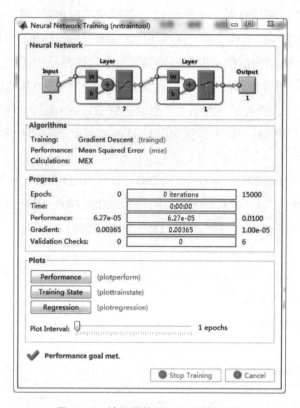

图 10-5　神经网络 Matlab 训练结果

第三部分显示训练进度：epoch 为迭代次数，本题迭代次数为 15000 次，time 为训练时间、performance 为网络输出误差、gradient 为梯度、validation check 为泛化能力检查，或称为有效性检查；

第四部分为作图。分别点击三个按钮能看到误差变化曲线等。plot interval 为横坐标的刻度。

10.4　人工神经网络习题

1.(蠓虫分类问题)生物学家试图对两种蠓虫(Af 与 Apf)进行鉴别，依据的资料是触角和翅膀的长度，已经测得了 9 支 Af 和 6 支 Apf 的数据如下：

Af：(1.24,1.27)，(1.36,1.74)，(1.38,1.64)，(1.38,1.82)，(1.38,1.90)，(1.40, 1.70)，(1.48,1.82)，(1.54,1.82)，(1.56,2.08)；

Apf：(1.14,1.82)，(1.18,1.96)，(1.20,1.86)，(1.26,2.00)，(1.28,2.00)，(1.30,1.96)。

现在的问题是：

(1)根据以上数据，如何制定一种方法，正确地区分两类蠓虫。

(2)对触角和翼长分别为(1.24,1.80)，(1.28,1.84)与(1.40,2.04)的 3 个标本，用所得到的方法加以识别。

第 11 章　数学建模竞赛及数学建模论文

11.1　全国大学生数学建模竞赛

数学实验的很多方法和动手操作能力都可以用在解决实际问题的过程中。数学建模是连接数学与实际的一个桥梁。一个实际问题,往往需要通过了解问题的背景、动手实验、查找相关数据、建模等步骤转化成数学相关问题,借助软件进行计算,将计算结果在实际中检验,最终完成问题的解答。大学生动手实践、用数学工具解决实际问题有一个很好的平台,就是参加全国大学生数学建模竞赛。全国大学生数学建模竞赛创办于 1992 年,每年举办一次,是首批列入"大学学科竞赛排行榜"的 19 项竞赛之一。经过近 30 年的发展,参赛学生逐年增加,赛事的影响力越来越大,受益的学生越来越多。2018 年,有来自中国及美国和新加坡的 1449 所院校/校区、42128 队(本科 38573 队、专科 3555 队)、超过 12 万人参加了当年的比赛。

一、全国大学生数学建模竞赛简介

1. 竞赛由来

MCM/ICM 是美国大学生数学建模竞赛的简称,MCM 始于 1985 年,ICM 始于 2000 年,由美国数学及其应用联合会(COMAP)主办。MCM/ICM 着重强调研究和解决方案的原创性、团队合作、交流及结果的合理性,是唯一的国际性数学建模竞赛,也是世界范围内最具影响力的数学建模竞赛。该竞赛每年 1—2 月举行。

中国 1989 年首次参加这一竞赛,就取得了优异成绩。该项比赛对于学生应用能力及创造力的培养起到了很好的作用。为使这一赛事更广泛地展开,1992 年先由中国工业与应用数学学会与国家教育委员会联合主办全国大学生数学建模竞赛(CUMCM),该项赛事每年 9 月进行。数学模型竞赛与通常的数学类竞赛不同,它来自实际问题或有明确的实际背景。它的宗旨是培养大学生用数学方法解决实际问题的意识和能力,整个赛事是完成一篇包含问题的阐述分析,模型的假设和建立,计算结果及讨论的论文。通过训练和比赛,同学们用数学方法解决实际问题的意识和能力有很大提高,而且在团结合作中发挥集体力量攻关,以及撰写科技论文等方面都能得到十分有益的锻炼。

2. 竞赛规则

竞赛每年举办一次,一般在 9 月第一个周末前后的 3 天内举行。参赛选手在开赛后的 70 多个小时内完成参赛的整个活动。

(全国统一竞赛题目,采取通信竞赛方式,以相对集中的形式进行。)一般参赛选手会在本学校提供的相对集中的地点(如机房、教室、实验室等)进行比赛。

大学生以团队为单位参加比赛,由同一学校的三位同学组成一队,参赛学生专业不限,可以任意组合。竞赛分本科、专科两组进行,本科生参加本科组竞赛,专科生参加专科组竞赛(也可参加本科组竞赛),研究生不得参加。

竞赛属于开放式比赛,竞赛期间参赛队员可以使用各种图书资料、计算机和软件,可以借助互联网浏览查阅相关资料,但不得与队外任何人讨论赛题。

竞赛开始后,赛题会公布在指定的网址供参赛队下载,参赛队在规定时间内完成建模的全过程,并准时提交参赛论文及源程序等。

参赛院校及关职能部门负责竞赛的组织和纪律监督工作,保证该校竞赛的规范性和公正性。

3. 赛题构成

竞赛题目一般来源于工程技术和管理科学等方面经过适当简化加工的实际问题,不要求参赛者预先掌握深入的专业知识,只需要学过高等学校的数学课程。题目有较大的灵活性以供参赛者发挥创造能力。参赛者应根据题目要求,完成一篇包括模型的假设、建立和求解、计算方法的设计和计算机实现、结果的分析和检验、模型的改进等方面的论文(即答卷)。竞赛评奖以假设的合理性、建模的创造性、结果的正确性和文字表述的清晰程度为主要标准。

赛题结构有三个基本组成部分:

(1)实际问题背景:竞赛题目涉及面宽,有社会、经济、管理、生活、环境、自然现象、工程技术、现代科学中出现的新问题等,一般都有一个比较确切的现实问题。

(2)若干假设条件:假设条件一般有如下几种情况:只有过程、规则等定性假设,无具体定量数据;给出若干实测或统计数据;给出若干参数或图形;蕴含着某些机动、可发挥的补充假设条件,或参赛者可以根据自己收集或模拟产生数据。

(3)要求回答几个问题:答案包括有比较确定性的基本答案和更细致或更高层次的讨论结果,如讨论最优方案的提法和结果等。

二、大学生数学建模竞赛组织

1. 竞赛组队

数学建模竞赛是三个人的团队活动,参加数学建模竞赛的首要任务是组队,而组队的情况经常会直接影响竞赛的结果。数学建模需要参赛队员具备三种能力:一是较强的建模能力。对建模熟悉,对各种算法理论熟悉,在了解问题背景后,能对题目迅速地建立模型,设计算法。二是利用计算机求解模型的能力。三是良好的写作能力和文档编辑能力。

在竞赛过程中既要有明确的分工,也要有良好的合作。分工太明确,会让人产生依赖思想,不愿去动脑。理想的分工是这样的:数学建模竞赛小组中的每一个人,都能胜任其他人的工作,就算小组只剩下他一个人,也照样能够搞定数学建模竞赛。参赛队需要选出一个能协领大家的组长,进行协调分工,并凝聚小组力量。在竞赛中的分工,只是为了提高工作的效率,得出更好的结果。

良好的团队合作是数学建模竞赛取得成功的一个重要因素。队友要相互支持、相互鼓励,切忌只管自己的一部分。一个人的思考经常是不全面的,大家一起讨论能高效地把问题搞清楚。

2. 竞赛选题

全国大学生数学建模竞赛分为本科组和大专组,竞赛要求参赛队员在 3 天 70 多个小时不间断的时间内完成给定题目中的一道。本科生只能选择本科组的题目,专科生可以从本科组及专科组的题目中任选一个。

赛题类型一般有连续型和离散型两种。从所属学科分,有偏理工类和经济管理类;有时题目也不十分明确,能确定的是竞赛题目类型不一样。每道题目都有自己的适用情况及应用领域,并不是用简单或复杂来区分的。

拿到题目之后,一般有几种可能:第一种是对给定题目都有想法,但又不是十分明确;第二种是对其中一道题目非常感兴趣,对另外一道题完全没感觉;第三种给出的题目背景对于参赛队来说都是非常陌生的几种情况。无论是哪种情况,都建议参赛同学不要匆忙地选择题目,而应该根据题目进行深入的条件分析,查找相关资料,参考别人解决该类问题的研究情况,然后综合对题目背景知识的了解和对参考文献的初步阅读,确定自己解决该问题的初步方案,同时分析本组同学的特点和优势,选择更熟悉、更有把握、更有想法的题目,回避自身弱项。

建模的过程几乎不可能一蹴而就,无论选择了哪道题,在解题过程中都会遇到困难和需要突破的瓶颈,这时切忌临时改题,尤其是赛程进行了 1/3 以上再更改题目,想再得到好的结果时间上已经来不及了。因此选题环节多花点时间论证,认真比较后选择还是十分必要的。

11.2 数学建模的步骤及参赛论文写作

数学建模竞赛的论文与一般论文不同,主要表现在其综合性上。数学建模竞赛论文的题目一般都和当前实际问题紧密联系,要求针对问题的客观实际特征,要有分析问题、问题整理,综合解决的过程。它既要求包含题意解读、选择合适的数学工具、建立合理的数学模型、使用恰当的计算方法、严格的论证和推演、明确的结论、结果的实际检验、恰如其分的评估和总结;还要有通俗简洁的语言。一篇好文章应具备以下特色:既简明扼要,又能说明问题、切合实际的分析、合理且令人信服的假设、选择合适的数学知识、严密的逻辑推理和论证、合理使用计算方法和软件并得出正确的解答和检验结果的正确性及实事求是的评估。

一、数学建模的基本步骤

建立数学模型的基本步骤就是解决一个实际问题的基本步骤。由于实际问题的背景、性质、建模的目的等方面不同,因此建模要经过哪些步骤并没有固定的模式和标准。数学建模的基本步骤包括以下 7 个主要部分:

1. 模型准备及问题分析

数学建模竞赛的题目都是客观的实际问题,内容无所不包。准确地了解题目的背景和求是解题的第一步。这就要求对题目所涉及的各种因素进行分析。要分析有哪些因素对所讨论的问题有影响,哪些因素是主要因素,哪些因素是次要因素,哪些起决定性作用,哪些因素是微不足道的,以及各因素之间的主从关系。当看到竞赛题目时,首先需要对问题进行剖析,抓住问题本质和主要因素,确定问题的关键词,查阅资料和文献,了解问题的实际背景、相关数据或相关研究进展情况,获得关键资料,并初步确定研究问题的类型。

竞赛的问题都是来自实际生活中的各个领域,并没有固定的方法和标准的答案,所以,要明确问题中所给的信息点,把握好解决问题的方向和目的,仔细分析问题的关键词和数据信息,要分析解决问题需要一些怎样的数据,这些数据题目是否已经给定,并且这些数据对于问题的说明是否已经充分,如果数据不够就要自己去收集。

要分析哪些数学工具适合问题的求解,哪些数学知识不适合本问题的解决,可适当补充一些相关信息和数据。建议补充的数据具有权威性,而不是盲目地运用没有出处的网络数据补充。数据的收集和获得是建立模型的基础。根据题目的要求收集的数据必须来源可靠,具有一定的权威性。建议使用来源于政府的有关部门如统计局、权威的杂志公布的数据或权威的专家披露的数据等,也可以使用根据实际问题调查或测量得到的一手数据。即便是权威数据,也需要匹配使用数据的口径是否适合研究的问题,只有适合的数据才能更有效地说明和研究问题。在分析的基础上,制定出解题的步骤和方法以及建模所需的工具(这里主要指数学知识、计算方法和软件)。

2. 模型假设

竞赛题目大多来自实际生活,所涉及的方面较广、受影响的因素较多,而在建模过程中不可能面面俱到,因此需结合问题的实际意义适当地选取主要因素,简化问题,但同时如果去除了问题的主要因素,建立的模型将有较大偏差,甚至会不适合实际问题的解决。抓住问题关键、忽略次要因素,进行合理化的简要假设,为建模过程中排除一些较难处理的情况,使建立的模型更趋优化和合理,也是评价一个模型优劣的重要条件。数学模型的建立是在假设的基础上进行的。

3. 模型建立

通过所做的分析和假设,结合相关的数学基本原理和理论知识,将实际问题转化为数学模型,用数学语言、符号描述和表示问题的内在现象和规律。结合相关学科的专门知识,根据要求和所提供的信息,建立一个关于问题中主要变量与主要因素间的数学规律模型,可以以数学方程式、图形、表格、数据和算法程序等形式表示。在建模过程中应多创新,不能只是效仿,可以将多个知识点进行穿插和结合,还可以在算法程序上进行改进和优化,体现模型的创新性。但是要应用得当,不要生搬硬套,以致产生谬误。

模型的建立往往不是一蹴而就的,可能需要建立多个模型。多个模型可以是层次递进的,对问题进行层层深入的讨论,如果讨论的问题本身分成多种类型,也可以就不同类型的问题分别建立模型进行解决。

4. 模型求解

在模型求解过程中,会用到传统的数学方法,如解方程、命题证明、统计分析等,由于模型计算中数据较多、运算烦琐,利用传统的笔算方式求解费时费力,在有限的时间内有时竟变得不可完成,即便是勉强完成的运算,计算的误差也比较大,因此在建模过程中借助软件进行计算几乎成了必然。

目前模型的求解多半是运用计算机技术、借助各种软件完成,如 Matlab、R、Python、C 语言等,这几种软件都是综合性较强的软件,每种软件几乎都可以解决各种模型的求解问题,不过熟练地运用需要一段时间的学习和使用,具备一些编程技巧和针对实际问题学习新知识的能力,能够灵活应用新知识并将其与实际问题结合才能对模型求解。本书的第 8~10 章的大部分模型计算就是选择运用 Matlab 实现的。

还有一些软件针对专门的问题,有功能强大的软件包可供其使用,这类软件的图形界面非常简洁,对初学者来说,学习使用它们并不困难,如 Lingo、Spss、Eviews 等。Lingo 软件是解决规划问题的专门软件,本书第 9 章模糊线性规划的求解基本是运用该软件实现的。运用 Spss 软件进行多元统计分析非常方便,本书的第 1~6 章的数据处理大多是用该软件进行的、运用 Eviews 软件进行计量模型的分析比较简单,本书第 7 章的计算就是用该软件实现的。

5. 结果分析与检验

对所求的结果,针对问题的实际意义进行分析。可以通过误差分析、灵敏度分析,来表现模型解决实际问题的效果及实际应用的范围。误差分析,可以适当地调整模型,或提出误差出现的可能原因及解决方案;灵敏度分析,是针对某些主要参数的,确定模型中主要变量和参数的误差允许范围。有时需要通过对所得数据进行方差分析、标准差判断、t-检验或 f-检验等。通过分析和检验,充分验证模型的合理性和可行性。

6. 论文写作

数学建模比赛,不仅需要利用各种数学、物理、智能算法等来解决问题,还需要将研究成果撰写成论文,并以电子版形式上交。故按照数学建模的基本步骤,参赛学生要建立一个恰当的数学模型并求解,清晰明了地表达解题思路,展示解决问题的能力,是评委评定一篇论文好坏的唯一依据。完成一篇高质量的竞赛论文不仅能展示自我才能,也能为竞赛加分。数学建模的论文和其他科学论文一样,语言是给人的第一个印象,论文应简洁明了,切忌华而不实。本科生学习阶段专业论文写作方面缺少训练,因此需要平时多训练,并多看好的学术论文,善于学习别人的长处,也可以模仿别人的写作方法。

在模型建立过程中,是允许参考别人解决问题的方法的,引用别人的成果需要注明出处,尊重别人的劳动。严禁抄袭别人的作品,窃取别人的劳动成果。诚信也可以通过竞赛作品体现出来。

7. 模型的应用

建模的过程是将实际问题转化为数学模型进行求解并证明,在进行大量研究和演绎后,最终还需将其回归到实际,看其是否具有合理性和可行性。需要用实际信息或数据进行验证。经过证明适合的数学模型,最终可以应用在实际问题的解决中,或者部分运用于实际问题的解决。

虽然论文的写作应该摒弃八股文式的结构,但是,标准化的论文写作模式也可以使结构清晰,更容易表达模型的思路,方便专家评委对作品进行评价。数学建模的论文写作按照建模的基本步骤完成,建模的步骤基本相同,常见的建模步骤如表 11-1 所示。参赛学生可以根据个人所需对各个部分进行调整。

表 11-1　数学建模的基本步骤

方式一	方式二	方式三
1. 摘要	1. 摘要	1. 摘要
2. 问题重述	2. 问题的提出与重述、问题的分析	2. 问题的叙述、背景的分析
3. 问题的分析	3. 模型假设	3. 模型假设、符号说明
4. 模型假设	4. 模型建立	4. 模型建立
5. 符号说明	5. 模型求解	5. 模型求解
6. 模型建立	6. 模型分析与检验	6. 模型检验
7. 模型求解	7. 模型的评价与推广	7. 模型评价
8. 结果分析、验证、模型检验及修正	8. 参考文献	8. 参考文献
9. 模型评价	9. 附录	9. 附录
10. 参考文献		
11. 附录		

二、数学建模的论文写作

下面按照第一种数学建模的基本步骤,就论文写作部分进行详细叙述。整篇论文应该由整个团队合作完成,行文完整统一。论文的基本内容和格式大致分为三大部分:摘要、中心内容和附录。

1. 摘要

摘要是一篇建模比赛论文的整体面貌,评委对论文第一轮评审是通过对摘要进行筛选的,对于每个参赛队来说,写好摘要,是论文成功的关键,也是为论文进一步得到评委审批的关键。建议摘要在论文写作的最后完成。

摘要应使用简练的语言叙述论文的核心观点和主要思想。建模论文的创新处,一定要在摘要中说明,让人看到论文的新意,同时应该把必要的数值运算结果放在摘要里。

摘要长度是没有硬性要求,太短无法把整个建模的基本思想和主要创新点及数据叙述完整,太长又比较烦琐,无法突出重点。

参赛选手应该设置单独的时间来撰写和修改摘要,同时团队共同修改完善,保证叙述的清晰、概括内容的全面和建模方法介绍的准确。摘要一般分为三个部分。

(1)概述:用几句话表述整篇论文中心。内容应包含用什么模型;解决了什么问题;通过怎样的思路来解决的问题;模型的结果是什么;通过怎样的模型检验来验证结果的精度。

(2)分问题表述:一般国内竞赛的题目,分 3~4 个问题。第一个问题建立的模型基本上是整篇论文的切入点和精髓,后面的问题是对第一问题的深入探究和检验。在分问题表述上第一问可以写出该问的解题思考过程,剩下的问题根据具体情况简单写出解题过程及结果即可。

（3）最后总结：摘要的字数一般在 500~1000 字，但其内容却包含了参赛队对题意理解、模型类型、建模思路、采用的求解方法及求解思路、算法特点、灵敏度分析、模型检验、主要数值结果和结论等。在摘要下一行还需选取 3~5 个关键词，用来彰显竞赛论文的主要内容。

2. 问题重述（或问题的提出与重述）

通过自己对题意的理解，用自己的语言重新描述问题。如果问题本身很简短，可以抄题，一般情况下不建议抄题。问题重述一般是结合问题的背景用自己的语言简明扼要地说明解决问题的意义和对问题的理解。对于建模问题，几乎每一个参赛队都可以找到一个不同的"模型"来进行解决。在问题重述中要将本组同学对问题的理解以及本组的工作所要解决的问题表述清楚。

3. 问题分析

这是从题目到建模，从具体到抽象的一个思维过程。选定题目后需要抓住题目的关键词和主要目的及要求，弄清问题的来龙去脉。通过查阅相关文献资料，利用题目给出的数据，必要时查找并列举相关数据，通过数据进行阐述。列出题目有关的条件和变量，弄清楚条件和变量之间的关系。根据问题的实际背景及所属学科的基本原理明确阐述观点。此过程也可以配合文字给出解决问题的流程图或列表编号写出研究思路，使解题思维更清晰，也便于略读时，关注到建模过程的全面。

4. 模型假设

模型假设是建立数学模型关键的一步，根据问题的分析，依照原理和变量，筛选模型。在撰写模型假设时要注意以下几个方面：

（1）论文的假设尽量使用科学语言，要以严格、准确的数学语言来描述，不能有歧义。

（2）数学假设是建立数学模型所必需的条件，假设必须对本建模有用，不超出题目要求。

（3）模型假设必须合理。假设应合乎生活常识，不能与已知科学定理相悖。

模型假设不是一次完成的，经常要在建模过程中不断添加条件。第一步可以先从题目挖掘，根据题目的条件和要求作出假设，然后在建模过程中不断补充、修改和完善。

5. 符号说明

论文中不可避免会出现很多数学符号。符号说明包括建模中所需符号的含义，单位和常用的符号表示，可以采用列表方式加以说明。符号说明中常用符号一般选用国际统一符号和本学科通用表示的方式表达，在建模过程中新定义的符号必须简洁易懂，不易发生混淆。一般论文写作过程中，除了通用符号，建议对文中前次出现的数学符号加以说明。

6. 模型建立

数学建模是在问题分析的基础上结合模型假设和符号说明,用数学的方法详细地解决建模的实际问题。建模过程中,必须要有详细的分析和严谨的论证过程,让别人清楚地了解并理解每一步的建模过程。引用已有定理时,必须先验证定理的条件是否满足。同时引用已有的定量和方法,要阐述清楚定理和方法的基本原理,不能照抄公式,与自己建立的模型不搭界,或者套用别人的模型而不知道别人模型的思想和解题过程。

模型的建立是成功的关键步骤,一个好的解决方案必然有好的模型。好的模型并不是越难懂、越晦涩越好。通常情况下,一个问题能用通俗方法解决的,就尽量不用高深的方法求解;能用通俗语言描述清楚的,就不用生僻的专业词汇表达;能用初等方法解决的,就不用高级方法;能用简单方法解决的,就不用复杂方法;能用被更多人看懂、理解的方法,就不用只能被少数人看懂、理解的方法。创新值得被鼓励,但不要离题搞标新立异。

模型建立是一个逐步完善的过程,在这个过程中需要参赛同学不断学习,不断深入体会和挖掘题目的条件,在此基础上反复论证,反复推敲和修改完善。

7. 模型求解

当把建模的实际问题归结为数学问题时,就要用数学的专业知识进行求解和分析。模型的求解多是数值解。每一种数学求解方法的使用都要进行说明,并给出使用的数学软件、计算程序(通常放在附录)和结果。为了突出结果,可以使用图形或列表形式给出计算结果。

计算求解的核心思想如果是创造性的,不是借助软件包进行实现的,则可以在正文中进行阐述和说明。

8. 结果分析、验证、模型检验及修正

数学模型的结果是否正确,模型是否能反映原来的现实问题,都需要对模型结果进行分析和检验。首先检验数学结构的正确性,有无逻辑上的自相矛盾,然后验证解的正确及合理性,最后判断数学方法的可行性、算法的复杂性等。检验的基本原则就是检验模型是否真正反映原来的现实问题,是否能解决原来的现实问题。

9. 模型评价

模型评价就是要对自己的模型给出客观的评价,实事求是地分析模型,既不要过分谦虚,也不能过分夸张。模型评价一般从模型的优点和缺点,以及模型的推广等方面进行。

10. 参考文献

建模中所有参考的文献都应该按照标准格式书写。引用别人的成果或公开发表的资料

（包括网上查到的资料）应该按照规定的参考文献格式在正文引用处和参考文献中明确标出。正文引用处用方括号标示参考文献的标号，如[1]、[2]等。引用书籍还必须标出页码，参考文献按正文中的引用次序列出。

11. 附录

附录包含建模所需的参考数据、计算程序、繁杂完整的计算结果等等。书写时要注意分类清晰，标号准确。建议计算程序辅助相应的解释语句，增加程序的可读性。同时在建模计算时，方便查找错误。

参 考 文 献

[1] 何晓群,刘文卿. 应用回归分析(第三版)[M]. 北京:中国人民大学出版社,2011.

[2] 谢龙汉,尚涛. SPSS 统计分析与数据挖掘[M]. 北京:电子工业出版社,2012.

[3] 张尧庭,方开泰. 多元统计分析引论[M]. 北京:科学出版社,1982.

[4] 何晓群. 多元统计分析(第三版)[M]. 北京:中国人民大学出版社,2012.

[5] 高惠璇. 应用多元统计分析[M]. 北京:北京大学出版社,2005.

[6] 范金城,梅长林. 数据分析[M]. 北京:科学出版社,2002.

[7] 代鸿. 多元统计实践案例分析[M]. 北京:清华大学出版社,2017.

[8] 何晓群. 多元统计分析(第二版)[M]. 北京:中国人民大学出版社,2008.

[9] 周纪芗. 回归分析[M]. 上海:华东师范大学出版社,1993.

[10] 叶双峰. 关于主成分分析做综合评价的改进[J]. 数据统计与管理,2001(2):52-61.

[11] 徐永智,华惠川. 对主成分分析三点不足的改进[J]. 科技管理研究,2009(6):128-130.

[12] M. 肯德尔. 多元分析[M]. 北京:科学出版社,1999.

[13] 王学民. 因子分析在股票评价中的应用[J]. 数据统计与管理,2004(3):6-10.

[14] 王燕. 应用实践序列分析(第四版)[M]. 北京:中国人民大学出版社,2015.

[15] 谢中华. Matlab 统计分析与应用:40 个案例分析[M]. 北京:北京航空航天大学出版社,2010.

[16] 王健,赵国生. Matlab 数学建模与仿真[M]. 北京:清华大学出版社,2016.

[17] 谢中华,李国栋等. Matlab 从零到进阶[M]. 北京:北京航空航天大学出版社,2012.

[18] 邓聚龙. 灰色系统基本方法[M]. 武汉:华中理工大学出版社,1987.

[19] 杨纶标. 模糊数学原理及应用(第五版)[M]. 广州:华南理工大学出版社,2011.

[20] 王培庄. 模糊集合论及其应用[M]. 上海:上海科学技术出版社,1983.

[21] 于红. 模糊线性规划及其应用[D]. 河北工业大学,2012.

[22] 罗承忠. 模糊集引论[M]. 北京:北京师范大学出版社,1993.

[23] 姜启源,谢金星,叶俊. 数学模型(第四版)[M]. 北京:高等教育出版社,2011.

［24］陈宝林．优化理论与算法［M］．北京:清华大学出版社,2005.

［25］陈国良,王熙法,庄镇泉,王东生．遗传算法及其应用［M］．北京:人民邮电出版社,1996.

［26］陈建军,陈武凡．彩色图像的模糊增强研究［J］．计算机应用与软件,1995,(6)10-11.

［27］陈京民．数据仓库原理、设计与应用［M］．北京:中国水利水电出版社,2004:163-164.

［28］陈伟．模糊数学在数学建模中的应用［J］．数学的实践与认识,2005,35(4):35-37.

［29］陈耀辉,孙春燕．模糊综合评判法中的最大隶属原则有效度［J］．重庆师范学院学报,2001,18(1):46-47.

［30］陈桦,程云艳．BP 神经网络算法的改进及在 Matlab 中的实现［J］．陕西科技大学学报,2004,22(2):45-47.

［31］丛爽．面向 Matlab 工具箱的神经网络理论及应用［M］．合肥:中国科学技术大学出版社,1998.

［32］朱小雷,吴硕贤．大学校园环境主观质量的多级模糊综合评价［J］．城市规划,2002,26(10):57-60.

［33］杜栋,吴炎等．现代综合评价方法案例精选［M］．北京:清华大学出版社,1999.

［34］付家骥．技术创新［M］．北京:清华大学出版社,2006.

［35］段海滨．蚁群算法原理及其应用［M］科学出版社,2005.

［36］高隽．人工神经网络原理及仿真实例［M］．北京:机械工业出版社,2003:7-20.

［37］郭茂祖,姜俊峰,李静梅．模拟退火算法中冷却调度选取方法的研究［J］．计算机工程,2000,26(9):1000 — 3428(2000)09 — 0063 — 02.

［38］郭亚军．综合评价理论、方法及其应用［M］．北京:科学出版社,2000.

［39］葛军,葛伦应．层次分析法确定水质指标权重［J］．当代建筑,2003,3(1):22-23.

［40］胡淑礼．模糊数学及其应用［M］．成都:四川大学出版社,1994:56-57.

［41］胡永宏,贺恩辉．综合评价方法［M］．北京:科学出版社,2000:167-188.

［42］黄席樾,张著洪,何传江等．现代智能算法理论及应用［M］．北京:科学出版社,2005.

［43］海金(Hay Kin,S.),叶世伟．神经网络原理(原书第二版)［M］．北京:机械工业出版社,2004:12-268.

［44］李安贵,张志宏,段凤英．模糊数学及其应用［M］．北京:冶金工业出版社,1994:54-55.

［45］李志林,欧宜贵．数学建模及典型案例分析［M］．北京:化学工业出版社,2007:42-43.

［46］李士勇．工程模糊数学及应用［M］．哈尔滨:哈尔滨工业大学出版社,2004:101-108.

［47］李祚泳．环境质量评价原理与方法［M］．北京：化学工业出版社，2004：69-133.

［48］梁军．粒子群算法在最优化问题的研究［D］．桂林：广西师范大学，2008：30-99.

［49］刘思峰．管理预测与决策［M］．北京：科学出版社，2002.

［50］刘文远，王宝文等．基于遗传算法的模糊聚类分析［J］．计算机工程，2004，19（30）：116-118

［51］刘元高，刘耀儒．Mathematica 4.0 实用教程［M］．北京：国防工业出版社，2000：65-68.

［52］莫兰琼．基于技术创新的企业核心竞争力评价指标体系研究［J］．价值工程，2001.

［53］宁晓秋．模糊数学原理与方法［M］．徐州：中国矿业大学出版社，2004：203-208

［54］秦寿康．综合评价原理与应用［M］．北京：电子工业出版社，2004.

［55］谭永智，李淑玲．企业信用管理实务［M］．北京：中国方正出版社，2004：5-10.

［56］唐广．企业价值评估的相关问题研究［D］．厦门：大学硕士论文，2004.

［57］唐林炜，樊铭渠．伪模糊度的公理化定义及余滋伪模糊度［J］．系统工程理论与实践，1999（8）.

［58］佟春生．系统工程的理论与方法概论［M］．北京：国防工业出版社，2000：185-186.

［59］宋晓秋．模糊数学原理与方法（第二版）［M］．北京：中国矿业大学出版社，2004：110-120.

［60］曲晓丽，潘昊，柳向斌．旅行商问题的一种模拟退火算法求解［J］．现代电子技术，2007：1-78

［61］孙志胜，曹爱增，梁永涛．基于遗传算法的聚类分析及其应用［J］．济南大学学报，2004，2（18）：127-129

［62］邢文训．现代优化计算方法［M］．北京：清华大学出版社，2000.

［63］肖思和，鲁红英，范安东，宋弘．模拟退火算法在求解组合优化问题中的应用研究［J］．四川理工学院学报：自然科学版，2010（1）：116-118.

［64］谢季坚，刘承平．模糊数学方法及其应用［M］．武汉：华中理工大学出版社，2000：205-211.

［65］汪定伟，王俊伟，王洪峰，张瑞友等编著．智能优化方法［M］．北京：高等教育出版社，2007：4-75.

［66］王巨川．多指标模糊综合评判［J］．昆明理工大学学报，1998（4）.

［67］王凌．智能优化算法及其应用［M］．北京：清华大学出版社，2001.

［68］王凌，刘波著．微粒子群优化与调度算法［M］．北京：清华大学出版社，2008：20-120.

［69］王小平,曹立明.粒子群算法—理论、应用与软件实现［M］.西安:西安交通大学出版社,2002.

［70］王新洲.模糊空间信息处理［M］.武汉:武汉大学出版社,2003:130-131.

［71］王士同.神经模糊系统及其应用［M］.北京:北京航空航天大学出版社,1998:98-99.

［72］王永骥,涂健.神经元网络控制［M］.北京:机械工业出版社,1998:1-309.

［73］闻新.Matlab 神经网络仿真与应用［M］.北京:科学出版社,2003.

［74］吴涛,许晓鸣,戚晓薇,张浙.基于改进 BP 算法的人工神经网络建模及其在干燥过程中的应用［C］.中国控制会议路论文集,1998,9:677-681.

［75］谢季坚.模糊数学方法及其应用(第三版)［M］.武汉:华中科技大学出版社,2006:25-26.

［76］邢文训.现代优化计算方法［M］.北京:清华大学出版社,2000.

［77］杨卫波,赵燕伟.求解 TSP 问题的改进模拟退火算法［J］.计算机工程与应用,2010,46(15):34-36.

［78］杨纶标.糊数学原理及应用［J］.广州:华南理工大学出版社,2006:130-131.

［79］杨雄,李崇文.模糊数学和它的应用［M］.天津:天津科技出版社,1993:78-79.

［80］袁曾任.人工神经元网络及其应用［M］.北京:清华大学出版社,1999:1-121.

［81］袁嘉祖.灰色系统理论及应用［M］.北京:北京科技出版社,1991:34-36.

［82］张乃绕,阎平凡.神经网络与模糊控制［M］.北京:清华大学出版社,1998:1-29.

［83］张跃,邹寿平,宿芬.模糊数学方法及其应用［M］.北京:煤炭工业出版社,1992:8-9.

［84］张征.环境评价学［M］.北京:高等教育出版社,2006:155-191.

［85］赵瑞安,吴方著.非线性最优化理论和方法［M］.杭州:浙江科学技术出版社,1992:1-41.

［86］周杰明,邓迎春,黄娅.一种带记忆的模拟退火算法求解 TSP 问题［J］.湖南文理学院学报:自然科学版,2010,22(2):70-73.

［87］周开利,康耀红.神经网络模型及其 Matlab 仿真程序设计［M］.北京:清华大学出版社,2004:2-4.

［88］周柯.中国学科教育论文网站(www.studa.net).2009.

［89］朱儒,黄皓,朱开水.非线性规划［M］.北京:中国矿业大学出版社,1990:79-210.

［90］C. E. Garcia,M. Morari. Internal model control［M］.Ind. Eng. Chem. Proc. Des. Dev.,1982.

［91］Dobois D.,Prade H. Fuzzy Set and Systems-Theory and Application［M］.New York,1980.

［92］Holland J. H. Adaptation in Natural and Artificial Systems［M］.MIT Press,1975.

［93］Goldberg D. E. Genetic Algorithms in Search，Optimization and Machine Learning［M］. Addision-Wesley，1989.

［94］T. L. Saaty，J. M. Alexander. Thinking with Models［M］. Oxford：Pergamon Press，1981.

［95］W. F. Lucas. 离散与系统模型［M］. 北京：国防科技大学出版社，1996.

［96］T. L. Saaty. The Analytic Hierarchy Process［M］. McGraw-Hill Company，1980.

［97］Waynel L. Winston 著. 杨振凯，周红，易兵，张瑜等译. 运筹学应用范例与解法［M］. 北京：清华大学出版社，2004：681-779.

［98］Z. 米凯利维茨. 演化程序—遗传算法和数据编码的结合［M］. 北京：科学出版社，2007，12（7）：1007-1008.

附　录

附录1

城市	二氧化硫年平均浓度（$\mu g/m^3$）	二氧化氮年平均浓度（$\mu g/m^3$）	可吸入颗粒物（PM10）年平均浓度（$\mu g/m^3$）	一氧化碳日均值第95百分位浓度（mg/m^3）	臭氧(O_3)日最大8小时第90百分位浓度（$\mu g/m^3$）	细颗粒物（PM2.5）年平均浓度（$\mu g/m^3$）	空气质量达到及好于二级的天数(天)
北京	8	46	84	2.1	193	58	226
天津	16	50	94	2.8	192	62	209
石家庄	33	54	154	3.6	201	86	151
唐山	40	59	119	3.8	205	66	205
秦皇岛	26	49	82	2.9	170	44	268
邯郸	36	51	154	3.4	195	86	142
保定	29	50	135	3.6	218	84	159
太原	54	54	131	2.5	185	65	176
大同	44	32	73	3	154	36	301
阳泉	49	48	116	2.5	198	61	193
长治	43	41	103	3.1	188	60	195
临汾	79	37	122	4.1	214	79	128
呼和浩特	29	45	95	2.8	167	43	255
包头	28	42	93	2.7	159	44	277
赤峰	23	20	70	2.3	133	34	318
沈阳	37	40	85	1.9	166	50	256
大连	17	28	58	1.4	163	34	300
鞍山	30	36	85	2.4	158	48	263
抚顺	24	34	81	1.7	144	47	275
本溪	27	31	71	2.3	116	40	318
锦州	45	38	78	2	172	48	255
长春	26	40	78	1.9	142	46	276

续表

城市	二氧化硫年平均浓度（μg/m³）	二氧化氮年平均浓度（μg/m³）	可吸入颗粒物（PM10）年平均浓度（μg/m³）	一氧化碳日均值第95百分位浓度（mg/m³）	臭氧（O_3）日最大8小时第90百分位浓度（μg/m³）	细颗粒物（PM2.5）年平均浓度（μg/m³）	空气质量达到及好于二级的天数（天）
吉林	18	29	79	1.8	147	52	259
哈尔滨	25	44	84	2	133	58	271
齐齐哈尔	22	22	65	1.5	112	38	319
牡丹江	10	26	65	1.3	105	36	329
上海	12	44	55	1.2	181	39	275
南京	16	47	76	1.5	179	40	264
无锡	13	46	77	1.6	184	44	247
徐州	22	44	119	1.7	187	66	176
常州	18	45	76	1.5	184	48	249
苏州	14	48	64	1.4	173	42	261
南通	21	38	64	1.4	179	39	266
连云港	18	33	73	1.5	153	45	289
扬州	18	40	93	1.4	192	54	228
镇江	15	43	88	1.2	182	55	232
杭州	11	45	72	1.3	173	45	271
宁波	10	38	60	1.1	158	37	311
温州	12	41	65	1	145	38	329
湖州	15	38	64	1.3	187	42	250
绍兴	12	35	70	1.2	170	45	275
合肥	12	52	80	1.4	170	56	224
芜湖	15	49	82	1.6	177	49	249
马鞍山	17	39	83	1.8	188	50	238
福州	6	29	51	0.9	141	27	349
厦门	11	32	48	0.8	117	27	362
泉州	12	28	53	0.9	148	28	345
南昌	15	37	76	1.6	148	41	300
九江	20	29	70	1.2	148	48	287
济南	25	48	128	2.1	193	65	181
青岛	15	38	78	1.3	166	39	283
淄博	41	47	120	2.8	194	65	188
枣庄	30	28	125	1.4	175	63	192
烟台	18	33	68	1.6	163	35	294

续表

城市	二氧化硫年平均浓度（μg/m³）	二氧化氮年平均浓度（μg/m³）	可吸入颗粒物（PM10）年平均浓度（μg/m³）	一氧化碳日均值第95百分位浓度（mg/m³）	臭氧（O₃）日最大8小时第90百分位浓度（μg/m³）	细颗粒物（PM2.5）年平均浓度（μg/m³）	空气质量达到及好于二级的天数（天）
潍坊	25	35	116	1.8	186	59	210
济宁	26	41	106	1.9	200	56	217
泰安	25	39	97	1.9	213	58	197
日照	15	37	85	1.4	158	47	273
郑州	21	54	118	2.2	199	66	166
开封	20	39	103	2.2	182	62	188
洛阳	25	42	117	2.4	204	69	166
平顶山	24	40	106	2.1	180	63	185
安阳	31	50	132	4.1	210	79	154
焦作	25	44	125	3.1	208	73	168
三门峡	22	41	98	2.1	181	57	217
武汉	10	50	85	1.6	151	52	255
宜昌	12	35	88	1.7	137	58	258
荆州	18	36	92	1.7	140	56	273
长沙	13	40	69	1.3	153	52	262
株洲	19	36	81	1.4	142	52	272
湘潭	20	37	80	1.3	142	51	267
岳阳	14	25	70	1.4	142	49	305
常德	12	22	77	1.8	147	54	275
张家界	8	22	67	1.9	129	42	324
广州	12	52	56	1.2	162	35	294
韶关	17	29	52	1.4	152	38	326
深圳	8	30	45	1	147	28	343
珠海	7	32	43	1	160	30	322
汕头	12	21	49	1.1	140	29	353
湛江	10	15	42	1.1	153	29	327
南宁	11	35	56	1.4	119	35	337
柳州	19	26	66	1.5	127	45	308
桂林	15	25	60	1.3	139	44	308
北海	9	13	45	1.4	138	28	336
海口	6	12	37	0.8	127	20	352
重庆	12	46	72	1.4	163	45	277

续表

城市	二氧化硫年平均浓度（μg/m³）	二氧化氮年平均浓度（μg/m³）	可吸入颗粒物（PM10）年平均浓度（μg/m³）	一氧化碳日均值第95百分位浓度（mg/m³）	臭氧（O₃）日最大8小时第90百分位浓度（μg/m³）	细颗粒物（PM2.5）年平均浓度（μg/m³）	空气质量达到及好于二级的天数（天）
成都	11	53	88	1.7	171	56	235
自贡	15	37	89	1.6	150	66	227
攀枝花	35	36	67	2.7	119	34	359
泸州	17	35	80	1	147	53	273
德阳	9	30	84	1.3	166	51	247
绵阳	9	32	71	1.4	134	48	295
南充	12	34	72	1.3	150	46	289
宜宾	18	34	80	1.7	146	57	261
贵阳	13	27	53	1.1	121	32	347
遵义	12	28	54	1.1	109	33	344
昆明	15	32	58	1.2	124	28	360
曲靖	18	23	54	1.4	126	28	357
玉溪	16	22	47	1.9	125	23	362
拉萨	8	23	54	1.1	128	20	361
西安	19	59	126	2.8	185	73	180
铜川	20	35	91	2.2	165	52	242
宝鸡	12	41	102	2.1	155	58	247
咸阳	21	54	132	2.4	201	79	154
渭南	18	56	129	2.3	183	70	165
延安	32	52	90	3	146	42	313
兰州	20	57	111	2.8	161	49	232
金昌	27	16	74	1	138	24	322
西宁	24	40	83	2.8	136	34	294
银川	48	42	106	2.5	169	48	232
石嘴山	55	32	97	2	162	43	243
乌鲁木齐	13	49	105	3.4	122	70	241
克拉玛依	8	23	69	1.6	131	34	318

附录 2

品牌	型号	价格 $ * 100	排量 L	马力 Pa	轴距 cm	宽度 cm	长度 cm	车重 T	燃料容积 L
Acura	Integra	21.500	1.8	140	101.2	67.3	172.4	2.639	13.2
Acura	TL	28.400	3.2	225	108.1	70.3	192.9	3.517	17.2
Acura	RL	42.000	3.5	210	114.6	71.4	196.6	3.850	18.0
Audi	A4	23.990	1.8	150	102.6	68.2	178.0	2.998	16.4
Audi	A6	33.950	2.8	200	108.7	76.1	192.0	3.561	18.5
Audi	A8	62.000	4.2	310	113.0	74.0	198.2	3.902	23.7
BMW	323i	26.990	2.5	170	107.3	68.4	176.0	3.179	16.6
BMW	328i	33.400	2.8	193	107.3	68.5	176.0	3.197	16.6
BMW	528i	38.900	2.8	193	111.4	70.9	188.0	3.472	18.5
Buick	Century	21.975	3.1	175	109.0	72.7	194.6	3.368	17.5
Buick	Regal	25.300	3.8	240	109.0	72.7	196.2	3.543	17.5
Buick	Park Avenue	31.965	3.8	205	113.8	74.7	206.8	3.778	18.5
Buick	LeSabre	27.885	3.8	205	112.2	73.5	200.0	3.591	17.5
Cadillac	DeVille	39.895	4.6	275	115.3	74.5	207.2	3.978	18.5
Cadillac	Eldorado	39.665	4.6	275	108.0	75.5	200.6	3.843	19.0
Cadillac	Catera	31.010	3.0	200	107.4	70.3	194.8	3.770	18.0
Cadillac	Escalade	46.225	5.7	255	117.5	77.0	201.2	5.572	30.0
Chevrolet	Cavalier	13.260	2.2	115	104.1	67.9	180.9	2.676	14.3
Chevrolet	Malibu	16.535	3.1	170	107.0	69.4	190.4	3.051	15.0
Chevrolet	Lumina	18.890	3.1	175	107.5	72.5	200.9	3.330	16.6
Chevrolet	Monte Carlo	19.390	3.4	180	110.5	72.7	197.9	3.340	17.0
Chevrolet	Camaro	24.340	3.8	200	101.1	74.1	193.2	3.500	16.8
Chevrolet	Corvette	45.705	5.7	345	104.5	73.6	179.7	3.210	19.1
Chevrolet	Prizm	13.960	1.8	120	97.1	66.7	174.3	2.398	13.2
Chevrolet	Metro	9.235	1.0	55	93.1	62.6	149.4	1.895	10.3
Chevrolet	Impala	18.890	3.4	180	110.5	73.0	200.0	3.389	17.0
Chrysler	Sebring Coupe	19.840	2.5	163	103.7	69.7	190.9	2.967	15.9
Chrysler	SebringConv.	24.495	2.5	168	106.0	69.2	193.0	3.332	16.0
Chrysler	Concorde	22.245	2.7	200	113.0	74.4	209.1	3.452	17.0
Chrysler	Cirrus	16.480	2.0	132	108.0	71.0	186.0	2.911	16.0

续表

品牌	型号	价格 $ * 100	排量 L	马力 Pa	轴距 cm	宽度 cm	长度 cm	车重 T	燃料容积 L
Chrysler	LHS	28.340	3.5	253	113.0	74.4	207.7	3.564	17.0
Chrysler	300M	29.185	3.5	253	113.0	74.4	197.8	3.567	17.0
Dodge	Neon	12.640	2.0	132	105.0	74.4	174.4	2.567	12.5
Dodge	Avenger	19.045	2.5	163	103.7	69.1	190.2	2.879	15.9
Dodge	Stratus	20.230	2.5	168	108.0	71.0	186.0	3.058	16.0
Dodge	Intrepid	22.505	2.7	202	113.0	74.7	203.7	3.489	17.0
Dodge	Viper	69.725	8.0	450	96.2	75.7	176.7	3.375	19.0
Dodge	Ram Pickup	19.460	5.2	230	138.7	79.3	224.2	4.470	26.0
Dodge	Ram Wagon	21.315	3.9	175	109.6	78.8	192.6	4.245	32.0
Dodge	Ram Van	18.575	3.9	175	127.2	78.8	208.5	4.298	32.0
Dodge	Dakota	16.980	2.5	120	131.0	71.5	215.0	3.557	22.0
Dodge	Durango	26.310	5.2	230	115.7	71.7	193.5	4.394	25.0
Dodge	Caravan	19.565	2.4	150	113.3	76.8	186.3	3.533	20.0
Ford	Escort	12.070	2.0	110	98.4	67.0	174.7	2.468	12.7
Ford	Mustang	21.560	3.8	190	101.3	73.1	183.2	3.203	15.7
Ford	Contour	17.035	2.5	170	106.5	69.1	184.6	2.769	15.0
Ford	Taurus	17.885	3.0	155	108.5	73.0	197.6	3.368	16.0
Ford	Focus	12.315	2.0	107	103.0	66.9	174.8	2.564	13.2
Ford	Crown Victoria	22.195	4.6	200	114.7	78.2	212.0	3.908	19.0
Ford	Explorer	31.930	4.0	210	111.6	70.2	190.7	3.876	21.0
Ford	Windstar	21.410	3.0	150	120.7	76.6	200.9	3.761	26.0
Ford	Expedition	36.135	4.6	240	119.0	78.7	204.6	4.808	26.0
Ford	Ranger	12.050	2.5	119	117.5	69.4	200.7	3.086	20.0
Ford	F-Series	26.935	4.6	220	138.5	79.1	224.5	4.241	25.1
Honda	Civic	12.885	1.6	106	103.2	67.1	175.1	2.339	11.9
Honda	Accord	15.350	2.3	135	106.9	70.3	188.8	2.932	17.1
Honda	CR-V	20.550	2.0	146	103.2	68.9	177.6	3.219	15.3
Honda	Passport	26.600	3.2	205	106.4	70.4	178.2	3.857	21.1
Honda	Odyssey	26.000	3.5	210	118.1	75.6	201.2	4.288	20.0
Hyundai	Accent	9.699	1.5	92	96.1	65.7	166.7	2.240	11.9
Hyundai	Elantra	11.799	2.0	140	100.4	66.9	174.0	2.626	14.5

品牌	型号	价格 $ * 100	排量 L	马力 Pa	轴距 cm	宽度 cm	长度 cm	车重 T	燃料容积 L
Hyundai	Sonata	14.999	2.4	148	106.3	71.6	185.4	3.072	17.2
Infiniti	I30	29.465	3.0	227	108.3	70.2	193.7	3.342	18.5
Jaguar	S-Type	42.800	3.0	240	114.5	71.6	191.3	3.650	18.4
Jeep	Wrangler	14.460	2.5	120	93.4	66.7	152.0	3.045	19.0
Jeep	Cherokee	21.620	4.0	190	101.4	69.4	167.5	3.194	20.0
Jeep	Grand Cherokee	26.895	4.0	195	105.9	72.3	181.5	3.880	20.5
Lexus	ES300	31.505	3.0	210	105.1	70.5	190.2	3.373	18.5
Lexus	GS300	37.805	3.0	225	110.2	70.9	189.2	3.638	19.8
Lexus	GS400	46.305	4.0	300	110.2	70.9	189.2	3.693	19.8
Lexus	LS400	54.005	4.0	290	112.2	72.0	196.7	3.890	22.5
Lexus	LX470	60.105	4.7	230	112.2	76.4	192.5	5.401	25.4
Lexus	RX300	34.605	3.0	220	103.0	71.5	180.1	3.900	17.2
Lincoln	Continental	39.080	4.6	275	109.0	73.6	208.5	3.868	20.0
Lincoln	Town car	43.330	4.6	215	117.7	78.2	215.3	4.121	19.0
Lincoln	Navigator	42.660	5.4	300	119.0	79.9	204.8	5.393	30.0
Mitsubishi	Mirage	13.987	1.8	113	98.4	66.5	173.6	2.250	13.2
Mitsubishi	Eclipse	19.047	2.4	154	100.8	68.9	175.4	2.910	15.9
Mitsubishi	Galant	17.357	2.4	145	103.7	68.5	187.8	2.945	16.3
Mitsubishi	Diamante	24.997	3.5	210	107.1	70.3	194.1	3.443	19.0
Mitsubishi	3000GT	25.450	3.0	161	97.2	72.4	180.3	3.131	19.8
Mitsubishi	Montero	31.807	3.5	200	107.3	69.9	186.6	4.520	24.3
Mitsubishi	Montero Sport	22.527	3.0	173	107.3	66.7	178.3	3.510	19.5
Mercury	Mystique	16.240	2.0	125	106.5	69.1	184.8	2.769	15.0
Mercury	Cougar	16.540	2.0	125	106.4	69.6	185.0	2.892	16.0
Mercury	Sable	19.035	3.0	153	108.5	73.0	199.7	3.379	16.0
Mercury	Grand Marquis	22.605	4.6	200	114.7	78.2	212.0	3.958	19.0
Mercury	Mountaineer	27.560	4.0	210	111.6	70.2	190.1	3.876	21.0
Mercury	Villager	22.510	3.3	170	112.2	74.9	194.7	3.944	20.0
Mercedes-Benz	C-Class	31.750	2.3	185	105.9	67.7	177.4	3.250	16.4
Mercedes-Benz	E-Class	49.900	3.2	221	111.5	70.8	189.4	3.823	21.1
Mercedes-Benz	S-Class	69.700	4.3	275	121.5	73.1	203.1	4.133	23.2

续表

品牌	型号	价格 $ * 100	排量 L	马力 Pa	轴距 cm	宽度 cm	长度 cm	车重 T	燃料容积 L
Mercedes-Benz	SL-Class	82.600	5.0	302	99.0	71.3	177.1	4.125	21.1
Mercedes-Benz	SLK	38.900	2.3	190	94.5	67.5	157.9	3.055	15.9
Mercedes-Benz	SLK230	41.000	2.3	185	94.5	67.5	157.3	2.975	14.0
Mercedes-Benz	CLK Coupe	41.600	3.2	215	105.9	67.8	180.3	3.213	16.4
Mercedes-Benz	CL500	85.500	5.0	302	113.6	73.1	196.6	4.115	23.2
Mercedes-Benz	M-Class	35.300	3.2	215	111.0	72.2	180.6	4.387	19.0
Nissan	Sentra	13.499	1.8	126	99.8	67.3	177.5	2.593	13.2
Nissan	Altima	20.390	2.4	155	103.1	69.1	183.5	3.012	15.9
Nissan	Maxima	26.249	3.0	222	108.3	70.3	190.5	3.294	18.5
Nissan	Quest	26.399	3.3	170	112.2	74.9	194.8	3.991	20.0
Nissan	Pathfinder	29.299	3.3	170	106.3	71.7	182.6	3.947	21.0
Nissan	Xterra	22.799	3.3	170	104.3	70.4	178.0	3.821	19.4
Nissan	Frontier	17.890	3.3	170	116.1	66.5	196.1	3.217	19.4
Oldsmobile	Cutlass	18.145	3.1	150	107.0	69.4	192.0	3.102	15.2
Oldsmobile	Intrigue	24.150	3.5	215	109.0	73.6	195.9	3.455	18.0
Oldsmobile	Alero	18.270	2.4	150	107.0	70.1	186.7	2.958	15.0
Oldsmobile	Aurora	36.229	4.0	250	113.8	74.4	205.4	3.967	18.5
Oldsmobile	Bravada	31.598	4.3	190	107.0	67.8	181.2	4.068	17.5
Oldsmobile	Silhouette	25.345	3.4	185	120.0	72.2	201.4	3.948	25.0
Plymouth	Neon	12.640	2.0	132	105.0	74.4	174.4	2.559	12.5
Plymouth	Breeze	16.080	2.0	132	108.0	71.0	186.3	2.942	16.0
Plymouth	Voyager	18.850	2.4	150	113.3	76.8	186.3	3.528	20.0
Plymouth	Prowler	43.000	3.5	253	113.3	76.3	165.4	2.850	12.0
Pontiac	Sunfire	21.610	2.4	150	104.1	68.4	181.9	2.906	15.0
Pontiac	Grand Am	19.720	3.4	175	107.0	70.4	186.3	3.091	15.2
Pontiac	Firebird	25.310	3.8	200	101.1	74.5	193.4	3.492	16.8
Pontiac	Grand Prix	21.665	3.8	195	110.5	72.7	196.5	3.396	18.0
Pontiac	Bonneville	23.755	3.8	205	112.2	72.6	202.5	3.590	17.5
Pontiac	Montana	25.635	3.4	185	120.0	72.7	201.3	3.942	25.0
Porsche	Boxter	41.430	2.7	217	95.2	70.1	171.0	2.778	17.0
Porsche	Carrera Coupe	71.020	3.4	300	92.6	69.5	174.5	3.032	17.0

品牌	型号	价格 $*100	排量 L	马力 Pa	轴距 cm	宽度 cm	长度 cm	车重 T	燃料容积 L
Porsche	Carrera Cabriolet	74.970	3.4	300	92.6	69.5	174.5	3.075	17.0
Saab	9-5	33.120	2.3	170	106.4	70.6	189.2	3.280	18.5
Saab	9-3	26.100	2.0	185	102.6	67.4	182.2	2.990	16.9
Saturn	SL	10.685	1.9	100	102.4	66.4	176.9	2.332	12.1
Saturn	SC	12.535	1.9	100	102.4	66.4	180.0	2.367	12.1
Saturn	SW	14.290	1.9	124	102.4	66.4	176.9	2.452	12.1
Saturn	LW	18.835	2.2	137	106.5	69.0	190.4	3.075	13.1
Saturn	LS	15.010	2.2	137	106.5	69.0	190.4	2.910	13.1
Subaru	Outback	22.695	2.5	165	103.5	67.5	185.8	3.415	16.9
Subaru	Forester	20.095	2.5	165	99.4	68.3	175.2	3.125	15.9
Toyota	Corolla	13.108	1.8	120	97.0	66.7	174.0	2.420	13.2
Toyota	Camry	17.518	2.2	133	105.2	70.1	188.5	2.998	18.5
Toyota	Avalon	25.545	3.0	210	107.1	71.7	191.9	3.417	18.5
Toyota	Celica	16.875	1.8	140	102.4	68.3	170.5	2.425	14.5
Toyota	Tacoma	11.528	2.4	142	103.3	66.5	178.7	2.580	15.1
Toyota	Sienna	22.368	3.0	194	114.2	73.4	193.5	3.759	20.9
Toyota	RAV4	16.888	2.0	127	94.9	66.7	163.8	2.668	15.3
Toyota	4Runner	22.288	2.7	150	105.3	66.5	183.3	3.440	18.5
Toyota	Land Cruiser	51.728	4.7	230	112.2	76.4	192.5	5.115	25.4
Volkswagen	Golf	14.900	2.0	115	98.9	68.3	163.3	2.767	14.5
Volkswagen	Jetta	16.700	2.0	115	98.9	68.3	172.3	2.853	14.5
Volkswagen	Passat	21.200	1.8	150	106.4	68.5	184.1	3.043	16.4
Volkswagen	Cabrio	19.990	2.0	115	97.4	66.7	160.4	3.079	13.7
Volkswagen	GTI	17.500	2.0	115	98.9	68.3	163.3	2.762	14.6
Volkswagen	Beetle	15.900	2.0	115	98.9	67.9	161.1	2.769	14.5
Volvo	S40	23.400	1.9	160	100.5	67.6	176.6	2.998	15.8
Volvo	V40	24.400	1.9	160	100.5	67.6	176.6	3.042	15.8
Volvo	S70	27.500	2.4	168	104.9	69.3	185.9	3.208	17.9
Volvo	V70	28.800	2.4	168	104.9	69.3	186.2	3.259	17.9
Volvo	C70	45.500	2.3	236	104.9	71.5	185.7	3.601	18.5
Volvo	S80	36.000	2.9	201	109.9	72.1	189.8	3.600	21.1

附录 3

公司名称	ROA	ROE	贷存比	产权比率	资产负债率	核心资本充足率(%)	拨备覆盖率（%）	存款份额	贷款份额	存款增长率	贷款增长率
中国工商银行	0.0110	0.1343	0.7403	11.1842	0.9179	13.27	154.0700	0.1129	0.1139	0.0786	0.0901
中国建设银行	0.0110	0.1357	0.7885	11.3199	0.9188	13.71	171.0800	0.0961	0.1033	0.0624	0.0975
中国农业银行	0.0092	0.1351	0.6620	13.7289	0.9321	11.26	208.3700	0.0951	0.0858	0.0769	0.1030
中国银行	0.0095	0.1173	0.7978	11.3471	0.9190	12.02	159.1800	0.0802	0.0872	0.0555	0.0926
交通银行	0.0078	0.1045	0.9040	12.3648	0.9252	11.86	153.0800	0.0289	0.0357	0.0427	0.0863
中国邮政储蓄银行	0.0053	0.1106	0.4502	19.8935	0.9521	9.67	324.7700	0.0473	0.0291	0.1065	0.2058
兴业银行	0.0090	0.1366	0.7874	14.1787	0.9341	9.67	211.7800	0.0181	0.0195	0.1455	0.1687
招商银行	0.0112	0.1461	0.8772	12.0280	0.9232	13.02	262.1100	0.0239	0.0285	0.0690	0.0930
上海浦东发展银行	0.0090	0.1276	1.0516	13.2400	0.9298	10.24	132.4400	0.0178	0.0256	0.0120	0.1563
中国民生银行	0.0086	0.1306	0.9454	14.1409	0.9340	8.88	155.6100	0.0174	0.0224	(0.0376)	0.1392
中信银行	0.0076	0.1040	0.9382	12.7663	0.9274	9.34	169.4400	0.0200	0.0256	(0.0637)	0.1108
中国光大银行	0.0077	0.1035	0.8941	12.3849	0.9253	10.61	158.1800	0.0133	0.0163	0.0716	0.1319
平安银行	0.0071	0.1044	0.8519	13.6292	0.9316	9.18	151.0800	0.0117	0.0136	0.0409	0.1548
华夏银行	0.0079	0.1176	0.9722	13.8021	0.9324	9.37	156.5100	0.0084	0.0112	0.0479	0.1458
北京银行	0.0081	0.1069	0.8490	12.1840	0.9242	9.93	265.5700	0.0074	0.0086	0.1023	0.1969
上海银行	0.0085	0.1040	0.7190	11.2609	0.9184	12.37	272.5200	0.0054	0.0053	0.0878	0.1986
江苏银行	0.0068	0.1065	0.7415	14.6925	0.9363	10.40	184.2500	0.0059	0.0060	0.1107	0.1508
浙商银行	0.0071	0.1223	0.7819	16.1345	0.9416	9.96	296.9400	0.0051	0.0054	0.1689	0.4644
南京银行	0.0086	0.1431	0.5383	15.7300	0.9402	9.37	462.5400	0.0042	0.0031	0.1029	0.1723
宁波银行	0.0091	0.1635	0.6125	17.0408	0.9446	9.41	493.2600	0.0033	0.0028	0.1053	0.1444
盛京银行	0.0073	0.1449	0.5902	18.7226	0.9493	9.04	186.0200	0.0028	0.0022	0.1405	0.1873

续表

公司名称	ROA	ROE	贷存比	产权比率	资产负债率	核心资本充足率(%)	拨备覆盖率(%)	存款份额	贷款份额	存款增长率	贷款增长率
渤海银行	0.0067	0.1394	0.7986	19.6863	0.9517	8.12	185.8900	0.0034	0.0037	0.1875	0.3144
徽商银行	0.0086	0.1319	0.6137	14.3364	0.9348	9.46	287.4500	0.0030	0.0025	0.1099	0.1346
重庆农村商业银行	0.0099	0.1381	0.5913	12.8826	0.9280	10.40	431.2400	0.0034	0.0027	0.1042	0.1262
杭州银行	0.0055	0.0878	0.6327	15.0780	0.9378	10.76	211.0300	0.0026	0.0023	0.2181	0.1510
上海农村商业银行	0.0083	0.1257	0.6154	14.1283	0.9339	10.97	253.5000	0.0036	0.0030	0.0999	0.1086
广州农村商业银行	0.0080	0.1215	0.6017	14.1763	0.9341	10.72	186.7500	0.0029	0.0024	0.1532	0.1957
锦州银行	0.0126	0.1511	0.6285	11.0239	0.9168	10.24	268.6400	0.0020	0.0017	0.3015	0.6965
天津银行	0.0056	0.0881	0.6955	14.6832	0.9362	8.65	193.8100	0.0021	0.0020	(0.0208)	0.1630
哈尔滨银行	0.0094	0.1252	0.6276	12.3051	0.9248	9.74	167.2400	0.0022	0.0019	0.1023	0.1774
中原银行	0.0075	0.0856	0.6485	10.4313	0.9125	12.16	197.5000	0.0018	0.0016	0.2501	0.2063
贵阳银行	0.0099	0.1790	0.4219	17.1079	0.9448	9.54	269.7200	0.0017	0.0010	0.1313	0.2246
郑州银行	0.0099	0.1296	0.5029	12.0334	0.9233	10.49	207.7500	0.0015	0.0010	0.1803	0.1563
成都银行	0.0090	0.1564	0.4753	16.3646	0.9424	10.48	201.4100	0.0018	0.0012	0.1542	0.0891
重庆银行	0.0089	0.1160	0.7424	12.0242	0.9232	10.24	210.1600	0.0014	0.0014	0.0397	0.1734
大连银行	0.0048	0.0746	0.7071	14.6991	0.9363	9.19	161.4900	0.0014	0.0013	0.2553	0.1028
青岛银行	0.0062	0.0729	0.6126	10.7243	0.9147	12.57	153.5200	0.0009	0.0008	0.1305	0.1250
甘肃银行	0.0124	0.2025	0.6777	15.3214	0.9387	8.71	222.0000	0.0011	0.0010	0.1231	0.2080
兰州银行	0.0088	0.1263	0.6291	13.3801	0.9305	9.98	176.1000	0.0013	0.0011	0.0667	0.1329
西安银行	0.0090	0.1186	0.7716	12.2159	0.9243	11.59	203.0800	0.0009	0.0009	0.0900	0.1512
吉林九台农村商业银行	0.0088	0.0984	0.6069	10.2313	0.9110	9.66	171.4800	0.0008	0.0006	0.0194	0.2693
江苏常熟农村商业银行	0.0091	0.1190	0.7859	12.1271	0.9238	9.92	325.9300	0.0006	0.0006	0.1148	0.1715

续表

公司名称	ROA	ROE	贷存比	产权比率	资产负债率	核心资本充足率(%)	拨备覆盖率（%）	存款份额	贷款份额	存款增长率	贷款增长率
无锡农村商业银行	0.0072	0.1062	0.6185	13.6627	0.9318	9.93	193.7700	0.0006	0.0005	0.1191	0.0965
江苏江阴农村商业银行	0.0069	0.0810	0.7043	10.6960	0.9145	12.95	192.1300	0.0005	0.0004	0.0769	0.0633
江苏张家港农村商业银行	0.0073	0.0899	0.6962	11.2987	0.9187	11.82	185.6000	0.0004	0.0004	0.0810	0.1080
中山农村商业银行	0.0077	0.1094	0.6390	13.2282	0.9297	11.30	298.0900	0.0005	0.0004	0.1038	0.1035
江苏吴江农村商业银行	0.0078	0.0872	0.6868	10.2443	0.9111	12.27	201.5000	0.0004	0.0004	0.0929	0.0801
江门新会农村商业银行	0.0112	0.1227	0.5635	9.9707	0.9088	13.41	225.4900	0.0003	0.0002	0.0967	0.0563
安徽马鞍山农村商业银行	0.0078	0.1062	0.7557	12.6042	0.9265	14.81	202.5500	0.0002	0.0002	0.1411	0.1560
江苏大丰农村商业银行	0.0100	0.1550	0.6279	14.5290	0.9356	13.45	260.0200	0.0002	0.0002	0.1259	0.1315
烟台农村商业银行	0.0042	0.0483	0.7281	10.6422	0.9141	10.71	152.0800	0.0002	0.0002	0.0586	0.0680
浙江德清农村商业银行	0.0124	0.1143	0.7405	8.2161	0.8915	14.41	383.6697	0.0002	0.0002	0.1337	0.0815
江苏泰州农村商业银行	0.0070	0.0666	0.6782	8.4911	0.8946	14.19	199.6900	0.0001	0.0001	0.1111	0.1023
山东龙口农村商业银行	0.0111	0.1347	0.5792	11.1421	0.9176	11.01	239.2505	0.0001	0.0001	0.0583	0.0748
江苏盱眙农村商业银行	0.0054	0.1004	0.7247	17.5521	0.9461	8.86	164.2200	0.0001	0.0001	0.3667	0.1288
浙江海盐农村商业银行	0.0087	0.1239	0.6313	13.2210	0.9297	11.16	411.9700	0.0001	0.0001	0.1569	0.1155

续表

公司名称	ROA	ROE	贷存比	产权比率	资产负债率	核心资本充足率(%)	拨备覆盖率(%)	存款额	贷款份额	存款增长率	贷款增长率
广东四会农村商业银行	0.0091	0.1170	0.6246	11.9037	0.9225	11.91	165.2500	0.0001	0.0001	0.1186	0.0990
安徽利辛农村商业银行	0.0087	0.1419	0.6174	15.2454	0.9384	9.74	346.5618	0.0001	0.0001	0.0770	0.1429
湖北潜江农村商业银行	0.0068	0.1223	0.5423	16.8760	0.9441	8.93	475.9500	0.0001	0.0001	0.1366	0.1853
湖北咸宁农村商业银行	0.0037	0.0846	0.6652	21.9146	0.9564	7.56	229.1000	0.0000	0.0000	0.2375	0.1372

附录4

序号	代码	名称	x1	x2	x3	x4	x5	x6	x7	x8	x9	x10
1	600146	大元股份	1531125205.05	-1,992738.88	-121376966.42	-121764217.45	-0.61	1.75	-34.81	-30.04	405382146.30	200000000.00
2	900950	新城B股	106581996.90	-6138073.95	-209356318.19	-191123711.38	-0.58	1.06	-54.27	-24.92	767045438.82	331914000.00
3	600082	ST海药	536170246.35	22818078.03	-83143687.79	-83249934.87	-0.56	2.17	-25.72	-23.72	350930945.92	148980783.00
4	600069	银鸽投资	183099889.00	1185388.96	-228540095.47	-227809995.53	-0.61	1.02	-60.26	-23.71	960701823.91	3716000000.00
5	600807	济南百货	41822074.43	-1555296.59	-95266780.06	-92088995.29	-0.85	1.28	-66.91	-22.58	407815257.19	107926994.50
6	600622	ST嘉陵	190805857.19	36168801.02	-146869030.61	-149637910.96	-0.45	1.33	-33.65	-20.09	744747981.82	333688309.00
7	600646	国嘉实业	6924218.04	1492853.61	-173715966.46	-168139583.00	-0.94	0.57	-165.21	-20.05	838613835.26	1799709870.00
8	600792	ST马龙	80638328.04	8983359.81	-25752813.60	-25752813.60	-0.50	1.39	-36.41	-16.66	154594876.93	510000000.00
9	600139	鼎天科技	193930587.25	213521112.12	-63466471.60	-63466471.60	-0.83	1.37	-61.10	-15.48	409973549.25	76010200.00
10	600858	ST渤海	27752937.85	5060038.76	-34137030.35	-33635161.10	-0.28	0.88	-31.34	-15.17	221651402.78	1221346720.00
11	600786	ST东锅	489537181.43	4035372.31	-180222782.31	-180596361.74	-0.85	0.71	-119.63	-13.88	1300816719.13	211271181.00

续表

序号	代码	名称	x1	x2	x3	x4	x5	x6	x7	x8	x9	x10
12	600749	西藏圣地	30733718.75	11049925.40	-27086362.27	-26837744.30	-0.34	1.04	-32.16	-13.85	193788226.46	80000000.00
13	600781	民丰实业	210705933.78	-555485.29	-74470628.68	-70386466.75	-0.40	1.10	-36.08	-12.91	545096209.03	177592864.00
14	600669	ST獻合	48449362.82	-2235032.47	-102634566.59	-98735225.00	-0.43	0.94	-45.03	-11.23	878911725.72	232170832.00
15	600875	东方电机	370292656.26	33400146.98	-261499006.41	-261349054.18	-0.58	1.97	-29.50	-10.14	2578023232.34	450000000.00
16	600234	天龙集团	139638844.78	41930016.54	-68383134.29	-68383134.29	-0.73	2.35	-31.05	-10.07	679359152.38	93860000.00
17	600743	ST幸福	287408661.50	8183136.38	-24150875.01	-24150875.01	-0.08	0.33	-23.58	-9.55	252866882.03	312800000.00
18	600621	上海金陵	904430571.51	188272143.19	-118765856.69	-126165071.23	-0.24	1.60	-15.05	-8.94	1410571873.20	524082351.00
19	600766	烟台发展	218272192.21	28219403.66	-80683864.12	-75390442.75	-0.44	1.52	-28.94	-8.90	846802705.53	171165513.00
20	600693	东百集团	603507594.14	44021672.74	-61942682.63	-59436774.03	-0.45	2.42	-18.58	-8.86	671124333.51	132008690.00
21	600873	西藏明珠	50438007.14	39783504.89	-35474567.85	-35474567.85	-0.33	1.98	-16.54	-8.55	415014026.39	108236603.00
22	600678	四川金顶	428809346.19	142251070.50	-87105869.90	-79836842.65	-0.34	1.08	-31.65	-8.49	940285662.75	232660000.00
23	600182	桦林轮胎	8011183163.49	1358662649.78	-164625596.84	-164625596.84	-0.48	1.78	-27.15	-8.45	1948471934.94	340000000.00
24	600095	哈高科	240130608.74	78757061.73	-117053838.15	-124953576.13	-0.48	2.28	-20.99	-7.92	1578545060.19	261560000.00
25	600816	鞍山信托	135824932.08	0.00	-197736439.34	-201289919.38	-0.44	1.27	-34.88	-7.39	2722290139.05	454109778.00
26	600838	上海九百	494617297.85	1065444488.03	-95506141.68	-98306942.82	-0.25	1.44	-17.04	-6.78	1448908240.85	400881981.00
27	600891	秋林集团	401918235.00	69004319.70	-51801953.89	-51801953.89	-0.21	2.25	-9.47	-5.70	908058357.86	243564134.00
28	600760	山东黑豹	282702213.35	7686537.76	-51987848.74	-51987848.74	-0.19	2.72	-7.01	-5.42	958996040.40	272999973.00
29	600732	上海港机	709404619.37	-6622320.82	-59056259.52	-59559709.14	-0.24	1.38	-17.46	-5.30	1123493896.97	247990600.00
30	600057	ST夏新	988261206.52	1727252252.28	-78249478.53	-78249478.53	-0.22	1.15	-18.99	-4.94	1584364468.79	3582000000.00
31	600065	大庆联谊	549955227.67	18605850.00	-61547502.60	-57330278.22	-0.30	3.77	-7.92	-4.71	1216835783.66	1920000000.00
32	600769	祥龙电业	436774301.06	28163558.21	-49226192.15	-49226192.15	-0.14	2.45	-5.75	-4.36	1128892355.54	348816000.00
33	600886	湖北兴化	1906409322.80	792341.05	-39628397.74	-39628397.74	-0.14	3.05	-4.60	-4.35	910684101.21	281745826.00
34	600159	宁城老窖	203446873.55	56293802.43	-28913170.32	-38440552.09	-0.13	2.30	-5.47	-3.39	1132874627.43	305001616.00

续表

序号	代码	名称	x1	x2	x3	x4	x5	x6	x7	x8	x9	x10
35	600758	金帝建设	636143748.38	32928118.73	-34056490.27	-33695988.96	-0.21	1.94	-10.89	-3.03	1111671809.90	159755200.00
36	600259	兴业聚酯	404766693.56	14963793.85	-37112909.10	-37213635.72	-0.17	2.03	-8.57	-2.98	1247909896.93	213400000.00
37	600175	宝华实业	712132151.90	34962299.39	-18479810.19	-14037828.28	-0.13	3.98	-3.31	-1.73	812616734.92	1066800000.00
38	600790	轻纺城	1040709717.55	199196992.84	-29383490.10	-46764119.32	-0.13	2.59	-4.86	-1.73	2708568208.73	3718606086.00
39	600840	浙江创业	1542238737.63	12658460.68	-5726809.73	-5160088.54	-0.04	1.14	-3.24	-0.63	823921367.62	1397514403.00
40	600060	海信电器	3872560749.88	432430877.69	-15364520.35	-17995600.53	-0.04	4.49	-0.81	-0.45	4008161797.17	493767810.00
41	600768	ST甬华	2081161506.09	20948736.93	508982.45	282410.60	0.00	0.85	0.36	0.11	264125098.74	928800000.00
42	600618	氯碱化工	2728322989.63	344176780.19	26450265.55	5133371.96	0.00	2.41	0.18	0.11	4610086441.72	1164483067.00
43	600689	上海三毛	680703472.00	72175019.90	-3724500.72	1316292.79	0.01	2.41	0.27	0.12	1108045706.17	200991343.00
44	600802	福建水泥	5826408450.50	198743550.19	-4556346.32	2104167.64	0.01	2.48	0.30	0.13	1591870720.80	282816991.00
45	600612	第一铅笔	910746959.07	165861913.05	10575662.00	1860999.17	0.01	1.75	0.42	0.14	1375804610.39	251779396.00
46	600817	宏盛科技	795307582.22	61518170.61	8605394.43	1078895.25	0.01	1.23	1.06	0.18	603439293.88	82517982.00
47	600774	汉商集团	548776412.65	78123558.59	3747200.85	2929839.41	0.03	4.73	0.66	0.19	1560617761.71	94467200.00
48	600617	联华合纤	323117653.60	18785716.14	271882.23	1128163.45	0.01	1.70	0.40	0.20	564561561.35	167194800.00
49	600667	大极实业	640914597.88	122213486.72	5923230.82	3817276.08	0.01	1.51	0.69	0.22	1706827131.17	368817381.00
50	600783	四砂股份	132758371.08	25610447.64	-1608040.29	1313010.31	0.01	1.51	0.43	0.24	544226888.70	202278900.00
51	600877	中国嘉陵	2590508981.69	256972266.38	85373998.16	9752884.28	0.02	2.86	0.72	0.24	3994313443.38	473870840.00
52	600359	新农开发	537671097.60	102082334.70	5204420.95	4410875.26	0.01	3.07	0.45	0.25	1743710767.81	321000000.00
53	600806	交大科技	102493975.00	24967806.00	2051121.00	2051121.00	0.01	2.04	0.41	0.26	774441566.00	245007400.00
54	600002	齐鲁石化	7022365950.77	573499506.59	41136394.85	21141627.60	0.01	2.42	0.45	0.27	7702774966.88	1950000000.00
55	600623	轮胎橡胶	2465765016.55	259705407.66	20698376.78	16601794.31	0.02	1.22	1.53	0.28	5935294460.67	889467722.00
56	600077	国能集团	276802140.56	98005923.04	4635341.51	2149107.16	0.02	2.81	0.60	0.29	748893658.52	126819142.00
57	600688	上海石化	20197396000.00	1776146000.00	93509000.00	71604000.00	0.01	1.89	0.53	0.29	24770182000.00	7200000000.00

续表

序号	代码	名称	x1	x2	x3	x4	x5	x6	x7	x8	x9	x10
58	600624	复旦复华	302131899.88	68008595.40	1065479.34	3166380.14	0.01	1.64	0.73	0.30	1068493855.39	263477126.00
59	600648	外高桥	203123425.27	41853758.38	-9322729.77	9170213.66	0.01	1.87	0.66	0.31	2914303323.02	745057500.00
60	600767	运盛实业	316591411.70	86456745.07	255575670.62	5134155.00	0.02	1.78	0.85	0.34	1511483438.30	341010182.00
61	600685	广船国际	2076603220.75	90318985.76	11325128.18	8978314.36	0.02	1.25	1.45	0.36	2510262534.48	494677580.00
62	600167	ST沈新	1111376646.84	19336617.71	2196324.83	2196324.83	0.01	1.91	0.60	0.37	590028665.08	190000000.00
63	600821	津劝业	1539951869.86	160287314.72	3689284.81	5216799.33	0.02	2.29	0.78	0.37	1391791624.58	292520958.00
64	600805	悦达投资	1267196532.73	274932756.95	-7187351.62	20355836.94	0.04	3.12	1.20	0.38	5377270373.68	545445188.00
65	600804	工益股份	294196924.05	15915357.43	1323895.32	1325197.35	0.01	1.64	0.69	0.39	341308645.82	116611200.00
66	600869	青海三普	118147115.97	39990405.74	-74715.13	1768955.17	0.01	1.73	0.85	0.42	421682315.25	120000000.00
67	600206	有研硅股	108355366.03	29718124.23	7407071.63	3733985.08	0.03	4.77	0.54	0.42	888880948.05	145000000.00
68	600313	中农资源	1871235551.02	94700549.93	15848375.65	6104923.45	0.02	3.00	0.81	0.45	1364161216.32	252200000.00
69	600683	宁波华联	660115154.60	54354648.22	5305725.28	4033349.98	0.02	1.19	1.70	0.45	888220876.09	199253729.00
70	600650	新锦江	251161693.00	197374603.00	13186303.00	8904763.00	0.02	3.02	0.59	0.47	1906102373.00	501463734.00
71	600109	ST成量	641718753.59	22751047.30	1309061.92	1303986.59	0.02	0.20	9.02	0.47	275316607.41	70982696.43
72	600115	东方航空	1283939288.79	2219037964.19	163016305.49	132919443.31	0.03	1.28	2.13	0.49	27355226063.84	4866950000.00
73	600839	四川长虹	9514618511.62	1135595348.27	111607618.22	88535874.76	0.04	5.89	0.69	0.50	17637511664.68	2164211422.00
74	600765	力源液压	51641296.32	18960910.85	1146046.40	1146046.40	0.01	1.38	0.75	0.54	213168761.71	1110032000.00
75	600113	浙江东日	66663981.61	21923038.87	4212611.65	2430467.25	0.02	3.00	0.69	0.56	431100856.81	1180000000.00
76	600892	湖大科教	23745503.00	6911103.19	1630644.23	1420778.97	0.03	1.25	2.25	0.60	235469024.06	50500000.00
77	600240	仕奇实业	88355625.54	33376691.25	10949084.85	5484402.66	0.03	4.15	0.76	0.65	844237919.57	1750000000.00
78	600772	石油龙昌	210519342.13	1002229561.73	49327504.29	9918284.42	0.04	2.72	1.52	0.67	1485460601.67	239616000.00
79	600221	海南航空	3254753740.00	937944027.00	1400847757.00	100302701.00	0.14	2.99	4.59	0.67	15004326205.00	730252801.00
80	600748	浦东不锈	3155547247.67	4990415.49	-10229321.89	7929021.90	0.01	1.79	0.75	0.68	1170732183.78	587541643.00

续表

序号	代码	名称	x1	x2	x3	x4	x5	x6	x7	x8	x9	x10
81	600722	沧州化工	1318739352.54	132934029.03	23105502.39	19883780.98	0.05	2.31	2.04	0.68	2905813075.13	421420000.00
82	600847	万里电池	1111123068.02	26925506.05	1362794.80	1362794.80	0.02	1.00	1.53	0.69	198068758.81	88660000.00
83	600225	天香集团	376581634.47	50529986.35	9551262.55	8229988.92	0.04	1.99	2.06	0.70	1178311621.11	201000000.00
84	600198	大唐电信	2051455333.82	576876098.60	56491532.64	36100018.50	0.08	4.34	1.90	0.72	5041600785.80	4389864400.00
85	600836	界龙实业	507818589.48	91366463.65	8647797.40	5538009.57	0.05	1.81	2.74	0.77	723227163.34	1111693750.00
86	600885	力诺工业	102924668.18	27756619.51	4192589.37	4214853.71	0.03	1.05	3.08	0.77	547740286.50	129807132.00
87	600673	成量股份	1315506504.34	39856197.43	2802876.39	2605547.56	0.02	1.12	2.11	0.78	333041853.70	110794393.59
88	600882	大成股份	419082731.79	80134098.78	8994941.18	7358699.92	0.04	2.60	1.52	0.79	933878951.08	185849063.00
89	600192	长城电工	692372553.04	182849076.31	20845714.55	15328037.60	0.05	3.19	1.50	0.80	1910299315.74	320500000.00
90	600627	电器股份	2592939544.92	427262146.80	47419055.32	40368668.38	0.08	1.64	4.76	0.81	4971667164.97	517965449.00
91	600671	天目药业	144426652.47	66965382.22	7716965.32	3368234.31	0.03	1.84	1.50	0.82	408745600.76	121178628.00
92	600848	ST自仪	578447967.00	189975072.00	18101894.00	8355729.00	0.02	0.28	7.59	0.84	997012622.00	399286890.00
93	600810	神马实业	1157430868.70	109225201.67	67693993.90	34375430.47	0.06	6.03	1.01	0.84	4075737907.63	566280000.00
94	600733	前锋股份	71596296.32	22585025.02	2045354.40	4749033.16	0.02	1.33	1.81	0.91	520640976.63	197586000.00
95	600691	东新电碳	60861957.53	12420974.88	2148488.35	2148488.35	0.03	1.20	2.31	0.93	231760820.31	77274499.00
96	600679	凤凰股票	781560955.59	105660649.06	24842022.64	18264791.37	0.04	1.87	2.11	0.95	1923941278.53	464322817.00
97	600150	沪东重机	8003317422.75	84215984.89	16166029.26	12134401.43	0.05	1.95	2.58	0.97	1253424719.33	241493120.00
98	600604	二纺机	8153023392.27	151129881.65	182505589.52	13896263.19	0.02	1.20	2.05	0.98	1422967150.39	566449189.46
99	600665	沪昌特钢	826208087.25	29594097.35	16418702.03	13684981.67	0.02	1.72	1.10	1.03	1329611232.35	720102101.00
100	600610	ST中纺机	449419326.11	63026186.11	8615778.00	6612032.41	0.02	0.12	15.58	1.04	637582010.61	357091534.80
101	600216	浙江医药	8670377763.83	215388889.56	21126893.05	16384824.72	0.04	1.33	2.73	1.05	15651544885.03	450060000.00
102	600468	特精股份	1339434431.70	33330547.55	74482500.17	5950581.00	0.05	3.07	1.76	1.06	561425046.29	1100000000.00
103	600801	华新水泥	691883573.97	217100468.94	29202654.67	22619211.67	0.07	2.20	3.13	1.10	2063115186.74	328400000.00

续表

序号	代码	名称	x1	x2	x3	x4	x5	x6	x7	x8	x9	x10
104	600737	新疆屯河	767261504.20	258721122.88	87859210.71	50665783.79	0.13	2.31	5.73	1.18	4297685027.43	383621050.00
105	600710	常林股份	528117014.42	69115699.45	10764380.97	10302317.16	0.06	2.75	2.27	1.20	860163840.13	165000000.00
106	600128	弘业股份	1449252709.36	113180697.80	21828008.30	10243087.10	0.05	2.76	1.86	1.22	842186074.84	199447500.00
107	600169	太原重工	6651110448.98	110829855.48	28163626.07	20525669.23	0.06	2.34	2.36	1.22	1681260200.58	372172425.00
108	600099	林海股份	1906289999.83	11898769.97	8688881.84	6649692.19	0.03	2.10	1.44	1.25	534095551.79	219120000.00
109	600808	马钢股份	9547928732.00	1281847057.00	297131266.00	208396492.00	0.03	1.61	2.00	1.25	16723012874.00	6455300000.00
110	600600	青岛啤酒	5276724546.00	1561053739.00	182564938.00	102887744.00	0.10	2.96	3.47	1.25	8243838412.00	1000000000.00
111	600753	ST冰熊	100158467.59	17026985.42	5390776.94	5390776.94	0.04	0.82	5.14	1.26	426830127.31	128000000.00
112	600684	珠江实业	170037115.19	27681513.82	16735051.25	13522578.98	0.07	3.14	2.30	1.28	1055056928.11	187039387.19
113	600657	青鸟天桥	1134794511.44	362558302.42	90965787.26	46460863.06	0.26	4.15	6.25	1.31	3537508305.27	179077832.00
114	600112	长征电气	165247251.43	550092730.36	10793014.43	9174062.26	0.05	2.79	1.91	1.34	686182723.99	172000000.00
115	900935	金泰B股	1558552530.00	44189403.00	6223380.00	5331269.00	0.03	1.51	1.90	1.34	398520948.00	185300000.00
116	600158	中体产业	2069055525.18	1257233750.00	20519868.85	14218704.52	0.06	3.06	1.83	1.34	1059355501.26	253648200.00
117	600852	中川国际	2229024431.15	69799318.50	22164945.46	15982911.89	0.10	1.57	6.18	1.35	1186625960.54	164308602.00
118	600179	黑化股份	1230347067.44	53906568.71	14424881.36	21757856.60	0.07	2.37	2.78	1.37	1582968079.82	330000000.00
119	600185	海星科技	307288864.91	49495989.38	12600941.15	11064274.43	0.06	2.54	2.20	1.38	800215149.87	198000000.00
120	600336	澳柯玛	1063127740.67	230695246.34	553313837.63	45153522.93	0.13	3.48	3.80	1.41	3202097655.75	341036000.00
121	600793	宜宾纸业	460007248.13	98226742.65	16241746.14	12690182.28	0.12	1.70	7.08	1.41	896835350.88	105300000.00
122	600899	信联股份	167231661.36	52257777.90	14137836.84	15881005.22	0.09	2.60	3.44	1.44	1100274472.86	177505386.00
123	600791	天创置业	305409390.30	44086329.31	16674990.84	8681270.71	0.09	1.23	7.13	1.49	582811176.58	99000000.00
124	600721	PT百花	39080183.79	13539777.99	3864703.16	4703593.29	0.05	1.26	3.94	1.50	313186611.19	94800750.00
125	600871	仪征化纤	7808658000.00	728090000.00	213375000.00	170789000.00	0.04	2.20	1.94	1.52	11201494000.00	4000000000.00
126	600369	长运股份	110974858.91	20788448.16	20014686.87	16266351.97	0.09	3.25	2.91	1.53	1061509299.36	172300000.00

续表

序号	代码	名称	x1	x2	x3	x4	x5	x6	x7	x8	x9	x10
127	600702	沱牌曲酒	858281393.04	157327970.78	38330116.93	30856401.12	0.09	4.72	1.94	1.54	2006374531.38	337300000.00
128	600755	厦门国贸	2018619670.71	128225901.01	34454070.06	25889996.53	0.13	3.45	3.79	1.56	1663620425.28	198120000.00
129	600656	华源制药	6137774404.13	139297676.52	33370124.85	188868490.28	0.20	1.58	12.80	1.56	1208886745.29	93218441.00
130	600652	爱使股份	282290982.06	95015526.46	32374768.18	25568911.10	0.09	2.02	4.24	1.57	1636765026.88	299624832.00
131	600605	轻工机械	1950028557.09	252277364.53	7528590.07	9423253.13	0.04	1.47	3.04	1.57	5997010045.15	210192000.00
132	600677	航天中汇	1596941306.22	208867389.91	45622905.22	29947844.39	0.09	1.53	6.02	1.60	1874277485.03	326172356.00
133	600162	山东临工	533687807.00	104241930.61	225574373.10	19406551.09	0.11	3.36	3.29	1.62	1199959705.55	175890000.00
134	600820	隧道股份	3973425764.34	384432695.79	119358475.75	96890195.60	0.18	2.93	6.16	1.62	5985377183.38	537389759.00
135	600263	路桥建设	1636112483.38	140099780.34	47848877.13	43329696.79	0.11	3.30	3.21	1.63	2664760663.92	408133010.00
136	600190	锦州港	286532272.00	126688146.00	58769534.00	48173221.00	0.05	1.49	3.43	1.63	2956354504.00	946500000.00
137	600757	ST华源发	1793217109.21	207988276.03	65292620.02	55572273.29	0.12	2.57	4.59	1.68	3298358114.90	472144227.00
138	600523	贵航股份	354509142.52	108742847.67	25009269.55	19103223.52	0.09	2.60	3.35	1.72	1108827022.25	220000000.00
139	600778	友好集团	1068834192.63	202297694.49	49375386.78	33083931.35	0.11	2.41	4.40	1.73	1916039727.22	311491350.00
140	600638	新黄浦	347000543.31	21687393.50	71528899.98	55100789.64	0.10	3.71	2.64	1.76	3132108458.67	561163988.00
141	600631	第一百货	3289279478.59	616266451.40	86297330.60	69161275.42	0.12	2.81	4.22	1.77	3901918768.19	582847939.00
142	600116	三峡水利	291829036.88	1111665696.22	28241377.35	20365871.09	0.12	2.93	3.98	1.79	1136034014.75	174768000.00
143	600803	威远生化	264001914.97	49476580.84	14651169.43	13658238.74	0.12	2.70	4.27	1.81	754602562.90	118221713.00
144	600075	新疆天业	1292146154.73	190921747.77	67015692.29	46858493.92	0.21	4.80	4.30	1.81	2585827279.55	226800000.00
145	600363	联创光电	632348164.88	154790963.33	43562828.81	20210090.09	0.12	3.65	3.36	1.83	1102318367.83	164803000.00
146	600208	中宝股份	852203451.90	125543971.09	70828800.50	40635257.21	0.19	2.88	6.74	1.86	2190024929.09	209033577.47
147	600201	金宇集团	208264083.09	731033339.40	14543997.80	14231998.83	0.13	4.73	2.76	1.87	761726368.48	109213250.00
148	600131	岷江水电	142867714.75	72941553.98	335527228.60	27341349.71	0.09	2.01	4.59	1.88	1457688496.73	296544208.00
149	600812	华北制药	2837305628.88	752552921.21	2279968293.52	139786185.47	0.12	2.09	5.73	1.91	7335089716.64	1169394189.00

续表

序号	代码	名称	x1	x2	x3	x4	x5	x6	x7	x8	x9	x10
150	600556	北生药业	123793186.78	59992349.04	21991817.84	15180753.47	0.17	5.32	3.17	1.92	788877537.94	90000000.00
151	600331	宏达股份	372461360.30	82774009.84	32912983.98	22238564.53	0.17	5.09	3.36	1.94	1145447720.31	1300000000.00
152	600894	广钢股份	2446110721.46	222981195.81	74151517.70	65681289.07	0.10	2.25	4.25	1.96	3348928211.30	686180000.00
153	600093	禾嘉股份	120084122.95	50989675.40	25689018.35	16120922.85	0.08	2.02	4.18	1.97	816425279.16	191250000.00
154	600867	通化东宝	2059004501.99	87992267.23	36772675.35	29334276.34	0.09	4.23	2.14	2.01	1456505600.18	324493036.00
155	600681	诚成文化	237181746.49	75319502.20	22241758.51	16652747.69	0.08	1.80	4.45	2.02	824806306.61	208068030.00
156	600827	友谊股份	5773095239.43	788112624.25	122378244.25	70052811.75	0.29	2.31	12.40	2.03	3457442654.57	244293012.00
157	600203	福日股份	798763918.27	74107808.71	33413240.69	31618151.07	0.12	2.31	5.34	2.05	1541095297.57	256400000.00
158	600281	太化股份	711788581.12	119325792.27	48832475.57	40910594.57	0.11	2.86	3.98	2.06	1981978929.26	358906000.00
159	600841	上柴股份	1411854056.00	332937951.00	53438139.00	44477765.00	0.09	3.30	2.81	2.08	2135423949.00	480309280.00
160	600230	沧州大化	516425323.01	48647087.06	26942353.78	17817772.80	0.07	2.49	2.76	2.10	848369696.21	259331620.00
161	600828	成商集团	1413073399.44	152751012.11	26565037.02	20399187.68	0.12	2.58	4.68	2.12	963942578.63	169290000.00
162	600094	华源股份	1858169193.86	370661561.66	1428868580.47	81080650.29	0.16	2.92	5.65	2.12	3829409523.55	491754000.00
163	600864	岁宝热电	214350125.66	56266398.96	30326251.42	19714234.71	0.14	2.91	4.96	2.15	916462006.38	136594549.00
164	600878	北大科技	83188506.84	423577721.39	20250648.84	17190816.46	0.06	1.73	3.49	2.16	797256743.39	284430707.00
165	600322	天房发展	608679018.00	139270329.71	92936484.09	66301936.10	0.16	3.86	4.05	2.17	3059129286.02	423707417.00
166	600318	新力金融	555157296.97	146350688.06	37291290.31	31259816.14	0.16	2.99	5.23	2.17	1440211745.28	200000000.00
167	600448	华纺股份	1010885329.11	94796681.01	41370793.03	28405351.39	0.12	3.02	3.84	2.17	1307776490.80	245000000.00
168	600596	新安股份	649117924.26	129036986.28	32311478.30	20482849.16	0.15	3.68	4.15	2.20	930993924.25	134110363.00
169	600672	英豪科教	542765733.42	159070338.83	63847811.39	25435359.53	0.06	1.42	4.06	2.20	1155315199.39	440976960.00
170	600630	龙头股份	2078799708.39	406610053.13	109308854.08	96795823.28	0.23	3.83	5.95	2.21	4388543314.02	424861597.00
171	600602	广电电子	4058711570.29	365884510.19	202595870.62	170444004.72	0.20	3.19	6.33	2.22	7679584053.96	842934303.00
172	600744	华银电力	1069988823.11	235743662.78	127822055.55	113563603.84	0.16	4.08	3.91	2.23	5093395754.06	711648000.00

续表

序号	代码	名称	x1	x2	x3	x4	x5	x6	x7	x8	x9	x10
173	600699	辽源得亨	183528236.12	41535450.35	23627490.30	19100161.57	0.11	2.32	4.64	2.23	854799392.97	176930060.96
174	600358	国旅联合	108374975.88	59255266.36	13750944.18	12833485.55	0.09	2.94	3.12	2.24	572863126.44	140000000.00
175	600262	北方股份	227946008.19	49780822.17	22573766.46	18944913.85	0.11	3.36	3.32	2.24	844347481.50	170000000.00
176	600815	厦工股份	1062394301.38	181835266.33	40073666.28	29505475.82	0.10	2.64	3.74	2.26	1307649115.74	299609100.00
177	600246	先锋股份	141970446.03	11699914.74	19551965.14	15904210.67	0.17	3.23	5.35	2.29	693313725.23	92000000.00
178	600881	亚泰集团	1087410062.24	413251944.61	141656647.61	111892133.23	0.24	3.65	6.45	2.33	4809274856.02	475106267.00
179	600148	离合器	160133081.61	40133444.43	9239119.41	8302388.86	0.06	1.78	3.29	2.33	356506041.82	141516450.00
180	600052	浙江广厦	409248507.06	69348754.17	89036511.87	70980375.51	0.15	2.94	4.98	2.34	3034714724.92	483633492.00
181	600199	金牛实业	509827537.38	88762238.42	40715668.82	35162946.22	0.10	2.78	3.65	2.36	1491338792.52	346400000.00
182	600157	鲁润股份	493633349.79	86486802.93	22275669.80	18651416.98	0.11	1.70	6.45	2.36	789043028.17	170446162.00
183	600754	新亚股份	682648811.00	345606925.00	57187173.00	54120724.00	0.09	2.85	3.15	2.37	2287404348.00	603240740.00
184	600329	中新药业	1521939000.00	570085000.00	85568000.00	64441000.00	0.17	3.92	4.45	2.37	2719735000.00	369654000.00
185	600830	甬城煌庙	7230114134.86	657720049.57	33292077.93	19296759.32	0.11	2.73	4.03	2.37	812856492.00	175146814.00
186	600051	宁波联合	3642285556.34	259239566.38	72795907.15	54302123.09	0.18	2.72	6.60	2.38	2284210645.44	302400000.00
187	600731	湖南海利	300386408.37	72735299.68	27787633.78	22040482.27	0.09	1.85	5.09	2.40	917332349.38	233921176.00
188	600122	宏图高科	2004814826.89	235875053.93	69324918.29	58153918.50	0.18	2.95	6.18	2.41	2416718386.19	319200000.00
189	900948	伊煤B股	1147229961.70	879604105.42	36235839.84	32960809.07	0.09	2.16	4.17	2.42	1361864433.34	366000000.00
190	600706	长安信息	596660872.75	73474183.15	31864691.98	19908712.19	0.23	1.59	14.36	2.43	819095495.96	87333441.00
191	600708	东海股份	193367850.47	56279549.14	37850007.82	30189794.96	0.13	1.54	8.25	2.43	1241634669.58	237934848.00
192	600379	宝光股份	240354905.66	90313508.85	15623836.39	12487000.41	0.08	1.57	5.03	2.44	512503191.42	158000000.00
193	600752	哈慈股份	254005843.59	159146186.31	39951042.85	34678684.20	0.10	2.90	3.53	2.49	1394520894.39	338464128.00
194	600250	南纺股份	2898407141.15	228505337.99	53735508.88	41372523.40	0.31	4.84	6.44	2.49	1662661059.61	132662800.00
195	600072	江南重工	413253281.70	46295552.72	32705163.46	27506889.07	0.10	3.49	2.87	2.50	1101872422.04	274580800.00

续表

序号	代码	名称	x1	x2	x3	x4	x5	x6	x7	x8	x9	x10
196	600701	工大高新	639061584.29	1041720039.89	48313865.74	38228929.75	0.12	2.48	4.76	2.50	1529972835.32	324090968.00
197	600644	乐山电力	251851884.84	72668882.51	35023162.97	28025731.37	0.11	1.86	6.03	2.50	1119153800.72	249336499.00
198	600788	达尔曼	191247026.13	96184434.59	52362776.25	54216473.29	0.19	4.67	4.05	2.52	2153128783.23	286639440.00
199	600888	新疆众和	418954184.01	86318829.23	36237113.18	31196929.21	0.30	2.28	13.23	2.56	1219218795.42	1033890000.00
200	600794	保税科技	1351107986.06	48486242.21	33918757.63	14753511.06	0.12	2.65	4.67	2.56	575861997.52	119239680.00
201	600809	山西汾酒	433472307.87	138853093.22	36301331.42	28707277.42	0.07	1.80	3.68	2.60	1103927431.31	432924133.00
202	600675	中华企业	1595508414.35	663171043.63	286350767.56	135224009.13	0.23	2.23	10.45	2.60	5194228014.96	581212581.00
203	600123	兰花科创	450620057.85	124337639.70	56954373.78	39605770.78	0.11	2.20	4.86	2.61	1515893767.92	371250000.00
204	600218	全柴动力	447421660.62	79599693.46	39250705.88	31219073.57	0.11	3.02	3.65	2.62	1193318951.06	283400000.00
205	600365	通葡萄酒	128556854.48	51493233.04	29097565.37	16562837.61	0.12	3.86	3.07	2.62	632055843.69	140000000.00
206	600728	新太科技	581100303.75	1554449811.12	35248829.61	28070985.14	0.13	3.91	3.45	2.63	1066437732.27	208180180.00
207	600620	天宸股份	195689438.34	48883494.42	38457960.03	34132139.96	0.13	1.43	8.92	2.64	1293692948.00	266774325.00
208	600735	兰陵陈香	184074006.34	33323019.53	10537510.50	12068040.74	0.08	1.95	3.99	2.64	456918841.11	154812936.00
209	600372	昌河股份	3328468798.15	522781615.13	85258894.10	86938661.92	0.21	3.14	6.75	2.64	3288799988.42	410000000.00
210	600659	神龙发展	393870771.99	44544978.09	42789921.46	24929355.67	0.14	1.49	9.66	2.64	942557551.65	173421772.00
211	600242	华龙集团	66191528.75	28012919.30	16339814.85	20324002.39	0.12	2.80	4.17	2.67	760723351.23	174029825.00
212	600776	东方通讯	8398612585.77	1185059811.63	259768033.36	207343655.91	0.33	5.82	5.68	2.69	7721345597.39	628000000.00
213	600073	上海梅林	496349515.13	171394627.06	54232580.00	34427895.67	0.11	2.44	4.36	2.69	1279093985.76	324000000.00
214	600712	南宁百货	559459063.72	850050509.28	20320734.51	16522143.48	0.18	2.93	6.24	2.70	612759705.77	90420000.00
215	600291	西水股份	227260404.63	110840172.45	37870213.95	25578269.05	0.16	3.41	4.68	2.70	947941606.48	160000000.00
216	600704	中大股份	2644169147.28	224082128.34	88197714.32	73097335.73	0.25	3.76	6.75	2.70	2707219824.30	288269038.00
217	600872	中炬高新	836309507.04	216063204.71	84380718.85	64836418.28	0.14	2.72	5.30	2.71	2394944688.76	450055950.00
218	600800	天津磁卡	615872506.14	241203979.13	102783563.40	84358309.45	0.15	1.88	8.13	2.72	3098831212.61	551659203.00

续表

序号	代码	名称	x1	x2	x3	x4	x5	x6	x7	x8	x9	x10
219	900929	国旅B股	541945007.00	857736019.00	19667277.00	17307707.00	0.13	2.99	4.36	2.76	627113682.00	132556270.00
220	600088	中视传媒	360048073.08	1003711439.58	37457594.42	26822116.43	0.11	3.05	3.72	2.77	969070737.51	236730000.00
221	600655	豫园商城	3219833920.78	438887204.43	123463144.30	99403070.09	0.21	3.57	5.98	2.77	3585676682.76	465333455.00
222	600653	申华控股	3850372273.77	2543232253.36	236730153.47	135516812.25	0.17	2.50	6.72	2.80	4840383477.77	808509406.00
223	600850	华东电脑	575646860.90	53641089.09	17718161.26	14723025.43	0.09	1.34	6.44	2.80	525371421.27	1710031500.00
224	600668	尖峰集团	1054530058.41	202413615.09	54713273.67	43904861.56	0.15	1.69	8.63	2.82	1558913558.11	300459139.00
225	600119	长江投资	471998493.73	90296878.85	32065837.41	22762204.62	0.14	2.28	6.05	2.82	806920320.50	165000000.00
226	600170	上海建工	8003747821.00	430723268.00	221327469.00	185201977.00	0.31	4.53	6.82	2.82	6562274534.00	599415000.00
227	600360	华微电子	232591787.40	76475705.42	31347193.60	25932624.73	0.22	4.83	4.55	2.82	918549791.89	118000000.00
228	600299	星新材料	556026996.75	91245349.92	59539744.90	48705898.10	0.20	3.16	6.41	2.84	1717156820.11	240000000.00
229	600064	南京高科	512912383.95	156168863.87	83798886.00	70772495.43	0.21	3.38	6.08	2.87	2462232556.79	344145888.00
230	600787	中储股份	699630285.37	145593547.50	41086670.53	33633683.07	0.11	2.40	4.52	2.88	1167769057.22	310337705.00
231	600136	道博股份	1756675548.93	95587233.25	39007319.84	24860744.16	0.24	4.03	5.91	2.88	862604992.21	104444000.00
232	600132	重庆啤酒	466710328.93	162066042.63	401101886.29	34287205.57	0.20	3.37	5.95	2.91	1178141930.49	170872000.00
233	600058	龙腾科技	19565136311.25	814505751.35	253588716.97	154795975.93	0.37	4.35	8.38	2.91	5310573849.88	424088710.00
234	600079	人福股份	2419426900.44	109493691.79	49956548.10	28911206.96	0.23	2.35	9.75	2.92	991266129.88	125970000.00
235	600243	青海华鼎	278374260.52	66012990.61	24821968.96	21209174.16	0.14	2.54	5.32	2.92	726284510.04	156600000.00
236	600789	鲁抗医药	771137423.88	1812625799.90	81994231.14	70460242.85	0.19	3.18	6.07	2.93	2405011588.92	364754210.00
237	600118	中国泛旅	280738271.62	26110793.12	16751986.18	10312489.17	0.05	1.47	3.71	2.94	351180942.94	189504000.00
238	600293	三峡新材	260174212.86	60984736.06	38279058.78	32208066.25	0.15	3.41	4.48	2.94	1094425764.95	2110000000.00
239	600826	兰生股份	1718912650.47	1582558800.61	52552893.63	39607271.43	0.14	2.81	5.02	2.95	1344816041.81	280428192.00
240	600692	亚通股份	1867894233.31	477763573.54	19930537.07	15958214.99	0.13	2.56	4.94	2.97	538170100.08	126399168.00
241	600361	北京华联	1243678820.01	192533765.13	73336102.01	45817353.86	0.36	4.42	8.26	2.97	1540299162.04	1255572900.00

续表

序号	代码	名称	x1	x2	x3	x4	x5	x6	x7	x8	x9	x10
242	600640	联通国脉	264437267.00	79793591.00	43065580.00	38043300.00	0.10	3.07	3.39	2.98	1275854947.00	3648827000.00
243	600550	天威保变	611934673.42	125142304.48	51834963.34	44061387.93	0.20	3.81	5.26	2.99	1472546623.22	2200000000.00
244	600211	西藏药业	74659338.18	65001872.93	18236514.64	18298830.82	0.15	3.30	4.53	3.01	608325276.77	122600000.00
245	600346	冰山橡塑	222529837.93	71874520.65	21042399.68	15952621.88	0.15	2.97	5.12	3.01	530270936.82	105000000.00
246	600290	苏福马	150539724.99	45294624.54	16279503.72	12580077.07	0.15	2.61	5.80	3.01	418107444.33	83000000.00
247	600831	广电网络	254409572.93	15034311.39	9934119.59	9934119.59	0.09	1.06	8.46	3.01	329893196.10	1112866663.15
248	600568	潜江制药	81686840.60	49065114.39	21144824.84	13867134.11	0.19	5.95	3.20	3.01	460314776.92	72860000.00
249	600266	北京城建	1064117392.99	154713089.00	178393835.25	142976587.19	0.24	2.53	9.43	3.01	4744098498.98	600000000.00
250	600068	葛洲坝	2208482820.25	3651174886.52	158816629.81	147854762.63	0.21	4.62	4.54	3.01	4904076136.60	705800000.00
251	600301	南化股份	449670334.94	81657648.62	27042997.01	22936034.18	0.12	2.83	4.38	3.02	759078500.87	185148140.00
252	600883	富邦科技	71184128.71	24505436.14	11081345.07	9773885.25	0.09	2.31	3.85	3.04	321813811.31	110100000.00
253	600865	百大集团	1014841836.60	161157661.22	56008990.90	39987438.70	0.15	2.43	6.10	3.04	1316261181.24	269706320.00
254	600566	洪城股份	113961205.12	31529588.14	20786290.73	17701866.28	0.17	4.23	3.94	3.04	5826507222.58	106308000.00
255	600286	国光瓷业	359259705.88	111782692.12	34317740.67	27928773.69	0.29	3.49	8.42	3.04	918212654.52	95000000.00
256	600734	实达电脑	2896863453.73	4908861332.26	804434578.73	51298942.32	0.15	1.65	8.87	3.05	1682125515.06	351558394.00
257	600634	海鸟发展	182581517.00	47591211.24	40201717.45	27935908.78	0.32	2.42	13.26	3.06	913822448.60	87207283.00
258	600703	天颐科技	421729398.57	42783999.53	13179064.85	13124406.38	0.11	1.32	8.32	3.06	428830393.10	1195516464.00
259	600076	青鸟华光	358575641.22	166690612.84	54565691.43	48468197.63	0.22	2.94	7.36	3.09	1569031761.60	224416000.00
260	600097	华立科技	114653885.06	34303809.75	11928597.24	12225188.83	0.11	1.10	9.64	3.10	394026083.43	1154498889.00
261	600172	黄河旋风	283394490.85	829801 49.73	34823084.36	29539390.96	0.11	2.81	3.92	3.10	951819303.01	268000000.00
262	600705	北亚集团	528022974.66	180118402.41	89734576.51	75390439.95	0.12	2.61	4.42	3.12	2414184288.75	653137440.00
263	600382	广东明珠	358397608.04	655554172.75	48479411.40	32825812.73	0.19	2.86	6.72	3.14	1046770574.51	170873300.00
264	600228	昌九股份	337033952.58	540722272.75	29707856.23	25721480.60	0.09	1.59	5.61	3.15	816113726.41	2880000000.00

续表

序号	代码	名称	x1	x2	x3	x4	x5	x6	x7	x8	x9	x10
265	600713	南京医药	1428644367.80	225991830.50	54614100.03	36897819.53	0.19	2.24	8.49	3.15	1169968610.04	194260716.00
266	600268	国电南自	545791668.66	127221953.01	31991131.89	28463455.39	0.24	3.89	6.20	3.17	896674910.53	1180000000.00
267	600163	福建南纸	1066334539.45	232559185.06	86616883.45	82715432.93	0.27	3.69	7.34	3.17	2605327775.84	305946640.00
268	600637	广电信息	2728596919.84	258649093.02	210483811.75	203105195.59	0.27	4.62	5.89	3.18	6392495276.60	745284077.00
269	600890	长春长纤	322702981.31	84989845.12	20763478.67	38449644.79	0.08	1.52	5.23	3.18	1210036959.07	484850997.00
270	600696	利嘉股份	155193837.88	75858297.09	25510103.25	25510103.25	0.10	1.35	7.23	3.18	8012006993.59	261973500.00
271	600723	西单商场	1575711349.73	233546825.06	62189710.02	56483040.15	0.14	3.10	4.44	3.20	1765675021.86	409718038.00
272	600639	浦东金桥	397290031.92	202734389.33	119817147.40	97430566.67	0.14	2.35	5.95	3.21	3034338067.40	697840000.00
273	600257	洞庭水殖	161812809.55	57943983.07	214474080.17	18959575.05	0.26	5.75	4.52	3.21	590015401.42	73000000.00
274	600707	彩虹股份	2422511497.90	256111480.00	103601618.83	84419021.18	0.20	3.71	5.40	3.21	2626950965.88	421148800.00
275	600193	创兴科技	1151390550.04	27924880.89	24607543.77	16352031.22	0.10	1.58	6.15	3.23	505533116.61	167800000.00
276	600381	白唇鹿	142992748.03	48915732.15	23680294.98	19468512.37	0.18	2.98	5.93	3.25	598919728.51	1100000000.00
277	600173	牡丹江	388819674.13	1029874413.23	44196250.35	37864396.90	0.16	2.66	6.18	3.25	1164127267.64	230000000.00
278	600107	美尔雅	141107525.49	45796188.04	43940266.60	36145055.53	0.10	2.38	4.21	3.26	1109916408.35	360000000.00
279	600117	西宁特钢	1238874914.31	206590179.84	101776693.91	90042691.98	0.15	2.41	6.43	3.30	2725266536.42	582220000.00
280	600187	黑龙股票	605910506.73	135916513.77	60516607.60	65124146.97	0.20	2.32	8.58	3.31	1966587432.89	327225000.00
281	600835	上菱电器	3844769510.00	1281507343.03	618143834.19	246444551.36	0.46	5.05	9.08	3.31	7434956073.10	538057296.00
282	600328	兰太实业	269137053.27	132167790.98	48095364.11	39668698.74	0.23	3.68	6.25	3.32	1193659693.10	172652899.00
283	600166	福田汽车	4112240063.73	370341531.99	119074438.91	102840360.54	0.37	3.58	10.23	3.34	3079435167.29	280466000.00
284	600585	海螺水泥	2058348827.00	737075015.00	314873697.00	202725978.00	0.21	2.25	9.17	3.34	6068021182.00	983480000.00
285	600730	中国高科	1505759098.30	131642038.23	72791642.18	45289502.25	0.26	2.12	12.24	3.34	1355539521.53	174600000.00
286	600399	抚顺特钢	1466607696.61	184201111.97	117907807.61	100479068.13	0.19	2.70	7.15	3.34	3006256050.21	520000000.00
287	600312	平高电气	493187635.97	123956565.70	52968599.29	44107808.92	0.24	4.81	5.00	3.35	1318099425.70	183500000.00

续表

序号	代码	名称	x1	x2	x3	x4	x5	x6	x7	x8	x9	x10
288	600277	亿利科技	226836440.86	81635977.12	37397262.35	32561258.50	0.21	4.41	4.67	3.35	972615229.14	158000000.00
289	600186	莲花味精	1387501387.29	321966701.82	147653862.94	145409111.21	0.21	3.04	7.04	3.36	4325624301.25	6800000000.00
290	600419	新疆天宏	160806047.44	38714173.42	16247586.18	13569777.31	0.17	3.51	4.82	3.36	403397127.37	80160000.00
291	600849	上海医药	5202034324.52	697385291.63	202340054.84	145280748.02	0.46	4.76	9.65	3.38	4293124466.05	316207158.00
292	900956	东贝B股	258197785.61	55478355.93	28488063.69	24191371.67	0.10	1.65	6.23	3.43	704487044.83	2350000000.00
293	600086	多佳股份	248520324.08	65603451.89	38893580.71	25987967.92	0.07	1.41	5.23	3.44	756557120.27	352281672.00
294	600567	山鹰纸业	280946033.75	49960244.52	27364844.23	23035062.34	0.14	2.05	6.98	3.46	666276717.95	160500000.00
295	600843	上空股份	916259944.36	195460439.66	52582339.60	45840041.89	0.18	1.99	9.12	3.48	1317411199.55	252466370.00
296	600155	宝硕股份	1113408043.48	189976428.19	99652413.75	72069675.15	0.17	1.91	9.15	3.51	2054564431.93	412500000.00
297	600716	耀华玻璃	425343333.06	89782265.56	39457057.25	32470701.80	0.10	1.59	6.28	3.51	923817512.69	324000000.00
298	600694	大工股份	1980522849.43	319705826.88	109973317.06	88426585.95	0.33	4.60	7.20	3.52	2509951718.38	267016905.00
299	600010	钢联股份	5581354214.80	6085127740.30	400972493.27	256658839.96	0.21	2.78	7.39	3.53	7271355808.69	1250000000.00
300	600539	狮头股份	294766852.43	101682097.59	50824242.56	37227836.97	0.16	3.43	4.72	3.54	1050270596.53	230000000.00
301	600614	胶带股份	226115352.00	62314924.72	35131013.97	28143109.35	0.24	1.77	13.81	3.56	791366575.40	115133378.00
302	600654	飞乐股份	450910083.01	705481125.65	88942291.18	78050192.12	0.18	2.76	6.42	3.56	2191230156.59	440001838.00
303	600362	江西铜业	2995793128.00	655348808.00	301658839.00	301434708.00	0.11	1.72	6.59	3.56	8460148699.00	2664038200.00
304	600296	兰州铝业	1289764134.42	177890840.05	98322961.51	89258510.45	0.30	4.07	7.44	3.57	2503529450.61	295004480.00
305	600500	中化国际	6567157117.35	363578996.63	113708313.81	90520787.43	0.24	3.87	6.28	3.58	2528235310.26	372650000.00
306	600080	金华股份	1566546609.49	102393481.59	53871359.67	46594430.11	0.20	3.57	5.65	3.58	1300859241.09	230835200.00
307	600680	上海邮通	9901122658.23	1451131734.90	68660656.03	61437714.43	0.20	1.90	10.60	3.59	1709895237.34	304925337.00
308	600149	邢台轧辊	374038854.10	86379478.93	38510638.82	33593972.52	0.13	2.03	6.48	3.60	934090597.58	2547000000.00
309	600390	金瑞科技	225675360.88	42510501.00	34432523.89	31096642.01	0.29	6.44	4.53	3.60	863575587.75	106700000.00
310	600386	北京巴士	9521284116.22	2214367779.30	120240791.34	70762021.40	0.28	4.45	6.31	3.65	1937282975.14	2520000000.00

续表

序号	代码	名称	x1	x2	x3	x4	x5	x6	x7	x8	x9	x10
311	600719	大连热电	371980228.66	1013553760.09	650366610.75	54923767.72	0.27	3.31	8.20	3.66	1502498085.07	202299800.00
312	600396	金山股份	104746408.56	40670237.06	23780156.71	20680314.25	0.16	3.11	5.11	3.67	563880864.57	1300000000.00
313	600092	精密股份	1536730567.91	74878584.03	47092036.09	39555625.14	0.15	2.58	5.88	3.67	1077405651.88	261196200.00
314	600061	中纺投资	671584832.14	72480802.01	33207925.85	27121256.94	0.09	1.67	5.66	3.68	737477843.88	287012000.00
315	600089	特变电工	1310460083.17	268417534.22	107434201.20	82224261.39	0.32	3.19	9.95	3.70	2224157492.88	259490176.00
316	600129	太极集团	1748970683.80	731229536.41	128415313.03	101433126.93	0.40	3.94	10.20	3.71	2732217297.01	252600000.00
317	600033	福建高速	303682633.31	212802244.47	298995098.12	220276251.31	0.32	3.43	9.38	3.72	5914877865.47	685000000.00
318	600121	郑州煤电	627956750.50	202730541.31	895406670.87	76109570.25	0.09	1.51	6.22	3.73	2041302159.35	810000000.00
319	600288	大恒科技	1347309834.96	166685222.05	68452209.85	46736271.75	0.33	4.81	6.94	3.73	1251984124.29	140000000.00
320	600797	浙大网新	1114304625.28	190123169.02	950365503.82	84415558.04	0.25	2.78	8.90	3.73	2260828025.23	341614913.00
321	600267	海正药业	575832307.45	195448320.63	580711776.89	48542565.22	0.19	3.06	6.35	3.74	1298921957.79	249600000.00
322	600736	苏州高新	573611309.45	180234552.78	117822017.37	84858562.04	0.19	3.00	6.18	3.74	2270241039.13	457470000.00
323	600303	曙光股份	348834007.22	1006321669.65	52832026.54	34727984.75	0.21	2.68	8.00	3.77	922387595.75	162000000.00
324	600682	南京新百	1448689337.10	258935501.40	78496286.73	62240477.32	0.27	3.58	7.55	3.77	1652269033.63	230208211.30
325	600091	明天科技	631497434.86	132631822.33	77438103.76	62818453.82	0.28	3.44	8.05	3.79	1655661086.44	226526000.00
326	600676	交运股份	348855725.22	124589059.28	60175731.99	50978718.71	0.30	5.54	5.43	3.82	1331150333.43	168961856.00
327	600084	新天国	853719547.88	176485802.19	83407577.46	73565693.64	0.31	2.88	10.86	3.82	1923776235.36	235180400.00
328	600003	东北高速	373905581.98	272672567.75	250711822.34	191383905.22	0.16	2.42	6.52	3.83	5000240724.85	1213200000.00
329	600740	山西焦化	623782160.48	222474674.25	68000932.93	67139836.87	0.33	3.35	9.87	3.86	1740180034.78	202850000.00
330	600248	秦丰农业	339538025.70	80066112.93	31716041.71	27221968.87	0.21	3.95	5.35	3.87	703370692.84	128820000.00
331	600558	大西洋	450435967.72	103317018.89	39681783.36	25630684.82	0.21	3.82	5.59	3.87	661669385.88	1200000000.00
332	600466	迪康药业	94000109.62	33618552.70	28844160.69	29114816.21	0.23	5.02	4.55	3.87	751547889.41	1274000000.00
333	600619	海立股份	2558683838.67	699690736.94	245867057.34	128065138.04	0.34	2.62	12.84	3.90	3287778294.17	380520000.00

续表

序号	代码	名称	x1	x2	x3	x4	x5	x6	x7	x8	x9	x10
334	600632	华联商厦	2546611652.34	278498240.39	103820112.75	90273170.48	0.21	3.22	6.63	3.90	2313938291.94	422599861.00
335	600130	波导股份	2622293289.84	725836474.58	126654014.81	68134627.01	0.43	5.20	8.18	3.91	1743431603.24	160000000.00
336	600235	巴风特纸	316264289.20	85198028.04	49159884.35	44924337.18	0.25	3.09	8.22	3.92	1145031948.03	1770000000.00
337	600741	巴士股份	2351465562.98	645255040.01	224962495.08	172006581.53	0.33	2.76	12.04	3.93	4374349398.00	518654000.00
338	600153	厦门建发	5983455880.19	2593197770.97	163537720.83	144969631.25	0.49	5.09	9.62	3.94	3679234860.63	296000000.00
339	600332	广州药业	5334028710.18	1148024745.29	260137413.66	146133840.61	0.18	2.68	6.73	3.95	3697238505.79	810900000.00
340	600822	物贸中心	3184316798.50	1318867879.62	32435689.77	27511383.30	0.11	1.19	9.18	3.95	695622129.97	252720298.00
341	600265	景谷林业	185817805.77	557730126.95	27664669.37	22631007.82	0.22	2.94	7.33	4.01	564810581.50	105000000.00
342	600897	厦门机场	180847382.16	76089541.82	61667681.93	51489647.21	0.19	4.24	4.50	4.04	1275649636.79	2700000000.00
343	600388	龙净环保	351779383.48	80931700.17	41280308.65	371134270.25	0.22	3.71	5.99	4.05	917754437.62	167000000.00
344	600643	爱建股份	804166617.48	144875175.94	144570432.24	130638966.63	0.28	4.36	6.51	4.05	3226354322.01	460687964.00
345	600771	东盛科技	445672499.00	362124742.00	30106904.00	40766696.00	0.22	1.78	12.24	4.05	1005878992.00	186886960.00
346	600770	综艺股份	297125088.30	85539685.81	71668786.42	41729092.24	0.15	2.18	7.09	4.05	1029315420.17	2700000000.00
347	600860	北人股份	6990076375.57	207047894.56	75751678.32	64281675.46	0.16	2.38	6.76	4.07	1581331370.36	400000000.00
348	600056	中技贸易	2482811037.90	60856591.59	55290385.96	49033921.46	0.38	4.22	8.91	4.07	1205250421.23	1303350000.00
349	900957	凌云 B 股	594113141.00	110478962.00	41609037.00	46727893.00	0.13	1.77	7.58	4.07	1147464707.00	349000000.00
350	600727	鲁北化工	642059234.00	124797204.45	156688222.83	132481217.77	0.35	5.68	6.15	4.12	3218212365.63	379300000.00
351	600635	大众科创	425339021.01	90414475.70	155230362.22	128329660.41	0.27	2.44	11.05	4.13	3107690587.67	476181666.00
352	600213	亚星客车	1019842172.55	142158395.47	57091354.38	53264866.82	0.28	3.32	8.44	4.14	1286608601.42	190000000.00
353	600070	浙江富润	202641322.31	31511875.18	18645565.80	17789115.48	0.23	3.02	7.77	4.15	428847378.73	75733000.00
354	600746	江苏索普	253953920.50	38784354.60	26368784.60	24019322.03	0.08	1.20	6.52	4.15	578231466.08	306421452.00
355	600229	青岛碱业	936122248.58	211614693.78	82995508.51	67949774.73	0.23	2.83	8.13	4.16	1633682629.29	295126210.00
356	600227	赤天化	630644450.25	40406335.81	42128089.24	37515717.97	0.22	4.24	5.20	4.16	901548781.00	1700000000.00

续表

序号	代码	名称	x1	x2	x3	x4	x5	x6	x7	x8	x9	x10
357	600501	航天晨光	441265538.18	128253201.08	40178214.74	33009067.82	0.27	3.66	7.34	4.16	792746435.66	123000000.00
358	600059	古越龙山	435513268.18	163760075.02	82678978.20	71432630.93	0.31	4.82	6.37	4.17	1713641040.89	2328000000.00
359	600601	方正科技	3692870125.54	359413638.04	1200015487.47	100305043.56	0.27	1.57	17.09	4.20	2390968339.73	373249114.00
360	600607	上实联合	1375417608.07	309357651.54	152437618.69	101555626.95	0.33	4.50	7.36	4.20	2419244774.61	3065512351.00
361	600326	西藏天路丁	3425661125.76	61658042.36	27038989.19	23740493.87	0.24	3.74	6.34	4.21	564299409.57	1000000000.00
362	600133	东湖高新	475416974.00	118401480.04	59712784.60	49173677.42	0.18	2.31	7.74	4.22	1164127539.67	275592200.00
363	600252	梧州中恒	189873619.75	46859855.81	30992350.12	29071590.05	0.23	3.08	7.44	4.24	686242226.65	1267717600.00
364	600628	新世界	1881094861.91	329037712.56	93969740.56	78718891.84	0.30	3.08	9.63	4.25	1852359538.00	265752806.00
365	600320	振华港机	2885460045.00	321072098.00	213603508.00	191532232.00	0.42	3.95	10.61	4.29	446763868.00	456500000.00
366	600178	东安动力	1851434461.02	396345520.64	102858703.38	90980561.67	0.20	3.09	6.37	4.30	2118218985.40	462080000.00
367	600054	黄山旅游	398744553.00	173420088.00	75312842.00	458012050.00	0.15	2.41	6.27	4.32	1059890676.00	302900000.00
368	600308	华泰股份	714582177.72	195260725.28	139655374.16	114240984.92	0.59	7.59	7.82	4.33	2636332274.92	192473308.00
369	600861	北京城乡	1281135445.46	227709646.13	118696573.03	95152244.48	0.23	3.97	5.90	4.35	2188390795.23	405738946.00
370	600280	南京中商	965856528.64	162468257.28	39956207.57	34386723.00	0.28	3.55	7.98	4.36	7889883943.48	1212600873.00
371	600269	赣粤高速	387201398.00	239926683.06	285084579.69	179223382.96	0.51	7.46	6.81	4.39	4084968361.79	3530000000.00
372	600825	华联超市	3247882437.11	442596179.31	60527473.86	50070042.75	0.32	1.58	20.49	4.41	1136396053.74	154275248.00
373	600283	钱江水利	164882958.81	98286952.51	67794144.68	52592742.09	0.18	3.00	6.15	4.41	1191612669.74	285330000.00
374	600255	鑫科材料	698259168.09	72191017.54	36463557.93	30013757.78	0.32	5.03	6.28	4.41	679957712.83	950000000.00
375	600160	巨化股份	1267680160.82	299226031.86	100726773.17	105209431.06	0.28	3.56	7.97	4.44	2370377713.11	3712000000.00
376	600156	益鑫泰	744256503.71	108495111.44	76644636.04	66762649.35	0.15	2.75	5.53	4.45	1500524699.58	4389000000.00
377	600868	梅雁股份	663997470.28	214144995.87	185052533.36	168615498.12	0.17	2.49	6.69	4.45	3787405177.96	1012337323.00
378	600889	南京化纤	333278922.45	51670386.93	41027507.28	30203273.75	0.19	2.87	6.51	4.45	6784126677.51	161547393.00
379	600285	羚锐股份	1721176395.86	123282428.65	29409452.21	25107218.50	0.25	4.00	6.25	4.48	560376578.20	1003600000.00

续表

序号	代码	名称	x1	x2	x3	x4	x5	x6	x7	x8	x9	x10
380	600886	厦门汽车	1187590727.60	196457497.21	70439479.90	44387526.45	0.29	2.05	14.32	4.49	988334855.52	151517592.00
381	600378	天科股份	142808109.75	38567430.68	23637272.68	23592631.30	0.16	2.74	5.72	4.50	524185622.24	150441070.00
382	600896	中海海盛	467624608.38	60383581.60	66242463.70	48268832.35	0.15	2.50	6.08	4.50	1071600257.14	317282550.00
383	600247	物华股份	82936540.03	42772078.63	27260532.78	22682693.80	0.21	3.15	6.54	4.51	502692176.13	110000000.00
384	600151	航天机电	1057301215.87	257682070.47	155291422.36	99494953.65	0.21	2.53	8.42	4.56	2182304826.90	467840000.00
385	600306	商业城	997277848.59	140217370.88	29255467.17	30355568.82	0.17	2.30	7.41	4.56	665268597.47	178138918.00
386	600608	上海科技	319629313.38	84148983.10	29831049.55	30119571.82	0.20	2.09	9.55	4.58	658178693.52	151262212.00
387	600278	东方创业	2698563179.23	341262549.77	123993614.15	95245046.09	0.30	2.97	10.03	4.58	2081022025.44	320000000.00
388	600090	啤酒花	684248372.84	169086839.18	81542203.75	75961271.15	0.21	1.49	13.89	4.60	1651864562.04	367916646.00
389	600829	天鹅股份	521117959.29	145451777.25	53842017.18	44208252.81	0.33	3.79	8.82	4.60	960695651.15	132168300.00
390	600376	天鸿宝业	2736622875.06	55450976.35	47709752.24	47700752.24	0.44	6.00	7.34	4.62	1033594129.60	108250000.00
391	600183	生益科技	720009440.22	107865469.23	67279101.32	63341324.67	0.13	1.98	6.53	4.63	1368521099.30	490781250.00
392	600611	大众交通	1659108444.89	452389408.77	225829318.99	210330036.56	0.35	3.55	9.89	4.63	4543818946.59	598701580.00
393	600319	亚星化学	597642456.09	112145063.01	69355632.10	61090729.31	0.19	3.13	6.18	4.64	1317176244.53	315594000.00
394	600530	交大昂立	453323538.47	304384699.16	59603552.35	54640914.53	0.27	4.45	6.14	4.65	1174748264.56	200000000.00
395	600824	益民百货	731835064.67	193217371.18	62324371.38	48899926.59	0.25	3.40	7.42	4.65	1051205254.91	193649092.00
396	600222	众生制药	1360820015.46	71650796.06	33155944.76	29085631.50	0.21	3.06	6.98	4.67	622909250.24	136145240.00
397	600633	白猫股份	206742353.36	45274044.13	22286422.62	17758498.53	0.12	1.20	9.72	4.68	379196981.08	152050812.00
398	600141	兴发集团	357164705.00	96392490.93	39115772.90	33543638.71	0.21	2.52	8.32	4.69	714778037.51	160000000.00
399	600103	青山纸业	9185791292.98	207361188.81	1311332712.18	110469874.29	0.16	2.20	7.10	4.70	2349532673.76	706300000.00
400	600729	重庆百货	2358293015.17	285391898.39	71341071.76	58244159.92	0.29	2.08	13.73	4.71	1235916344.67	204000000.00
401	600661	交大南洋	350641430.30	56751700.28	39178491.64	31290432.32	0.22	2.02	10.68	4.72	662743338.26	144730688.00
402	600528	中铁二局	4038977082.15	447063869.83	164570788.40	164151937.38	0.40	4.16	9.62	4.73	3471109479.57	410000000.00

序号	代码	名称	x1	x2	x3	x4	x5	x6	x7	x8	x9	x10
403	600297	美罗药业	612757456.07	116123440.56	41730323.96	42215390.31	0.37	4.60	7.99	4.74	890937379.85	115000000.00
404	600773	西藏金珠	181131119.59	53488856.92	28746045.21	24836497.07	0.21	2.89	7.34	4.76	522116526.01	117097440.00
405	600321	国栋建设	341043684.00	83634779.75	73590584.92	61904182.43	0.35	6.00	5.89	4.78	1295455712.59	175200000.00
406	600100	清华同方	5012532073.09	855036030.40	432971392.00	290758123.94	0.51	4.64	10.92	4.79	6065172557.06	574612295.00
407	600165	宁夏恒力	255024733.47	56229541.13	55541842.56	50600999.03	0.20	2.70	7.47	4.80	1054737128.42	251200000.00
408	600007	中国国贸	5970067000.00	312096000.00	266713000.00	178518000.00	0.22	2.68	8.33	4.81	3715014000.00	800000000.00
409	600389	江山股份	588816716.13	120790525.83	48854632.43	37470080.28	0.25	2.88	8.68	4.83	775468283.95	150000000.00
410	600851	海欣股份	1090956908.33	236123824.19	167722501.94	146122440.75	0.29	3.38	8.60	4.84	3020321318.23	502937490.00
411	600207	安彩高科	1389600498.07	401013642.88	197357405.03	146969532.59	0.33	4.89	6.83	4.84	3037251480.11	440000000.00
412	600315	上海家化	1305853059.24	469371651.58	85330300.10	72975839.93	0.27	3.96	6.82	4.85	1503664685.46	270000000.00
413	600108	亚盛集团	642767794.21	103407613.34	96698716.54	89444431.85	0.14	2.19	6.53	4.85	1842727604.65	625045200.00
414	600506	香梨股份	99011673.34	46486870.61	29716025.17	29716025.17	0.19	2.72	6.80	4.86	611926094.76	160500000.00
415	600152	维科精华	1098689112.78	153384101.75	63232834.35	47643603.77	0.16	2.01	8.06	4.86	980556712.26	293494200.00
416	600785	新华百货	618233706.87	95654720.65	41934968.04	35714937.74	0.35	4.42	7.85	4.88	731501411.97	102892500.00
417	600664	哈药集团	5368313591.02	2221310482.88	393882918.17	283799925.16	0.53	4.98	10.73	4.92	5766309715.56	530771558.00
418	600395	盘江股份	493218189.56	148615676.56	79282591.64	68594330.31	0.18	3.19	5.79	4.93	1391446321.47	371300000.00
419	600884	杉杉股份	730459982.80	239660998.52	105630371.78	82386866.50	0.30	4.65	6.47	4.93	1670834967.00	273905498.00
420	600616	金枫酒业	586193791.14	112506234.56	34876021.17	27158555.52	0.21	2.44	8.78	4.96	547429430.96	126930408.00
421	600422	昆明制药	488239996.06	199971922.97	49665124.61	38321612.07	0.39	5.28	7.39	5.02	763982918.44	98180000.00
422	600833	PT 网点	263233128.31	55869433.43	28302820.78	24234052.66	0.15	1.04	14.64	5.02	482760968.44	159347391.00
423	600316	洪都航空	441676090.51	63412174.40	63430563.14	63430563.14	0.30	5.03	6.00	5.06	1252831134.34	2100000.00
424	600857	工大首创	595723144.21	67309173.95	25999036.43	23433997.01	0.12	1.68	7.25	5.07	462393430.58	192291840.00
425	600599	浏阳花炮	197170030.69	42618937.50	25870676.73	17790096.30	0.25	3.88	6.56	5.08	350247095.81	70000000.00

序号	代码	名称	x1	x2	x3	x4	x5	x6	x7	x8	x9	x10
426	600279	重庆港九	102966231.56	35447380.97	51431840.40	43582411.85	0.19	3.10	6.16	5.10	854019757.88	228390960.00
427	600589	广东榕泰	274612886.08	60770292.61	46488084.99	35227474.64	0.22	3.41	6.46	5.12	688375246.37	160000000.00
428	600074	南京中达	516895765.22	164476141.46	88649251.03	75806858.82	0.52	4.10	12.80	5.14	1475885969.90	144600000.00
429	600241	辽宁时代	1363036869.49	103736445.94	48913747.25	31821594.66	0.30	3.60	8.33	5.14	619483000.48	106000000.00
430	600215	长春经开	782679711.54	238212479.44	195150316.97	138632093.09	0.45	5.18	8.74	5.15	2693734441.38	306000000.00
431	600191	华资实业	608200078.22	143784001.11	81562987.09	71153880.29	0.23	3.46	6.78	5.18	1373536924.99	303082500.00
432	600305	恒顺醋业	174095031.03	59860417.82	36683482.20	24622275.76	0.19	2.95	6.56	5.20	473341306.00	127150000.00
433	600311	荣华实业	479606024.58	95022991.50	68603975.62	64777145.36	0.32	4.78	6.78	5.20	1244658168.84	200000000.00
434	600823	世茂股份	50927621.46	9401886.21	46503518.17	43051235.00	0.18	1.98	9.18	5.21	827055212.50	236444777.00
435	600606	金丰投资	640566916.04	215630313.91	94848229.09	75615913.53	0.46	1.73	26.49	5.21	1450902957.24	164794737.00
436	600687	新宇软件	204506102.27	56032948.00	23047306.23	20660030.93	0.19	1.85	10.17	5.21	396332073.20	109999979.00
437	600377	宁沪高速	1625991870.00	1017568384.00	940590062.00	780863985.00	0.16	2.67	5.80	5.24	14914399845.00	5037747500.00
438	600253	天方药业	383343918.57	149234573.30	74791263.45	54039775.60	0.26	3.41	7.55	5.27	1026145160.58	210000000.00
439	600106	重庆路桥	136887998.00	91458761.01	81243709.34	70076945.79	0.23	2.87	7.86	5.28	1326717880.71	310000000.00
440	600747	大显股份	745108381.78	217785544.86	126036060.95	100693217.61	0.31	3.88	7.94	5.28	1906124561.52	327186000.00
441	600210	紫江企业	1138597790.31	350555540.44	256241315.05	197856021.84	0.36	2.69	13.46	5.29	3737533613.92	546400071.00
442	600863	内蒙华电	1432021522.04	255670107.78	257807290.36	220205633.68	0.22	3.75	5.92	5.29	4159461837.51	990610000.00
443	600391	成发科技	204419390.08	71977114.95	35124542.65	35124542.65	0.25	3.00	8.35	5.30	663312716.83	140000000.00
444	600383	金地集团	662936120.72	220022833.80	141146722.87	120277004.31	0.45	4.72	9.43	5.30	2269934364.28	270000000.00
445	600217	秦岭水泥	440543527.92	184553026.99	72308359.56	59688461.95	0.14	1.67	8.66	5.34	1118300155.79	413000000.00
446	600720	祁连山	266834785.30	87800638.67	61806231.77	52064495.65	0.15	1.58	9.50	5.35	972906072.63	346954252.00
447	600289	亿阳信通	620377092.59	217536811.81	97106422.68	73453236.18	0.69	8.39	8.27	5.38	1365211191.79	105890000.00
448	600078	澄星股份	586096155.58	109219606.31	66393561.67	59407924.21	0.33	3.52	9.37	5.38	1103916161.73	180061968.00

续表

序号	代码	名称	x1	x2	x3	x4	x5	x6	x7	x8	x9	x10
449	600239	红河光明	69411949.75	32327933.05	24534959.48	20202572.48	0.21	3.37	6.09	5.44	371272052.85	985211200.00
450	600666	西南药业	305021457.91	100196917.65	22874107.92	19450360.59	0.13	1.60	8.15	5.45	357189886.19	148792973.00
451	600275	武昌鱼	89777756.73	35867269.99	59679811.27	48489364.28	0.20	3.02	6.56	5.46	887488065.67	244580900.00
452	600718	东软股份	1758647799.00	498264238.00	1516289987.00	135134213.00	0.48	4.24	11.34	5.50	2457471215.00	281451690.00
453	600697	欧亚集团	613889604.32	53300887.09	47528884.06	39659548.46	0.32	3.44	9.39	5.51	719535331.76	122737187.00
454	600071	凤凰光学	315399930.80	74250392.98	41686888.50	36476355.00	0.15	1.70	9.01	5.52	660999613.37	237472456.00
455	600223	万杰高科	1002739562.61	172220469.03	149212556.28	139727108.56	0.26	3.22	8.09	5.52	2531082903.11	536250000.00
456	600498	烽火通信	1800584835.55	579623925.44	167435299.44	167435299.44	0.41	5.51	7.42	5.53	3026427557.96	410000000.00
457	600209	罗顿发展	532752166.27	1175332277.09	72812001.10	55817361.42	0.24	2.19	10.83	5.54	1008064084.79	235741864.00
458	600233	大连创世	297481562.42	493391375.86	47134634.02	30598869.48	0.28	3.80	7.31	5.55	550918595.17	110000000.00
459	600837	PT农商社	215386597.44	30881221.35	28984493.82	26540039.84	0.41	3.60	11.31	5.58	475575362.18	65244920.00
460	600854	春兰股份	1762227348.47	412910042.63	289740929.75	230967177.56	0.44	5.65	7.87	5.63	4101806908.71	519458538.00
461	600518	康美药业	380800449.01	76214192.89	43716438.03	29156880.21	0.41	5.16	7.99	5.63	517608796.26	70800000.00
462	600337	美克股份	271268383.76	86046723.95	52306471.92	43974563.71	0.48	6.77	7.05	5.64	779500299.00	92080000.00
463	600339	天利高新	335500984.00	98051860.23	60402590.28	51653206.57	0.22	2.65	8.20	5.74	899944505.59	238000000.00
464	600062	双鹤药业	2382656799.00	864307126.00	193361968.00	157710419.00	0.46	3.78	12.29	5.74	2746287258.00	339289000.00
465	600548	深高速	604518644.00	418718481.00	405160019.00	401936897.00	0.18	2.33	7.93	5.75	6995999210.00	2180700000.00
466	600101	明星电力	248241750.84	130416230.68	85449421.68	78321880.48	0.46	5.84	7.90	5.75	1362256060.44	169805367.00
467	600081	东风科技	600031975.13	98672443.84	59845643.99	50448244.78	0.25	1.92	13.05	5.79	8773199121.32	201000000.00
468	600105	永鼎光缆	1268639017.25	267796913.90	95259673.15	76418544.70	0.31	2.75	11.15	5.79	1319481929.25	249610426.00
469	600762	金荔科技	115062162.70	45770195.67	32709692.87	32709692.87	0.31	2.18	14.21	5.79	564580968.83	1056664000.00
470	600067	福州大通	403493282.02	72633607.14	28986451.60	32358470.67	0.31	2.89	10.68	5.81	556491514.71	105011660.00
471	600832	东方明珠	615867324.29	314594276.48	263086296.93	229298765.56	0.33	3.95	8.45	5.85	3921194409.67	688028710.00

续表

序号	代码	名称	x1	x2	x3	x4	x5	x6	x7	x8	x9	x10
472	600295	鄂尔多斯	2427947819.00	616090562.00	318819762.00	230683893.00	0.45	5.67	7.89	5.90	3911307692.00	516000000.00
473	600038	哈飞股份	3197727564.58	69452787.93	64598299.32	54518187.85	0.36	4.47	8.14	5.90	923470600.72	150000000.00
474	600195	中牧股份	1524955200.18	305527209.26	86971353.85	89141644.07	0.23	2.13	10.75	5.91	1509455278.04	390000000.00
475	600138	青旅控股	1308568835.55	216274395.71	119913525.91	103024203.28	0.39	4.06	9.49	5.92	1740785901.83	267000000.00
476	600662	强生控股	843572427.46	252771798.56	129714429.11	103533599.78	0.34	3.03	11.06	5.97	1734693052.01	309034440.00
477	600796	钱江生化	200244518.55	62948366.45	28818175.59	26316321.44	0.25	2.35	10.52	5.98	439942417.32	106514000.00
478	600393	东华实业	217242317.81	125237988.18	71193067.84	47033493.21	0.24	2.11	11.16	5.99	784690368.04	200000000.00
479	600588	用友软件	333483187.00	304436611.00	79239368.00	70400601.00	0.70	10.02	7.02	6.03	1167865248.00	100000000.00
480	600761	安徽合力	528558651.79	1275733480.61	73146248.46	61445709.15	0.30	3.27	9.17	6.09	1008499459.02	204636311.00
481	600237	铜峰电子	214926962.90	66918737.71	49220702.29	40257235.50	0.40	4.54	8.87	6.10	659562273.01	100000000.00
482	600196	复星实业	727844514.13	271368300.00	152676952.56	135517563.63	0.46	4.30	10.72	6.14	2207320380.54	293760000.00
483	600795	国电电力	2934008688.40	888038726.42	756370998.17	552344646.47	0.67	5.19	12.91	6.22	8882586043.62	824878080.00
484	600111	稀土高科	315427395.05	1088596696.86	81741452.10	80568683.18	0.20	2.53	7.90	6.23	1293718483.03	403674000.00
485	600350	山东基建	792574490.00	519897665.00	446759203.00	391369977.00	0.14	1.58	8.67	6.24	6272817073.00	2858800000.00
486	600238	海南椰岛	418632791.22	253441041.87	48494935.21	44191063.07	0.27	2.49	10.70	6.25	707607564.72	166000000.00
487	600750	江中药业	354965944.99	132904703.42	70212740.73	40243819.24	0.28	3.58	7.69	6.30	639271897.00	146112000.00
488	600626	申达股份	3125233764.67	314088201.54	180795653.15	143786987.43	0.43	3.53	12.06	6.32	2274702411.69	338210865.00
489	600764	三星石化	508727341.18	64573572.00	45558333.22	31806802.30	0.17	2.30	7.55	6.36	499747015.41	183181658.00
490	600055	万东医疗	327415196.01	108483556.23	38046190.24	32094634.51	0.29	3.10	9.33	6.39	502284171.82	1110000000.00
491	600189	吉林森工	612949833.12	172711209.88	128904235.08	1110327716.81	0.36	3.88	9.15	6.44	1712013980.09	3105000000.00
492	600777	新潮实业	664041861.87	148041160.28	87042202.50	71927213.12	0.35	3.46	10.16	6.45	1115296079.96	2048869501.00
493	600212	XR江泉	835373006.91	130339850.03	957776374.71	75790647.57	0.35	4.12	8.41	6.46	1173914456.39	219024000.00
494	600714	山川股份	153067493.41	48458748.63	25238325.66	22490786.98	0.21	2.02	10.34	6.49	346795419.73	1078125000.00

续表

序号	代码	名称	x1	x2	x3	x4	x5	x6	x7	x8	x9	x10
495	600418	江汽股份	1989381523.15	2183323400.86	104241306.17	88962410.67	0.39	4.48	8.64	6.49	1371371007.72	230000000.00
496	600120	浙江东方	3103369601.54	295155327.31	161266442.68	103172610.88	0.46	3.08	14.83	6.58	1568888137.58	225657792.00
497	600649	原水股份	750508358.32	410091805.11	457470202.47	387757392.06	0.21	2.52	8.16	6.59	5884090487.81	1884395014.00
498	600782	新华股份	292873428.11	56644712.72	31300927.84	26440873.18	0.14	1.38	9.92	6.60	400858724.56	193220374.00
499	600509	天富热电	352341415.32	114860147.47	51640940.21	43866237.25	0.40	1.89	21.29	6.61	663935917.90	109085000.00
500	600855	航天长峰	1311492819.98	50316189.59	21278883.30	19898881.91	0.12	1.24	10.02	6.62	300525212.43	160080000.00
501	600488	天药股份	509338669.47	1293317030.13	88603816.81	75362245.23	0.51	4.76	10.63	6.65	1134021405.55	149008883.00
502	600232	金鹰股份	629816887.91	89478024.34	68139679.78	55013969.28	0.25	2.01	12.50	6.69	822518289.75	218851880.00
503	600300	维维股份	1082538633.83	196948137.16	146952526.16	116097029.31	0.35	3.87	9.08	6.71	1730656585.97	3300000000.00
504	600110	长春热缩	115414315.92	65557628.35	55732505.97	50983367.25	0.27	2.98	9.22	6.76	753983207.46	185624330.00
505	600866	星湖科技	440054866.86	151535196.97	76238388.23	67754594.17	0.21	2.31	9.01	6.76	1001551948.17	325689081.00
506	600651	飞乐音响	599645542.08	138217330.56	123319996.73	102722237.53	0.24	1.50	16.15	6.85	1499029317.52	424165123.00
507	600834	申通地铁	274507605.43	106835518.81	78186197.18	65518488.43	0.17	1.40	11.82	6.91	947632850.50	394530500.00
508	600063	皖维高新	507444659.31	139726515.13	84976359.48	77153983.98	0.31	2.43	12.55	6.92	1114187220.55	252900000.00
509	600356	恒丰纸业	368794220.69	130584954.08	67593480.42	45694782.86	0.33	3.51	9.31	6.97	656006785.57	140000000.00
510	600258	首旅股份	1209063699.54	334993289.64	100504144.84	77328536.06	0.33	3.02	11.07	6.98	1108321593.39	231400000.00
511	600779	全兴股份	1144355034.75	400360088.86	218999722.66	172784822.25	0.39	2.73	14.23	6.98	2475520565.04	444132453.24
512	600066	宇通客车	1579515325.08	320406780.38	122354700.06	98425147.00	0.72	6.24	11.53	7.01	1403971748.22	136723661.00
513	600292	九龙电力	313817068.00	90866924.39	90629938.68	75612070.37	0.45	4.70	9.63	7.06	1070640230.99	167250000.00
514	600398	凯诺科技	421605255.47	152771814.21	82925366.09	68763930.34	0.42	3.64	11.51	7.09	970233557.13	164391411.00
515	600520	三佳模具	82860000.54	40435685.71	31985997.10	21270414.89	0.34	3.53	9.59	7.10	299624293.88	62800000.00
516	600583	海油工程	1207134853.56	188265111.99	127229375.51	103701562.53	0.61	2.57	23.73	7.16	1447647121.28	170000000.00
517	600276	恒瑞医药	634268947.69	3710069659.74	97665461.26	81155081.32	0.38	3.50	10.92	7.25	1119024142.95	2125600000.00

续表

序号	代码	名称	x1	x2	x3	x4	x5	x6	x7	x8	x9	x10
518	600674	川投控股	653868294.84	116347893.81	86876507.84	68414586.82	0.18	1.50	11.83	7.28	939751373.86	386208464.00
519	600887	伊利股份	2701983031.90	776428184.75	141055433.53	119676679.62	0.82	5.68	14.36	7.30	1639096124.79	146671070.00
520	600724	宁波富达	684320495.25	189383012.75	91946257.54	71080868.93	0.20	1.46	13.40	7.32	971019274.50	364368856.00
521	600310	桂东电力	279808520.97	107101113.58	75022518.32	59396513.71	0.38	3.73	10.15	7.34	809062877.63	156750000.00
522	600125	铁龙股份	349241907.49	191289235.88	82924392.06	61755800.64	0.32	2.88	11.23	7.34	841089919.84	190776000.00
523	600400	红豆股份	457048255.19	98771433.53	75274892.31	56491430.53	0.31	3.23	9.73	7.37	766994140.96	179523000.00
524	600895	张江高科	614936131.40	276204242.06	240448201.50	202441946.24	0.43	4.49	9.64	7.37	2747636064.69	467565000.00
525	600037	歌华有线	328643006.49	169261358.53	154830535.83	142347206.38	0.53	6.04	8.73	7.39	1925527358.85	270000000.00
526	600161	天坛生物	155001448.86	88055304.17	40769650.50	34345677.02	0.18	1.51	11.88	7.41	463320778.77	192000000.00
527	600180	九发股份	538244390.33	114077006.77	84023230.93	75604190.48	0.30	3.20	9.43	7.43	1017713822.80	250990080.00
528	600298	安琪酵母	237579144.72	96358904.23	58615346.99	49413552.82	0.36	4.07	8.95	7.43	664771463.26	135700000.00
529	600200	江苏吴中	668554095.39	176902647.09	96639037.06	83195604.04	0.30	2.71	11.09	7.53	1105587920.22	272200000.00
530	600302	标准股份	519188085.85	171818894.18	88925741.95	70373170.10	0.22	2.04	10.81	7.55	931791460.69	319009804.00
531	600819	耀皮玻璃	1044916707.39	402545750.55	188041638.09	162381850.50	0.33	3.41	9.76	7.63	2128488290.88	487500000.00
532	600001	邯郸钢铁	7237152677.43	8821525505.69	773302287.42	670708100.13	0.45	4.19	10.77	7.72	8690935977.29	1486553100.00
533	600569	安阳钢铁	5947481443.94	1031727871.07	703523936.61	470730259.54	0.35	3.20	10.95	7.76	6068533586.00	1345490259.00
534	600104	上海汽车	3705234168.11	955363370.17	8553301949.25	787222437.47	0.31	3.23	9.68	7.83	10054325600.55	2519999300.00
535	600880	博瑞传播	277902609.63	83691525.89	31084696.34	29598722.62	0.23	1.72	13.20	7.91	374105275.62	130180050.00
536	600307	酒钢宏兴	3415606308.84	367882643.66	253575640.58	267263324.74	0.37	2.86	12.83	7.94	3364122729.88	728000000.00
537	600333	长春燃气	406832856.91	107963967.58	102911001.16	83689357.04	0.35	3.02	11.58	7.96	1051906214.92	239136000.00
538	600282	南钢股份	4001026137.19	369838904.72	241469332.65	206185874.19	0.41	3.17	12.89	7.98	2582196411.05	504000000.00
539	600219	南山铝业	1034029861.60	245935934.69	1718553851.06	145045587.12	0.56	4.98	11.33	8.06	1800640165.06	2570000000.00
540	600726	龙电股份	1188046509.34	343656107.54	312922344.37	281644119.57	0.25	2.58	9.75	8.06	3495309851.84	1121264960.00

续表

序号	代码	名称	x1	x2	x3	x4	x5	x6	x7	x8	x9	x10
541	600096	云天化	885550116.57	244579592.81	182949098.62	154547942.81	0.42	3.23	12.98	8.07	19156465.77.10	368181800.00
542	600197	伊力特	351640124.05	1018574455.97	88776003.89	76769722.59	0.35	3.35	10.39	8.08	949678163.48	220500000.00
543	600366	宁波韵升	418837703.43	101107341.55	76586248.98	64792884.02	0.34	2.95	11.52	8.11	798527807.08	190650000.00
544	600236	桂冠电力	639648361.60	344616566.68	297651997.31	251139876.36	0.37	3.70	10.04	8.13	3089803912.42	675363033.00
545	600102	莱钢股份	4988201238.39	829443757.78	539338832.21	455789435.75	0.52	3.71	14.10	8.15	5592984827.21	871182000.00
546	600555	茉织花	1894759527.00	403306849.00	256479302.00	208353790.00	0.48	4.74	10.11	8.16	2551841729.00	434500000.00
547	600739	辽宁成大	1486697568.47	183341290.00	127401775.98	113903627.29	0.46	3.24	14.20	8.17	1394130024.71	247572000.00
548	600323	南海发展	218424013.96	107803192.36	91224668.04	73185827.82	0.35	3.25	10.79	8.19	893738048.34	208514168.00
549	600641	中远发展	761546076.85	307938367.76	264906521.81	225649128.94	0.61	3.14	19.52	8.24	2737539333.88	367865971.00
550	600287	江苏舜天	2960898976.23	328226357.33	149460269.80	127745000.27	0.73	4.12	17.72	8.25	1486931989.34	167998490.00
551	600261	浙江阳光	583300519.14	143717404.63	77611063.29	64153269.43	0.52	4.40	11.83	8.41	763230271.67	123160000.00
552	600780	通宝能源	265718724.24	1015919999.41	70924958.07	58804501.60	0.27	2.44	11.16	8.51	690943782.08	215694612.00
553	600711	雄震集团	661132373.52	33303188.75	19332112.55	16600491.50	0.28	1.29	21.39	8.51	195012282.72	60360000.00
554	600009	上海机场	1156530353.07	603568627.39	667133772.46	566761204.82	0.40	3.56	11.29	8.56	6617955482.06	1412307000.00
555	600380	大太药业	678817966.55	490103634.30	219098358.44	200618059.90	0.74	7.31	10.13	8.62	2327350377.63	271080000.00
556	600260	凯乐科技	430840854.81	133160892.36	105268549.28	90506409.25	0.51	4.66	11.04	8.63	1048604486.59	175880000.00
557	600636	三爱富	564120930.07	1309722253.84	81109532.54	48879993.07	0.42	2.34	18.01	8.64	565877985.05	116064000.00
558	600168	武汉控股	2314745336.00	124107428.90	156424038.61	1327246876.53	0.30	2.97	10.12	8.64	1536654347.54	441150000.00
559	600775	南京熊猫	861560250.38	68384546.54	179015515.84	179419413.19	0.27	1.43	19.11	8.67	2069729224.33	655015000.00
560	600508	上海能源	1465662821.80	433824480.83	198646534.44	165454534.37	0.41	3.58	11.50	8.70	1902588812.40	401510000.00
561	600642	申能股份	2004831864.10	772795012.64	10117767229.70	864939742.05	0.53	3.09	17.16	8.73	9907849920.62	1633087769.00
562	600220	江苏阳光	8041573.42.63	239894382.12	160606672.34	126233557.94	0.40	4.10	9.86	8.77	1439366015.14	312381652.00
563	600188	兖州煤炭	6469352955.00	3557065177.00	1391875094.00	1000387449.00	0.35	3.04	11.47	8.81	11350223177.00	2870000000.00

续表

序号	代码	名称	x1	x2	x3	x4	x5	x6	x7	x8	x9	x10
564	600690	青岛海尔	11441823199.86	1903719236.15	8897880145.49	617838607.38	0.77	6.18	12.53	8.90	6942405040.36	797648282.00
565	600879	火箭股份	468558607.30	193568556.41	126817856.73	110384050.72	0.47	3.18	14.83	8.96	1232197309.05	234333196.00
566	600205	山东铝业	2253429067.11	417276566.41	256692966.49	224801342.83	0.40	2.31	17.36	8.98	2502715724.09	560000000.00
567	600660	福耀玻璃	938287622.00	356160973.00	154811857.00	152153548.00	0.37	1.37	27.31	9.01	1688731889.00	407560825.00
568	600018	上港集团	2138473790.45	1287204848.82	1203080320.42	705706608.25	0.78	5.09	15.36	9.14	7719551457.75	9022000000.00
569	600725	云维股份	2558789969.33	1012252158.38	66035483.11	45670133.71	0.42	3.35	12.40	9.16	498788948.20	1100000000.00
570	600231	凌钢股份	1858681308.35	243587468.77	164945104.28	163630334.16	0.53	4.10	12.88	9.17	1784876887.71	3100000000.00
571	600085	同仁堂	1611670549.32	636381878.34	258845287.28	199506488.78	0.60	3.75	16.03	9.24	2159051157.21	331799933.00
572	600008	首创股份	1777748031.03	1000042637.31	485614802.19	482015769.38	0.44	3.58	12.23	9.39	5133953342.35	1100000000.00
573	900949	东电 B 股	3370277286.61	1139871211.52	963055067.04	734057844.37	0.37	2.67	13.68	9.39	7816313776.25	2010000000.00
574	600798	宁波海运	2654458300.34	93008158.06	98910482.84	87851700.89	0.17	1.46	11.74	9.48	927161939.13	511875000.00
575	600519	贵州茅台	1618046660.30	1012623342.76	607278206.25	328290723.13	1.31	10.12	12.97	9.48	3463388734.98	250000000.00
576	600717	天津港	1000674677.25	513810857.94	339592666.99	269841009.31	0.41	2.42	16.93	9.59	2813011389.44	659853799.00
577	600171	DR 上海贝	7836607621.41	219553872.88	166110958.61	149043729.86	0.34	2.94	11.68	9.68	1540497199.02	434434000.00
578	600368	五洲交通	137184467.00	913356922.93	121926550.84	131238329.52	0.30	2.35	12.65	9.74	1347975844.76	442000000.00
579	600330	天通股份	269043679.61	108460012.56	73702218.21	69220669.17	0.30	2.40	12.56	9.81	705634714.85	229470000.00
580	600270	外运发展	1471924808.85	917978519.11	465784814.47	230878579.27	0.76	5.08	14.90	10.29	2244605062.46	304876000.00
581	600098	广州控股	3907556249.30	1637235777.77	1334451370.83	942831079.97	0.75	3.83	19.63	10.33	9126466813.69	1252800000.00
582	600742	一汽四环	2137738469.91	297491684.80	1799757514.80	142564856.09	0.67	4.95	13.62	10.47	1361341406.75	2115523400.00
583	600202	哈空调	2273457959.36	94409673.48	68241100.54	64080147.67	0.29	1.58	18.19	10.49	611065361.58	223392000.00
584	600177	雅戈尔	1751468482.35	730768594.86	417517138.75	347717883.67	0.61	3.29	18.55	10.53	3298264448.07	568095052.00
585	600005	武钢股份	6326621633.73	913330788.96	822319165.27	703141313.66	0.34	2.23	15.05	10.58	6647126065.29	2090480000.00
586	600006	东风汽车	4430827338.72	921219220.22	621302889.76	537370232.74	0.54	2.96	18.17	10.86	4948382387.06	1000000000.00

续表

序号	代码	名称	x1	x2	x3	x4	x5	x6	x7	x8	x9	x10
587	600126	杭钢股份	4315219411.94	576643644.28	410940497.61	342481281.45	0.53	3.17	16.76	10.88	3147764200.01	645337500.00
588	600226	升华拜克	374736830.31	97923752.67	76223396.07	69677188.34	0.27	1.87	14.67	10.88	640144004.72	253494144.00
589	600145	四维瓷业	309875559.88	145231845.41	89101928.84	78601070.29	0.32	1.67	18.97	10.93	719427405.04	247500000.00
590	600367	红星发展	357386635.94	178423962.96	101580687.26	80238459.20	0.80	5.65	14.20	11.08	724340334.64	1000000000.00
591	600317	营口港	2039070082.19	100868206.87	70503204.15	45936292.18	0.31	1.67	18.30	11.90	386022368.49	150000000.00
592	600845	PT宝信	396445839.89	99339522.20	38458682.46	38539147.21	0.15	1.00	14.66	11.98	321799251.74	262244070.00
593	600087	南京水运	485985818.64	143985972.59	135718864.84	115539888.55	0.48	3.39	14.25	12.04	959704375.24	239323072.00
594	600135	乐凯胶片	638148274.52	276134639.44	168865174.00	139866344.21	0.41	2.84	14.42	12.09	1156977070.47	342000000.00
595	600309	烟台万华	571288456.37	204088816.91	114391400.66	100728393.18	0.42	2.72	15.41	13.86	726705994.50	240000000.00
596	600874	创业环保	595986000.00	431558000.00	399345000.00	267634000.00	0.20	1.18	17.07	13.89	1926984000.00	1330000000.00
597	600256	广汇股份	2071830087.00	438433177.00	356120928.00	304121623.00	0.51	1.42	35.67	14.39	2114105971.00	601431420.00
598	600345	长江通讯	389556202.33	59264065.07	197859128.36	199529581.03	1.21	5.40	22.37	14.96	1333955438.81	165000000.00
599	600756	浪潮软件	332159821.38	85543854.82	56590488.71	52319381.49	0.32	1.66	19.13	15.07	347066331.48	165220800.00
600	600658	兆维科技	528593331.38	73815386.51	104811484.84	101756251.05	0.61	1.65	36.98	15.27	666528294.25	167023116.00
601	600428	中远航运	5351117598.11	126005443.73	104172683.75	85675035.82	0.37	1.57	23.77	16.26	526938153.74	230000000.00
602	600582	天地科技	178837797.41	66291792.79	32395824.07	31200594.18	0.62	2.11	29.51	17.83	174955364.69	500000000.00
603	600536	中软股份	325209334.56	77179131.68	35175580.95	30106690.62	0.56	1.38	40.20	18.40	163620137.41	54172824.00